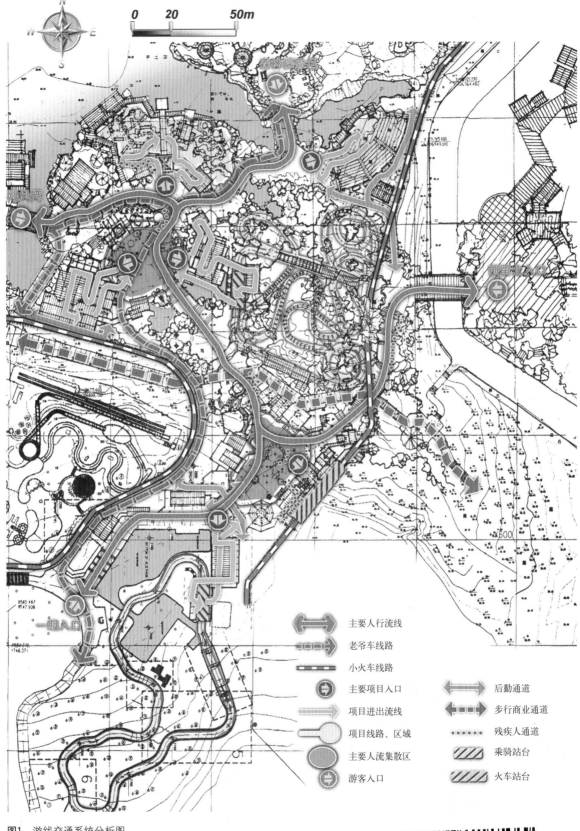

図例

主要人行流線

老爷车线路

小火车线路

主要项目入口　　　　后勤通道

项目进出流线　　　　步行商业通道

项目线路、区域　　　残疾人通道

主要人流集散区　　　乘骑站台

游客入口　　　　　　火车站台

图1　游线交通系统分析图
工程项目：深圳华侨城欢乐谷二期老金矿区
图片来源： http://www.landscapecn.com/info/drawing/

U0330207

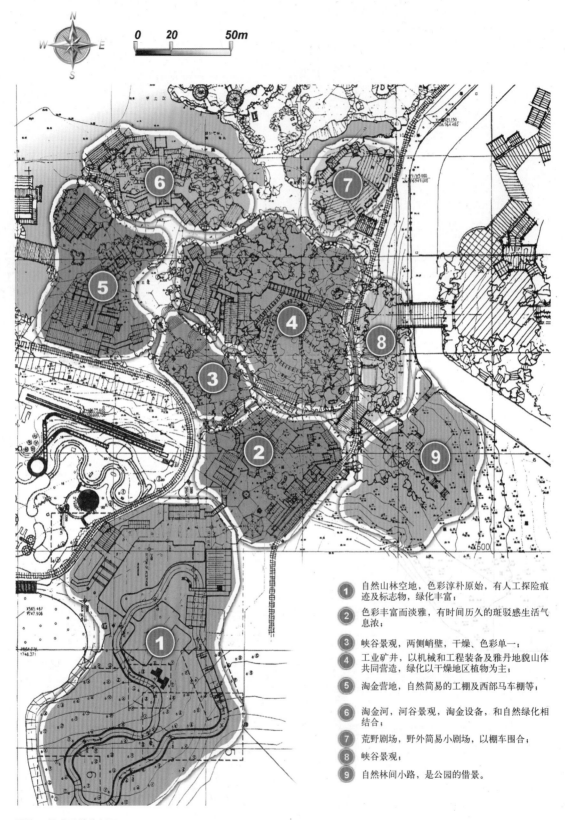

① 自然山林空地，色彩淳朴原始，有人工探险痕迹及标志物，绿化丰富；

② 色彩丰富而淡雅，有时间历久的斑驳感生活气息浓；

③ 峡谷景观，两侧峭壁，干燥、色彩单一；

④ 工业矿井，以机械和工程装备及雅丹地貌山体共同营造，绿化以干燥地区植物为主；

⑤ 淘金营地，自然简易的工棚及西部马车棚等；

⑥ 淘金河，河谷景观，淘金设备，和自然绿化相结合；

⑦ 荒野剧场，野外简易小剧场，以棚车围合；

⑧ 峡谷景观；

⑨ 自然林间小路，是公园的借景。

图2a　景观区域分析图
工程项目：深圳华侨城欢乐谷二期老金矿区
图片来源： http://www.landscapecn.com/info/drawing/
该项目分析图将本区中的各个组成项目清晰地展现于分析图中，较好地表达了设计意图。

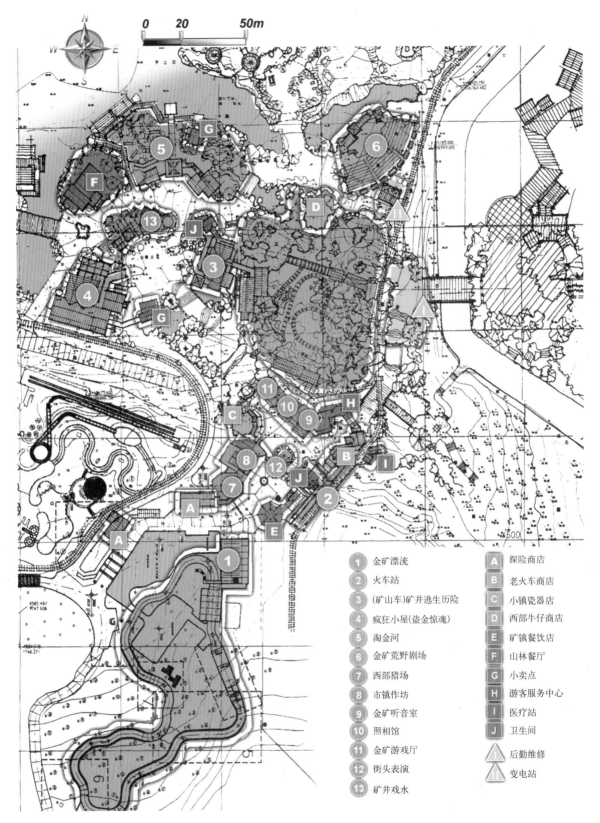

0 20 50m

1	金矿漂流	A	探险商店
2	火车站	B	老火车商店
3	(矿山车)矿井逃生历险	C	小镇瓷器店
4	疯狂小屋(盗金惊魂)	D	西部牛仔商店
5	淘金河	E	矿镇餐饮店
6	金矿荒野剧场	F	山林餐厅
7	西部猎场	G	小卖点
8	市镇作坊	H	游客服务中心
9	金矿听音室	I	医疗站
10	照相馆	J	卫生间
11	金矿游戏厅	△	后勤维修
12	街头表演	⚠	变电站
13	矿井戏水		

图2b 项目分析图

工程项目: 深圳华侨城欢乐谷二期老金矿区

图片来源: http://www.landscapecn.com/info/drawing/

该项目分析图将本区中的各个组成项目清晰地展现于分析图中,较好地表达了设计意图。

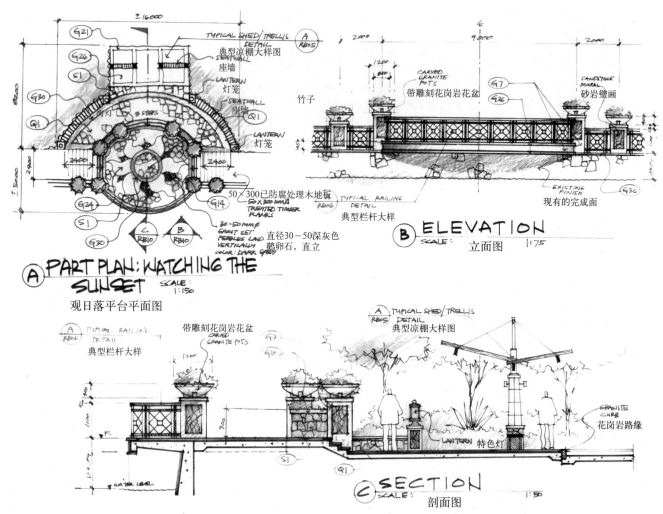

±16000

G21
G26
S1
G30
Q1

TYPICAL SHED/TRELLIS DETAIL — A / RB05
典型凉棚大样图

SEATWALL
座墙

LANTERN
灯笼

SEATWALL
座墙 — Q1

LANTERN
灯笼

3 STEPS
2400
2400

G24
S1
G30
G14

C / RB10   B / RB10

Ⓐ PART PLAN: WATCHING THE SUNSET
SCALE: 1:150
观日落平台平面图

50×300已防腐处理木地板
50×300 MM∅ TREATED TIMBER PLANKS

30-50 MM∅ GROUT SET PEBBLES LAND VERTICALLY COLOR: DARK GREY
直径30~50深灰色鹅卵石，直立

±16000
2000   9000   2000
1200
800

CARVED GRANITE POTS
带雕刻花岗岩花盆 — G7
G36

SANDSTONE MURAL
砂岩壁画

竹子

EXISTING FINISH
现有的完成面 — G36

TYPICAL RAILING DETAIL — RB06
典型栏杆大样

Ⓑ ELEVATION
SCALE: 1:75
立面图

TYPICAL RAILING DETAIL — A / RB06
典型栏杆大样

带雕刻花岗岩花盆
CARVED GRANITE POTS — G7
G10

1200

TYPICAL SHED/TRELLIS DETAIL — A / RB05
典型凉棚大样图

FL

S1
Q1

WATER LEVEL

LANTERN 特色灯

GRANITE CURB
花岗岩路缘

Ⓒ SECTION
SCALE: 1:50
剖面图

图3 草案设计

图4 草案设计
来源：丁鹏——武汉理工大学艺术与设计学院

图5 草案设计
工程名称：重庆博雅居度假村
图片来源：中国景观设计年鉴
以上四幅手绘表现图，选摘于重庆博雅居度假村景观规划设计方案。手绘表现图的一个显著特点是，可以快速地将构想直观地呈现于图面，线条的轻重粗细、构景元素的质感都要易于判读。该草案设计充分发挥了自然人文主义的设计理念，以天然材料围合形成大小不一，形态各异，功能迥然的各类场地和环境中，其表现手法极为娴熟。

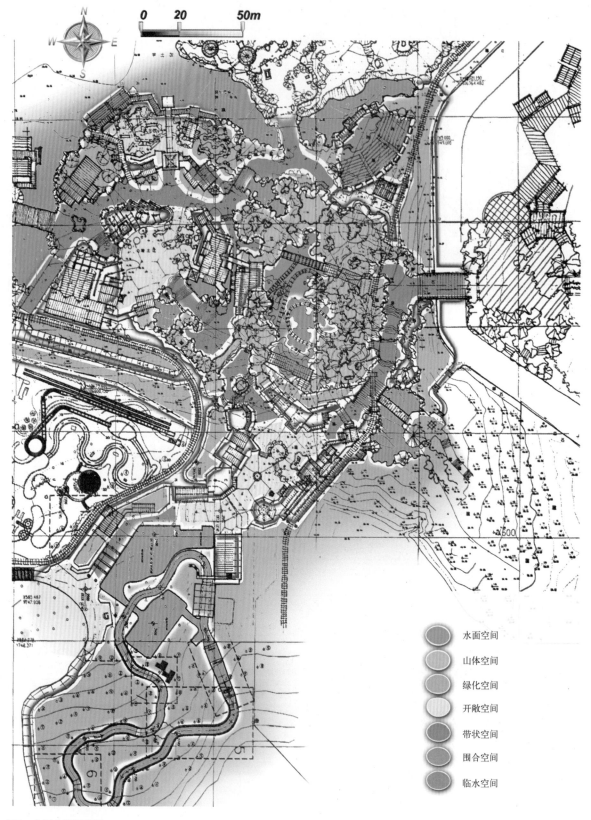

水面空间

山体空间

绿化空间

开敞空间

带状空间

围合空间

临水空间

图6 分区分析示意图
工程项目：深圳华侨城欢乐谷二期老金矿区
图片来源：http://www.landscapecn.com/info/drawing/

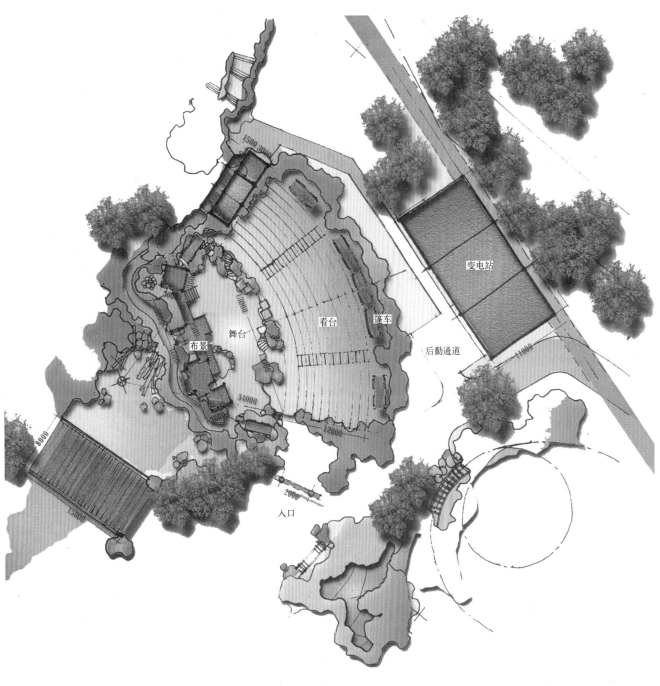

图7 总平面图
工程项目：深圳华侨城欢乐谷二期老金矿区
图片来源：http://www.landscapecn.com/info/drawing/

① 门廊
② 中心休闲娱乐广场
③ 洪山寺
④ 管理中心
⑤ 休闲别墅区
⑥ 人工池
⑦ 小型停车场
⑧ 旅游区宾馆
⑨ 沙滩娱乐设施
⑩ 疗养院
⑪ 旅游区绿化用地
⑫ 别墅景观 亭院散步区
⑬ 塔林
⑭ 旅游区种植区
⑮ 大型停车场

图8 总平面图
工程项目：湖北随州大红山下院规划
图片来源：武汉理工大学艺术与设计学院

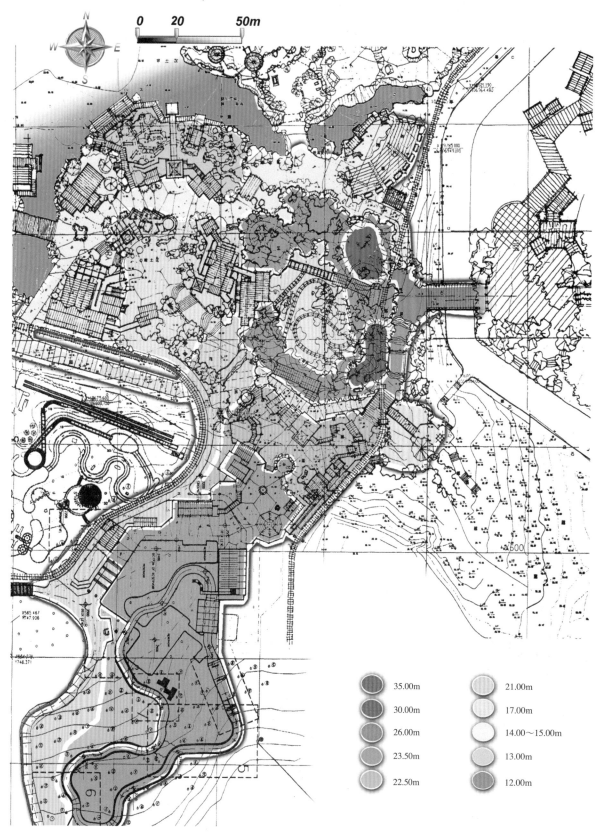

35.00m		21.00m	
30.00m		17.00m	
26.00m		14.00～15.00m	
23.50m		13.00m	
22.50m		12.00m	

图9　竖向分析图
工程项目：深圳华侨城欢乐谷二期老金矿区
图片来源：http://www.landscapcn.com/info/drawing/

沿湖主要步行系统

人流主要休闲区

人流主要游览区

机动车行系统

寺庙步行系统

主要人流方向

沿湖周边入口

图10 交通系统分析图
工程项目：湖北随州大红山下院总体规划
图片来源：武汉理工大学艺术与设计学院

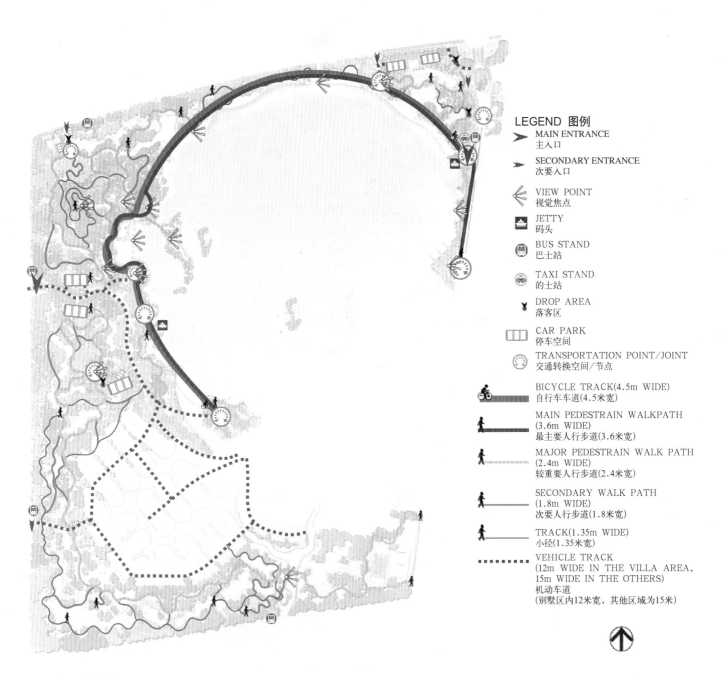

LEGEND 图例

⟩ MAIN ENTRANCE
主入口

⟩ SECONDARY ENTRANCE
次要入口

VIEW POINT
视觉焦点

JETTY
码头

BUS STAND
巴士站

TAXI STAND
的士站

DROP AREA
落客区

CAR PARK
停车空间

TRANSPORTATION POINT/JOINT
交通转换空间/节点

BICYCLE TRACK(4.5m WIDE)
自行车车道(4.5米宽)

MAIN PEDESTRAIN WALKPATH
(3.6m WIDE)
最主要人行步道(3.6米宽)

MAJOR PEDESTRAIN WALK PATH
(2.4m WIDE)
较重要人行步道(2.4米宽)

SECONDARY WALK PATH
(1.8m WIDE)
次要人行步道(1.8米宽)

TRACK(1.35m WIDE)
小径(1.35米宽)

VEHICLE TRACK
(12m WIDE IN THE VILLA AREA,
15m WIDE IN THE OTHERS)
机动车道
(别墅区内12米宽,其他区域为15米)

图11 交通系统分析图
工程项目：浙江金华湖海湾项目

图12 建筑立面示意图
工程项目：深圳华侨城欢乐谷二期老金矿区
图片来源：http://www.landscapecn.com/info/drawing/

图13 建筑设计效果图
工程项目：贵州铜仁黑何湾休闲度假村
图片来源：武汉理工大学艺术与设计学院

图14 建筑设计效果图
工程项目： 贵州铜仁黑河湾休闲度假村
图片来源： 武汉理工大学艺术与设计学院

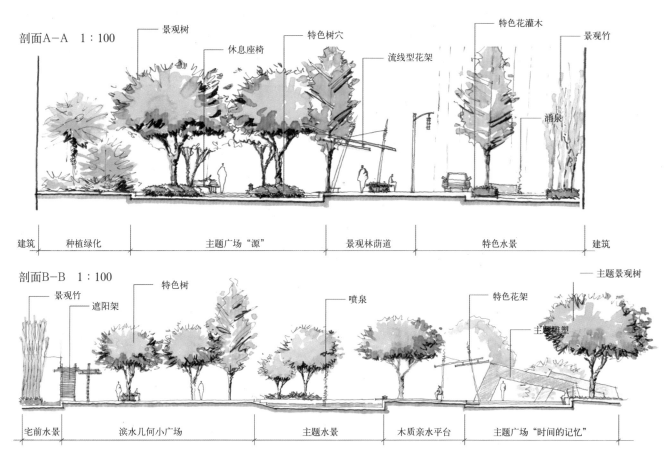

图15 植物立面图

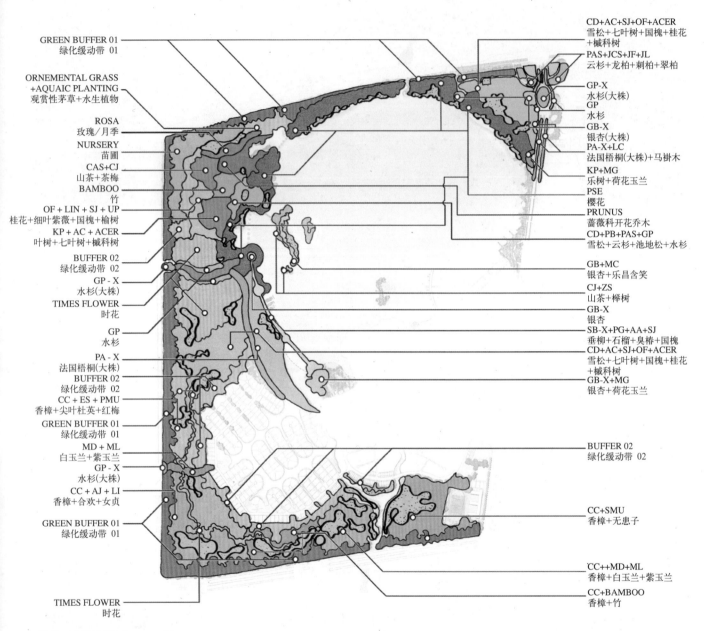

GREEN BUFFER 01
绿化缓动带 01

ORNEMENTAL GRASS
+AQUAIC PLANTING
观赏性茅草+水生植物

ROSA
玫瑰/月季

NURSERY
苗圃

CAS+CJ
山茶+茶梅

BAMBOO
竹

OF + LIN + SJ + UP
桂花+细叶紫薇+国槐+榆树

KP + AC + ACER
叶树+七叶树+槭科树

BUFFER 02
绿化缓动带 02

GP - X
水杉(大株)

TIMES FLOWER
时花

GP
水杉

PA - X
法国梧桐(大株)

BUFFER 02
绿化缓动带 02

CC + ES + PMU
香樟+尖叶杜英+红梅

GREEN BUFFER 01
绿化缓动带 01

MD + ML
白玉兰+紫玉兰

GP - X
水杉(大株)

CC + AJ + LI
香樟+合欢+女贞

GREEN BUFFER 01
绿化缓动带 01

TIMES FLOWER
时花

CD+AC+SJ+OF+ACER
雪松+七叶树+国槐+桂花
+槭科树

PAS+JCS+JF+JL
云杉+龙柏+刺柏+翠柏

GP-X
水杉(大株)

GP
水杉

GB-X
银杏(大株)

PA-X+LC
法国梧桐(大株)+马褂木

KP+MG
乐树+荷花玉兰

PSE
樱花

PRUNUS
蔷薇科开花乔木

CD+PB+PAS+GP
雪松+云杉+池地松+水杉

GB+MC
银杏+乐昌含笑

CJ+ZS
山茶+榉树

GB-X
银杏

SB-X+PG+AA+SJ
垂柳+石榴+臭椿+国槐

CD+AC+SJ+OF+ACER
雪松+七叶树+国槐+桂花
+槭科树

GB-X+MG
银杏+荷花玉兰

BUFFER 02
绿化缓动带 02

CC+SMU
香樟+无患子

CC++MD+ML
香樟+白玉兰+紫玉兰

CC+BAMBOO
香樟+竹

图16 季相示意图之一——春
工程项目：浙江金华湖海湾项目

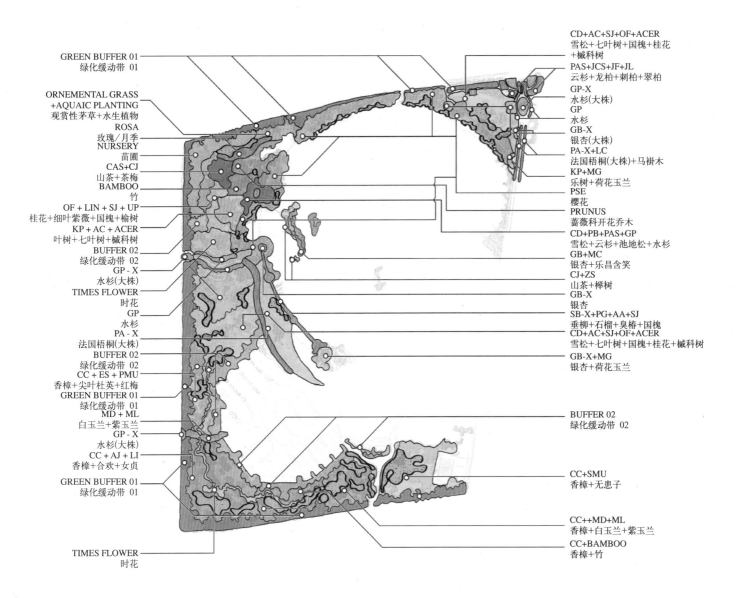

GREEN BUFFER 01
绿化缓动带 01

ORNEMENTAL GRASS
+AQUAIC PLANTING
观赏性茅草+水生植物
ROSA
玫瑰/月季
NURSERY
苗圃
CAS+CJ
山茶+茶梅
BAMBOO
竹
OF + LIN + SJ + UP
桂花+细叶紫薇+国槐+榆树
KP + AC + ACER
叶树+七叶树+槭科树
BUFFER 02
绿化缓动带 02
GP - X
水杉(大株)
TIMES FLOWER
时花
GP
水杉
PA - X
法国梧桐(大株)
BUFFER 02
绿化缓动带 02
CC + ES + PMU
香樟+尖叶杜英+红梅
GREEN BUFFER 01
绿化缓动带 01
MD + ML
白玉兰+紫玉兰
GP - X
水杉(大株)
CC + AJ + LI
香樟+合欢+女贞
GREEN BUFFER 01
绿化缓动带 01

CD+AC+SJ+OF+ACER
雪松+七叶树+国槐+桂花
+槭科树
PAS+JCS+JF+JL
云杉+龙柏+刺柏+翠柏
GP-X
水杉(大株)
GP
水杉
GB-X
银杏(大株)
PA-X+LC
法国梧桐(大株)+马褂木
KP+MG
乐树+荷花玉兰
PSE
樱花
PRUNUS
蔷薇科开花乔木
CD+PB+PAS+GP
雪松+云杉+池地松+水杉
GB+MC
银杏+乐昌含笑
CJ+ZS
山茶+榉树
GB-X
银杏
SB-X+PG+AA+SJ
垂柳+石榴+臭椿+国槐
CD+AC+SJ+OF+ACER
雪松+七叶树+国槐+桂花+槭科树
GB-X+MG
银杏+荷花玉兰

BUFFER 02
绿化缓动带 02

CC+SMU
香樟+无患子

CC++MD+ML
香樟+白玉兰+紫玉兰
CC+BAMBOO
香樟+竹

TIMES FLOWER
时花

图17 季相示意图——夏
项目：浙江金华湖海湾项目公园总体规划

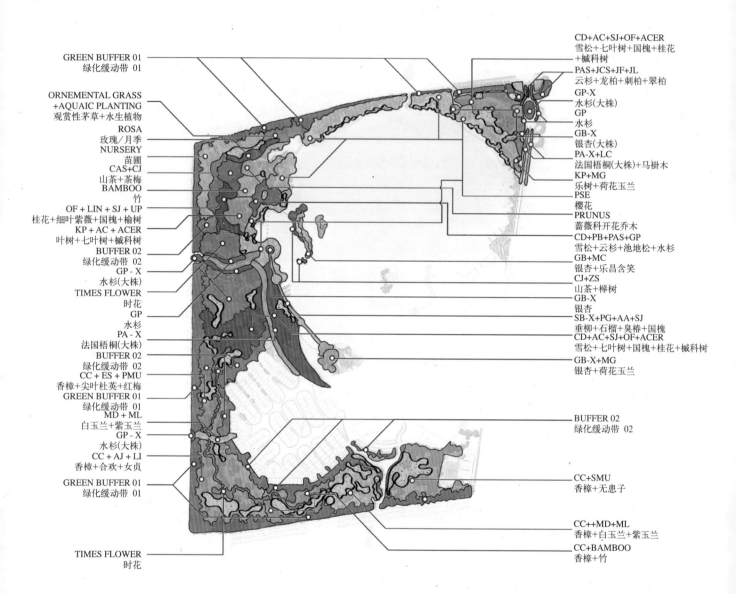

GREEN BUFFER 01
绿化缓动带 01

ORNEMENTAL GRASS
+AQUAIC PLANTING
观赏性茅草+水生植物
ROSA
玫瑰/月季
NURSERY
苗圃
CAS+CJ
山茶+茶梅
BAMBOO
竹
OF + LIN + SJ + UP
桂花+细叶紫薇+国槐+榆树
KP + AC + ACER
叶树+七叶树+槭科树
BUFFER 02
绿化缓动带 02
GP - X
水杉(大株)
TIMES FLOWER
时花
GP
水杉
PA - X
法国梧桐(大株)
BUFFER 02
绿化缓动带 02
CC + ES + PMU
香樟+尖叶杜英+红梅
GREEN BUFFER 01
绿化缓动带 01
MD + ML
白玉兰+紫玉兰
GP - X
水杉(大株)
CC + AJ + LI
香樟+合欢+女贞
GREEN BUFFER 01
绿化缓动带 01

TIMES FLOWER
时花

CD+AC+SJ+OF+ACER
雪松+七叶树+国槐+桂花
+槭科树
PAS+JCS+JF+JL
云杉+龙柏+刺柏+翠柏
GP-X
水杉(大株)
GP
水杉
GB-X
银杏(大株)
PA-X+LC
法国梧桐(大株)+马褂木
KP+MG
乐树+荷花玉兰
PSE
樱花
PRUNUS
蔷薇科开花乔木
CD+PB+PAS+GP
雪松+云杉+池地松+水杉
GB+MC
银杏+乐昌含笑
CJ+ZS
山茶+榉树
GB-X
银杏
SB-X+PG+AA+SJ
垂柳+石榴+臭椿+国槐
CD+AC+SJ+OF+ACER
雪松+七叶树+国槐+桂花+槭科树
GB-X+MG
银杏+荷花玉兰

BUFFER 02
绿化缓动带 02

CC+SMU
香樟+无患子

CC++MD+ML
香樟+白玉兰+紫玉兰
CC+BAMBOO
香樟+竹

图18 季相示意图——秋
项目：浙江金华湖海湾项目公园总体规划

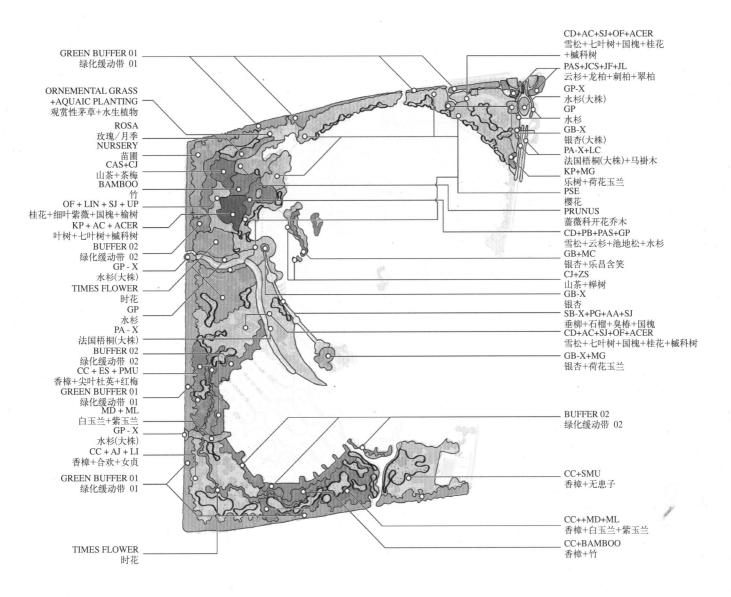

GREEN BUFFER 01
绿化缓动带 01

ORNEMENTAL GRASS
+AQUAIC PLANTING
观赏性茅草+水生植物
ROSA
玫瑰/月季
NURSERY
苗圃
CAS+CJ
山茶+茶梅
BAMBOO
竹
OF + LIN + SJ + UP
桂花+细叶紫薇+国槐+榆树
KP + AC + ACER
叶树+七叶树+槭科树
BUFFER 02
绿化缓动带 02
GP - X
水杉(大株)
TIMES FLOWER
时花
GP
水杉
PA - X
法国梧桐(大株)
BUFFER 02
绿化缓动带 02
CC + ES + PMU
香樟+尖叶杜英+红梅
GREEN BUFFER 01
绿化缓动带 01
MD + ML
白玉兰+紫玉兰
GP - X
水杉(大株)
CC + AJ + LI
香樟+合欢+女贞
GREEN BUFFER 01
绿化缓动带 01

TIMES FLOWER
时花

CD+AC+SJ+OF+ACER
雪松+七叶树+国槐+桂花
+槭科树
PAS+JCS+JF+JL
云杉+龙柏+刺柏+翠柏
GP-X
水杉(大株)
GP
水杉
GB-X
银杏(大株)
PA-X+LC
法国梧桐(大株)+马褂木
KP+MG
乐树+荷花玉兰
PSE
樱花
PRUNUS
蔷薇科开花乔木
CD+PB+PAS+GP
雪松+云杉+池地松+水杉
GB+MC
银杏+乐昌含笑
CJ+ZS
山茶+榉树
GB-X
银杏
SB-X+PG+AA+SJ
垂柳+石榴+臭椿+国槐
CD+AC+SJ+OF+ACER
雪松+七叶树+国槐+桂花+槭科树
GB-X+MG
银杏+荷花玉兰

BUFFER 02
绿化缓动带 02

CC+SMU
香樟+无患子

CC++MD+ML
香樟+白玉兰+紫玉兰
CC+BAMBOO
香樟+竹

图19 季相示意图——冬
项目：浙江金华湖海湾项目公园总体规划

图20　夜景鸟瞰图
项　　目：湖北省博物馆规划设计
图片来源：武汉理工大学艺术与设计学院

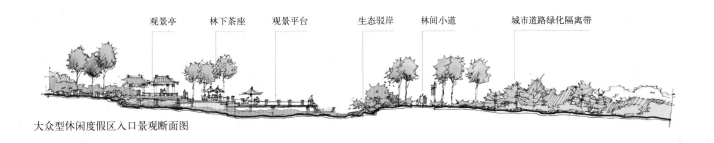

观景亭　　林下茶座　　观景平台　　　　　生态驳岸　　林间小道　　　　城市道路绿化隔离带

大众型休闲度假区入口景观断面图

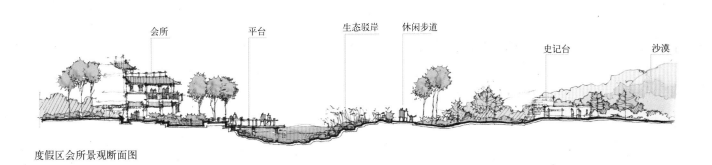

会所　　　　　平台　　　　　生态驳岸　　休闲步道　　　　　　史记台　　　　沙漠

度假区会所景观断面图

平台　　　茶室　　　　活动中心俱乐部　　　　园区主干道　　　史记台　　　沙漠

活动俱乐部景观断面图

A.断面示意图
图片来源：武汉理工大学艺术与设计学院

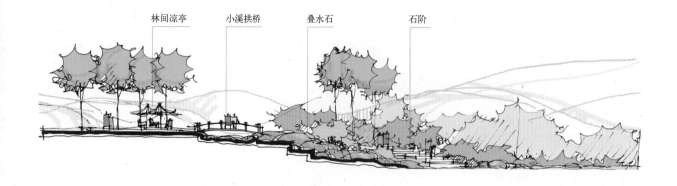

林间凉亭　　小溪拱桥　　叠水石　　石阶

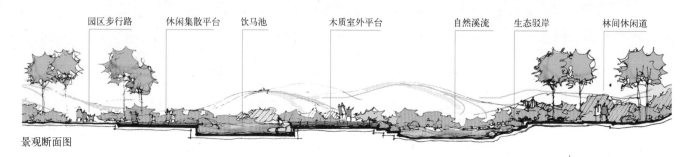

园区步行路　　休闲集散平台　　饮马池　　木质室外平台　　自然溪流　　生态驳岸　　林间休闲道

景观断面图

B.断面示意图

图片来源：武汉理工大学艺术与设计学院武星宽工作室

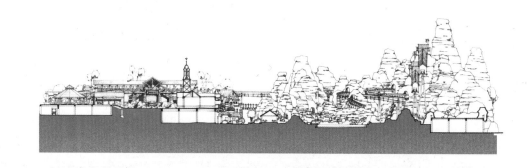

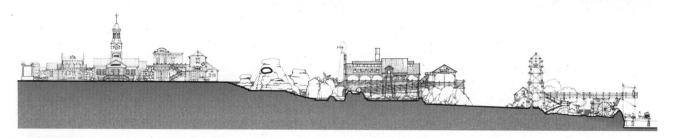

C.断面示意图

工程项目：深圳华侨城欢乐谷二期老金矿区

图片来源：http://www.landscapcn.com/info/drawing/

图21　A、B、C

ENVIRONMENTAL

DESIGN 旅游区景观设计原理

高等院校环境艺术设计专业规划教材

⊙ 邓涛 编著

中国建筑工业出版社

图书在版编目（CIP）数据

旅游区景观设计原理/邓涛编著. —北京：中国建筑工业出版社，2007

高等院校环境艺术设计专业规划教材

ISBN 978-7-112-09305-2

Ⅰ.旅... Ⅱ.邓... Ⅲ.旅游点－景观－园林设计-高等学校-教材 Ⅳ.TU984.18

中国版本图书馆CIP数据核字（2007）第068807号

　　本书论述了旅游区景观设计的基本原理，内容翔实可靠，结构体系相对完整，符合学习旅游区景观设计的进程逻辑。全书分为四个论述层次，从旅游景观的基本概念、空间形态特征及其构筑方法，到各类常见游憩场地和设施的设计，直至植物植被的基本习性和种植方法，层次分明，文脉清晰，内容全面，既有实践性，又有理论探索性，能使读者全面了解和掌握旅游区景观设计的基本概念、原理与方法。

　　本书可作为城市规划、旅游规划、建筑学、风景园林设计和环境艺术设计等专业在校学生，学习旅游区／游憩地景观设计课程的教材，也可作为在职设计人员的参考书籍。

责任编辑：张　晶

责任设计：崔兰萍

责任校对：安　东　王　爽

高等院校环境艺术设计专业规划教材

旅游区景观设计原理

邓　涛　编著

*

中国建筑工业出版社出版、发行（北京西郊百万庄）

各地新华书店、建筑书店经销

北京嘉泰利德公司制版

廊坊市海涛印刷有限公司印刷

*

开本：880×1230毫米　1/16　印张：23¾　字数：463千字

2007年8月第一版　　2018年8月第五次印刷

定价：**48.00**元

ISBN 978-7-112-09305-2

(15969)

序

　　我与作者相识是五年前的事。那时他刚调入我所在的院系工作，给我的印象是少有与人交往，多少有点不谙时世的生猛感觉，五年来似乎了然无声。突然一天，他拿出一摞沉甸甸的文稿请我指教，也就是这部著作，我豁然间明白了这五年来寂然的原因。而后，他又邀我作序。作为学长和学科带头人，身肩推进学科发展的重任，诚意难辞，乃欣然命笔。

　　在中国，景观设计作为一门新兴的应用学科，从概念引进到今天认同，其发展历史不过 20 余年，其专题研究成果更尚无多见。研究旅游区景观问题，需要有较为完善的知识结构，这正如读者阅读这部书籍后所体会到的那样，旅游区的景观是一个内容丰富，涉及面极为广泛且重要的类型，研究它需要具备很好的工学和人文基础、科学与艺术结合的素养，这是由旅游活动的众多特质决定的。作者长时期潜心于景观规划设计理论的研究，加之具有较长时期的设计实践工作背景，形成了较强的理论研究能力，这些对他今天取得的探索成果有着深刻的影响。在时人普遍浮躁的今天，潜心于这一领域作长期研究，在前例无多的条件下，完成了这部内容丰富、资料翔实可靠、研究难度较大的课题，实属难能可贵。

　　当下，中国旅游产业界对景观设计在推动旅游业发展中的作用，远不如旅游业发达国家那么敏锐，似乎"天赋物象"是大自然的恩赐。事实上，并不是大自然的每一角落都可以成为游赏对象的，人们之所以选择某一地方作为旅游目的地，是因为这个地方有着吸引他并区别于其他旅游区的吸引物。一般而言，旅游目的地的诸多特征大多由景观特征所决定，这些特征并非只是纯属客观存在的物象，这就决定了景观设计对提升旅游目的地吸引力方面的作用。随着我国人均收入的提高，人们的休闲需求的多样化，景观设计的研究成果，已经成为支撑旅游产业发展的重要技术因素，景观规划与设计不仅在构成旅游吸引力方面发挥着作用，而且在关于环境生态问题和旅游资源持续利用等方面，起到了控制和保护的作用。然而，在当下的中国，相关学科的基础理论对研究旅游区景观设计的支撑是非常薄弱的。因此，有关旅游区景观规划与设计的探索成果，对推动中国旅游产业的发展有着特别的现实意义。作者敏锐地观察到这一学术动向，使本书的某些内容带有一定的前沿性质。

地域性是风景旅游区景观的一个显著属性，这个属性决定了从国外作品中借用设计是行不通的，而中国传统古典园林的设计模式，因服务对象、用地规模、游憩方式与今天的游赏有很大的区别，这些因素决定了古今的设计内容和理念方面的差距，用传统的设计模式更解决不了当代旅游环境恶化的问题。因此，摆在中国旅游景观问题研究者面前的责任就十分重了，我们做的工作与历史有哪些不同，著书立论所传达的信息是否客观，明晰这些诸如学术上的、设计实践上的问题，对推动当代中国的景观规划设计发展都有着现实意义。在这些方面，书中所传达的信息是恰当的，既没有囿囹于学派之争，也没有拘泥于某一思潮的局限，而是朝着建构一个相对完整的旅游区景观设计架构的研究方向努力。从这一层面上看，这应该是本书的学术价值所在。

旅游区景观设计的内容极为丰富，涉及的层面也极为广泛，这是专业的一个特点。这个特点决定了即使专业能力比较强的年轻读者，在阅读本书时也会感到有一定的难度。事实上，学习和掌握一门复杂的应用技术，不是一蹴而就的事，应该说本书客观地反映了专业的这一特点。从知识传授方法的角度看，全书的结构体系有着内在的逻辑性，它沿着旅游区景观设计的工作进程，在规划控制与景物形象创造之间，相对科学地阐述了旅游区景观设计的基本概念、原理和方法。

我衷心地期待着本书早日面世，发挥出它应有的作用。

武汉理工大学艺术与设计学院教授、博士生导师

2007 年元月

前 言

　　从一些专著和论文的研究成果来看，一直使人惑然的是，在景观规划与设计发展得如火如荼的今天，景观研究者似乎连什么是"景观"都没有形成一个统一的定义！既然研究对象不详，其研究内容自然不乏争议。在一个概念含混不清的国际背景下，探讨旅游区景观设计似乎存在研究内容不明确的问题。但若对景观产生的历史、发展和现状作一番考察，什么是景观的答案就显易可见了。事实上，定义从来都不是源于学者的某种答案，而是看大多数设计实践者如何处理景观的，也就是说，他们的研究对象、研究内容、提出问题的特征，形成了不同历史时期的景观特征和研究内容，更重要的是今天的这些与历史上有何不同，这也是本书撰写的出发点和写作目的，即客观、相对准确地反映当代旅游区景观设计的主要概念、理论和方法及应用。尽管科学应该是客观的，但学者也难免抱有主观片面之见。虽然本书在撰写过程中，力求客观、准确，但在一定程度上更多地反映出我个人对旅游区景观设计的整体看法，以及在某些方面的个人观点，其中不乏涉及有争议的问题。

　　相对区域旅游时空来说，本书的研究对象显然是中尺度空间，相对旅游区景观规划来说，本书的研究范畴属于规划的延续阶段，即旅游区景观规划意图的执行和具体设计表达。事实上，景观的规划与设计之间既联系又区别，工作目标和内容也有很大不同。规划的宗旨在于控制，设计的要义却在于创造，一个合乎科学规律的规划控制，无疑是保证设计深度和项目完整性的基础。因此，景观设计是建立在规划控制框架之内的具体创造，不理解规划意图或不懂规划是难以做好景观设计的。由于景观设计的过程经常是在控制与表达之间相互穿插，而且设计方法和途径也多种多样，这就决定了旅游区景观设计的过程承担着规划控制与形态创造的双重任务，这也是本书中经常穿插介绍一些旅游规划方法的原因，或者说景观设计过程本身就包含着规划控制的任务。

　　如何将景观规划控制的科学性与形态创造的艺术性合理地体现于具体的设计中，这显然需要有一个标准和编制办法。但就目前现状来看，景观设计在世界上尚无一个统一的标准，我国也没有一个统一的编制办法，这一直是困扰景观设计者包括作者本人的一个问题。建议读者在阅读本书前，首先应了解旅游规划的基本方法。在具体设计过程中，一方面参照旅游规划编制办法，将其适合部分引用于旅游区景观设计中；另一方面，也要认识到景观形态的创造过程不完全取决于规划的科学性，应善于处理好控制与创造的关系。这无疑是在目前情形下，保证旅游区景观设计成功的行之有效的途径。

旅游区作为一个复杂而重要的类型，涉及的内容极为丰富，研究难度较大。本书引入了景观设计的新问题，包括眺望意义上的景观控制理论、旅游环境中的行为特征、景观设计工作程序等内容。所论述的基本原理和方法一般也能适用于其他景观类型。

任何一个作者的认知水平相对客观来说总是有限的，因此，写作中肯定有偏颇之处，谨请各家提出批评。

目 录

第1章　旅游景观系统

1.1　旅游景观系统构成特征　2

1.1.1　旅游景观系统的含义　2

1.1.2　旅游景观系统的三要素　9

1.2　旅游景观系统特点　12

1.2.1　旅游景观系统的内涵　12

1.2.2　旅游景观特点　15

1.3　旅游自然景观的类型　16

1.3.1　旅游自然景观资源的分类研究　16

1.3.2　旅游自然景观分类简介　18

1.4　旅游区景观要素类别　24

1.4.1　山石景观　25

1.4.2　水域景观　26

1.4.3　生物景观　26

1.4.4　天象与气候景观　26

1.4.5　宗教文化及其工程遗址景观　27

1.4.6　民俗风物　28

1.4.7　城乡风光景观　30

第2章　旅游区空间体系

2.1　旅游空间的形态　34

2.2　旅游空间的类型　36

2.3　旅游空间的表现形式　38

2.3.1　公园绿地　38

2.3.2　附属绿地　39

2.3.3　其他绿地　40

2.3.4　风景名胜区　41

2.3.5　旅游度假区　42

2.3.6　主题公园与游乐公园　43

2.3.7　城市游憩商业区　44

2.3.8　历史文化名城　46

第3章　旅游环境知觉

3.1　旅游环境知觉　52

3.1.1　旅游环境知觉的基本概念　52

3.1.2　旅游环境知觉的特性　53

3.2　影响旅游环境知觉的因素　55

3.2.1　影响旅游环境知觉的客观因素　55

3.2.2　影响旅游环境知觉的主观因素(个体特征)　59

3.2.3　错视觉　60

3.3　空间与场所　61

3.3.1　空间知觉　61

3.3.2　旅游空间与场所的社会性　63

3.4　旅游环境中的空间行为　67

3.4.1　私密性　68

3.4.2　领域性　71

3.4.3　微观空间中的行为特征　74

第4章　外部游憩空间构筑

4.1　外部游憩空间的构成要素　82

4.1.1　基本构成要素　83

4.1.2　辅助构成要素　83

4.2 空间的限定和类型 84
   4.2.1 空间的限定 84
   4.2.2 空间类型 93

4.3 空间层次构筑与变化 94
   4.3.1 空间层次处理 95
   4.3.2 空间变化 96

4.4 环境质量 97
   4.4.1 影响旅游区物理环境质量的因素 97
   4.4.2 温、湿度环境 99
   4.4.3 光环境 100
   4.4.4 声环境 101
   4.4.5 小气候环境 102
   4.4.6 嗅觉环境 103

4.5 影响形成良好视觉印象的因素 104
   4.5.1 视觉景观 104
   4.5.2 景观视廊控制 105
   4.5.3 人工设施环境 108
   4.5.4 形成良好视觉印象的基本要素 111

第5章 旅游区景观设计程序

5.1 旅游景观系统控制原则 120

5.2 设计工作程序 121
   5.2.1 几种设计程序研究的介绍 122
   5.2.2 旅游区景观设计工作的五大组成部分 125

5.3 调查研究阶段 126
   5.3.1 基地调查前期准备 126

5.4 编写计划任务书阶段 130

5.5 总体设计阶段 131
   5.5.1 立意 131
   5.5.2 概念构思 131
   5.5.3 布局组合 137

5.5.4 草案设计 138
5.5.5 总体设计 140

5.6 详细设计阶段 145
   5.6.1 景观详细设计内容 145
   5.6.2 详细设计图文件 147

5.7 施工图设计阶段 150
   5.7.1 施工总平面布置图 151
   5.7.2 竖向设计图 151
   5.7.3 土方工程图 152
   5.7.4 管道综合图 152
   5.7.5 种植设计图 153
   5.7.6 详图 153
   5.7.7 水系设计图 153
   5.7.8 道路广场设计图 154
   5.7.9 建筑设计图 154
   5.7.10 照明设计图 154
   5.7.11 假山、雕塑小品等设施设计图 155
   5.7.12 苗木表及工程量统计表 155
   5.7.13 工程预算 155

第6章 旅游区通路

6.1 交通方式、交通组织与路网布局 160
   6.1.1 旅游区交通方式 160
   6.1.2 区内交通特征与类型 161
   6.1.3 区内交通组织与路网布局 161

6.2 道路类型、分级与宽度 163
   6.2.1 道路类型 163
   6.2.2 分级、宽度 163
   6.2.3 道路线型与断面形式 164
   6.2.4 道路规划设计的有关规定 169

6.3 通路与游憩场所 169

6.3.1　通路的特性　169

6.3.2　通路的结构形式　170

6.3.3　通达性　171

6.3.4　控制穿越性的设施　172

6.3.5　通路与旅游活动　173

6.3.6　通路空间尺度与景观　173

第7章　游憩活动场地及其设施设计

7.1　游憩设施系统　178

7.2　游憩活动场所与设施内容　179

7.2.1　游憩活动场地及其设施　179

7.2.2　游憩活动场地的特征　180

7.3　游憩活动场地设计　181

7.3.1　老年人健身与休闲场地　181

7.3.2　青少年活动与运动场地　183

7.3.3　儿童游乐场　185

7.4　出入口设计　188

7.4.1　出入口的特性　188

7.4.2　出入口的设计　190

7.4.3　出入口设计考虑的因素　191

7.5　边界设计　192

7.5.1　边界的基本特性　192

7.5.2　边界的设计　194

第8章　游憩环境设施设计

8.1　硬质景观设施　200

8.1.1　雕塑小品　200

8.1.2　隔栏设施　206

8.1.3　坡道与台阶　209

8.1.4　种植容器　210

8.1.5　便民设施　211

8.2　水景观　212

8.2.1　水景的基本特性　212

8.2.2　水景类型及特点　214

8.2.3　驳岸（护坡）　223

8.2.4　景桥　226

8.2.5　木栈道　228

8.2.6　景观用水　228

8.3　模拟景观　229

8.3.1　模拟景观的类型与特性　229

8.3.2　置石与掇山　231

第9章　庇护性设施设计

9.1　亭与园舍　240

9.1.1　亭舍的一般特性　240

9.1.2　亭的基址选择　241

9.1.3　亭的基本构造与类型　243

9.2　廊　247

9.2.1　廊的基本特性　247

9.2.2　廊的基本类型　248

9.2.3　廊的形式特点　248

9.3　榭与舫　251

9.3.1　榭　251

9.3.2　舫　251

9.4　厅堂楼阁馆　252

9.4.1　厅堂　252

9.4.2　楼与阁　252

9.4.3　馆　253

9.5　其他庇护性设施　253

9.5.1　码头　253

9.5.2　棚架　253

9.5.3　膜结构　255

9.5.4　座椅（具）　255

第10章　旅游服务设施设计

10.1　景观照明　260

10.2　解说设施　262

10.2.1　解说规划的基本架构　262

10.2.2　解说媒体选择　262

10.2.3　解说设施种类　263

10.2.4　标志牌的设计原则　264

10.3　卫生设施　270

10.3.1　饮水器（饮泉）　270

10.3.2　洗手、洗脚设施　270

10.3.3　垃圾容器　271

10.3.4　公共厕所　271

第11章　旅游区种植规划与设计

11.1　一般规定　278

11.1.1　植物种类选择要求　278

11.1.2　苗木控制要求　281

11.1.3　绿化种植的景观控制要求　281

11.1.4　树种配置一般原则　282

11.2　种植规划程序　283

11.2.1　种植规划程序　283

11.2.2　种植规划文字编制和附表　287

11.3　游人集中场所的种植限制　287

11.3.1　游人集中场所的植物选用规定　287

11.3.2　集散场地的种植规定　288

11.3.3　儿童游戏场的种植规定　288

11.3.4　停车场的种植规定　289

11.3.5　成人活动场地的种植规定　289

11.3.6　残疾人使用的园路边缘的种植规定　289

11.3.7　园路两侧的种植规定　289

11.4　道路种植设计　289

11.4.1　道路种植的基本原则　290

11.4.2　道路种植的种类和目的　291

11.4.3　道路绿化的范围　292

11.4.4　道路绿地的断面形式　292

11.4.5　道路种植的布局要求　293

11.4.6　道路绿带设计　295

11.5　种植设计方法　303

11.5.1　植物的作用　303

11.5.2　种植设计要点　304

11.5.3　植物配置形式　307

11.6　绿篱与花卉的配置　313

11.6.1　绿篱的配置　313

11.6.2　花卉的配置　313

11.7　草坪和地被植物的配置　317

11.7.1　草坪和地被植物的习性　317

11.7.2　草坪的类型　319

11.7.3　草坪草的选择标准　320

11.7.4　草坪草的选择原则　321

11.7.5　草坪设计要点　323

11.8　水生植物的配置　324

11.8.1　水生植物的种类　325

11.8.2　水生植物的应用　326

附录：园林树种选择与应用　330

后记　349

第1章

旅游景观系统

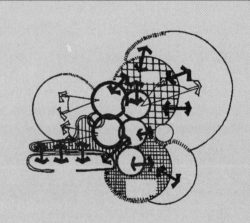

第1章 旅游景观系统

　　根据我国《旅游区（点）质量等级的划分与评定》（GB/T 17775—2005）的解释，"旅游区（Tourist Attraction）是以旅游及其相关活动为主要功能或主要功能之一的空间或地域"，是"具有参观游览、休闲度假、康乐健身等功能，具备相应旅游服务设施并提供相应旅游服务的独立管理区"。它包括风景区、文博院馆、寺庙观堂、旅游度假区、自然保护区、主题公园、森林公园、地质公园、游乐园、动物园、植物园及工业、农业、经贸、科教、军事、体育、文化艺术等各类旅游区（点）。

　　景观系统是构成旅游区的核心要素，旅游区的诸多特征大多由景观特征决定。因此，需要了解旅游区景观系统的概念，深刻理解景观系统的内涵和景观系统的构成特征，掌握中国旅游资源分类的基本内容。

1.1 旅游景观系统构成特征

1.1.1 旅游景观系统的含义

　　景观是指可以引起视觉感受的某种现象，或一定区域内具有特征的景象。旅游景观也称风景资源、景源、风景名胜资源或风景旅游资源。它的本质含义是指能引起审美与欣赏活动，可以作为游览对象和旅游区开发利用的事物与因素的总称。由于景观形态多种多样，内容极为丰富，将它作为一个系统看待，更有利于对其内涵的把握。对旅游景观系统内涵的准确把握，在很大程度上决定了旅游区景观系统分类分级系统的客观性。

　　1. 景观概念和在中国的发展现状

　　对汉语来说，景观（Landscape）是个外来词，其定义在西方有多种表述，不同领域和时期有着很大的差异。纳韦（Naveh Z.）和利伯曼（Lieberman A.S.）在1984年出版的《景观生态学：理论与应用》（Landscape Ecology：Theory and Application）一书中认为，"景观"一词最早出现在希伯来文本的《圣经》旧约全书中，它是被用来描写梭罗门皇城（耶路撒冷）的瑰丽景色。[1] 但也有学者认为，"最初，'景观是指留下了人类足迹的地区。'而在古英语中，景观一词曾一度

---

1 Naveh Z, Lieberman A.S.Landscape Ecology:Theory and Application.Springer-Verlag，1984：356.

被废弃。到了17世纪，'景观'作为绘画术语从荷兰语中再次引入英语，意为'描绘内陆自然风光的绘画，区别于肖像、海景等'。"[1]此时的"景观"原意与汉语中的"风景"相同，具有表述环境景象的含义。这与目前我国大多数风景园林学家所指的风景含义基本一致，"也就是凡是能够引起我们给予正面审美评价或欣赏的自然环境和物象。"[2]也有研究人员更为详细地考察了景观一词的演进过程，认为现代英语中的 Landscape 一词，约于16与17世纪之交来自荷兰语 Landschap，主要受荷兰风景画影响，而作为一个描述自然景色的绘画术语引入英语。景观最初仅指一幅内陆的自然风景画；后来可以指所画的对象，即自然风景与田园景色。

景观（Landscape）一词移植于西方园林，与风景画（Landscape Painting）有很大关系。18世纪早期的英国庭园设计师和理论家们，如爱迪逊（J.Addison）、波贝（A.PoPe）和沙弗斯伯瑞（A.Shaftesbury）等，都直接或间接地将风景画作为庭园设计的范本。当时，这种形式的造园手法都类似于风景绘画，只不过这种"绘画"是在真实空间中进行的，设计师将风景绘画中的主题与造型移植到庭园创造过程中去，形成了按自然风景画构图方式创造的庭园风格。这使18世纪的景观与庭园设计行业产生了密切关系。以后该词又用来指人们一眼望去的视觉景致。

19世纪，随着德国地理学中景观概念的发展，德语 Landschaft（景观）一词作为科学术语引用到地理学中来，主要是反映内陆地形、地貌或景色的（诸如草原、森林、山脉、湖泊等），或是反映某一地理区域的综合地形特征。地理学中的景观概念并不仅仅局限于视觉上的美学意义，而具有了科学的含义。直至今天，德语 Landschaft（景观）一词与英语中的 Landscape（景观）仍有一些差异，虽然也表示风景、景观之义，但更多带有表示土地状态的含义。德语 Landschaft 的景观含义被英语同源词 Landscape 所吸收后，使该词词义更加复杂。

景观生态学（Landscape Ecology）是生态学中近几年来发展最快的分支之一。"景观生态学是研究景观单元的类型组成、空间配置及其与生态学过程相互作用的综合性学科。强调空间格局、生态学过程与尺度之间的相互作用是景观生态学研究的核心所在。"[3]它体现了生态学系统中多尺度和等级的结构特征，有助于多学科、多途径的研究。"景观生态学对城市规划与设计的意义在于扩展了专业学科的视野，着眼于投向更广阔和以景观生态为背景，向更为综合交叉的生

---

1 吴家骅原著.叶南翻译.景观形态学.北京：中国建筑工业出版社，1999-05（1）：3.

2 张国强、贾建中主编.风景规划——风景名胜区规划规范实施手册.北京：中国建筑工业出版社，2003-03（1）：3.

3 邬建国.景观生态学——格局、过程、尺度与等级.北京：高等教育出版社，2000-12（1）：2.

境扩展。更为广义的'理景'理念解决生态问题，在更深层次上确保实现可持续发展。"[1]因此，这一概念越来越广泛地为城市园林规划和旅游区域规划所关注和采用。

"景观生态规划与设计是以景观生态学原理为指导，以谋求区域生态系统的整体功能优化为目标，以各种模拟、规划方法为手段，在景观生态分析、综合及评价的基础上，建立区域景观优化利用的空间结构和功能的生态地域规划方法，并提出相应的方案、对策及建议。其中心任务就是创造一个可持续发展的整体区域生态系统。"[2]

随着环境问题的日益突出，景观的涵义在当今西方国家变得更加复杂。当今，景观一词在不同国家，词义上也不尽相同。现代英语中表示景观的词有Landscape、Scenery、Cityscape、View，分别表示景观和风景、城市景观、远景的景观；德语Landschaft则表示土地状态的含义；法语site意为风景名胜，paysage则表示原生农田等国土风景；意大利语paesaggio与法语paysage同源表示风景含义；日语"景观"与现代英语词义接近。

Landscape Architecture作为行业的名称传入中国不过20余年的时间，但在现阶段的中国，与Landscape Architecture相对应的中文名词，有园林、风景园林、景观、景观建筑、景园、造园等等。一个称作"景观建筑学"，另一个称作"园林学"。不同学科有着不同的看法，甚至争论相当激烈。争论焦点主要集中于设计理念、研究内容和所起的作用等方面。俞孔坚对中国园林规划教育与规划、管理实践中存在的传统做法，即忽视自然地在旅游区和城市绿地系统中的重要地位而仅仅强调匠意的花园构筑意识，提出了不同的看法。他归纳的中国园林专业形象是模纹花坛，忙碌不知为何；公园当作花园做，情长意短；自然地当作公园做，无法无天。[3]他曾试图从纵向和横向两个途径，探讨景观这一概念的发展历史和多学科的研究对象，及其内涵变化等问题，来表明城市景观生态学的研究内容及方法，对解决当今日益突出的环境问题所具有的作用和意义。其结论如表1—1所示。

景观概念及其研究的发展简表 表1—1

景观概念	作为视觉美学意义上的概念，与"风景"同义	作为地学概念，与"地形"、"地物"同义	作为生态系统的功能结构
以景观为对象的研究	景观作为审美对象，是风景诗、风景画及园林风景学科的研究对象	作为地学的研究对象，主要从空间结构和历史演化上研究	是景观生态学及人类生态学的研究对象，不但从空间结构及其历史演替上，更重要的是从功能上研究

来源：俞孔坚：《北京林业大学学报》，1987-09（4）：433～438.

1 吴为廉主编.景观与园林建筑.上海：同济大学出版社、北京：中国建筑工业出版社，2005-06（1）：168.

2 李家清著.旅游开发与规划.武汉：华中师范大学出版社，2000：35.

3 俞孔坚.中国园林，1998，14（1）.17～21.

但是另一方面，也有人认为，中国传统园林文化中的"天人之际"的宇宙观对中国古典园林境界的影响及其形成的景观设计精神，仍然需要继承和弘扬。对此，王晓俊从传统园林学历史发展的角度，景观建筑学的主要内容，以及 Landscape Architecture 与 Landscape Gardening 的渊源关系等方面，阐述了不同的看法。其主要观点体现于如下几点：

1) Landscape Architecture 在国外是与建筑学、城市规划相提并列的，而不是从属的学科。

2) Landscape Architecture 专业在专业起源、学科内容以及位置诸多方面都与国内的园林专业很相似。

3) 由于文化背景、经济发展速度、社会制度等众多因素不同，国内外园林专业发展水平和侧重都会有所差别。尽管相比之下，国外一些先进国家的 Landscape Architecture 学科专业面更宽、涉足的内容更多，与其他学科渗透的程度更深，但是，专业的性质是相同的，产生和发展的脉络是一致的。

4) 对于其间差距的认识，应该是国内园林学科建设和努力的目标，如果因为这些差距而将 Landscape Architecture 看作是一种与国内园林学科相去甚远或甚至是一种新的学科，都是不太妥当的。

5) 国内与西方 Landscape Architecture 相对应的应是园林专业，其相应的译名应为"园林学"，而不是"××建筑学"。

刘滨谊从迅速发展的中国景观规划设计研究实践中，以寻求中国景观规划设计发展创新的基点为议题，提出"三元论"的观点。他认为，现代景观规划设计实践的基本方面均蕴涵有三个不同层面的追求以及与之相对应的理论研究：

1) 景观感受层面，基于视觉的所有自然与人工形态及其感受的设计，即狭义景观设计；

2) 环境、生态、资源层面，包括土地利用、地形、水体、动植物、气候、光照等自然资源在内的调查、分析、评估、规划、保护，即大地景观规划；

3) 人类行为以及与之相关的文化历史与艺术层面，包括潜在于园林环境中的历史文化、风土民情、风俗习惯等与人们精神生活世界息息相关的文明，即行为精神景观规划设计。

他将上述三个层面予以概括，提出了现代景观规划设计涉及的三大方面：景观环境形象、环境生态绿化、大众行为心理。并称之为现代景观规划设计的三元（或三元素）。[1]

---

1 俞孔坚、李迪华主编. 景观设计：专业学科与教育. 北京：中国建筑工业出版社，2003-09（1）：110～114.

任何一门像旅游区景观设计这样的应用科学，都离不开与其相关的学科特别是基础理论学科的概念体系和基本原理的支撑。在相关基础学科中，旅游开发与规划和景观设计的基本概念显得尤为重要，因为旅游地域的景观设计首先面对的就是如何为旅游活动提供游览对象和途径的问题。事实上，景观规划与设计的发展在中国大陆至今不过20余年时间，旅游区景观设计的基础理论还不够深入，有些领域甚至连初步的涉及都未达到。国外一些较成熟的学科理论，是在与中国极为不同的社会经济和文化背景下发展起来的，解决当代旅游区景观问题的方法，显然不能从狭窄的中国传统古典园林设计模式中去寻找，而景观地域性的特性也决定了不能从外国的作品中借用。因此，相关学科的基础理论对旅游区景观设计的支持是不足的。目前，国内存在不同观念、不同体系的景观设计流派，在其编制方法上大多缺乏规范的管理，上述争论现象正是这一情形的现实反映。

旅游区景观设计应该建立在一种对旅游广义性的理解之上。事实上，人类在闲暇时间内的游憩活动是呈现连续、不可人为割裂的"游憩活动谱状态"。它包括室内游憩、居住地周边游憩、社区游憩、一日游、国内旅游和国际旅游等休闲活动系列。为了统计上以及分析旅游经济影响的需要，人们采用各种条件来界定旅游与游憩的差异，但这不意味着游憩与旅游行为本身有着截然不同的本质特征。基于这一角度考虑，旅游区景观设计应注意对游憩活动谱上的各类旅游和游憩吸引物及设施的整体性研究。旅游区景观设计的研究内容，还应该包括因人类休闲方式变化而出现的种种特征。

旅游区景观设计涉及众多学科和专业的参与，这是由旅游活动众多特质决定的。有人用"行、游、住、吃、购、娱"六要素概括旅游活动的主要特征，这直接反映了旅游区景观设计与众多学科和专业配合的特点，它广泛涉及到旅游区开发与规划、园林风景生态、园林建筑、环境艺术、园林绿化、心理学、历史学、地理学、民俗学、文化学等多专业内容。旅游区景观设计尽管面对的自然环境和规模不同，但它的主要任务是，通过利用、改造自然地形地貌或者模拟自然景观环境，结合植物栽植，配置人工设施的办法，构成一个供人们观赏、游憩的优美旅游环境。很显然，为了尽量减少人类旅游活动对自然环境的破坏，对旅游环境的规划控制是至关重要的。在这方面，旅游生态学从景观单元的类型组成、空间配置及其与生态学过程相互作用的角度，强调空间格局、生态学过程与尺度之间的相互作用，成为其研究的核心。旅游景观生态规划是随着环境意识的增强而注入旅游区景观规划设计的一股重要思潮。

人们之所以到这个地方旅游而不到那个地方旅游，主要是以他自己的决策标准为依据，对各种可供选择的旅游目的地进行综合评价后作出的选择。旅游者的游览过程，从某种程度上来看，就是对各种旅游环境的感知、审美过程。那些对旅游者产生吸引的各种景物，如果没有自己独特的景物形象、一定的强度和突出的属性，就可能不会激发游客的动机。因此，景物的吸引力是一般人选择旅游地点时所考虑的重要因素。在这方面，环境艺术设计学从环境感知和审美的角度，根据视觉规律，通过对景物视觉形象表现力的研究，增强了旅游环境形象魅力研究的发展，并成为当今中国一支重要的新兴景观设计力量。

具有悠久历史传统的中国造园艺术，蕴涵着许多人与自然、物质与文化的交融精神，体现了优良的"天人合一"人本主义设计思想。在这方面，中国的风景园林学拥有深厚的传统和底蕴。一直以来，风景园林学都致力于旅游风景资源的开发和保护，是中国当今底蕴最深、最具实力的一支设计力量。

一个旅游环境塑造的完整过程，首先是对场地上的自然条件进行整体分析研究，其次才考虑游人如何在这块土地上活动这即是分析、评价场地的适宜性策划工作。在此基础上才可能进行旅游总体规划，提出控制原则。景观设计的理想目标是要实现人与旅游环境的和谐相处，也就是协调游憩行为与旅游环境的关系，这就需要研究游憩行为与环境协调的问题。景观既然被看成是一种符号，一种文化的载体，就需要赋予这块土地文化涵义，使人在游憩体验中寻找到自己的归宿，这就必然涉及到景物形象的属性问题，即景物形象的具体设计。事实上，旅游环境的塑造是一个系统工程，所有的工作都是围绕天、地、人的关系思考问题，要很好地解决这些关系，必然依赖于旅游策划、区域生态规划、游憩行为研究、景物形象表现力设计等专业学科的共同协作。从中国的景观规划设计发展现状和研究方向来看，基本是符合这一发展规律的。在当今中国景观规划设计领域，除了风景园林学这支传统的设计力量外，还派生出三种新生的旅游景观规划与设计流派：

1）环境生态流派——以环境生态保育为要核的区域旅游景观规划与设计；

2）环境艺术流派——在旅游规划框架下的，重在景物形象表现力研究的景观设计；

3）旅游策划规划流派——与旅游规划相结合的，重在旅游行为研究的景观规划设计。

2. 旅游景观系统概念

所谓旅游景观系统，通常是指能引起审美与欣赏活动，可以作为游览对象和旅游区开发利用的事物与因素的总称。然而，并不是大自然的每一部分都可以称为旅游景观。地质学意义上的一片原野或大自然的一角，只是代表地壳的一种客观存在的地质、地貌属性或物象。而旅游景观系统，则是表现一种并非纯属客观存在的概念，是将人的感情渗入自然景观的产物，如果离开人的主观意识感受，旅游景观系统的概念也只能看作是地形的同义词。当用毫无心境的眼光观看山川河流时，恐怕难以从中看出旅游景观的种种含义。尽管旅游景观系统本身是多种多样和千差万别的，但是，旅游景观系统应该是能够引起美感的"大自然的一角"。

自然景观是旅游环境的主要组成部分，多由大自然原赋的客观物象组成，园林中的旅游景观，无论它是以自然为主或摹拟自然为主，也都是携带人工痕迹的自然山水的集锦。由于景物景点的选择与确定、观赏角度与景面的取舍、游赏路线和附加的功能等均属主观意志，风景名胜区或园林的客观物象也就携带了主观性。在这里，客观物象本体由于具有了主观的性质，自然景观也就成为人格化的旅游景观。

综观国内外旅游学者对旅游资源的众多阐述，大都把旅游区的自然景观和人文景观称之为旅游资源。例如我国学者郭来喜将旅游资源定义为："凡能为人们提供旅游观赏、知识乐趣、度假疗养、娱乐休息、探险猎奇、考察研究以及人间友好往来和消磨时间的客体和劳务，都可以称为旅游资源（1985）。"周进步指出："旅游资源是指地理环境（包括自然环境和人文环境）中那些为旅游者感兴趣的、可以利用的物质条件。"方如康认为："所谓旅游资源，就是能对旅游业产生经济价值的观赏对象，也就是说凡是能对旅游者产生观赏吸引力的资源。"黄辉实将其定义为："旅游资源就是吸引人们前来游览、娱乐的各种事物的原材料。这些原材料可以是物质的，也可以是非物质的。它们本身不是游览目的物和吸引物，必须经过开发才能成为有吸引力的事物。"孙文吕提出："凡能激发旅游者旅游动机，为旅游业所利用的，并由此产生经济效益和社会效益的自然和社会的实在物"都是旅游资源（1986）。后来将"实在物"改为"现象和事物"。陈传康、刘振礼认为："旅游资源是在现实条件下，能够吸引人们产生旅游动机并进行旅游活动的各种因素总合（1990）。"邢道隆将其理解为："从现代旅游业来看，凡能激发旅游者旅游动机，为旅游业所利用，并由此产生经济价值的因素和条件，均可成为旅游资源（1990）。"[1]

从以上阐述中可以看出，尽管对旅游资源概念的具体内涵的概括与表述有差异，但其共同之处就是旅游资源必须具有一定的吸引力，这一点与本书中旅游景观系统概念是一致的。

旅游景观系统最显著的内核是能引起人们的审美活动与游憩兴趣。只有具有吸引力的物象才能够引起人们的注意，使人们向往，并产生旅游欲望。在吸引力这层意义上，旅游景观系统与旅游资源的特征有着许多重叠之处。但仅仅只有吸引力还不能完全促使人们前来旅游，必须把旅游景观系统开发成能满足游人旅游

---

1 韩杰主编.旅游地理学.大连：东北财经大学出版社，2002-02（1）：85.

需求的旅游环境，包括旅游对象、适宜的接待设施和游憩设施等内容，甚至还包括了快速舒适的旅游交通条件，这样才能激发人们的旅游动机，提高游憩兴趣和开展审美活动。因此有些场合，旅游景观系统概念与西方学者常使用的旅游吸引（物）的概念近似，是指旅游地域吸引旅游者的所有因素的总和，一般包括景观系统和旅游节事两个部分。"旅游吸引物必须是那些给旅游者以积极的效益或特征的东西，它们可以是海滨或湖滨，山岳风景，狩猎公园，有趣的历史纪念物或文化活动，体育运动，以及令人愉悦舒适的会议环境。"[1]

人类旅游活动离不开对象和条件。旅游活动实质上是在旅游地域内，一定条件下，以某些自然和人文现象为对象的轻松游憩、感受体验过程。因此，旅游对象、场域感知和感知条件构成了旅游景观系统的三个基本要素。

1.1.2　旅游景观系统的三要素

1. 旅游对象

旅游对象是指旅游目的地内具有吸引游客兴趣的物象。旅游对象的种类繁多，自然界中千变万化的自然形体与空间、天象气候、水域风光、动植物，遗址遗迹、宗教礼仪、民间节事、风物等等，都可以理解为旅游对象。但并不是自然界中所有的物象都是旅游对象，只有那些可以引起旅游者兴趣、满足旅游需求的事物才是旅游对象。由于旅游需求具有的层次性和多样性特点，吸引游客兴趣的物象种类极为繁多和丰富。

随着人类现代生活兴趣点的转换，旅游活动的范围、方式和游憩特点都在发展变化。自20世纪70年代开始，一些国外旅游学者先后在中心商业区（CBD）概念基础上提出了游憩商业区（RBD）、中心旅游区（CTD）、旅游商务区（TBD）等概念。由此引发了关于一系列大都市旅游活动特点的研究。譬如，思坦斯菲尔德（Stansfield）和瑞克特（Rickert，1970）提出了RBD（Recreational Business District，游憩商业区）的概念。随后，RBD的含义被扩展，试图以此解释城市中为旅游者服务的功能应如何布局与分布的问题。此外，学者博腾肖尔等（Burteshaw等，1991）对欧洲城市的旅游业进行了开创性的研究，提出了"中心旅游区"（Central Tourist District）的概念，认为在CTD中集中了城市大部分的旅游活动。学者盖兹（Geizl，1993）则作了TBD（Tourism Business District，旅游商业区）与CBD之间的关系研究，认为它们可能是相邻甚至是重叠的。学者简森·弗拜克（Jansen-Verbeke，1991）认为零售商业与旅游业的关系是纠缠不清的，零售商业发达，种类、档次齐全，将可能成为旅游目的地的一个重要的吸引力。基于

---

1 保继刚等.旅游地理学.北京：高等教育出版社，1993-05（1）：52.

旅游业自身具有的广域关联度的特点，许多学者提出城市中商业与旅游业关系的研究，譬如城市商业步行街、市郊购物中心研究等等。[1]

2．场域感知

场域感知是指游人对旅游环境综合的、整体的反映。游人通过感官感觉到大量的旅游环境信息，通过选择、整合一系列心理过程，以自己的旅游需要、态度和过去的经验为理解依据，赋予旅游环境以意义，并从中获得愉悦，得到满足。虽然大自然的物象是独立于主体和人的主观意识之外，但是，在"场理论"（Field Theory）看来，环境或个人是作为一个整体而存在的，任何具体的心理和行为事件都是在这个整体的制约下发展和变化的。[2]将环境作为场域看待的观点，是现代环境行为学的一个显著特点，其要旨在于强调，"行为场是由自我和环境两个系统组成的，它们相互作用就产生了变动不拘的行为。"[3]因此，旅游环境中的大自然物象，已不仅仅是与旅游行为包括审美活动无关的客观对象，而是渗入了人类主观意识的一种景物。游客在游览过程中，旅游对象以其属性对人的眼耳鼻舌身脑等感官起作用，人们通过感觉、选择、体验、整合等一系列旅游心理活动过程，在漫不经心的游览过程中，体验游憩带来的愉悦心情，从而完成旅游活动，赋予旅游环境以评价。

人类的这种场域感知能力是旅游审美的基础，场域感知概念对景观设计的作用可以从如下两个方面加以考虑：

（1）物象特性的感受依赖于人的感觉道。感觉道是指视觉、听觉、嗅觉、味觉、温度觉、冷觉、痛觉等通道。不同感觉通道的感觉经验（感觉的主观经验）各不相同，不能从一种感觉经验连续地变成另一种感觉经验。例如，视觉的红色感觉与味觉的甜感觉完全不同，不能从红的感觉逐渐转变成甜的感觉。同一通道的感觉经验相互之间有类似性，可以从一种经验逐渐转变成另一经验。例如，视觉的红色感觉可以通过橙色的感觉而达到黄色的感觉。

（2）物象的形式特征应易于识别。物象的特征越清晰越容易引起游人的注意，但诸如景观设计这类非言语的表义很难如同于文字表义那样，清晰明了地表达含义，相反具有抽象性、曲折性和暗喻性的特点，这为理解物象的形式意义带来一定的困难。物象的形式意义是否被理解与人的知觉方式有关，按照认知心理学目前的一般看法，"知觉是个体选择、组织并解释感觉信息的过程。它在很大程度上依赖于人的主观态度和过去的知识经验。"[4]这个过程相应地被看作是一系列连

1 翟辅东．旅游六要素的理论属性探讨．旅游学刊，2006(4)：20～24．
2 朱智贤主编．心理学大词典．北京：北京师范大学出版社，1989-10：59．场理论辞条．
3 朱智贤主编．心理学大词典．北京：北京师范大学出版社，1989-10：59．场理论辞条．
4 朱智贤主编．心理学大词典．北京：北京师范大学出版社，1989-10：94．

续阶段的物象感觉信息加工的过程。当人们能够确认所知觉的物象是什么时，实际上知觉到的是关于这个物象的粗略结构特征。由于每一个物象都是按一定的结构和组成关系形成的，也即具有区别于另一种物象的结构和组成特征，于是千差万别的物象就可以为我们识别和理解。识别物象有何意义依赖两方面条件：一是物象本身具有的组织结构倾向；二是人所具有的物象知识和经验。物象的意义原本是寓于客观对象的，由于有了经验的条件，意义就可以被理解。

物象形式应让人容易识别和理解。理解并不意味着认同，物象形式意义是否被认同，通常基于两种不同层次含义上的理解：第一种是以使用功能为依据的理解；第二种含义则在设计者与感受者之间关于形式符号的理解。使用功能主要通过功效来体现，如通路的可进入性、场所的围合性等。由于符号的价值或含义是由使用者赋予它的，因而，对形式符号的理解则要求"约定"来达成，这种"约定"通常依赖人们具有的知识和经验。因形式意义的理解主要是通过视知觉对形式特征进行判断作出的，如独秀奇峰、香山红叶、花港观鱼、云容水态、旭日东升等景，主要是视觉感知的结果。因此，物象的形式一方面应尽量激活感受者对其特征的注意；另一方面应采取一些具体的设计措施如暗示和诱导方法等，使物象特征具有一定强度的清晰性，并让人容易识别和理解。

3. 感知条件

感知条件是游人感知旅游景观资源的制约因素，与游人构成了一种特殊的因果关系。在纷繁的旅游环境中，若欲让物象引起旅游者的注意，物象的特征应保持清晰性，物象的清晰性指物象的清晰、生动、突出和持续等特征。但物象的清晰性通常受条件的影响，这些条件有的主要取决于客观物象本身，如由受时间制约表现出的季相，以及地理位置、环境特点和物象种类的变化条件，这些条件可能足以改变景观资源的特性；有的则主要取决游人本身的条件，因为游人的个人需要、文化观念、性别、年龄、种族、职业、爱好、经历与健康状况等，都会影响其直观感觉和想象推理的能力。特别因专业兴趣的不同，使人经常选择与自己有关的领域作为自己的主要对象，且予以特别的关注，而对其他领域的事物则相对表现为疏忽大意，这种个体的倾向性条件，对旅游意识及其发展的影响有至关重要的制约作用。因此，物象和场域感知之间构成了一种特殊的因果关系，物象素材的排列组合和感知反应的印象综合，都是在这一定的条件之中发生的。因此，景观资源的有限性和无限性应视为辩证的统一体，对这些问题的深入思考，将有助于旅游景观资源分类的逐步完善。

尽管旅游对象、场域感知和感知条件都是旅游景观资源构成的基本要素，但是三者的地位与作用并非等量齐观。一方面，旅游对象种类的多样性，场域感知特点的发展性，条件情况的变化性，使旅游景观资源显得错综复杂；另一方面，由于人类的注意心理活动具有指向性和集中性的特征，这种选择性不仅表现为选取某种自己需要的旅游活动和对象，而且注意的集中性又使游人更为关注与自己有关的东西，忽略一切与活动和对象无关的东西，以保证注意的对象能得到比较鲜明和明晰的反映。这就要求景观设计应考虑游人的需要、兴趣，以及与游人已有的知识经验相联系的因素，使物象的特征清晰、生动和突出。也正是由于这些心理活动特征，旅游景观资源才是那样的五彩缤纷，陶冶激励着人类去创造更加美好的人士化自然环境。

1.2 旅游景观系统特点

1.2.1 旅游景观系统的内涵

自然景观是旅游区构景的重要组成部分，系指能使人产生美感，并能为旅游业所利用、产生效益的自然环境和物象地域组合，它包括山、水、气、光、动物、植物等。可以归纳为地文景观、天象与气候景观、水域景观和生物景观四个方面，如名山、峡谷、岩洞、峰林、石林、火山、海滩、沙漠、戈壁、岛屿、湖泊、河流、泉水、瀑布、冰雪、森林、草原、古树名木、野生动物、自然生态等等。它们巧妙的结合，构成千变万化的景象和环境，通过人的视觉、听觉、嗅觉、味觉、触觉、联想、理念的感知和综合分析，从而产生美感，获得精神与物质上的享受。近年来，一些自然景观在一定程度上加入了人工因素，由于主体景观的成因是自然的，因此这类资源习惯上也称为自然景观。人文景观是指人类社会发展变化过程中产生的社会历史产物，由古今人类所创造，能够激发人们旅游动机的物质财富和精神财富。它内容丰富，涵义深刻，有明显的时代性、民族性和高度的思想性、艺术性。如古遗址、历史纪念地、名人故里、帝王陵寝、古墓、宫殿、寺院、石窟、古建筑、古园林等。但是，"景观生态空间体系不但是指城市公园、大型观光游憩绿地、风景名胜区、健身—休闲—娱乐旅游系统功能绿地，还包括环保人工生态和林业绿地（防护林、城市人工森林环、楔廊专用绿地）、水源及其涵养净化湿地、农业绿地（农用苗圃、果园）、农业高科技园的景观生态理景。"[1]

旅游景观系统的内涵是丰富的、发展的。理解时，以下几个方面问题应加以重视：

1. 旅游价值是旅游景观吸引力的主要体现

判别是否是旅游景观，主要看它对游客是否有一定吸引力，而旅游景观的吸引力主要体现在旅游价值方面。游客之所以从客源地到某一旅游地去旅游，就是

---

1 吴为廉主编.景观与园林建筑.上海：同济大学出版社、北京：中国建筑工业出版社，2005-06 (1)：171.

因为这一旅游地有吸引游客的对象。无论是自然界原赋的、人工创造的或历史遗存的客观景观实体，还是那些不具备物质形态的文化、艺术、思想等非物质文化形态的内容，凡有可能被旅游业所利用的内容都算具有旅游价值。例如：优美的山、川、河、湖地文景观；幽静茂密的森林，奇特的龟、虫、鸟、兽，珍贵的生物景观；纯朴、浓郁的历史遗迹。它们都具有吸引游客观光游览、参与体验、学习提高的旅游价值，对游人具有一定的吸引力，这些都可以理解为旅游景观。

对于那些在旅游中仅仅起着媒介作用的劳务，例如导游、服务员、司机、经营管理人员的劳务等，他们并不是吸引游客前来旅游的对象，因此这些劳务不应属于旅游景观系统范畴。相反，某些为旅游业服务的名厨师，造诣较高的书法家、艺术家，虽然他们的活动也是一种劳务过程，但某些作品或产品的内容需要通过他们的表演或制作，有形、有声、有色地展示给旅游者，唯有这样才使游人领略其真正的内涵。他们劳务活动为旅游业所利用，并产生效益，从而体现了旅游价值，而且他们的劳动活动（创造或制作）过程也成为吸引游人参观的因素。譬如，许多人去夏威夷目的之一就是想亲身体验夏威夷人热情好客的情景，夏威夷也把热情好客的服务作为吸引游人的因素来宣传与开发。类似上述的劳务已不仅仅是媒介，而成为吸引游客前来旅游的因素之一，可以视为旅游景观。目前盛行的农家一日游、旅游村举办的节事，就属于这一情况。因此，旅游景观的吸引力不仅成为旅游景观的重要属性，而且其旅游价值也限定了旅游景观仅存在于旅游目的地，排除了从客源地到旅游目的地的其他地域。

2. 旅游景观系统包括开发的和未开发的内容

有人认为只有没有开发的要素才能称为旅游景观。作为能够激发人们旅游动机的要素，无论开发与否，都应该称之为旅游景观，因为开发与否并不能改变旅游景观的状态、性质、结构和成分，没有产生实质性的变化。旅游景观并不能因开发而一跃成为旅游系统的组成要素，因为开发的最终目标是为了激发旅游动机，促成出游行为的实现。如果将旅游景观从旅游系统中抽出来，这些开发的便利设施则毫无用处。也有的认为只有经过开发的才能算是旅游景观，这实际上是把旅游景观同旅游产品混淆了。因此，无论开发与否，只要能激发人们旅游动机，吸引人们前来旅游的要素，都可视为旅游景观。

3. 旅游景观既有有形的，也有无形的

在景观系统中，自然界原赋的名山、大川、瀑布、湖泊、森林、动物等，以及人类创造的、历史遗存的园林、宫殿、文化名城、珍贵文物等，它们是物质的、有形的客观实体，认同感较强，易于被人们知觉，这是景观系统中很重要的一部分。同时还有许多无形的、非物质的旅游景观，例如人文景观系统中有关文化、技艺、文学、科技的因素属于无形的景观资源，人们看不到、摸不着、听不见。这些文化艺术、趣闻轶事、神话故事等，由于它们是无形的、非物质的精神产品，不易为人们所感受，其本质也不易被人们理解与认可。实际上，这些非物质的、精神的旅游景观，是在物质的基础上产生的，总是与一定的物质基础相联系，并依附于一定的物质而存在。例如高尚的品德，总是与具体的人联系在一起；不同的文化艺术总是与一定的社会历史、环境条件相联系。充分发掘无形的、精神的旅游景观，不仅可以拓宽旅游的内容，而且还可以为有形的、物质的旅游商品创造出新的附加价值。

4. 原赋的和人工的

绝大多数自然景观的产生和存在不是以旅游经济为目的的。在现代旅游中，以盈利为目的的人工模拟景观现象越来越多，弥补了旅游景观资源的不足，充实了旅游的内容。人工模拟景观依靠的是资金和智力，或模仿或创造，或二者兼而有之，投资很大。如果立意正确则产出高；若立意不当或时机不合，则往往入不敷出，浪费资金、物力和人力。人工模拟景观是旅游开发的一大趋势，它更多地融入了现代高技术，增强了参与性和娱乐性。与此类似的另一趋势则是在城市建设工程、产业发展的基础上，充分考虑了现代旅游业需求的多样性，如城市中心旅游区的出现，其功能更注重游览性，标志性建筑物更注重观赏性，农业开发更注重休闲与度假功能。

5. 旅游景观是一个不断发展的概念

随着人们兴趣点的转移、经济的发展、科技水平的提高，旅游需求的类型更为多样化和个性化，这使构成旅游景观的对象和要素不断地扩大。譬如，以前作为禁区的西安卫星测控中心、美国的宇航中心、澳大利亚的造币厂、朝鲜半岛的"三八线"等，已向游客开放，成为重要的旅游点。旅游方式从过去的平湖龙舟、采摘莲藕，到现在的河谷漂流、帆板冲浪、深海潜水游憩体验；从体察民风、观赏古民居、考察古文化、观光田园的古镇旅游，到观赏现代城市建设成就、参观大型工厂、高新技术工业园区的旅游；甚至乘坐飞机俯瞰城镇、冰峰，邀游太空。现代的旅游方式已不仅局限于地面，已经开始向水下、空中发展。特别是集优美的环境、现代高科技、深厚的文化内涵于一体的大型综合性旅游区与游乐场所受到人们的偏爱。旅游的范围还将继续扩大，某些现在看来不是旅游景观的客体或要素，很可能以后会成为旅游景观。

不言而喻，旅游景观的旅游价值就在于其吸引功能，旅游价值的大小就是吸引力的大小。但旅游景观同时还具有其他价值，如考古价值、艺术价值、历史价值、科学价值等。不能把旅游价值同这些价值混为一谈，有的旅游景观其他价值极高而旅游价值并不高；相反，有的其他价值不很高，旅游价值却很高。一般情况下，其他价值高，旅游价值亦高。

1.2.2 旅游景观特点

1. 地域性

一定自然景观的形成与演变，决定于一定的综合自然地理环境。由于自然景观处在自然界的一定空间位置中，有着特定的形成条件和历史演变过程，自然地理状况对自然典型景观特征的形成，具有决定性的影响。这意味着地理环境在空间分布上的差异性，必然导致旅游景观空间分布的差异，即具有明显的地域性特点，这种地域性集中体现在各个地区的旅游景观具有不同的特色，这就是旅游景观的差异性和地方特色。尤其是具有重要价值的旅游景观有不可替代的地位。旅游景观的特色是产生吸引力的源泉，特色越明显，越具有吸引力。空间分布的差异性，导致景观独特性增强，促使了旅游者的空间移动。因此，在对旅游景观的利用和开发中，应尽最大的努力挖掘地域特点，突出特色。地域特点越突出，就越对旅游者有吸引力。一个地区或一个国家的旅游业是否成功，旅游景观的特色是一个很重要的因素。

旅游景观的地域性还表现在它的位置不可移动，如一座山、一条河、一幢古建筑等都不可移动，旅游者若要领略旅游景观，就必须亲自前往旅游景观所在地。因此，为了旅游者的方便而兴建的各种便利设施也是围绕着旅游景观，即旅游产品也具有不可移动性。对于无形的旅游景观来说则可以移动，移动后的旅游景观的旅游价值可能会有所降低，因为它离开了其产生和存在的地理环境。

2. 季节性

旅游景观的季节性是由其所在的地理纬度、地势和气候等因素所决定的。季节性有两个方面的表现：其一是自然旅游景观本身具有季节性变化，旅游也就选在最佳的观赏季节，如冰雪旅游只能选在冬季，漂流活动只能选在夏季，春季赏花，秋季赏红叶等等，皆因旅游对象的不同而具有季节性；其二是旅游景观所处环境的季节性，对旅游者的生理器官产生不同影响，从而导致人们选择生理适宜的季节外出旅游。人文景观本身没有季节性变化，主要是环境的季节性变化导致游客量的季节性变化。

3. 包含性

旅游景观可划分为的风物类、古建筑类、古遗址类等等，各类之下又细分成许多次一级的旅游景观。各类旅游景观在内容上并非是单纯的、独立的而是相互包含的。如名山是山岳类，属自然景观，但山上亦遗留有很多历史遗址、名人踪迹、古建筑等，属人文景观，二者之间相互包含。包含性使各类旅游景观的内容相互渗透、互为补充、互相烘托，使旅游景观更具有吸引力。

4．稀缺性

旅游景观的稀缺性，是指景观存在数量的有限性和破坏后不可再生性。作为世界上美好事物的旅游景观，是自然界的造化和人类历史遗存，是在一定条件下存在的。稀缺性旅游景观不同于阳光、空气资源的取之不尽、用之不竭，也不同于土地、草原、森林资源的大量存在。应当说，它是资源世界中的珍品，数量有限，破坏掉就难以再生。例如，象形的石景、古树名木、珍稀动物、历史古迹、园林和标志性建筑等，就是因为有优美造型和数量稀少，破坏了无法恢复，而受到社会珍视和旅游者的青睐。

5．观赏性

旅游景观同其他景观的区别，在于它的美学特征，即有着观赏价值。具有雄伟、险峻、奇特、秀丽、幽深、开阔的自然风景，具有整齐、对称、节奏统一的事物，具有优美、崇高、悲壮的人物等等，都有可能归入旅游景观的范畴。尤其是那些有着意境美和传神美的事物，经过开发，形成景点，都会对旅游者产生较大的吸引力，在旅游市场中有较强的竞争力。譬如，泰山的雄伟、华山的险峻、峨眉的秀美、故宫的壮丽、孔庙的崇高、海底的神奇等，都有其美学特征和文化内涵，成为我国高品位的旅游资源。

6．多样性和综合性

旅游景观是从自然、社会截取优美的部分，进入旅游开发范畴的资源。自然和社会的构成是复杂多样的，地质地貌、气象气候、陆地和海洋、土壤、植物、动物等要素构成自然界；民族、种族、工业、农业、聚落、宗教、文化等要素组成社会。自然和社会各要素又由若干子要素组成，因而旅游景观以其多样性和综合性为其他资源所不及。这种多样性可以适应于旅游者兴趣多样性。一个旅游区旅游景观种类多，对更多的旅游者有着吸引力。

受地理环境的制约，多样性的旅游景观在组合上，构成互为依存、相互作用和相互影响的综合体。一个地区旅游景观种类越多，组合得越紧密，整体景观效果就越突出，开发和利用潜力就越大。例如，桂林山水、杭州西湖和北京名胜就以旅游景观种类多、综合特征突出，成为我国著名的旅游城市。

1.3　旅游自然景观的类型

1.3.1　旅游自然景观资源的分类研究

旅游活动作为科学文化与生产力发展到一定水平的产物，是人类高消费需求的具体表现。随着社会生产力和科学文化水平的不断提高与发展，人们旅游的范围与对象不断扩大，兴趣要求与鉴赏水平不断提高，旅游的方式也在不断的向现代化发展。从宗教旅游到游山玩水的游憩文化旅游，从休养健身的体育旅游到避寒暑、寻幽静的调节生活环境旅游，从猎奇探险旅游到科学考察旅游等。旅游的范围由国内到洲际，由大陆到海洋，由地球表面到宇宙空间。旅游的方式由步行、坐轿到骑马、骑自行车，由汽车、火车、轮船到飞机、飞艇，以至发展到今天的航天飞机、宇宙飞船等，供人们旅游的自然景观对象也在不断扩大。由于自然景观规模悬殊，既具体又抽象，而且具有广域性、多样性、重叠性的特点，使其成为极为复杂的物质体系，因此对它们进行分类是正确认识旅游景观特点和合理开发利用旅游区的重要途径。关于旅游自然景观的分类，学术界有着不同见解，不少研究人员也进行了不少有益的尝试，他们往往根据不同目的，制定出各不相同的分类标准和方法。

地质景观构成了旅游自然景观系统的重要组成部分。在地质学家对旅游地质景观进行的分类研究中，原地质矿产部环境地质研究所（1992）提出的分类方案中，归纳了 34 种地质旅游资源，并对它们的主要旅游产品转化潜力进行了评价。评价的指标包括地质科普与考察、山水风光观赏、增长文史知识、疗养、开展体育与探险等五个角度。

中国及日本学者提出的分类方案都是从目的地属性特征着眼分析的，而西方对旅游景观的分析更富于人本主义色彩。西方地理学家和规划师在划分旅游景观资源时，较多地从旅游景观使用者的角度考虑问题，提出导向型游憩资源和资源基础型游憩资源分类标准。其中，以 1996 年美国人克劳森和尼奇（Clawson and Knetsch J.L.）提出的分类最具影响。所谓导向型游憩资源，是指以利用者需求为导向，靠近利用者集中的人口中心（城镇），通常满足的主要是人们的日常休闲需求，如球场、动物园、一般性公园。一般面积为 4000 ~ 10000m^2，通常由地方政府（市、县）或私人经营管理，海拔一般不超过 1000m，距离城市在 60km 的范围内。资源基础型游憩资源是指，使游客获得近于自然的体验，资源相对于客源的距离不确定，主要在旅游者的中长期度假中得以利用，如风景、历史遗迹、远足、露营、垂钓用资源，一般面积在 100000m^2 以上，主要是国家公园、国家森林公园、州立公园及某些私人领地。

针对景观资源和市场两种导向的主张，经济学家持不同看法，认为景观资源作为使用价值的主要成分，是价值赖以存在的物质基础，但旅游开发的目的是要实现其旅游价值，而只有在市场中才能实现其旅游价值。在经济学家看来，只有市场导向型景观，没有资源导向型景观（吸引物或设施）。

在经济学家致力于旅游景观资源分类研究的同时，我国一些风景园林学家也在进行风景资源的研究。中国风景园林学家提出了"景源"的概念，并将中国景源概括为自然景源、人文景源、综合景源 3 大类。其中自然景源又分为 4 个中类

（天景、地景、水景、生景）、40 个小类、多于 417 个子类；人文景源之下分为 4 个中类（园景、建筑、史迹、风物）、34 个小类、多于 270 个子类；综合景源下面分为 4 个中类（游憩景地、娱乐景地、保健景地、城乡景地）、24 个小类、多于 111 个子类。三者共计达 798 个子类（表 1–2）。

世界旅游组织于 1997 年在杭州向中国旅游规划管理人员推荐了全国性和区域旅游规划的理论方法，其中提出的景观资源类别的确定分为 3 类 9 组，即潜在供给类（含文化景点、自然景点、旅游娱乐项目 3 组）、现实供给类（含途径、设施、整体形象 3 组）以及技术景观资源类（含旅游活动的可能性、手段、地区潜力 3 组）。

由于上述复杂情况，对旅游自然景观资源类型的划分，就必须具有高度的概括性、科学性和预见性，不能巨细并列，纲目不分，而应具有分明的多层次和深远的高层次，各分类方案对自然旅游资源的开发与拓展，对不同的学科应具有一定的指导意义。

1.3.2　旅游自然景观分类简介

在众多分类方法中，要数自然、人文两大类的划分方法最为普遍。除了基于属性的分类外，还有研究人员提出从资源的平面展布和主体配置关系角度对旅游资源进行分类，如将资源分为聚汇型、辐射型、单线型、环线型、方矩型、叠置型、凌空型等数种。也有研究人员提出了听觉旅游资源的概念。还有学者从旅游资源具有满足旅游者需求的效用上，将其划分为享受型资源、参与型资源和审美型资源三大类。目前通行的数种旅游资源分类方法主要包括：

（1）根据旅游景观的性质和成因特征的分类方案。可分为自然景观和人文景观两大类，进一步的细分又有各种不同的方法。如将所有自然景观系统划分为地质景观、地貌景观、水文景观、气候景观、植物景观、动物景观和天文景观等；或分为风景地质、风景山岳、风景水域和风景生物等。其特点是简单、明确、适应面宽，这是旅游界较为常用的分类法。

（2）以旅游地的自然地理特征为主的分类方案。将所有自然景观划分为山岳型景观、高原型景观、冰川型景观、草原型景观、平原型景观、沙漠型景观、海岛型景观、滨海型景观、湖沼型景观和江河型景观等。

（3）以旅游功能为主的分类方案。将自然景观划分为观光型、避暑型、避寒型、疗养型、度假娱乐型、探险寻幽型、科学考察型（如具有科学考察价值的自然景观）等。1974 年，科波克等对英国旅游景观资源的分类，即是依据旅游活动性质并考虑海拔高度等因素划分的。[1]

---

1 科波克等人将旅游活动分为陆上和水体两主类，陆上旅游活动的景观资源划分为 6 亚类。参见：保继刚等 . 旅游地理学 . 北京：高等教育出版社，1993-05（1）：56 ~ 57.

（4）以自然旅游区内景点平面展布和主体配置关系角度的划分方案。将以自然景观为主的旅游区划分为聚汇型、辐射型、单线型、环线型、方矩型、叠置型、凌空型等数种。如我国古代将五岳旅游景点格局概括为：东岳泰山如坐，中岳嵩山如卧，西岳华山如立，北岳恒山如行，南岳衡山如飞。

（5）以旅游活动与文化景观的关系为主的分类方案。以旅游活动为划分基础，将所有自然景观划分为水乡景观、古镇景观、现代城市景观等。

（6）以自然景观在自然界中出现的频率大小为原则的划分方案。将所有自然景观划分为常见型、普通型、特殊型和奇异型等。

（7）以游客的体验性质作为分类标准。这种分类强调的是旅游者体验的性质，因而既可视为一种旅游资源分类，也可视为一种旅游地分类。典型的如1997年美国的德赖弗（Driver B.）等提出的分类系统。他们将旅游资源（旅游地）分为五大类：原始地区、近原始地区、乡村地区、人类利用集中的地区、城市化地区。

（8）按景观的性质和成因特征综合旅游吸引性质的划分方案。中国风景园林学家提出的"景源"分类方案最有代表性。概括为自然景源、人文景源、综合景源三类划分方案（表1-2）。

中国景源分类细表　　　　　　　　　　　　　　　　　　　　　表1-2

大类	中类	小类	子类
一、自然景源	1.天景	(1) 日月星光	①旭日夕阳；②月色星光；③日月光影；④日月光柱；⑤晕(风)圈；⑥幻日；⑦光弧；⑧曙暮光楔；⑨雪照云光；⑩水照云光；⑪白夜；⑫极光
		(2) 虹霞蜃景	①虹霓；②宝光；③露水佛光；④干燥佛光；⑤日华；⑥月华；⑦朝霞；⑧晚霞；⑨海市蜃楼；⑩沙漠蜃景；⑪冰湖蜃景；⑫复杂蜃景
		(3) 风雨晴阴	①风色；②雨情；③海(湖)陆风；④山谷(坡)风；⑤干热风；⑥峡谷风；⑦冰川风；⑧龙卷风；⑨晴天景；⑩阴天景
		(4) 气候景象	①四季分明；②四季常青；③干旱草原景观；④干旱荒漠景观；⑤垂直带景观；⑥高寒天干景观；⑦寒潮；⑧梅雨；⑨台风；⑩避寒避暑
		(5) 自然声象	①风声；②雨声；③水声；④雷声；⑤涛声；⑥鸟语；⑦蝉噪；⑧蛙叫；⑨鹿鸣；⑩兽吼
		(6) 云雾景观	①云海；②瀑布云；③玉带云；④形象云；⑤彩云；⑥低云；⑦中云；⑧高云；⑨响景云；⑩雾海；⑪平流雾；⑫山岚；⑬彩雾；⑭香雾
		(7) 冰雪霜露	①冰雹；②冰冻；③冰流；④冰凌；⑤树挂雾凇；⑥降雪；⑦积雪；⑧冰雕雪塑；⑨霜；⑩露景
		(8) 其他天景	①晨景；②午景；③暮景；④夜景；⑤海滋；⑥海火海光（合计84子类）
	2.地景	(1) 大尺度山地	①高山；②中山；③低山；④丘陵；⑤孤丘；⑥台地；⑦盆地；⑧平原
		(2) 山景	①峰；②顶；③岭；④脊；⑤岗；⑥峦；⑦台；⑧嶂；⑨坡；⑩崖；⑪石梁；⑫天生桥
		(3) 奇峰	①孤峰；②连峰；③群峰；④峰丛；⑤峰林；⑥形象峰；⑦岩柱；⑧岩碑；⑨岩嶂；⑩岩岭；⑪岩墩；⑫岩蛋
		(4) 峡谷	①洞；②峡；③沟；④谷；⑤川；⑥门；⑦口；⑧关；⑨壁；⑩岩；⑪谷盆；⑫地缝；⑬溶斗天坑；⑭洞窟山坞；⑮石窟；⑯线天
		(5) 洞府	①边洞；②腹洞；③穿洞；④平洞；⑤竖洞；⑥斜洞；⑦层洞；⑧迷洞；⑨群洞；⑩高洞；⑪低洞；⑫天洞；⑬壁洞；⑭水洞；⑮旱洞；⑯水帘洞；⑰乳石洞；⑱响石洞；⑲晶石洞；⑳岩溶洞；㉑熔岩洞；㉒人工洞

大类	中类	小类	子类
一、自然景源	2.地景	(6) 石林石景	①石纹；②石芽；③石海；④石林；⑤形象石；⑥风动石；⑦钟乳石；⑧吸水石；⑨湖石；⑩砾石；⑪响石；⑫浮石；⑬火成岩；⑭沉积岩；⑮变质岩
		(7) 沙景沙漠	①沙山；②沙丘；③沙坡；④沙地；⑤沙滩；⑥沙堤坝；⑦沙湖；⑧响沙；⑨沙暴地；⑩沙石滩
		(8) 火山熔岩	①山口；②火山高地；③火山孤峰；④火山连峰；⑤火山群峰；⑥熔岩台地；⑦熔岩流；⑧熔岩平原；⑨熔岩洞窟；⑩熔岩隧道
		(9) 蚀余景观	①海蚀景观；②溶蚀景观；③风蚀景观；④丹霞景观；⑤方山景观；⑥土林景观；⑦黄土景观；⑧雅丹景观
		(10) 洲岛屿礁	①孤岛；②连岛；③列岛；④群岛；⑤半岛；⑥岬角；⑦沙洲；⑧三角洲；⑨基岩岛礁；⑩冲积岛礁；⑪火山岛礁；⑫珊瑚岛礁(岩礁、环礁、堡礁、台礁)
		(11) 海岸景观	①枝状海岸；②齿状海岸；③躯干海岸；④泥岸；⑤沙岸；⑥岩岸；⑦珊瑚礁岸；⑧红树林岸
		(12) 海底地形	①大陆架；②大陆坡；③大陆基；④孤岛海沟；⑤深海盆地；⑥火山海峰；⑦海底高原；⑧海岭海脊(洋中脊)
		(13) 地质珍迹	①典型地质构造；②标准地层剖面；③生物化石点；④灾变遗迹(地震、沉降、塌陷、地震缝、泥石流、滑坡)
		(14) 其他地景	①文化名山；②成因名山；③名洞；④名石(合计149子类)
	3.水景	(1) 泉井	①悬挂泉；②溢流泉；③涌喷泉；④间歇泉；⑤溶洞泉；⑥海底泉；⑦矿泉；⑧温泉(冷、温、热、汤、沸、汽)；⑨水热爆炸；⑩奇异泉井(喊、笑、羞、血、药、火、冰、甘、苦、乳)
		(2) 溪涧	①泉溪；②涧溪；③沟溪；④河溪；⑤瀑布溪；⑥灰华溪
		(3) 江河	①河口；②河网；③平川；④江峡河谷；⑤江河之源；⑥暗河；⑦悬河；⑧内陆河；⑨山区河；⑩平原河；⑪顺直河；⑫弯曲河；⑬分汊河；⑭游荡河；⑮人工河；⑯奇异河(香、甜、酸)
		(4) 湖泊	①狭长湖；②圆卵湖；③枝状湖；④弯曲湖；⑤串湖；⑥群湖；⑦卫星湖；⑧群岛湖；⑨平原湖；⑩山区湖；⑪高原湖；⑫天池；⑬地下湖；⑭奇异湖(双层、沸、火、死、浮、甜、变色)；⑮盐湖；⑯构造湖；⑰火山口湖；⑱堰塞湖；⑲冰川湖；⑳岩溶湖；㉑风成湖；㉒海成湖；㉓河成湖；㉔人工湖
		(5) 潭池	①泉溪潭；②江河潭；③瀑布潭；④岩溶潭；⑤彩池；⑥海子
		(6) 瀑布跌水	①悬落瀑；②滑落瀑；③旋落瀑；④一叠瀑；⑤二叠瀑；⑥多叠瀑；⑦单瀑；⑧双瀑；⑨群瀑；⑩水帘状瀑；⑪带形瀑；⑫弧形瀑；⑬复杂型瀑；⑭江河瀑；⑮涧溪瀑；⑯温泉瀑；⑰地下瀑；⑱间歇瀑
		(7) 沼泽滩涂	①泥炭沼泽；②潜育沼泽；③苔草草甸沼泽；④冻土沼泽；⑤丛生嵩草沼泽；⑥芦苇沼泽；⑦红树林沼水泽；⑧河湖漫滩；⑨海滩；⑩海涂
		(8) 海湾海域	①海湾；②海峡；③海水；④海冰；⑤波浪；⑥潮汐；⑦海流洋流；⑧涡流；⑨海啸；⑩海洋生物景
		(9) 冰雪冰川	①冰山冰峰；②大陆性冰川；③海洋性冰川；④冰塔林；⑤冰柱；⑥冰胡同；⑦冰洞；⑧冰裂隙；⑨冰河；⑩冰河；⑪雪山；⑫雪原
		(10) 其他水景	①热海热田；②奇异海景；③名泉；④名湖；⑤名瀑(合计117子类)
	4.生景	(1) 森林	①针叶林；②针阔叶混交林；③夏绿阔叶林；④常绿阔叶林；⑤热带季雨林；⑥热带雨林；⑦灌木丛林；⑧人工林(风景、防护、经济)
		(2) 草地草原	①森林草原；②典型草原；③荒漠草原；④典型草甸；⑤高寒草甸；⑥沼泽化草甸；⑦盐生草甸；⑧人工草地
		(3) 古树名木	①百年古树；②数百年古树；③超千年古树；④国花国树；⑤市花市树；⑥跨区系边缘树林；⑦特殊花木；⑧奇异花木
		(4) 珍稀生物	①特有种植物；②特有种动物；③古遗植物；④古遗动物；⑤濒危植物；⑥濒危动物；⑦分级保护植物；⑧分级保护动物；⑨观赏植物；⑩观赏动物
		(5) 植物生态类群	①旱生植物；②中生植物；③湿生植物；④水生植物；⑤喜钙植物；⑥嫌钙植物；⑦虫媒植物；⑧风媒植物；⑨狭湿植物；⑩广温植物；⑪长日照植物；⑫短日照植物；⑬指示植物
		(6) 动物群栖息地	①苔原动物群；②针叶林动物群；③落叶林动物群；④热带森林动物群；⑤稀树草原动物群；⑥荒漠草原动物群；⑦内陆水域动物群；⑧海洋动物群；⑨野生动物栖息地；⑩各种动物放养地

续表

大类	中类	小类	子类
一、自然景源	4.生景	(7) 物候季相景观	①春花新绿；②夏荫风采；③秋色果香；④冬枝神韵；⑤鸟类迁徙；⑥鱼类回游；⑦哺乳动物周期性迁移；⑧动物的垂直方向迁移
		(8) 其他生物景观	①典型植物群落(翠云廊、杜鹃坡、竹海……)；②典型动物种群(鸟岛、蛇岛、猴岛、鸣禽谷、蝴蝶泉) (合计67子类)
二、人文景源	5.园景	(1) 历史名园	①皇家园林；②私家园林；③寺庙园林；④公共园林；⑤文人山水园；⑥苑囿；⑦宅园囿园；⑧游憩园；⑨别墅园；⑩名胜园
		(2) 现代公园	①综合公园；②特种公园；③社区公园；④儿童公园；⑤文化公园；⑥体育公园；⑦交通公园；⑧名胜公园；⑨海洋公园；⑩森林公园；⑪地质公园；⑫天然公园；⑬水上公园；⑭雕塑公园
		(3) 植物园	①综合植物园；②专类植物园(水生、岩石、高山、热带、药用)；③特种植物园；④野生植物园；⑤植物公园；⑥树木园
		(4) 动物园	①综合动物园；②专类动物园；③特种动物园；④野生动物园；⑤野生动物圈养保护中心；⑥专类昆虫园
		(5) 庭宅花园	①庭园；②宅园；③花园；④专类花园(春、夏、秋、冬、芳香、宿根、球根、松柏、蔷薇……)；⑤屋顶花园；⑥室内花园；⑦台地园；⑧沉床园；⑨墙园；⑩窗园；⑪悬园；⑫廊柱园；⑬假山园；⑭水景园；⑮铺地园；⑯野趣园；⑰盆景园；⑱小游园
		(6) 专类主题游园	①游乐场园；②微缩景园；③文化艺术景园；④异域风光园；⑤民俗游园；⑥科技科幻游园；⑦博览园区；⑧生活体验园区
		(7) 陵园墓园	①烈士陵园；②著名墓园；③帝王陵园；④纪念陵园
		(8) 其他园景	①观光果园；②劳作农园 (合计68子类)
	6.建筑	(1) 风景建筑	①亭；②台；③廊；④榭；⑤舫；⑥门；⑦厅；⑧堂；⑨楼阁；⑩塔；⑪坊表；⑫碑碣；⑬景桥；⑭小品；⑮景壁；⑯景柱
		(2) 民居宗祠	①庭院住宅；②窑洞住宅；③干阑住宅；④碉房；⑤毡帐；⑥阿以旺；⑦舟居；⑧独户住宅；⑨多户住宅；⑩别墅；⑪祠堂；⑫会馆；⑬钟鼓楼；⑭山寨
		(3) 文娱建筑	①文化宫；②图书阁馆；③博物苑馆；④展览馆；⑤天文馆；⑥影剧院；⑦音乐厅；⑧杂技场；⑨体育建筑；⑩游泳馆；⑪学府书院；⑫戏楼建筑
		(4) 商业建筑	①旅馆；②酒楼；③银行邮电；④商店；⑤商场；⑥交易会；⑦购物中心；⑧商业步行街
		(5) 宫殿衙署	①宫殿；②离宫；③衙署；④王城；⑤宫堡；⑥殿堂；⑦官寨
		(6) 宗教建筑	①坛；②庙；③佛寺；④道观；⑤庵堂；⑥教堂；⑦清真寺；⑧佛塔；⑨庙阙；⑩塔林
		(7) 纪念建筑	①故居；②会址；③祠庙；④纪念堂馆；⑤纪念碑柱；⑥纪念门墙；⑦牌楼；⑧阙
		(8) 公交建筑	①铁路站；②汽车站；③水运码头；④航空港；⑤邮电；⑥广播电视；⑦会堂；⑧办公；⑨政府；⑩消防
		(9) 工程构筑物	①水利工程；②水电工程；③军事工程；④海岸工程
		(10) 其他建筑	①名楼；②名桥；③名栈道；④名隧道 (合计93子类)
	7.史迹	(1) 遗址遗迹	①古猿人旧石器时代遗址；②新石器时代聚落遗址；③夏商周都邑遗址；④秦汉后城市遗址；⑤古代手工业遗址；⑥古交通遗址
		(2) 摩崖题刻	①岩画；②摩崖石刻题刻；③碑刻；④碑林；⑤石经幢；⑥墓志
		(3) 石窟	①塔庙窟；②佛殿窟；③讲堂窟；④禅窟；⑤僧房窟；⑥摩崖造像；⑦北方石窟；⑧南方石窟；⑨新疆石窟；⑩西藏石窟
		(4) 雕塑	①骨牙竹木雕；②陶瓷塑；③泥塑；④石雕；⑤砖雕；⑥画像砖石；⑦玉雕；⑧金属铸像；⑨圆雕；⑩浮雕；⑪透雕；⑫线刻
		(5) 纪念地	①近代反帝遗址；②革命遗址；③近代名人墓；④纪念地
		(6) 科技工程	①长城；②要塞；③炮台；④城堡；⑤水城；⑥古城；⑦塘堰渠陂；⑧运河；⑨道桥；⑩纤道栈道；⑪星象台；⑫古盐井
		(7) 古墓葬	①史前墓葬；②商周墓葬；③秦汉以后帝陵；④秦汉以后其他墓葬；⑤历史名人墓；⑥民族始祖墓
		(8) 其他史迹	①古战场 (合计57子类)

大类	中类	小 类	子 类
二、人文景源	8. 风物	(1) 节假庆典	①国庆节；②劳动节；③双周日；④除夕春节；⑤元宵节；⑥清明节；⑦端午节；⑧中秋节；⑨重阳节；⑩民族岁时节
		(2) 民族民俗	①仪式；②祭礼；③婚仪；④祈禳；⑤驱祟；⑥纪念；⑦游艺；⑧衣食习俗；⑨居住习俗；⑩劳作习俗
		(3) 宗教礼仪	①朝觐活动；②禁忌；③信仰；④礼仪；⑤习俗；⑥服饰；⑦器物；⑧标识
		(4) 神话传说	①古典神话及地方遗迹；②少数民族神话及遗迹；③古谣谚；④人物传说；⑤史事传说；⑥风物传说
		(5) 民间文艺	①民间文学；②民间美术；③民间戏剧；④民间音乐；⑤民间歌舞；⑥风物传说
		(6) 地方人物	①英模人物；②民族人物；③地方名贤；④特色人物
		(7) 地方物产	①名特产品；②新优产品；③经销产品；④集市圩场
		(8) 其他风物	①庙会；②赛事；③特色文化活动；④特殊行业活动（合计52子类）
三、综合景源	9. 游憩景地	(1) 野游地区	①野餐露营地；②攀登基地；③驾驭场地；④垂钓场地；⑤划船区；⑥游泳场地
		(2) 水上运动区	①水上竞技场；②潜水活动区；③水上游乐园区；④水上高尔夫球场
		(3) 冰雪运动区	①冰灯雪雕园地；②冰雪游戏场区；③冰雪运动基地；④冰雪练习场
		(4) 沙草游戏地	①滑沙场；②滑草场；③沙地球艺场；④草地球艺场
		(5) 高尔夫球场	①标准场；②练习场；③微型场
		(6) 其他游憩景地	（合计21子类）
	10. 娱乐景地	(1) 文教园区	①文化馆园；②特色文化中心；③图书楼阁馆；④展览博览园区；⑤特色校园；⑥培训中心；⑦训练基地；⑧社会教育基地
		(2) 科技园区	①观测站场；②试验园地；③科技园区；④科普园区；⑤天文台馆；⑥通信转播站
		(3) 游乐园区	①游乐园地；②主题园区；③青少年之家；④歌舞广场；⑤活动中心；⑥群众文娱基地
		(4) 演艺园区	①影剧场地；②音乐厅堂；③杂技场区；④表演场馆；⑤水上舞台
		(5) 康体园区	①综合体育中心；②专项体育园地；③射击游戏场地；④健身康乐地
		(6) 其他娱乐景地	（合计29子类）
	11. 保健景地	(1) 度假景地	①郊外度假地；②别墅度假地；③家庭度假地；④集团度假地；⑤避寒地；⑥避暑地
		(2) 休养景地	①短期休养地；②中期休养地；③长期休养地；④特种休养地
		(3) 疗养景地	①综合慢性疗养地；②专科病疗养地；③特种疗养地；④传染病疗养地
		(4) 福利景地	①幼教机构地；②福利院；③敬老院
		(5) 医疗景地	①综合医疗地；②专科医疗地；③特色中医院；④急救中心
		(6) 其他保健景地	（合计21子类）
	12. 城乡景地	(1) 田园风光	①水乡田园；②旱地田园；③热作田园；④山陵梯田；⑤牧场风光；⑥盐田风光
		(2) 耕海牧渔	①滩涂养殖场；②浅海养殖场；③浅海牧渔区；④海上捕捞
		(3) 特色街寨	①山村；②水乡；③渔村；④侨乡；⑤学村；⑥画村；⑦花乡；⑧村寨乡
		(4) 古镇名城	①山城；②水城；③花城；④文化城；⑤卫城；⑥关城；⑦堡城；⑧石头城；⑨边境城；⑩口岸风光；⑪商城；⑫港城
		(5) 特色街区	①天街；②香市；③花市；④菜市；⑤商港；⑥渔港；⑦文化街；⑧仿古街；⑨夜市；⑩民俗
		(6) 其他城乡景观	（合计40子类）
3	12	98	798

来源：《风景规划——风景名胜区风景规划规范》实施手册。

　　表1-3是建立在若干普查实践基础之上的，由国家旅游局提出，中国科学院地理科学与资源研究所、国家旅游局规划发展与财务司联合起草，于2003年正式颁布的《旅游资源分类、调查与评价》标准，这个标准成为目前全国旅游研究和管理部门进行旅游资源分类、调查与评价的国家标准。[1]该标准提出的资源分类由155种基本类型组成，归为31个亚类，包括地文景观、水域风光、生物景观、天象与气候景观、遗址与遗迹、建筑与设施、旅游商品和人文活动8个主类，见表1-3。

旅游资源分类　　　　　　　　　　　　　　　　　　　　　　　　　　　表1-3

主类	亚类	基本类型
A.地文景观	AA 综合自然旅游地	AAA山丘型旅游地；AAB谷地型旅游地；AAC沙砾石地型旅游地； AAD滩地型旅游地；AAE奇异自然现象；AAF自然标志地；AAG垂直自然地带
	AB 沉积与构造	ABA断层景观；ABB褶曲景观；ABC节理景观；ABD地层剖面；ABE钙华与泉华；ABF矿点矿脉与矿石积聚地；ABG生物化石点
	AC 地质地貌过程形迹	ACA凸峰；ACB独峰；ACC峰丛；ACD石（土）林；ACE奇特与象形山石；ACF岩壁与岩缝；ACG峡谷段落；ACH沟壑地；ACI丹霞；ACJ雅丹；ACK堆石洞；ACL岩石洞与岩穴；ACM沙丘地；ACN岸滩
	AD 自然变动遗迹	ADA重力堆积体；ADB泥石流堆积；ADC地震遗迹；ADD陷落地；ADE火山与熔岩；ADF冰川堆积体；ADG冰川侵蚀遗迹
	AE 岛礁	AEA岛区；AEB 岩礁
B.水域风光	BA 河段	BAA观光游憩河段；BAB暗河河段；BAC古河道段落
	BB 天然湖泊与池沼	BBA观光游憩湖区；BBB沼泽与湿地；BBC潭池
	BC 瀑布	BCA悬瀑；BCB跌水
	BD 泉	BDA冷泉；BDB地热与温泉
	BE 河口与海面	BEA观光游憩海域；BEB涌潮现象；BEC击浪现象
	BF 冰雪地	BFA冰川观光地；BFB长年积雪地
C.生物景观	CA 树木	CAA林地；CAB丛树；CAC独树
	CB 草原与草地	CBA草地；CBB疏林草地
	CC 花卉地	CCA草场花卉地；CCB林间花卉地
	CD 野生动物栖息地	CDA水生动物栖息地；CDB陆地动物栖息地；CDC鸟类栖息地；CDE 蝶类栖息地
D.天象与气候景观	DA 光现象	DAA日月星辰观察地；DAB光环现象观察地；DAC海市蜃楼现象多发地
	DB 天气与气候现象	DBA云雾多发区；DBB避暑气候地；DBC避寒气候地；DBD极端与特殊气候显示地 ；DBE物候景观
E.遗址遗迹	EA 史前人类活动场所	EAA人类活动遗址；EAB文化层；EAC文物散落地；EAD原始聚落
	EB 社会经济文化活动遗址遗迹	EBA历史事件发生地；EBB军事遗址与古战场；EBC废弃寺庙；EBD废弃生产地；EBE交通遗迹；EBF废城与聚落遗迹；EBG长城遗迹；EBH烽燧
F.建筑与设施	FA 综合人文旅游地	FAA教学科研实验场所；FAB康体乐休闲度假地；FAC宗教与祭祀活动场所；FAD 园林游憩区域；FAE文化活动场所；FAF建设工程与生产地；FAG社会与商贸活动场所；FAH动物与植物展示地；FAI军事观光地；FAJ边境口岸；FAK景物观赏点

---

1 全华，王丽华编著.旅游规划学.大连：东北财经大学出版社，2003-04（1）：193.

主类	亚类	基本类型
F.建筑与设施	FB 单体活动场馆	FBA聚会接待厅堂（室）；FBB祭拜场馆；FBC展示演示场馆；FBD体育健身馆场；FBE歌舞游乐场馆
	FC 景观建筑与附属型建筑	FCA佛塔；FCB塔形建筑物；FCC楼阁；FCD石窟；FCE长城段落；FCF城（堡）；FCG摩崖字画；FCH 碑碣（林）；FCI广场；FCJ人工洞穴；FCK建筑小品
	FD 居住地与社区	FDA传统与乡土建筑；FDB特色街巷；FDC特色社区；FDD名人故居与历史纪念建筑；FDE书院；FDF会馆；FDG特色店铺；FDH特色市场
	FE 归葬地	FEA陵区陵园；FEB 墓（群）；FEC悬棺
	FF 交通建筑	FFA桥；FFB车站；FFC港口渡口与码头；FFD航空港；FFE栈道
	FG 水工建筑	FGA水库观光游憩区段；FGB水井；FGC运河与渠道段落；FGD堤坝段落；FGE灌区；FGF提水设施
G.旅游商品	GA 地方旅游商品	GAA菜品饮食；GAB农林畜产品与制品；GAC水产品与制品；GAD中草药材及制品；GAE传统手工产品与工艺品；GAF日用工业品；GAG 其他物品
H.人文活动	HA 人事记录	HAA人物；HAB事件
	HB 艺术	HBA文艺团体；HBB文学艺术作品
	HC 民间习俗	HCA地方风俗与民间礼仪；HCB民间节庆；HCC民间演艺；HCD民间健身活动与赛事；HCE宗教活动；HCF庙会与民间集会；HCG饮食习俗；HGH特色服饰
	HD 现代节庆	HDA旅游节；HDB文化节；HDC商贸农事节；HDD体育节
数 量 统 计		
8主类	31 亚类	155基本类型

来源：旅游资源分类、调查与评价(GB/T 18972−2003)。

从这个标准中可以看到，人们逐渐认识到许多非物质旅游吸引也是重要的一类资源，例如我国古代地方志所具有的资源价值就是世界上罕见的宝贵资源，还有抽象旅游吸引物资源如神话传说、山水诗词、名胜楹联等特殊形式也是重要的一类资源。

1.4　旅游区景观要素类别

从上述分类现状来看，旅游景观有很多种分类方案，为了使旅游景观便于归档、查找、管理和对比，需要将旅游景观分门别类。对旅游景观进行科学的分类，是认识旅游景观系统、开发利用旅游资源的客观需要。旅游景观的分类是根据其存在的同质性和异质性，按照一定的目的、需要，将其进行合并归类的一个科学区分过程。采用哪一种分类方案其实并不重要，重要的是分类方案中应该能够反映旅游景观的异质性特征，能够包含所有在实际调查过程中会遇到的旅游景观类型，否则将会有一部分旅游景观无法落实到分类调查表上，造成不必要的遗漏和麻烦。需要注意的是，随着人们旅游兴趣点的转移和扩大，对资源的认识也在不断地变化，可能会有一些新的资源类型出现。

在景观设计实践中，为便于认识一个旅游地域景观的特点及各要素间的内在

旅游区景观要素类别简表   表1—4

主类	基本类型
一、山石景观	1.山景；2.石景；3.洞穴景
二、水域景观	1.海滩；2.海岛；3.珊瑚礁；4.海洋；5.涧溪；6.瀑布；7.河流；8.三角洲；9.湖泊；10.冰川；11.泉水；12.水井；13.地下河；14.泥火山与泥泉；15.坎儿井；16.龙眼；17.泉华、
三、生物景观	1.森林公园；2.自然保护区；3.植物园；4.花卉景观；5.特殊动物群落景观；6.野生动物自然保护区；7.动物园
四、天象与气候景观	1.极光；2.佛光；3.蜃景；4.云雾；5.烟雨；6.雪霰；7.云霞；8.气候；9.白夜；10.洁净的空气
五、宗教文化及其工程遗址景观	1.人类活动遗址；2.宗教建筑；3.园林；4.古陵墓；5长城；6.城池；7.古代水利工程
六、民俗风物	1.民居；2.民族风俗；3.节日庆典；4.特色服饰；5.饮食习俗；6.民间演艺；7.民间赛事；8.宗教活动；9.庙会与民间集会
七、城乡风光景观	1.都市风光；2.特色城镇；3.典型社区；4.水利水电工程；5.牧场；6.林场；7.渔场；8.学校；9.游乐园

关系，有利于开发和利用旅游景观，激发人们的旅游动机，旅游区景观同其他资源分类方法一样，可以从不同的角度、按照不同的需要进行分类。

表1—4是按旅游区（点）景观设计的构成要素进行的分类方案，可将其分为7类62种：

1.4.1　山石景观

"山石景由山景和石景组成。一般来说，山是大尺度地貌，而石多是中小尺度地貌。山是自然风景的构架。"[1] 山石景观是指旅游地中地质资材的物质形式，它是旅游地自然景观的重要组成部分。地球的固体地壳是由许多具有大小和形态的三度空间岩石及矿床的实体所构成，这种实体在地学上称为地质体（Geological Body）。由于这些地质体拥有各自独特的三维空间格局及造型功能，所以它们在观赏及科学研究上产生了某些吸引力。这些实体包括成层状的地层、不同形态的火成岩体、各种性质的沉积物、各种类型的矿床等。如独特壮观的地质构造，体现地质剖面的神秘的化石；各种神奇的、体现地球本身及大自然鬼斧神工的火山、地震遗迹，五光十色的岸石矿物，以及以地质体为骨架和基础的，如石峰、石柱、石墩、岩壁等各种地貌等。我们把岩石圈内的各种奇景异象称为地质类自然景观，把岩石圈表面的各种形态称为地貌类自然景观，把介于两者之间，存在于地表下一定深度内的岩石与地层中的景象称为洞穴类景观。所以，我们把具有观赏价值和科学考察价值的，由地质体（构造、岩性、地层、矿床等）形成的地质类自然景观、地貌类自然景观和洞穴类景观三大类景物统称为山石景观系统，它是一个地区景观总特征的基础，构成了这一旅游地区主要自然景观的基本特征。

---

1 韩杰主编．旅游地理学．大连：东北财经大学出版社，2002-02（1）：125.

1.4.2　水域景观

在地球形成与演化历史进程中，在大气圈与岩石圈之间形成了一个包围着地球表层的水圈，包括海洋、河流、湖泊、沼泽、冰川和地下水。由于水圈与大气圈、生物圈、岩石圈上层的紧密联系，相互渗透，在太阳辐射热及其物理作用下，不停地进行着水的大小循环运动，从而引起许多表生地质作用，形成景色各异，并不断运动着的各种水景观，从而构成一系列价值极大的水域景观资源。随着春夏秋冬、朝夕阴晴等季节与天气的变换，水呈现固态、液态、气态三态的变化，从而形成不同形态的水体，不同形状与状态的水体又给人以不同的感受。其中海洋、河流、湖泊、溪流、瀑布、泉、冰川等构成种类众多的天然水域景观。

1.4.3　生物景观

生物包括动物、植物和微生物。一般认为地球上的生物在 20 ～ 25 亿年前已开始出现，它们在漫长的地质历史演化过程中，由简单到复杂，由低级到高级，由海洋到陆地，以至占领海洋、陆地和低层大气的每个角落，形成生物圈。任何一个地理景观或任何一个旅游区，生物是最引人注目的地物。因此，生物（尤其是各类植物）是旅游自然景观资源中最活跃的要素，生物景观与其他各类自然景观资源和人文景观资源一起，能形成独特的地域性极强的游览景区。生物景观资源可划分为植物和动物两大类，可以细分为森林公园、自然保护区、植物园、花卉、特殊动物群落、野生动物自然保护区、动物园等小类。

1.4.4　天象与气候景观

大气圈最下部的对流层厚度随纬度、季节、地形等条件而异，形成地球各地的气象气候景观。我们把"大气中发生的各种物理现象或物理过程形成的景观称为气象景观。"[1]由于地球表面各处受太阳辐射能、X 射线和紫外线的不同影响，造成大气温度、密度、压力等差异，形成上升下降的对流和大气环流，引起冷、热、干、湿、风、云、雨、雪、霜、雾、雷、闪等气象与气候过程的发生，形成地球各地景观及其功能各异的气象气候景观。地球大气是由多种气体组成的混合物，还有包含在空气中的水汽和固体杂质。地球大气中干洁空气的主体部分的主要成分是氮和氧。两者共占干洁空气的 99% 以上。目前由于人类大规模的生产活动和城市人口的不断集中，空气的污染已日趋严重。因此，大自然中洁净的空气与环境也成了重要的景观资源。天象与气候景观由气象、气候与各类洁净的空

---

1 章家恩主编．旅游生态学．北京：化学工业出版社和环境、能源出版中心，2005-10 (1)：47.

气环境三部分构成，主要包括极光、佛光、蜃景、云雾、烟雨、雪霰、云霞、气候、白夜、洁净的空气等。天象与气候景观既能够提供旅游者乐于生活的条件，还会因自然条件的改变产生动景、变景和朦胧景，给人以虚幻缥缈、变化莫测之感。

1.4.5　宗教文化及其工程遗址景观

"在一种很宽泛的视角下，宗教可以理解为人类对超自然力量的信仰的知识体系及实践行为。在这个陈述论题里，我们至少获得了这样的信息：宗教是人类与一种超自然力量的交往；宗教是一种关于信仰的知识与行为。"[1]从文化的角度看，"宗教是一种特殊的文化现象，它以神圣为核心，以对神圣的信仰，顺从情感为纽带。通过特定的仪式和一定结构的组织结合起来的社会活动体系。"[2]宗教除了有一定的思想、组织体系外，还表现为许多物质文化方面的内容，如寺庙建筑、服饰等等。宗教虽然是一种崇拜超自然的神灵的社会意识形态，但它创造的文化却体现着人类的文明，表现了民族文化的特点，是一个国家民族文化历史景观的重要组成部分。由于世界各地的政治、经济、文化的差异，宗教活动及其文化景观的形态和发展均具有明显的地域性。宗教的物质文化成果一般包括建筑、雕塑、绘画、音乐等内容，宗教文化成果的最大方面莫过于宗教建筑，我国佛教文化景观的三大建筑：寺庙、石窟和古塔，就是其突出代表。宗教建筑一般都具有因地制宜，人工美与自然美相结合的特点。无论是教址名山选地，还是石窟、寺庙、佛像、佛塔的选址、布局、造型、用材，都能巧妙地利用自然形胜，形成强烈的宗教气氛，并有利于它们长期保存。所以，宗教文化是一种重要的人文景观。"宗教作为一种社会文化现象，其建筑、雕塑、壁画等对于宗教的神秘感也吸引那些没有宗教信仰的旅游者。"[3]宗教建筑同时也是利用天然材料，融合宗教教义，经人工修建而成的具有一定容量的地物，它反映着时代风俗和宗教文化的特点。宗教文化的地域性和派别教义等内容，对旅游者具有特殊的神秘吸引力，常常成为旅游区的活动中心，受到旅游界的重视。

宗教也是一种艺术。"宗教之所以成为艺术，是因为宗教担负着神圣的使命——拯救人类的灵魂。宗教是关于人类灵魂获救的哲学，所有宗教都指向拯救这一终极。没有灵魂拯救的诉求，就没有宗教的信仰。正因为宗教是人类灵魂拯救的哲学，所以，才使得宗教走上了艺术之路。因为艺术的本质就在于拯救。"[4]正是宗教艺术所展现出来的那种动人心魄的美，才构建了人类独特的宗教文化，

1　高长江著. 宗教的阐释. 北京：中国社会科学出版社，2002-11 (1)：5.
2　章家恩主编. 旅游生态学. 北京：化学工业出版社和环境、能源出版中心，2005-10 (1)：94.
3　章家恩主编. 旅游生态学. 北京：化学工业出版社和环境、能源出版中心，2005-10 (1)：94.
4　高长江著. 宗教的阐释. 北京：中国社会科学出版社，2002-11 (1)：215.

也吸引着那些渴望得到灵魂拯救的游人。

工程遗址是指人类物质文明活动的遗留物。我国历代遗存的长城、城池、水利工程、大型桥梁和海塘等古代建筑工程，不仅是我国历史文化的精粹代表，而且是旅游景观系统的重要组成部分。由于古代工程遗址善于利用环境，适应自然，把建筑工程与周围地物组成完整的统一的景观实体，根据山川走向，形态特征，因地制宜地确定工程的位置、体量、结构、色调等，使工程构筑物成为自然境域内的一种和谐景物，这些古代工程遗址对改造自然环境，发展区域经济、地区交通，以及政治、文化交流曾都起过巨大的作用。因此，这些古代工程遗址的特点，对于今天生活在现代社会中的人们仍具有极大的吸引力，具有极高的旅游价值。

园林是一种模拟自然环境而着意创造出来的人工生态环境。它把山、水、花、木等自然景物与楼、台、亭、榭等人工建筑巧妙地结合为一体，成功地再现了大自然的缩影，造就出富有诗情画意的艺术性环境。如同其他任何事物一样，世界园林有其自身发生、发展的历史，从古代园林起，经中世纪、文艺复兴时期、近代园林，到现代园林，不仅数量繁多，且风格各异，规则式、不规则式、中庭式、台地式、平面图案式以及五光十色的民族式样共同组成了色彩斑斓的园林体系，成为世界文化大系的重要组成部分。

宗教文化物质成果及其工程遗址景观反映了历史时代、区域文化和历史事件，可供人观览、瞻仰和凭吊。旅游活动是一种文化活动，也是获得知识、欣赏艺术和领悟哲理的一种特殊的社会空间环境。因此，保存完好、历史意义深远的宗教文化物质成果及其工程遗址景观，对旅游者有着特殊的吸引力，宗教文化及其工程遗址景观一般还包括古人类活动遗址、古陵墓、城池等内容。

1.4.6　民俗风物

"民俗"作为一种学术用语在我国的使用是非常晚近的事，但作为一种日常用语，在我国却很早就已经出现了。迄今为止，尽管"民"和"俗"的定义，在民俗学的内容、范围和分类上，还没有形成统一的观念。但纵观学者们的归纳和概括，有关民俗所有的定义和内容，都是从以下几个方面来对各种民俗事项进行定义的：①内容；②形式；③传播方式；④性质和特征。[1]

"所谓民俗，就是指产生并传承于民间的、具有世代相袭特点的文化事项。"[2]细而化之，民俗主要包括两方面的含义：一是这种文化事项必须是产生并传袭于民间的；其次，民俗必须具有世代相袭的特点。

---

1 王娟著.民俗学概论.北京：北京大学出版社，2002-09：13.
2 苑利，顾军著.中国民俗学教程.北京：光明日报出版社，2003-10（1）：1.

风物则是指"一个地方的自然景观和特色，泛指事物。"[1]

"在汉语中，'民俗'与'风俗'内涵完全相同。它们的惟一区别是造词者在造词过程中指向性略有不同。'民俗'的'民'所强调的是'俗'的表现空间——民间社会；而'风俗'的'风'所强调的则是'俗'的表现内容，即充满性爱色彩的民间习俗，因为在先秦时期，'风'主要指那些充满性爱内容的民间风谣。"[2]

民俗风物反映了各民族独特的传统生活习惯和生活物品特色。这种传统是各族人民在特定的自然和历史条件下，相沿积久而形成的风尚、习俗，具体体现在衣着、居住、饮食、娱乐、节庆、礼仪、婚恋、丧葬、生产、交通、村落等方面所特有的喜好、风尚、传统和禁忌等方面。事实上，"任何一种民俗文化，在不同国家、不同地区、不同民族，甚至一个民族的各个支系之间又有着明显的差异，形成了民俗文化表现形式的复杂多样性。"[3]"民俗作为人们生活方式的直接反映，隐含着非常丰富的象征意义。无论是在日常的衣食住用，还是特定的时间场合举行的婚丧嫁娶以及节日庆典活动，都呈现出极其明显的象征性。"[4]例如，一直延续到今天的盘瑶村寨"盘王愿"祭祀活动中使用的猪鸡祭品，显然不是一般意义上的猪鸡，祭品"猪鸡"已经带上了强烈的象征含义。[5]通常不同民族在举办各种民俗活动时，摆放的物品已经失去原本用途，而带有强烈的象征意义，成为一种隐含更深涵义的民俗象征符号。

"民俗象征符号的形式多种多样，它们分别以民俗活动中的象征物，象征行为以及某些特定的数字和色彩显示出来。""所谓象征物是指民俗活动中包含有以象征意义的器物和物品，它们在节日庆典和人生仪礼等活动中被置于显著的位置，成为人们传递信息，表达思想感情的重要媒介和载体。象征行为则指人们在民俗活动中采取的某些具有特定涵义的仪式及其他活动形式。"[6]随着社会生产生活的进一步机械化和现代化，人类也愈来愈希望通过旅游活动扩大视野，增长见识，接触和了解异国他乡的风土民情，希望更实地体验不同现实生活中的另一种生活方式。显然，异地他族的习俗、服饰特点、劳动方式、节庆活动、土特产、工艺品、饮食等民俗风物，对旅游者具有极大的吸引力。因此，民俗风物也是人文景观研究的内容之一，成为游人喜闻乐见的旅游景观要素和资源。

---

1 现代汉语辞典．济南：山东教育出版社，2002-09（1）：331.

2 苑利，顾军著．中国民俗学教程．北京：光明日报出版社，2003-10（1）：3.

3 章家恩主编．旅游生态学．北京：化学工业出版社和环境、能源出版中心，2005-10（1）：91.

4 居阅时，瞿明安主编．中国形象文化．上海：上海人民出版社，2001：543.

5 还"盘王愿"是田林盘瑶和蓝靛瑶的祭祀形式。田林盘古瑶自称"优勉"，因信仰盘古，他称盘瑶。瑶人每年在一定时候都要祭祀盘王许愿和还原，以求人丁平安、六畜兴旺。"还原"行为出自渡海神话，在各地盘瑶村寨广为传唱，一直延续到今天，成为盘瑶村寨最主要的宗教活动之一。参见：罗树杰编．民族学人类学（2003年卷）：广西民族学院民族学人类学研究所学术年刊．北京：民族出版社，2004-12（1）：108～109.

6 居阅时，瞿明安主编．中国形象文化．上海：上海人民出版社，2001：544.

1.4.7　城乡风光景观

一个国家或地区的城乡建设成就、经济发展成就主要集中体现于城市发展中。产业旅游是近几年在我国发展较快的经济增长点，随着人们旅游次数的增多、眼界的开阔、知识的增加和兴趣的转移，他们已经不满足于过去那些传统的旅游方式和传统的旅游景观资源，而去寻找一些新奇的旅游方式和旅游地点。产业旅游就是这一背景下的一种选择。这一现象已经越来越引起人们的注意，无论是旅游者还是产业经营者都纷纷把目光投向产业旅游，以期从中获得各自想要的利益，这里常常成为旅游者的集散地和逗留中心。

本章主要参考文献

[1]　旅游区（点）质量等级的划分与评定（GB/T 17775—2005）.

[2]　Naveh Z., Lieberman A.S.Landscape Ecology：Theory and Application. Springer-Verlag，1984：356.

[3]　吴家骅原著. 景观形态学. 叶南翻译. 北京：中国建筑工业出版社，1999.

[4]　张国强，贾建中主编. 风景规划——风景名胜区规划规范实施手册. 北京：中国建筑工业出版社，2003.

[5]　邬建国. 景观生态学——格局、过程、尺度与等级. 北京：高等教育出版社，2000.

[6]　吴为廉主编. 景观与园林建筑. 北京：中国建筑工业出版社，2005.

[7]　李家清著. 旅游开发与规划. 武汉：华中师范大学出版社，2000.

[8]　俞孔坚. 中国园林，1998，14（1）：17～21.

[9]　俞孔坚. 北京林业大学学报，1987—09（4）：433～438.

[10]　俞孔坚，李迪华主编. 景观设计：专业学科与教育. 北京：中国建筑工业出版社，2003.

[11]　韩杰主编. 旅游地理学. 大连：东北财经大学出版社，2002.

[12]　翟辅东. 旅游六要素的理论属性探讨. 旅游学刊，2006（4）：20～24.

[13]　朱智贤主编. 心理学大词典. 北京：北京师范大学出版社，1989.

[14]　保继刚等. 旅游地理学. 北京：高等教育出版社，1993.

[15]　全华，王丽华编著. 旅游规划学. 大连：东北财经大学出版社，2003.

[16]　章家恩主编. 旅游生态学. 北京：化学工业出版社和环境、能源出版中心，2005.

[17]　高长江著. 宗教的阐释. 北京：中国社会科学出版社，2002.

[18]　王娟著. 民俗学概论. 北京：北京大学出版社，2002.

[19] 苑利，顾军著．中国民俗学教程．北京：光明日报出版社，2003．

[20] 现代汉语辞典．济南：山东教育出版社，2002—09（1）．

[21] 居阅时，瞿明安主编．中国形象文化．上海：上海人民出版社，2001．

[22] 罗树杰编．民族学人类学（2003年卷）：广西民族学院民族学人类学研究所学术年刊．北京：民族出版社，2004．

[23] 王绍增．论风景园林的学科体系．中国园林，2006（5）：9．

[24] 旅游资源分类、调查与评价（GB/T 18972—2003）．

[25] Stephen L.J.Smith 著．游憩地理学：理论与方法．吴必虎等译．北京：高等教育出版社，1992．

[26] 吴必虎．公共游憩活动空间分类与助兴研究．中国园林，2003（4）：48～50．

[27] 吴必虎．区域旅游规划原理．北京：中国旅游出版社，2001．

[28] 保继刚．城市旅游的理论与实践．北京：科学出版社，2001．

[29] 俞晟．城市旅游与城市游憩学．上海：上海华东师范大学出版社，2003．

[30] 员疆．城市游憩产业系统分析．人文地理，1998（2）．

[31] 范能船、朱海森．城市旅游学．北京：百家出版社，2002．

[32] 魏小安．旅游目的地发展实证研究．北京：中国旅游出版社，2002．

[33] 保继刚．旅游开发研究——原理、方法、时间．（第2版）．北京：科学出版社，2003．

[34] 王湘编著．旅游环境学．北京：中国环境科学出版社，2001．

[35] 马莹编著．旅游心理学．北京：中国轻工业出版社，2002．

[36] 王肇主编．旅游客源地．北京：中国林业出版社，2001．

[37] 张辉．旅游经济论．北京：旅游教育出版社，2002．

[38] 孙厚琴编著．旅游经济学．台北：立信会计出版社，2003．

[39] 苑利主编．二十世纪中国民俗学经典、物质民俗卷．北京：社会科学文献出版社，2002．

[40] 张纵，刘航．西方当代景观给予中国园林形式的影响．大连大学学报，2005（1）：81～84．

[41] 梁璐，许然，潘秋玲．神话与宗教中理想景观的文化地理透视．人文地理，2005（4）：112～115．

[42] 王栋．从造园到现代景观设计（博士学位论文）．南京：南京艺术学院，2003．

[43] 李祥妹．中国人理想景观模式与寺庙园林环境．人文地理，2001（1）：39～43．

第2章
旅游区空间体系

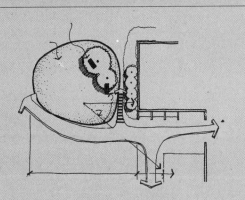

第2章 旅游区空间体系

旅游活动是在时间和空间中完成的。因此，旅游活动首先遇到的是旅游空间问题。旅游空间体系包括哪些范围呢？概括地说，旅游空间体系包括宏观体系与微观体系两个部分。旅游空间的微观体系指城市居民最基本的邻里户外交往空间，如我国传统民居的院落空间是其最典型的代表，也是现代多层或高层居住区最缺乏的空间。宏观体系指城市居民离开居住地开展旅游活动的空间，一般指旅游区。本节主要讨论旅游空间的宏观体系，也就是以旅游及其相关活动为主要功能或主要功能之一的空间或地域。

2.1 旅游空间的形态

城市旅游或游憩活动与狭义概念的城市公共空间有着密切的关系。但是，"游憩和旅游之间的界限是不明确的，因为这两种活动常常共享相同的环境和设施，并且常常争夺相同的空间和资金。"而且"休闲、游憩和许多活动之间的定义正在被不断变化的生活方式所打乱，而且不同术语之间也常常混用。"[1]然而，"旅游与游憩最大的差别在于旅游是一种游离于自己住所的活动。"[2]因此，城市旅游活动的发生总是与一定的城市公共空间相结合的。

城市游憩空间是城市公共空间的一部分。城市公共空间是相对私有、专用空间而言的，从广义上讲是指城市空间中一切非限于特定人群使用的城市空间，主要包括以下四部分：①供应、处理空间：包括城市能源、供水场地、城市废物处理场地；②交通空间：包括行为和信息交通空间；③生活行为空间：包括政治、纪念、商业、体育、休闲、游乐、观赏、标志等城市社会生活的场地；④环境要素空间：包括废弃地、山川、河流等。从狭义上讲，城市公共空间是指能够满足公众进行一定社会活动的公共空间。这类社会活动具有一定的人群聚集性和活动滞留性，强调对全体公众的开放性，不包括广义公共空间概念中的供应、处理和部分交通等空间，如快速干道。狭义的城市公共空间涵盖面也很广，主要以街道、广场、公园、绿地、山川、水面等六种形式出现。

---

1 [英]曼纽尔·鲍德·博拉，弗雷德·劳森著. 旅游与游憩规划设计手册. 唐子颖，吴必虎等译校. 北京：中国建筑工业出版社，2004-05（1）；1～3.

2 吴必虎. 上海市游憩者流动行为研究. 地理学报，1994，49（2）；117.

每一种形式又有尺度、形态和功能的差别，如公园可分为邻里公园、社区公园、大型城市公园、自然公园等多种类型。[1]城市公共空间中最活跃的部分是开放空间，它是为了满足特定的城市文化、交通与交往功能而形成的。这种空间可以是室外的露天空间，可以是室内的开放性公共空间，也可以是半开敞的空间。[2]

显然，城市旅游空间形态与狭义概念的城市公共空间形态有着非常类似的内涵，但城市旅游空间形态更注重的是空间的游憩功能，因此在空间的形态划分和形式界定上，与城市公共空间有着不同的准则。

土地的空间形态是广义的景观。无论在城市中还是在风景名胜区，当土地的景观特征具有独特的审美价值时，就可以理解为是风景。空间特征的差异是景观的形成基础，如果立足游憩的角度研究景观，更为关注的是在一定旅游地域内的空间形态和景观特征差异，在这个意义上，可以将旅游空间形态结构分为三级：旅游点、旅游单元和旅游区。旅游点是由场地组成要素构成的具有独特旅游价值的地块，如公园绿地广场上的喷水、街旁游园中的休闲广场、山涧中的瀑布、坡地上的植物植被、密林中的泉、潭、山洞以及有特色的地形地物等。在视觉上构成一个相对完整的地形单元称为旅游单元，如沟谷、滩涂、盆地、山峰、山脊，每一个旅游单元都至少有一个旅游点，由一系列旅游单元组成旅游区，旅游单元构成旅游区的物质实体。具有游憩和审美观赏价值的旅游点、旅游单元和旅游区就组成旅游空间形态体系。

与此相对应的是风景系统的三级风景体系：景点、景区和风景区。它由若干相互关联的景物所构成。具有相对独立性和完整性，并具有审美特征的基本境域单位称为景点；由游览线和视线，根据景观类型、异质性或游赏需求而划分的一定用地范围，包含有较多的景物和景点或若干景群，形成相对独立的空间分区特征称为景区，景区由一个或几个景点构成。单位游赏路线上各类景点的变化程度（视线所及的景点种类数量），可以反映景区内风景的内在多样性程度。每个景区都有自身特色，景区与景区之间的界线，以视线所及的景观单元界线或天然界线为依据。风景区一般由几个景区组成，又称为风景名胜区。国外的国家公园相当于我国的国家级风景名胜区，如美国的黄石公园。风景名胜区是旅游区空间形态体系中的一个重要的类型，但旅游地域不仅包括风景名胜区，还包括其他类型。

在我国，城市旅游空间的形态划分和形式界定准则上与城市绿地关系密切。世界各国由于国情不同，绿地规划、建设、管理、统计的机制不同，所采用的绿

1 梁幼侨等.传统欧洲与亚洲公共空间布局比较研究.华中建筑，1998（3）：61～67.
2 郑时龄等.创建充满城市精神的步行街.建筑学报，2001（6）：35～39.

地分类方法也不统一，各个领域分类侧重点有所不同，如按服务对象分类、按位置分类、按功能分类、按规模分类、按景观属性特征分类、按系统分类等等。新中国建国以来，有关的行政主管部门、研究部门和学者从不同的角度出发，也提出过多种绿地的分类方法，但由于我国绿地统计口径不规范，导致城市绿地系统规划与旅游规划之间缺少协调关系。从我国城市绿地系统的现状来看，《城市绿地分类标准》(CJJ/T 85—2002) 比较实用。由于同一块绿地同时可以具备游憩、生态、景观、防灾等多种功能，因此，城市旅游空间以《城市绿地分类标准》作为分类的依据，也就是说城市旅游地域作为城市绿地的一部分。这意味着与城市绿地相关的现行法规和标准都对旅游空间有规范性约束，这些法规和标准也是旅游区景观设计的重要依据。

与绿地相关的现行法规和标准主要有：《中华人民共和国城市规划法》、《城市绿化条例》、《城市用地分类与规划建设用地标准》(GBJ 137)、《公园设计规范》(CJJ 48)、《城市居住区规划设计规范》(GB 50180) 和《城市道路绿化规划与设计规范》(CJJ 75) 等。这些法规和标准从不同角度对某些种类的旅游地域的划分作了明确规定。

2.2　旅游空间的类型

旅游或游憩者对旅游目的地的偏好选择，在空间上表现为不同的概率。一种简单的表现方法是，"调查统计出游憩者选择某目的地的百分比，将相同百分比的点连接起来构成等游线 (Tourist Line)，若干根等游线表现出某客源地的游客活动空间。"[1] 事实上 "城市居民对游憩目的地的选择是多种因素综合的结果，其中价格、距离和游憩地吸引力是三个主要因素，这三者的综合平衡决定了去该目的地的可能性。"[2] 因此，《城市绿地分类标准》中的绝大部分地域都可视为旅游空间，这类绿地是市民在市区内的主要旅游空间。

城市绿地系统是城市旅游空间的组成部分。我国《城市绿地分类标准》将绿地分为大类、中类、小类三个层次，共 5 大类、13 中类、11 小类，以反映绿地的实际情况以及绿地与城市其他各类用地之间的层次关系。该标准同层级类目之间存在着并列关系，不同层级类目之间存在着隶属关系，即每一大类包含着若干并列的中类，每一中类包含着若干并列的小类，见表 2-1。

---

1 吴必虎.上海市游憩者流动行为研究.地理学报，1994，49 (2)：118.
2 吴承照.游憩效用与城市居民户外游憩分布行为.同济大学学报,1999-12,27(6):718.

城 市 绿 地 分 类　　　　　　　　表2-1

类别代号			类别名称	内容与范围	备注
大类	中类	小类			
G1	G11		公园绿地	向公众开放,以游憩为主要功能,兼具生态、美化、防灾等作用的绿地	
			综合性公园	内容丰富,有相应设施,适合于公众开展各类户外活动的规模较大的绿地	
		G111	全市性公园	为全市居民服务,活动内容丰富、设施完善的绿地	
		G112	区域性公园	为市区内一定区域的居民服务,具有较丰富的活动内容和设施完善的绿地	
	G12		社区公园	为一定居住用地范围内的居民服务,具有一定活动内容和设施的集中绿地	不包括居住组团绿地
		G121	居住区公园	服务于一个居住区的居民,具有一定活动内容和设施,为居住区配套建设的集中绿地	服务半径:0.5~1.0km
		G122	小区游园	为一个居住小区的居民服务、配套建设的集中绿地	服务半径:0.3~0.5km
	G13		专类公园	具有特定内容或形式,有一定游憩设施的绿地	
		G131	儿童公园	单独设置,为少年儿童提供游戏及开展科普、文体活动场所,有安全、完善设施的绿地	
		G132	动物园	在人工饲养条件下,移地保护野生动物,供观赏、普及科学知识,进行科学研究和动物繁育,并具有良好设施的绿地	
		G133	植物园	进行植物科学研究和引种驯化,并供观赏、游憩及开展科普活动的绿地	
		G134	历史名园	历史悠久,知名度高,体现传统造园艺术并被审定为文物保护单位的园林	
		G135	风景名胜公园	位于城市建设用地范围内,以文物古迹、风景名胜点(区)为主形成的具有城市公园功能的绿地	
		G136	游乐公园	具有大型游乐设施,单独设置,生态环境较好的绿地	绿化占地比例应不小于65%
		G137	其他专类公园	除以上各种专类公园外具有特定主题内容的绿地。包括雕塑园、盆景园、体育公园、纪念性公园等	绿化占地比例应不小于65%
	G14		带状公园	沿城市道路、城墙、水滨等,有一定游憩设施的狭长形绿地	
	G15		街旁绿地	位于城市道路用地之外,相对独立成片的绿地,包括街道广场绿地、小型沿街绿化用地等	绿化占地比例应不小于65%
G2			生产绿地	为城市绿化提供苗木、花草、种子的苗圃、花圃、草圃等圃地	
G3			防护绿地	城市中具有卫生、隔离和安全防护功能的绿地。包括卫生隔离带、道路防护绿地、城市高压走廊绿带、防风林、城市组团隔离带等	
G4			附属绿地	城市建设用地中绿地之外各类用地中的附属绿化用地。包括居住用地、公共设施用地、工业用地、仓储用地、对外交通用地、道路广场用地、市政设施用地和特殊用地中的绿地	
	G41		居住绿地	城市居住用地内社区公园以外的绿地,包括组团绿地、宅旁绿地、配套公建绿地、小区道路绿地等	
	G42		公共设施绿地	公共设施用地内的绿地	
	G43		工业绿地	工业用地内的绿地	
	G44		仓储绿地	仓储用地内的绿地	
	G45		对外交通绿地	对外交通用地内的绿地	
	G46		道路绿地	道路广场用地内的绿地,包括行道树绿带、分车绿带、交通岛绿地、交通广场和停车场绿地等	
	G47		市政设施绿地	市政公用设施用地内的绿地	

类别代号			类别名称	内容与范围	备注
大类	中类	小类			
G4	G48		特殊绿地	特殊用地内的绿地	
G5			其他绿地	对城市生态环境质量、居民休闲生活、城市景观和生物多样性保护有直接影响的绿地。包括风景名胜区、水源保护区、郊野公园、森林公园、自然保护区、风景林地、城市绿化隔离带、野生动植物园、湿地、垃圾填埋场恢复绿地等	

2.3　旅游空间的表现形式

旅游地域的典型景观特征，在一定程度上影响着游憩活动的方式。例如水体中的游憩活动与山地游憩活动，城市风光的游览与景观娱乐区的游憩活动，其景观特征、游憩设施、场地规模、交通方式等物质条件，对游憩活动方式都有不同的要求。因此，从游憩功能的角度认识旅游空间的表现形式，比较适合景观设计的需要。下列旅游空间表现形式是从游憩功能的角度进行划分的。

2.3.1　公园绿地

公园绿地是城市居民开展户外游憩活动的最重要的城市空间形式。"公园绿地是城市中向公众开放的、以游憩为主要功能，有一定的游憩设施和服务设施，同时兼有健全生态、美化景观、防灾减灾等综合作用的绿化用地。它是城市建设用地、城市绿地系统和城市市政公用设施的重要组成部分，是表示城市整体环境水平和居民生活质量的一项重要指标。"[1]

公园绿地包括综合公园、社区公园、带状公园、街旁绿地、街道广场绿地五种类型。在城市化发展过程中，随着城市居民生活水平的提高，居民的户外游憩范围发生了变化，城市开发建设的多元化，也使开发项目的单位出现规模多样化的特征。因此，对公园绿地进一步分类，有利于针对不同类型的公园绿地提出不同的规划、设计、建设及管理要求。

（1）综合公园。综合公园包括全市性公园和区域性公园，与国家现行标准《公园设计规范》（CJJ 48）的内容保持一致。因各城市的性质、规模、用地条件、历史沿革等具体情况不同，综合公园的规模和分布差异较大，故对综合公园的最小规模和服务半径一般不作具体规定。

（2）社区公园。"社区"的基本构成要素是"有一定的地域；有一定的人群；

---

1 城市绿地分类标准（CJJ/T 85—2002）.

有一定的组织形式、共同的价值观念、行为规范及相应的管理机构；有满足成员的物质和精神需求的各种生活服务设施"。[1] 在公园绿地的分类中设"社区公园"中类，结合国家现行标准《城市居住区规划设计规范》（GB 50180）下设"居住区公园"和"小区游园"两个小类，并对其服务半径作出规定，旨在着重强调这类公园绿地都属于公园性质，与居民生活关系密切，必须和住宅开发配套建设，合理分布。

（3）带状公园。带状公园的宽度受用地条件的影响，一般指呈狭长形，以绿化为主，辅以简单的设施。带状公园常常结合城市道路、水系、城墙而建设，是绿地系统中颇具特色的构成要素，承担着城市生态廊道的职能。"带状公园"的宽度没有具体规定，但在带状公园的最窄处必须满足游人的通行、绿化种植带的延续以及小型休息设施布置的要求。

（4）街旁绿地。街旁绿地是指散布于城市中的中小型开放式绿地，虽然有的街旁绿地面积较小，但具备游憩和美化城市景观的功能，是城市中量大面广的一种公园绿地类型。

街旁绿地的绿化占地比例规定，其主要依据是国家现行标准《公园设计规范》（CJJ 48），它规定"街旁游园"的绿化占地比例应不小于65%。

（5）街道广场绿地。街道广场绿地是我国绿地建设中一种新的类型，是美化城市景观，降低城市建筑密度，提供市民活动、交流和避难场所的开放型空间。"街道广场绿地"在空间位置和尺度上，在设计方法和景观效果上不同于小型的沿街绿化用地，也不同于一般的城市游憩集会广场、交通广场和社会停车场库用地。

街道广场绿地与道路绿地中的"广场绿地"不同，"街道广场绿地"位于道路红线之外，而"广场绿地"在城市规划的道路广场用地（即道路红线范围）以内。

2.3.2　附属绿地

1. 附属绿地的含义

"附属绿地"在过去的绿地分类中，被称为"专用绿地"或"单位附属绿地"。虽然从功用上看，"专用绿地"和"附属绿地"内容相同，但从名称的字面解释上看，"专用绿地"容易产生误解，因为许多"专用绿地"并不专用，而是对公众开放的。由于在城市总体规划中已对"公共绿地"、"生产绿地"和"防护绿地"作出了规定，使用"附属绿地"一词则更能够准确地反映出包含在其他城市建设用地中的绿地的含义。

---

1 摘自《辞海》社区辞条.

2. 附属绿地的分类

附属绿地的分类基本上与国家现行标准《城市用地分类与规划建设用地标准》(GBJ 137) 中建设用地分类的大类相对应,既概念明确,又便于绿地的统计、指标的确定和管理上的操作。附属绿地因所附属的用地性质不同,在功能用途、规划设计与建设管理上有较大差异,应符合相关规定和城市规划的要求,如"道路绿地"应参照国家现行标准《城市道路绿化规划与设计规范》(CJJ 75) 的规定执行。

居住绿地在城市绿地中占有较大比重,与城市日常游憩活动密切相关,是居民日常使用频率最高的绿地类型。在《城市绿化条例》中将居住绿地作为一个大类,考虑到分类依据的统一性,以及居住绿地是附属于居住用地的绿化用地,《城市绿地分类标准》将居住绿地作为中类归入附属绿地。居住绿地不能单独参加城市建设用地平衡。

随着城市环境建设水平的提高,全国已有许多城市要求居民出行 500m 可进入公园绿地。为满足城市规划建设管理的需求,结合我国城市用地现状,将"居住区公园"和"小区游园"归属于"公园绿地",在城市绿地指标统计时不得作为"居住绿地"计算,居住绿地的规划设计应参照国家现行标准《城市居住区规划设计规范》(GB 50180) 的规定执行。

2.3.3 其他绿地

1. 其他绿地

随着市场经济和城市建设的发展、城市居民休闲时间的增加和出行能力的增强,位于城市建设用地之外,城市规划区范围以内,生态、景观和游憩环境较好、面积较大、环境类型多样的区域开始承担起城市生态、景观保护和居民游憩的职能,使市区与周边环境的结合更加有机,使居民生活更加丰富。

这些区域能够体现出城市规划区中的生态、景观、旅游、娱乐等资源状况,它是城市建设用地范围内上述诸系统的延伸,它与城市建设用地内的绿地共同构成完整的绿地系统。因此在绿地分类中必须包含这些内容。

其他绿地是指位于城市建设用地以外,生态、景观、旅游和娱乐条件较好或亟须改善的区域,一般是植被覆盖较好、山水地貌较好或应当改造好的区域。这类区域对城市居民休闲生活的影响较大,它不但可以为本地居民的休闲生活服务,还可以为外地和外国游人提供旅游观光服务,有时其中的优秀景观甚至可以成为城中的景观标志。其主要功能偏重生态环境保护、景观培育、建设控制、减灾防灾、观光旅游、郊游探险、自然和文化遗产保护等。如风景名胜区、水源保护区、有些城中新出现的郊野公园、森林公园、自然保护区、风景林地、城市绿化隔离带、野生动植物园、湿地、垃圾填埋场恢复绿地等（根据《城市绿地分类标准》划分）。由于上述区域与城市和居民的关系较为密切，故应该按城市规划和建设的要求保持现状或定向发展，一般不改变其土地利用现状分类和使用性质。

其他绿地不能替代或折合成为城市建设用地中的绿地，它只是起到功能上的补充、景观上的丰富和空间上的延续等作用，使城市能够在一个良好的生态、景观基础上进行可持续发展。"其他绿地"不参与城市建设用地平衡，它的统计范围应与城市总体规划用地范围一致。

2. 城市绿化隔离带

城市绿化隔离带包括城市绿化隔离带和城市组团绿化隔离带。不同于城市组团绿化隔离带的城市绿化隔离带指我国已经出现的城镇连片地区，有些城镇中心相距十多公里，城镇边缘已经相接，这些城镇应当用绿色空间分隔，防止城镇的无序蔓延和建设效益的降低。

旅游区景观规划和城市绿地规划，虽然都是以绿地作为基本物质对象，但旅游区景观规划更为关注的是保护、开发、利用和经营管理旅游区，使其发挥多种功能和作用而进行的各项旅游要素的统筹部署和具体安排。从《城市绿地分类标准》中可以看出，适合游人游览的地域范围不仅包括该分类标准中，具有较好的自然景观和较为完善的游览、休息、娱乐设施，诸如风景名胜区、大型游乐园、城市郊区公园等旅游地域，也包括城市居民经常开展游憩活动的场地，如街道广场绿地、居住区绿地等。工业园绿地是属于工业园内的绿地。由于现代化的工业园区不仅有着良好的工作环境，同时也具备休闲、生态、美化、防灾等综合功能，随着现代生活富裕程度的提高，人们的兴趣点发生了很多改变，旅游范围也随之扩大，因此，工、农业园区也成为旅游空间表现形式的一部分。

2.3.4　风景名胜区

风景名胜区是指"风景名胜资源集中、自然环境优美、具有一定规模和游览条件，经县级以上人民政府审定命名，规划范围，供人游览、观赏、休息和进行科学文化活动的地域。"[1]风景名胜区、自然文化遗址保护区是旅游景观资源集中的地域，也是旅游活动的重要场所，是具有明确空间界线的地域空间，是受到国家有关法律保护的法定地域。风景名胜区分国家级、省级、市（县）级，分别由相应级别的人民政府批准。

---

1 《风景名胜区管理暂行条例实施办法》. 建设部，1987.

自然保护区是具有代表性的自然景观地域和生态系统，如珍稀动物自然栖息地、珍稀植物群落、水源涵养区、具有特殊意义的自然历史遗迹地区等，是一种具有多功能的管理自然的基本单位，分国家级、省级、市（县）级。自然保护区的基本任务是生物多样性的保护、科研、教育、资源持续开发利用和生态旅游，是国家或地区规划系统中永久的和综合的组成部分。

自然保护区是进行科学研究的天然实验室，是天然物种基因库，又是活的自然博物馆，随保护对象和目的不同可以划分不同的类型，管理方式因类型而异。目前世界各国在自然保护区概念上还不一致，都有自己的分类系统，自然保护区类型大体上分为科学保护区、天然风景区、人工维持的自然保护区、土地利用景观保护区、资源保护区、综合利用保护区、世界遗产地、生物保护区。

我国自然保护区按资源性质分森林、草地、湿地、海涂、地质地貌、沙漠、岛屿等类型，按照保护对象可分为原生环境、次生环境、生物种源、地质遗迹、资源管理、国家公园等六类自然保护区。

我国国家级风景名胜区与自然保护区同美国的国家公园（National Park）相当。"美国的国家公园是一种国家天然公园，是在自然保护的前提下，在环境容量容许的范围内，有控制有管理地向群众开放，供群众旅游、娱乐、科学研究和科学普及的场所或自然露天博物馆或自然保护区"。[1]美国政府从国家公园的环境容量和国民游憩需求两方面考虑，设立了国家天然公园、国家历史公园、国家游乐胜地、国家森林公园等多种特定地域，综合形成国家公园系统。

自然保护区与风景名胜区在空间关系上有三种情况：一是自然保护区就是风景名胜区，如湖北神农架自然保护区实际上也是风景名胜区；二是风景名胜区包含自然保护区，如黄山风景名胜区包含金丝猴自然保护区；三是自然保护区与风景名胜区相互独立，如牯牛峰自然保护区与齐云山风景名胜区。风景名胜区是一种自然保护区，但自然保护区不一定是风景名胜区。

2.3.5　旅游度假区

旅游度假区在我国是一种新兴的游憩综合体。1992年8月17日《国务院关于试办国家旅游度假区有关问题的通知》（国务院46号文发布）提出"国家旅游度假区是符合国际度假旅游要求，以接待海外旅游者为主的综合性旅游区。国家旅游度假区应有明确的地域界限，适当集中建设配套旅游设施，所在地区旅游度假资源丰富，客源基础较好，交通便捷，对外开放工作已有较好基础"，"对国家旅游度假区实行优惠政策"。我国首批旅游度假区12个，占地面积约

---

1 孙筱祥. 国家科委蓝皮书第6号.

$10 \sim 12 km^2$，之后，不少省、市分别设立省级、市级旅游度假区。根据度假区所依托的自然环境可分为山地／滑雪度假区、海港／海滨度假区、湖泊／岛屿度假区、民俗风情度假区、温泉／疗养度假区等。[1]

2.3.6 主题公园与游乐公园

主题公园与游乐公园是同一实体空间的两个名称。"主题公园是在传统公园和游乐园基础上发展起来的集休闲、游乐、购物、餐饮为一体的多功能旅游服务体系，是现代旅游业的重要组成部分。"[2]前者突出空间的信息量，后者突出空间的游乐性。游乐公园是指设有游艺和游乐设施，开展各项游艺、游乐活动，主要供游客娱乐、健身的场所。目前，我国许多城市兴建了大型游乐场所，但是其建设、管理均不够规范。为符合国家现行标准《公园设计规范》(CJJ 48) 对公园绿地的要求，游乐公园中的绿化占地比例应不小于65%。游乐公园就其内容来看可分两类：一类是以现代科技为主题的机械游乐公园；一类是以文化为主题的文化游乐公园。一般所说的主题公园主要是指后者，同义的术语还有人工游乐景观、人造模拟景观、缩微景观、再造景观、人造景观等，主题公园是我国现阶段旅游开发的一个热点。

从一些国家和地区主题公园的主题选择来看，基本上都以民族文化、地方历史文化、异国文化、异地自然景观、童话幻想、科学技术等方面为素材，根据市场需要，进行筛选、加工、组合而成。保继刚 (1995)、吴承照 (1998) 在对主题园与游乐园研究中，归纳出如下几种类型：[3, 4]

1) 以民族文化为主题: 如日本"明治利"(1965)，美国迪斯尼世界"美国大街"(1971)，中国"锦绣中华"、"中华民族文化村"等。

2) 以地方历史文化为主题: 如中国台湾九族文化村，美国迪斯尼世界"拓荒地"，中国"吴文化公园"、"老北京"等。

3) 以异国文化为主题: 如日本"希腊王国"、"荷兰村"（长崎1983）、"加拿大人的世界"(Canadian World)，中国"世界之窗"（深圳）、"环球乐园"（上海）、"世界公园"（北京）等。

4) 以异地自然景观为主题: 如日本"香蕉热带鱼园"（热川，1958）、"下贺

――――――――――

1 [英]曼纽尔·鲍德，博拉·弗雷德·劳森著.旅游与游憩规划设计手册.唐子颖，吴必虎等译校.北京：中国建筑工业出版社，2004-05 (1)：65.

2 李立.现代旅游业与现代主题公园建设.西北大学学报（哲学社会科学版），1997,27(2):22.

3 保继刚.主题公园的发展及其影响研究——以深圳市为例（博士学位论文).同济大学学报，1995.

4 吴承照.现代城市游憩规划设计理论与方法.北京：中国建筑工业出版社，1998 (1)：$39 \sim 41$.

茂热带植物园″（1961）、″夏威夷中心″（1966），中国台湾″六福村野生动物园″、″亚哥花园″，中国″热带海洋景观″（上海）、″野生动物园″（深圳）等。

5）以童话幻想为主题：如日本″东京迪斯尼乐园″，美国迪斯尼世界″奇幻王国（Magical Kingdom）″，中国台湾″小人国″等。

6）以科学技术、宇宙为主题：如日本″太空科学城″、″读卖园″，美国迪斯尼世界″明日世界″，中国台湾″大同水上乐园″，中国″锦江乐园″（上海）、″北京游乐园″、″石景山游乐园″（北京）等。

7）以历史人物为主题：如中国″秦皇宫″（河北）、″明太皇城″（北京）等。

8）以文学名著为主题：如中国″西游记宫″、″大观园″（上海）、″三国城″（无锡）等。

主题园的发展方向由市场选择来决定。目前，对主题园的评价大致包括文化品位、投资规模、用地规模、娱乐水平等内容。不论何种评价，主题园的发展是由市场选择来决定的。主题园就其本质来说，是商业化的专门化的游憩空间，以文化复制、文化移植、文化陈列等手法迎合一些游憩者的好奇心理，满足基本的游憩愿望。主题园成功与否根本上取决于所在地区的经济发展水平，不是任何地方都可以建立主题园的。我国主题园发展存在的主要问题是：主题及其支持项目的选择缺少对市场的深入研究，盲目性比较大，主题模仿、雷同；名不副实现象严重，政府宏观调控不力；主题园形象策划力度不够，经营管理水平不高等。从游憩活动形态来看，多数主题园仍然处于以观赏为主的被动游憩的初级阶段，游憩活动单一；从游憩发展历史来看，主题园只是游憩发展中的一个阶段；从城市游憩系统结构来看，主题园只是游憩供给的一种类型。[1]

主题园设施包括游憩活动设施、餐饮商业设施、后勤服务设施、通信设施和工程设施。其中以活动、餐饮、商业设施为主。奥兰多迪斯尼世界、东京迪斯尼乐园商店数高于活动设施数。

2.3.7　城市游憩商业区

城市游憩商业区是指拥有一定数量的游憩者、游憩景观、游憩设施，并能承担一定游憩活动的商业区域单元。广义的城市游憩商业区，可以包含一切以赢利为目的的大型游憩空间及其周边的辅助设施，为了更好地对城市旅游空间进行深入分析，此处的城市游憩商业区特指由高级别吸引物形成的综合型的购物中心。城市游憩商业区是游憩商业区（RBD）在城市旅游业发展中的具体体现，同时也是城市旅游业发展的重要形式之一。RBD 是 Recreational Business District 的缩写。

1　吴承照.现代城市游憩规划设计理论与方法.北京：中国建筑工业出版社，1998（1）：39～41.

这一概念最早由美国学者斯坦斯费尔德（Stansfield.C）和瑞科特（Ricken.J.E）在1970年提出。此后陆续有学者对RBD的区位、形态以及其功能作了进一步的研究。

城市游憩商业区的提出与城市中心商务区（CBD）有着密切的关系。CBD的形成是基于可达性而产生的对特定地段土地的竞争需求，竞争导致了地价的峰值。CBD一般被认为是城市繁荣的标志，在城市中具有重要的地位，往往也是城市的购物娱乐中心、信息中心、服务中心。[1]

从空间分布的角度来看，根据功能的不同，城市RBD与CBD可以是重合的也可以是分离的。在现实中，CBD往往外化为一种城市景观，目前不少大城市和特大城市的购物中心街区随着游憩活动的盛行，逐渐成为当地居民和外来游客的重要旅游目的地。[2]

城市游憩商业区在用地性质和功能上与旅游区区别很大，是一种辅助性的城市游憩空间。从功能上讲，城市RBD既要具备为城市旅游者提供都市旅游的场所，又要能够满足当地居民的休憩、购物、游玩需求。尤其那些高等级的购物中心，同时也是城市旅游的重要吸引物。[3]我国国家质量技术监督局发布的国家标准《零售业态分类》中，对购物中心的定义为："企业有计划地开发、拥有、管理运营的各类零售业态、服务设施的集合体"。其业态结构特点为："由发起者有计划地开设，实行商业型公司管理，中心内设商店管理委员会，开展广告宣传等共同活动，实行统一管理。内部结构由百货店或超级市场作为核心店，以及各类专业店、专卖店等零售业态和餐饮、娱乐设施构成。服务功能齐全，集零售、餐饮、娱乐为一体"。[4]由于购物中心不仅仅贩卖某个商品或某类商品，还是集休憩、购物、游玩于一体的游憩活动场所，集客能力是购物中心有别于百货公司的特色之一，因此，购物中心已经成为一个很能吸引人前来光顾的地方。而一个具有极强特色和感召力的购物中心，不仅是一种生活方式的体现，而且成为城市中心最吸引人的游憩单元。

这种旅游联动效应带来的收益，推动了城市游憩商业区的发展。城市中心商务区和商业区的游憩功能也越来越突出，成为吸引游客的特色和"卖点"。购物内涵的延伸使游憩和商业有机地结合在一起，日益受到发展商的关注，购物中心逐步形成了城市的商业购物游憩区。例如在美国，位于中心区的购物中心把传统市中心的许多活动内容融合进去，成为城市中心最吸引人的地点。而位于大城市郊区

1 黄震方，侯国林.大城市商业游憩区形成机制研究.地理学与国土研究，2001-11,17(4):44～46.
2 刘松龄.从CBD到RBD——传统CBD发展方向探析.现代城市研究，2003（4）：59～64.
3 彭华.试论经济中心型城市的游憩商务主导模式.地理科学，1999，19（2）：140～146.
4 零售业态分类 GB/T 18106—2004.

的购物中心往往把购物与游憩很好地结合起来。例如美国的艾伯塔西埃德蒙顿购物中心拥有溜冰场、世界上最大的室内水上公园（其中有人造海滩、海浪）、海豚池、人造环礁湖，湖中设供人们乘坐潜艇的游乐玩具，水面有圣·玛利亚船；美国明尼苏达州的"美利坚商场"总面积达到 88 万 m^2，内含 800 家商店、18 家电影院，此外还有夜总会、健身中心、高等级的宾馆和 21m 多高的人造山体，人们在其中呆上两三天也不会感到厌倦。这种大型的游憩购物场所实际与游憩商业区具有同样的性质与功能，在某种意义上是城市游憩商业区的表现形式之一。[1,2,3]

2.3.8　历史文化名城

历史文化名城是指"保存文物特别丰富，具有重大历史价值和革命意义的城市"。[4] 名城的核定标准有三方面的标准：①不但要看城市的历史，还要着重看当前是否保存有较为丰富完好的文物古迹和具有重大的历史、科学、艺术价值；②历史文化名城和文物保护单位有区别，作为历史文化名城的现状格局和风貌应保留着历史特色，并具有一定的代表城市传统风貌的街区；③文物古迹主要分布在城市市区或郊区，保护和合理使用这些历史文化遗产对该城市的性质、布局、建设方针有重要影响。由于历史文化名城所根植的自然环境，历代居民在改造自然环境中积累起来的传统艺术、民间工艺、民俗精华、名人轶事、传统产业等非物质形态，使历史文化名城环境充满人文和历史的内涵；而古城与自然环境的关系，古城的地形、地貌、山川、树木、原野特征，空间平面形状、轴线、道路骨架，古木、古桥、河网，以及建筑风格形式、高度、体量、材料、色彩、平面等，又使历史文化名城具有独特的物质形态。因此，许多国家都将历史文化名城列为国家法定保护的地域空间，作为人类历史文化遗产看待，与风景名胜区具有类似的旅游价值性质。

基于历史文化名城在物质形态和非物质形态方面的保护价值，联合国教科文组织及其他国际组织通过了一系列国际条约和宪章加强对历史文化名城保护：如1931 年保护文物古迹、古建筑群和古遗址的《历史性纪念物修复雅典宪章》（简称《雅典宪章》），1964 年《国际古迹保护与修复宪章》（简称《威尼斯宪章》），1972 年 11 月联合国科教文组织在巴黎总部举行的第十七界大会通过的《保护世界文化与自然遗产公约》（简称《世界遗产公约》），它们有力地推进了国际社会对人类文化遗产的保护。这些遗产包括有突出价值的文物、建筑群、园林、遗址、

1 刘非.国外著名商业街比较与分析.北京工商大学学报（社科版），2002，17（5）：23 ~ 26.
2 甄明霞.步行街：欧美如何做.城市问题，2001（1）：12 ~ 15.
3 许丰功.行走的快乐与街道的活力.规划师，2002（8）：70 ~ 74.
4 《中华人民共和国文物保护法》，2002-10.

地质地理结构、受威胁的动物植物生存区及天然名胜等。1975 年欧洲议会发起"欧洲建筑遗产年"，通过的《建筑遗产的欧洲宪章》，特别强调建筑遗产是"人类记忆"的重要部分，城镇历史地区具有历史的、艺术的、实用的价值，应该受到特殊的对待。1976 年联合国教科文组织第十九次会议提出历史性地区的保全及其在现代的作用的国际建议，认为，多样性的社会生活必须有相应的多样性生活背景，提高历史性地区的价值，将对人们的新生活产生重要意义。我国也在 20 世纪初重视了现代意义的文化和自然遗产保护工作。建国后尤为重视，并颁布了一系列法令、法规文件，国务院先后公布了四批国家历史文化名城名录。

近几年，一大批如陈望衡（1997），高亦兰、王佐（2001），李洪斌、张宏（2002），仇保兴（2002），吕海平、王鹤（2003），陈业伟（2004）等研究学者，对我国历史文化名城也进行了大量的挖掘和研究工作。从他们的研究成果中可以看出，历史性遗迹和环境、历史性地区在旅游系统中具有很高的保护和旅游价值。

本章主要参考文献

[1] [英]曼纽尔·鲍德·博拉，弗雷德·劳森著.旅游与游憩规划设计手册.唐子颖，吴必虎等译校.北京：中国建筑工业出版社，2004－05（1）.

[2] 吴必虎.上海市游憩者流动行为研究.地理学报，1994，49（2）：117～119.

[3] 梁幼侨等.传统欧洲与亚洲公共空间布局比较研究.华中建筑，1998（3）：61～67.

[4] 郑时龄等.创建充满城市精神的步行街.建筑学报，2001（6）：35～39.

[5] 吴承照.游憩效用与城市居民户外游憩分布行为.同济大学学报，1999－12，27（6）：718.

[6] 城市绿地分类标准（CJJ/T 85—2002）.

[7] 《辞海》社区辞条.

[8] 《风景名胜区管理暂行条例实施办法》.建设部，1987.

[9] 孙筱祥.国家科委蓝皮书第 6 号.

[10] 李立.现代旅游业与现代主题公园建设.西北大学学报（哲学社会科学版），1997，27（2）：22.

[11] 保继刚.主题公园的发展及其影响研究——以深圳市为例（博士学位论文）.同济大学学报，1995.

[12] 吴承照.现代城市游憩规划设计理论与方法.北京：中国建筑工业出版社，1998.

[13] 吴志强，吴承照著.城市旅游规划原理.北京：中国建筑工业出版社，2005.

[14] 黄震方，侯国林．大城市商业游憩区形成机制研究．地理学与国土研究，2001-11，17（4）：44～46．

[15] 刘松龄．从CBD到RBD——传统CBD发展方向探析．现代城市研究，2003（4）：59～64．

[16] 彭华．试论经济中心型城市的游憩商务主导模式．地理科学，1999，19（2）：140～146．

[17] 零售业态分类（GB／T 18106—2004）．

[18] 刘非．国外著名商业街比较与分析．北京工商大学学报（社科版），2002，17（5）：23～26．

[19] 甄明霞．步行街：欧美如何做．城市问题，2001（1）：12～15．

[20] 许丰功．行走的快乐与街道的活力．规划师，2002（8）：70～74．

[21] 赵中枢．从保护文化遗产国际文献谈北京旧城保护与整治．北京社会科学，2000（2）：126～134．

[22] 《中华人民共和国文物保护法》，2002-10．

[23] 吴必虎．公共游憩空间分类与属性研究．中国园林，2003（4）：48～50．

[24] 荆其敏，张丽安．城市休闲空间规划设计．南京：东南大学出版社，2001．

[25] 戴代新．景观历史文化的重视——游憩为导向的历史文化景观时空物化（博士学位论文）．上海：同济大学出版社，2004．

[26] 邹德慈．城市规划导论．北京：中国建筑工业出版社，2003．

[27] 王玲，王伟强．城市公共空间的公共经济学分析．城市汇刊，2002（1）：40～44．

[28] 古诗韵，保继刚．广州城市游憩商业区（RBD）对城市发展的影响．地理科学，2002（2）：489～495．

[29] 王庭惠主编．园林设计资料集．北京：中国建筑工业出版社，2003．

[30] 俞晟．城市旅游与城市游憩学．上海：华东师范大学出版社，2003．

[31] 保继刚．游憩开发研究——原理、方法、实践．北京：科学出版社，1996．

[32] 侯国林，黄震方，赵志霞．城市商业游憩区的形成及其空间结构分析．人文地理，2002（5）：12～16．

[33] 刘滨谊．现代景观规划设计．南京：东南大学出版社，1999．

[34] 李敏．现代城市绿地系统规划．北京：中国建筑工业出版社，2002．

[35] 王云才．现代乡村景观旅游规划设计．青岛：青岛出版社，2003．

[36] 张翰卿．城市中心区游憩功能的开发——以武汉为例．武汉大学学报（工学版），2002（10）：58～62．

[37] 张景秋．城市旅游研究的文化方法及其启示．规划师，2004-11，107（20）．

[38] 周玲强．国际风景旅游城市指标体系研究．杭州大学学报（自然科学版），
　　　1999—01（1）：86～96．

[39] 王林．中外历史文化遗产保护制度比较．城市规划，2000，24（8）：
　　　49～51．

[40] 李业锦，苏平．北京构筑环城游憩带．中国旅游报，2002—04（26）．

[41] 陈望衡．历史文化名称的美学思考．城市发研究，1997，4（4）：36～39．

[42] 高亦兰，王佐．当前我国城市历史保护区政治研究．规划师，2001，17（5）：
　　　97～100．

[43] 李洪斌，张宏．城市更新中历史环境保护的现实性途径探索．南方建筑，
　　　2002（4）：8～10．

[44] 仇保兴．复兴城市历史文化特色的基本策略．规划师，2002，18（6）：5～8．

[45] 吕海平，王鹤．城市景观假设中历史夹注的保护与开发模式．沈阳建筑工
　　　程学院学报，2003，19（2）：101～103．

[46] 陈业伟．上海老城乡历史文化风貌区的保护．城市规划汇刊，2004（5）：
　　　50～58．

[47] 王鹏著．中国城市规划·建筑学·园林景观博士文库：城市公共空间的
　　　系统化建设．南京：东南大学出版社，2002—01．

[48] 黄磊昌，顾逊，杨立新．城市另类空间——层际空间景观设计．中国园林，
　　　2004（9）：37～39．

[49] 刘滨谊，母晓颖．城市文化与城市景观吸引力构建．规划师，2004（2）：
　　　4～6．

[50] 戴光全，保继刚．西方事件与事件旅游研究的概念、内容、方法与启发．旅
　　　游学刊，2003，18（5）：26～34．

[51] 李敏．现代城市绿地系统规划．北京：中国建筑工业出版社，2002．

[52] 吴为廉．景园建筑工程规划与设计．上海：同济大学出版社，1996．

[53] A．V．Moudon．Public Streets For Public Use．Van Nostrand Reihold Co．Inc．
　　　1986．

[54] P．Fuller．Image of God：The Consolation of Lost Illu—sions．London：Chatto
　　　and Windus，1985．

[55] A．J．Rutledge．A Visual Approach to Park Design．Van Nostrand Reinhold
　　　Co．Inc，1986．

第3章
旅游环境知觉

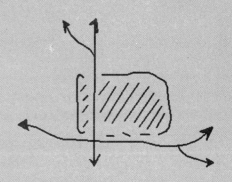

第3章　旅游环境知觉

　　一般说来，旅游者的旅游过程本质上是对旅游目的地的时空环境、自然与人文景观等的认识和审美过程。旅游者对旅游环境的认识和审美以感知觉为基础，因而形成了旅游环境认知、游憩行为和审美判断。旅游环境知觉不仅包括对旅游空间和景物的知觉，而且还包括对游人、游憩群体及自我特性的知觉，旅游环境知觉对旅游者的旅游动机、游憩行为和态度等都具有重要影响，而这些内容又是旅游区景观设计的依据之一。所以，对旅游环境知觉进行分析和研究就很有必要。

　　了解旅游环境知觉基本原理的要义在于，旅游环境设计者与游人在某种意义上存在着心理上互相沟通的基础，存在着同一景观形象信息的概念意义和情感观念的一致性。

3.1　旅游环境知觉

3.1.1　旅游环境知觉的基本概念

　　心理学认为，人能适应环境是因为能够认识自己周围的事物，包括对环境信息的接受、识别、贮存、加工等过程。一般来讲，旅游地域有着丰富多样的景观资源，对景观资源的接受和识别就是旅游环境感觉和知觉。旅游者、反应、旅游环境刺激在心理学上，可看作旅游环境知觉的基本变项。旅游者是指个人，反应是旅游行为的部分，环境刺激可以来源于周围的人、事、物，可以是声、光、热、味各种物理或化学性变化，也可以是人的各种游憩活动，甚至包括交通工具带来的噪音以及闹市喧哗等复合刺激情境，刺激是引起旅游者反应的原因。

　　"知觉是人脑对直接作用于感觉器官的客观事物的各个部分和属性的整体反映。知觉不仅能反映个别属性，而且通过各种感觉器官的协同活动，按事物的相互关系或联系整合成事物的整体，从而形成该事物的完整映像"。[1]"根据人脑所认识的事物特性，还可以把知觉分成空间知觉、时间知觉和运动知觉。空间知觉处理物体的大小、形状、方位和距离的信息，时间知觉处理事物的连续性和顺序性，运动知觉处理物体在空间的位移等。"[2]与作用于旅游感觉的旅游刺激物相比较，旅游刺激情境是由诸如声、光、色等各种各样的刺激组成的复合体，而旅游

---

1 郭黎岩主编.心理学.南京：南京大学出版社，2002-08（1）：99.
2 何灿群主编.人体工学与艺术设计.长沙：湖南大学出版社，2004-08（1）：14.

刺激物则是单个的事物和信息。所以，旅游环境知觉是旅游感觉的综合。

旅游环境知觉可分为一般旅游环境知觉和复杂旅游环境知觉两大类。心理学认为个体对刺激的感受到反应的表现，必须经过生理与心理的两种历程。生理历程得到的经验为感觉，心理历程得到的经验为知觉。知觉是在感觉的基础上形成的，"人脑中产生的具体事物的印象总是由各种感觉综合而成的，没有反映个别属性的感觉，也就不可能形成反映事物整体知觉。感觉到的事物个别属性越丰富，越精确，越详细，对该事物的知觉也就越完整，越正确，越全面。"[1]因此，旅游环境知觉是多种感觉相互联系和综合活动的结果。

一般的旅游环境知觉是指以某种旅游感觉为主的知觉，包括旅游视知觉、旅游听知觉、旅游味知觉、旅游嗅知觉、旅游触知觉、旅游运动知觉等生理历程。旅游者的旅游过程，也是各种旅游环境知觉综合应用的过程，其中，旅游视知觉应用的频率最高，在旅游审美过程中起着主要作用。旅游者对自然景观、人文景观的观赏，是旅游视知觉在起主导作用；品尝美味佳肴，是旅游味知觉在起主导作用；听音乐，是旅游听知觉在起主导作用；参加各种娱乐、探险活动，是旅游运动知觉在起主导作用。

复杂旅游环境知觉是指旅游时空上的知觉。旅游空间知觉反映景物的方位、形状、大小、距离的远近，以及景物之间的相互距离。旅游时间知觉反映景物的延续性和顺序，如旅游时间的长短、先后、快慢、节奏等。

3.1.2 旅游环境知觉的特性

1. 旅游环境知觉的整体性

"知觉整体性是指人根据自己的知识经验把直接作用于感官的客观事物的多种属性整合为统一整体的组织加工过程。"[2]旅游环境知觉的对象是由旅游景观的部分特征或属性组成的，旅游景观的各部分具有不同的特征，但人们并不把它感知为个别的孤立的部分，而总是把它知觉为一个统一的整体情境。甚至当景物的个别属性或个别部分直接作用于人的时候，也会产生这一景物的整体印象。

旅游环境知觉之所以具有整体性，一方面是因为景物的各个部分和它的各种属性总是作为一个整体对人发生作用；另一方面是因为人的旅游环境知觉在把景物的各个部分综合为旅游刺激情境的过程中，过去的知识经验常常能提供补充信息。例如，我们不会把感知到的正方形或圆形看成是孤立的四条直线或者几个小圆圈，尽管正方形或圆形是由四条直线或者圆圈组成的，但我们总是把它知觉为

---

1 何灿群主编.人体工学与艺术设计.长沙：湖南大学出版社，2004-08（1）：13.
2 郭黎岩主编.心理学.南京：南京大学出版社，2002-08（1）：114.

一个统一的正方形或圆形的整体。旅游者到某个城市的某些旅游景点游览，如果这些景点景色优美，景观独特，尽管旅游者对这个城市的其他方面了解甚少，对这个城市也会形成良好的印象，这就是旅游环境知觉的整体性在起作用。

　　2. 旅游环境知觉的理解性

　　"知觉选择性是指人根据当前的需要，对外来刺激物有选择地作为知觉对象进行组织加工的过程。"[1] 旅游环境知觉不能详细而精确地反映出旅游景观的全部细节，但它也不是一个被动的接受过程。相反，旅游知觉是一个非常主动的过程，旅游者凭借着以往的知识经验去理解对象，对感知到的景物进行加工处理，归入一定的对象类别中，并形成一定的概念，旅游环境知觉的这种特性就是旅游环境知觉的理解性。知觉的理解性是通过人在知觉过程中的思维活动而到达的，譬如一座未建成的亭子，虽然亭子未完全建成，由于知觉的理解性，我们可以从过去的经验和知识中得到补充，理解它是一座亭子。了解知觉的理解性概念是重要的，在旅游景点的入口处，布置一个标记，如果标记正确表达了旅游景点特征，并容易为游人所感知，旅游者凭借以往的知识经验是能够理解这个标记含义的，此地的标记就起到了标识的作用。这正如心理学指出的那样，"知觉的理解性有助于个体从背景中区分出知觉对象，有助于形成整体知觉，从而扩大了知觉的范围，使知觉更加迅速。"[2]

　　"知觉的理解性主要受对象的特征及本身的注意及经验等因素的影响。知觉的理解性在言语知觉中是明显的。"[3] 游人对旅游环境的理解性不仅受旅游知识经验的影响，在知觉景物的特征不大明显时，那些言语或非言语的指导有助于游人对知觉对象的理解。例如，中国有的建筑顶部是圆形的，下面是方形的，譬如北京天坛主体建筑是圆形的，而围墙却是方形的，这些现象曾引起游客的争论，有的说是为了几何图形的变换，有的说是为了美观好看，而导游牌的正确结论是：这是中国古代"天圆地方"学说在中国建筑中的体现与运用。诸如解说牌、标志牌这些非言语的指导都有助于旅游环境的知觉。

　　3. 旅游环境知觉的选择性

　　"知觉的选择性也称为知觉的对象性。在知觉过程中，感觉系统所提供的刺激是很多的，但个体并不是对所有的信息都作出反映。个体总是把其中的一些当作知觉对象，而把另一些当作知觉背景。对对象的反映很清晰而对背景的反映较模糊。"[4] 旅游资源是多种多样的，当旅游者处于丰富多彩、千变万化的环境中，感知什么，忽略什么，拒绝什么，都是根据自己的具体需要进行选择。也就是说，

　　1 郭黎岩主编. 心理学. 南京：南京大学出版社，2002-08（1）：115.
　　2 郑雪，易法建，傅荣主编. 心理学. 北京：高等教育出版社，1999-06（1）：31.
　　3 郑雪，易法建，傅荣主编. 心理学. 北京：高等教育出版社，1999-06（1）：31.
　　4 郑雪，易法建，傅荣主编. 心理学. 北京：高等教育出版社，1999-06（1）：28.

在一定的时间内，每个游人并不能感受到所有的旅游环境信息，只能有选择地以少数景物为知觉对象，旅游者的这种对旅游信息有选择地进行加工的能力被称为旅游环境知觉的选择性。

旅游知觉的选择性特点能使旅游者把注意力集中到少数重要的景物的重要方面，格外清晰地知觉到这些景物，而其他的景物则被感知得比较模糊，那些被模糊感知的景物就成了衬托知觉景物的背景，旅游知觉的选择性这一特点可以使旅游者更有效地认知旅游环境。当然，影响旅游知觉选择性的因素是多种多样的，大致上有客观和主观两个方面的因素。

4. 旅游环境知觉的恒常性

当旅游环境知觉的条件在一定范围内改变了的时候，例如当距离、缩影比、照度等外部条件改变的时候，旅游知觉的印象仍然保持相对不变，这就是旅游环境知觉的恒常性。譬如距离我们 10m 或 100m 远的亭子，在视网膜上成像的大小不同，前者大后者小，但是我们仍然知觉到亭子大小都是一样，这是知觉经验在起作用。人们凭借知觉的恒常性能够摆脱单纯物理刺激所得到的片面知觉，从而全面、正确、稳定地反映客体，以适应不断变化的旅游环境。

旅游知觉的恒常性常常受到多种因素的影响，其中过去的经验和知识最为重要。即使外部旅游刺激情境发生变化，人们仍能把旅游过程中的所见所闻与自身经验所保持的印象结合起来，而获得近似于实际的知觉形象。例如我们从圆明园的断垣残柱中，可以想象出被焚烧前圆明园宏伟壮丽的规模，那是过去的经验和知识在起作用，倘若没有历史的知识，就难以从断垣残柱的痕迹中想象出圆明园的过去形象。

理解上述介绍的旅游环境知觉的特性对景观设计具有重要意义。旅游者的游览过程从某种程度上来看，就是对各种旅游环境的感知过程。理解这一感知过程，对景观设计具有启发意义的是，那些对旅游者产生刺激的各种景物，如果没有自己独特的形象、一定的视觉强度和突出的特征，就不会引起游客的行为反应。倘若我们设计的景象不容易被人知觉，就可以说我们的景观设计是失败的。

3.2　影响旅游环境知觉的因素

影响旅游环境知觉的因素包括客观和主观两方面因素。

3.2.1　影响旅游环境知觉的客观因素

1. 景物与背景关系

在一定时间内，旅游者并不能感受到所有的知觉对象，而仅仅感受能引起注意的少数知觉对象。此时，被知觉的对象从其他事物中"突出"出来，而其他事物则"退后"去了，这突出起来的就是所谓的景物，而退到后面的就是背景。

景物与背景在强度、颜色和形状上差异越大，越容易从背景中区分出知觉对象。景物与背景对比强度越大且界限越明显，就越容易被感知。一般情况下，面积小的比面积大的、垂直或水平的比倾斜的、暖色的比冷色的更容易被感知。同周围的明度差别越大，对象就越容易从背景中被区分出来。在固定不变的背景上运动着的物体更容易被感知。因此，影响知觉选择的因素，从客观方面说有刺激的变化、对比、位置、运动、大小程度、反复等等；从主观方面看，有经验、情绪、动机、兴趣、需要等等。但知觉中的景物和背景是相对的，可以变换的，即图、底互易性。这些环境知觉问题的研究对于景观设计是有意义的。

2. 景物的心象组织

按格式塔心理学派的看法，心理现象最基本的特征是意识经验中显现的结构性或整体性。整体是先于部分而存在的，它具有的形式和性质不是决定于其中的部分，而是决定于作为一个整体的情境。[1] 这意味着，游人接受环境刺激时并非零乱无系统，而是有选择地把知觉到的景物，组成一个对它有某种意义的整体情境。

所谓"格式塔"是德文"Gestalt"一词的音译。格式塔一词有两种含义：一是指事物的一般属性，即形式；另指事物的个别实体，即分离的整体。形式仅为其属性之一。也就是说，"假使有一种经验的现象，它的每一成分都牵连到其他成分，而且每一成分之所以有其特性，即因为它和其他部分具有关系，这种现象便称为格式塔。"[2] 简略地说来，所谓格式塔心理学，就是一种反对元素分析而强调整体组织的心理学理论体系。格式塔心理学家总结了一系列影响形式知觉的因素：邻近律，相似律，封闭律，连续律，[3] 也即所谓的心象组织规律，其核心意义是强调事物的整体性。这些心象组织规律对个人的环境知觉会产生影响。

（1）邻近律。人们容易将空间位置相近的客观事物知觉为一个整体。譬如两个或两个以上的知觉方块，若在空间上彼此接近，容易被感知为一个整体（图3-1a）；再譬如注视一排竖线，人们往往以其平行远近的排列而知觉为几组。这是由于相互接近的物体容易作为一个体而被感知，从而使这些物体紧密连接成为稳定的形体。这种组合处理得好，能在构图美学上获得充分的表现力，并形成亲切的小环境。

（2）相似律。所谓相似，是指物体的大小、形状、方向、材料、颜色等物理

1 杨清著. 现代西方心理学主要派别. 长春：辽宁人民出版社，1980-12（1）：249～250.
2 高觉敷主编. 西方近代心理学史. 北京：人民教育出版社，1982（1）:324.
3 郭黎岩主编. 心理学. 南京：南京大学出版社，2002-08(1):115.

属性上的相似。相似律的要义在于说明有数个知觉对象同时呈现时，条件相同或相似的项目会被组织为一个图形（图3-1b）。许多研究表明，按照这种"相似性原理"，在一个式样中，各个部分在某些知觉性质方面的相似性程度，有助于我们确定这些部分之间关系的亲密程度。譬如游人与游人之间的态度、信念和价值观以及社会背景、文化程度、仪表、相貌比较类似，在一般情况下人们容易把它们知觉为同一类别或某一群体。再如庐山、承德、青岛、昆明各有独特之处，但许多人仍然把它们知觉为避暑胜地。相似不仅仅局限于物体看上去属于一组，相似的单位还能进一步构成某种式样。一个视觉对象的各个组成部分，越是色彩、明亮度、运动速度、空间方向方面相似，它看上去就越是统一。类似相结合对视觉起一种"力场"的整合作用。在景观设计上，常运用形状的相似、色彩的相似乃至位置的相似，进行巧妙的组合，而达到理想的效果。相似性与非相似性永远是相对的，往往要看景物所处的场合。眼睛的扫描是由相似因素引导着的，相似的、同类的形象容易组合得完整，类同因素的存在能够弱化视觉反映引起的紧张心态，在景观设计中，这种扫描线路对构图与布局是十分重要的。

（3）封闭律。也称完形的倾向。"完形"意即完整倾向，图形中小的缺失部分被填充，成为整体。如一个不连贯线条的三角图形，由于观察者的经验，看起来似乎仍是一个完整的三角形（图3-1c），也就是缺口"封闭"了，线条"连接"了，这是一种依据经验推论的定律，即封闭律。中国庙宇庭院所形成的围合空间，也表现了这种封闭律。若几个具有完形倾向的景物组成一种封闭性组合空间，则这几个知觉景物容易构成一个有鲜明的空间形态的整体知觉单位。如大观楼、西山、海埂公园、民族村是坐落在昆明滇池附近的几个旅游景点，由于它们都环绕在滇池附近，构成了一个旅游知觉单位，往往被人们知觉为滇池游览区。

（4）连续律。图形中的部分被组合在一起，以致图形中的光滑线产生最少数量的中断，把它们知觉为整体（图3-1d）。例如几个旅游对象在空间和时间上有连续的特征，就容易被人们知觉为一个整体。连续律涉及视觉对象的内在连贯逻辑性，一个构图单位的形状越是连贯，它就越易从它所处的背景中独立出来，一条贯穿的直线看上去比缠绕着它的不规则线条更为突出。

连续律能够构成环境间的协调关系和景观的整体性。当游人行进时，所见到的景物呈一种连贯的或有着内在逻辑的状态，人的知觉会保持一种连贯性、延续的和谐印象。在旅游环境的视觉效应中，大小、形状和色彩的连续性是最有活力的因素。

重视整体环境的连续性和景物之间的相邻性，也能达到和谐统一的效果。连续律即视觉的连贯，也包含了相似性与接近性的原理。譬如有些场合，建筑形态或环境风格具有明显的差异，但巧妙运用相邻性原理是可以表现出环境连续性的。

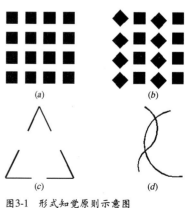

图3-1 形式知觉原则示意图

国际建协《马丘比丘宪章》指出：新的城市化概念是追求建成环境的连续性。意义是说，每一座建筑不再是孤立的，而是连续统一体中的一个单元，它需要同其他要素进行对话，从而使自身的形象完整。

3. 景物特色

具有一定秩序和意义的旅游环境，有利于游人花较少的注意力把握较多的信息，这有助于对旅游环境中特征要素的把握。"注意是心理活动对一定对象的指向和集中。指向性和集中性是注意的两大基本特征。"[1] 所谓指向性是指每一瞬间，心理活动有选择地倾向一定事物，而离开其余事物。譬如，一个人在赏景，他的心理活动就把注意集中到某些重要方面，排除次要刺激的干扰。所谓集中性是指心理活动反映的事物达到一定清晰和完善程度。当人集中注意某一事物时，心理活动就会离开一切无关的事物，并且抑制多余的活动，从而保证对事物清晰、完善和深刻的认知。注意的指向性和集中性说明，人在同一时刻不可能把握过多的信息。

有旅游价值的景物是否引起人的注意，一方面取决于游人自身的状态，另一方面还取决于景物形象是否有引起注意的特征。因此，旅游区的主要景物应该有自己的特色。景物形象是否有特色主要取决于以下五个方面：

（1）对比强度。在无意注意中起绝对作用的往往不是景物的绝对强度，而是它的相对强度。也就是上述所论的景物与背景的关系。

（2）景物的状态。运动和变化的景物比静止的景物更引人注意。在相对静止的背景上，运动变化着的景物容易成为吸引物。如倾泻的瀑布或涓溪细流，飞旋的岛儿或奔驰的游艇，闪烁的霓虹灯或正在跳舞的人群，都容易成为吸引物。在混乱运动的背景上，向着同一方向运动的事物也容易成为吸引物。

（3）新异性。与众不同的和新异的景物更容易成为注意的对象，吸引和维持人的注意。如果旅游吸引物是旅游者以前闻所未闻、见所未见的，较容易引起旅游者的新奇感，这样的旅游吸引物往往被游人首先知觉到，如少数民族民俗风物和奇妙的自然景观。

（4）注意的范围。指在同一时间内能清楚地把握景物的数量。当环境中独立的要素过多时，也会引起同样不良的后果，若对这些要素加以适当组织，个人便可以把一群元素作为一个整体记忆，从而简化了信息处理过程，花同样的精力可以记住更多的信息。

（5）个人特征。个人的兴趣、旅游动机、情绪状态和健康状况都影响着人对景物的注意与否。

---

1 郭黎岩主编. 心理学. 南京：南京大学出版社，2002-08(1)：64.

特色是环境可识别性的关键。环境的可识别性（Legibility）就是人们对某一旅游环境的基本空间模式的识别，了解自己所处的位置及识别对象的方位关系，了解可识别对象的形象特色，并能够找到这一目的地。例如在入口或适中的位置设置中心标志物——构筑物、雕塑或其他景物，可以吸引游人的注意，引导人流，指引方向，这个标志物的特色对环境识别就具有重要意义。造成可识别的环境，在于很好地运用图形与背景的关系、邻近性形成的组团、相似性强调的群体、连续性产生的韵律、封闭性所界定的空间范围，达到简化信息、提高环境识别性的目的。只要标志物结构清晰、标志醒目、方向明确，即使有局部的模糊甚至意象空白，仍旧是一个有控制感的易识别的环境。因为"结构清晰、层次分明的环境意象，便于人们根据已知的环境结构和醒目的标志去寻找不熟悉的环境目标。"[1]

3.2.2　影响旅游环境知觉的主观因素（个体特征）

影响旅游环境知觉的主观因素或者称为旅游者的个体特征，主要涉及到旅游者的需要与动机、知识与经验、个人兴趣、当前情绪、个性特点等因素。这些主观因素始终伴随着游览过程，时刻影响着旅游环境的知觉。由于人与旅游环境是一个互动过程，设计者了解旅游者个体特征，将有助于设计出更符合游人个体特征的旅游环境。

一般而言，那些能够满足旅游者个人需要，并符合旅游者动机的事物容易被纳入知觉世界，成为旅游者知觉的焦点。那些不能满足旅游者需要和动机的对象很容易被忽略。对于那些干扰旅游者需要和动机的刺激，如果增加到足以妨碍或威胁动机和需要的满足的程度，旅游者的注意力才会转移到这些旅游吸引物上，这些吸引物才开始进入个人的知觉世界。

旅游者在以往的生活、工作、学习中获得的知识、技能、经验反映沉淀在人们的头脑中，形成一种凝固的印象。旅游者凭借以往的知识和经验，容易把某一旅游刺激信息知觉为是什么，或把它归于某一类中，旅游者在游览审美过程中，以往的知识、经验、印象随时都在影响着旅游者的审美判断。譬如，城市与城市的比较、景点与景点的比较、景象与景象的比较、道路通达性与时间的比较以及费用与实际价值的比较等等，旅游者都喜欢用自己的经验去观察和分析。

旅游者的兴趣与旅游知觉的选择密切相关，旅游者感兴趣的东西往往成为被知觉的对象。对传统文化感兴趣的旅游者，总爱把帝王古都、宗教庙宇、历史文物、楹联眉批选择为欣赏对象；喜欢大自然的旅游者，往往对大海、高山、流泉、飞瀑、翠树、蓝天等特别感兴趣；喜欢猎奇的旅游者乐于探险活动和奇风异俗；孩

---

1 林玉莲，胡正凡编著 . 环境心理学 . 北京：中国建筑工业出版社，2000(1):42.

子们总喜欢那些色彩鲜亮的东西，女性则喜欢各种时装；而商务旅游者对商品信息或投资合作项目表现出比常人浓厚的兴趣。这种现象提示设计者，设计内容应满足特定群体的兴趣。

情绪对旅游者的旅游知觉效果有强烈影响。当旅游者处于积极的情绪状态时，他们会积极主动地去感知所接触的每一事物，去知觉周围的景物；当旅游者处于消极情绪状态时，对一切事物都毫无兴趣。

个性是指人们身上存在的经常的、稳定的、能够表现一个人个性特点的行为倾向，它包含一个人的立场、观点、理想、信念和心理活动的特征等。个性对主体的知觉也具有很大影响。胆大的旅游者对登山、划船、漂流等旅游活动比较喜欢；而胆小、谨慎的人就比较喜欢参与人较少的、静观的活动。

3.2.3　错视觉

错视觉一般称为错觉（Illusion），错觉可以说是一种失实的知觉，"即我们的知觉不能正确地表达外界事物的特性，而出现种种歪曲。"[1]

凡是根据感觉资料对环境中事实作失实解释的，都可视之为错觉。这种歪曲往往带有固定的倾向，只要条件具备，它就必然产生，主观的努力是难以克服的。

错觉现象很多，人们总是根据自己以往的经验来感知眼前的事物，当眼前的情景与过去的经验发生矛盾时，倘若只根据个别经验和习惯去知觉就必然产生错误。另外，知觉条件的变化，周围环境对知觉对象的影响也会引起错觉。

由于人可能产生视觉差，在景观设施安排上据此可有意识地进行设计与布局。如中国园林的先藏后露，欲扬先抑，虚实相辅，障景、借景等艺术手法，使小庭院不觉其小，大庭院不觉其旷。中国传统园林中的高山流水，都是通过缩短视觉距离的办法，将旅游者的视线限制在很近的距离之内，使其没有后退的余地，眼前所观所见只有假山、流水，而没有其他参照物，这样，山也就高了，水也就长了。又譬如将宽大的正面作线条划分，使其大面积化整为零，使其尺度更亲切宜人。此外，场地设计的线、形、色等的互相穿插、交错、渗透、映射、叠衬等等，都是运用错觉原理的设计，可以获得很好的视觉艺术效果。

错觉是在特定条件下由某种原因引起的对客观事物的不正确的知觉。但是，错觉在景观设计中却具有相当的价值，它往往能增强旅游者的审美感受，达到特殊的审美效果。

以上粗略介绍了旅游环境知觉的基本概念，其宗旨在于，一个设计人员应该明白，设计者与游人之间在某种程度上，存在着心理活动互相沟通的基础，存在

---

1 彭聃龄主编·普通心理学（修订版）·北京：北京师范大学出版社·2001-05（2）:161.

着对同一信息的意义概念和情感观念的一致性。一个成熟的专业设计人员不仅应具有高超的设计能力，而且应该了解游人的个性特征，这对更切合游人需求地来塑造旅游环境是有帮助的，在这层意义上，设计人员了解和掌握心理学有关知识的重要性就不言而喻了。对这些抽象基本概念的把握深度以及是否对其有兴趣，也影响着对下面内容的理解程度。

3.3 空间与场所

3.3.1 空间知觉

空间知觉是指物体的形状、大小、远近、方位等空间特性在人脑的反映，亦即人通过知觉器官对周围环境和空间关系的综合了解、判断的心理过程。旅游是随着时间在空间中发生的，因此人们对空间的知觉，会影响人们的旅游行为和态度。旅游者依靠自己的行为接近空间环境，并通过对空间环境的认知，从空间环境中获得关于旅游意义的信息，进而运用这一信息来决定游憩方式。对空间环境的知觉是连接行为与环境的重要心理过程，因而空间环境的概念是至关重要的。旅游者的游憩行为方式在一定程度上取决于对空间环境结构的认识，譬如上下台阶，人们要估计台阶的尺度、踏面的大小、台阶的高度、上几层楼等，以便有一个心理准备，若遇陡坡难免会产生紧张感，由此会考虑行走的方式。这就是空间环境结构对行为方式的影响作用。

景物的形状、大小、远近、方位等空间特性，是旅游者感知空间环境特点，了解自己所在位置的途径，对于旅游者来说，自我定向的能力对安全感是十分重要的；对于设计者来说，把握空间特性将直接影响着游人对旅游环境结构的认识。一个清晰、良好的旅游环境结构也是评价旅游区景观质量的重要因素。因此，空间知觉在旅游区景观设计研究中是一个不可忽视的课题。

知觉的种类很多，根据分析器不同，简单知觉可分为视、听、嗅、触摸知觉等。根据客观事物的特征，复杂知觉可分为空间知觉（包括形状知觉、深度知觉、大小知觉、方位知觉等）、时间知觉、运动知觉等。

在旅游环境中，旅游者的空间知觉涉及空间特性的形状、距离、深度和方位四方面内容。

1. 形状知觉

"形状是物体的空间特性之一，人脑对于物体形状特征的反映就是形状知觉。"[1]在形状知觉中，视觉起主导作用，景物的形状不同，它在视网膜上的成像就不同。

---

1 [德] 伊曼努尔·康德著. 心理学. 邓晓芒译. 北京：北京师范大学出版社，1985-03(1):54.

人对旅游环境外形的感知，是通过眼睛对环境实体的轮廓进行观察的动觉给大脑提供的形体信息，加上感受者自身经验的验证，就形成了形状知觉。对象的轮廓具有重要意义，只要抓住事物的主要轮廓，就能提供物体形状的足够信息。但有时对象轮廓虽不明显，同样能正确知觉物体形象。视觉形状是被轮廓从视野上的其他部分隔开的面，因此在亮度对比显著的晴天，景物的轮廓在蓝天背景的衬托下更加明显。

2. 距离知觉

游人对旅游目的地远近的判断标准有两种，即时间和空间。人们要外出旅游，首先就要面对从居住地到目的地之间的空间距离，以某些具体的交通方式跨越这段距离，是旅游过程的重要组成部分。空间距离的远近，成了人们做出旅游决策的重要影响因素之一。虽然多数情况下，旅游者能够比较准确地知觉到两地之间的距离。但是，有时他们也会在知觉中歪曲距离，如经济发达地区比落后地区近，显然，这与目的地的可进入性有关。

"旅游者的距离知觉对旅游行为的作用，主要表现在阻止作用和激励作用两个方面。"[1] 旅游行为是一种代价相当大的消费行为，距离越远，付出的代价就越大。这些与距离成正比的代价，被称为旅游行为的摩擦力，抑制人们的旅游动机，阻止旅游行为的发生。在诸多代价中，金钱与时间是最重要的两项指标，它们能够在很大程度上决定旅游行为是否发生。距离居住地越近的旅游目的地，游人越多；距离居住地越远的旅游目的地，游人越少。这就是距离阻止作用在起作用。

当旅游者感知某些旅游目的地距离遥远时，既可能阻止旅游行为的发生，也可能激励旅游行为的发生。距离遥远的知觉印象对人们旅游行为的激励作用，在以观光为目的的旅游行为中表现最为典型。对于旅游者来说，距离遥远通常意味着陌生。由于人类与生俱来具有探索意识与愿望，神秘陌生的遥远目的地反而构成了旅游区的独特吸引力。因此，这种由神秘、陌生和美等因素构成的吸引力的作用，常常会超过距离摩擦力的阻止作用，把旅游者吸引到距离遥远的地方去旅游。

总而言之，距离知觉对人们的旅游行为既有激励作用，又有阻止作用。但是，距离知觉到底发生什么样的作用，以及影响的程度如何，则因人而异，因旅游吸引力而异。

3. 深度知觉

"深度知觉是指客观事物在三维空间中提供的信息，使人脑能够知觉物体的厚度和物体与我们的距离。"[2] 深度知觉是以视知觉为主，与动觉协同活动的结果。

---

1 邱扶东主编.旅游心理学.台北：立信会计出版社，2003-09(1):49～50.
2 郭黎岩主编.心理学.南京：南京大学出版社，2002-08(1):56～57.

人能在只有高和宽的二维空间的图像基础上感觉出景物的深度，是因为人在空间知觉中依靠许多客观条件和机体内部条件来判断景物的空间位置，这些条件称为深度线索。单眼深度线索只能提供有限距离的信息；双眼深度线索，既可提供距离，又可提供物体厚度的信息。

影响深度知觉判断的因素很多。单眼线索有：①物体的重叠。相互重叠物体，显露物体近，被遮挡物体远；②线条透视。同样大小和宽窄的物体，大的宽的显得近，小的窄的显得远；③空气透视。距离不同，空气的厚薄也不同，远物纹理模糊，近物纹理清晰；④明暗阴影。明亮部分感觉近，灰暗阴影部分感到远些；⑤运动视差。近物移动快，远物移动慢，这种现象叫运动视差。运动视差是判别距离的重要指标之一。双眼线索有：①双眼视轴的辐合。辐合即指两眼视轴向注视对象合拢。注视远近不同的物体，辐合角度不同。看近物时，视轴内转，辐合角度大；看远物时，视轴外转，辐合角度变小；物体再远，视轴逐渐趋向平行；②双眼视差。立体图形或物体的左、右不同部位，在左、右眼视网膜成像有差异，这种差异叫双眼视差。双眼视差提供了物体深度的信息，产生立体知觉。双眼视差只在 500m 以内起作用。

4. 方位知觉

方位知觉即方向定位，是对物体所处的方向的知觉。一座建筑物在空间中的位置往往借助与周围的环境来显示，如树木、山坡或其他建筑物，它们组成确定该建筑物的坐标系，即该建筑物方位知觉的参考系。例如旅游区中的一座建筑，突出于周围环境之上，形体轮廓在天空背景下十分醒目，从四面八方去看，都容易识别它的位置及确定自己所处的相对位置，它加强了旅游地段的易识别性，这就是一种空间的方位知觉。

3.3.2 旅游空间与场所的社会性

1. 旅游空间的一般特性

在旅游环境中，我们把旅游空间看作是被物质实体所限定的范围，这些被限定的范围是根据游览需要，由诸如山峰、水域等环境元素所构成的，并可以被知觉其存在的空间形式。因此，旅游空间是结构空间和视觉空间与实用空间的统一体。结构空间是指对空间进行限定的实体，具有物质的属性，如亭台楼阁；视觉空间是指空间环境的形态，具有精神文化的属性。这两种空间属性的统一，便形成具有一定使用功能的旅游实用空间，它体现着旅游空间的社会属性。所以，从本质上讲，旅游空间具有物质的及精神的双重社会属性，这是旅游空间的一般特性。

作为旅游环境中的空间，按结构特性不同，一般可以分为内部空间和外部空间。但不是任何空间结构都能同时获得内部及外部空间的，例如，纪念碑的结构特性，它只有外部空间特征，而地下室却只有内部空间特征。内部空间是由三个界面——地面、立面和顶面限定的具有各种使用功能的空间；外部空间是没有顶部遮盖的空间——开敞空间，它既包括活动的空间，如交通集散空间（通路）、游憩交往空间（广场）、停车空间等，也包括游览的空间，如绿化空间（草坪、花园、树木丛带）及观赏空间（喷水池、雕塑等）。

空间以人为中心才富有意义。在研究旅游空间环境时，除了考虑空间的尺度、量度，体的构成、质感、光感、群体空间序列等等物理属性外，还应考虑人的尺度、人与物之间的距离、空间遮蔽、空间领域及空间感受等。也就是说，应从环境与人的交汇角度研究空间，譬如，空间的大小与深度，空间形状的虚与实，空间的开与合、断与续、散与聚、静与动等等感受。因此旅游空间环境既有逻辑的、抽象的一面，又有感性的一面。

游憩者存在并活动于一个三度空间中，空间包含着实体，实体中包含着空间。如果我们可以用"实体"这个词，把不同设计对象的共同特征归纳为一个抽象概念的话，那么可以认为实体是由概念元素、视觉元素、关系元素、意义元素和构成元素共同组成的综合体系。概念元素是指眼睛看不到的点、线、面体；视觉元素是指眼睛看得到的物体的形状、大小、色彩和肌理；关系元素决定视觉的元素彼此间的位置编排及其相互关系，包括位置、方向、空间、重心等；意义元素具有具体的意义与功能指向；构成元素介乎概念元素与视觉元素之间，包括棱角、边缘和表面。尽管我们的设计对象是实体的形状、大小、色彩和肌理等视觉元素，但是设计的理念却受到眼睛看不到的，留存于思想中的概念元素的支配，通过对棱角、边缘和表面等元素的构成，经过权衡元素彼此间的位置编排及其相互关系，来实现某种功能和表达一个具体的意义。当旅游者存在并活动于这个具有某种游憩功能、可以表达具体游憩体验意义的旅游环境中时，旅游者与旅游空间事实上已经建立了一种社会关系。

2. 场所的社会性

场所是一种有中心，从内部可以感受到的空间，以"中心性和广阔性"为特征。

不具有任何特点、中性的和不确定的空间不能称之为场所。这如同动物划定领域范围一样，基于区别于其他空间而划分的空间才可称之为场所。场所是人在其中活动并与人的感知思维相结合的空间，人的空间体验在其中起到决定性作用，譬如，一个被游人认识的游憩空间，这种空间印象源于游人的自我感知思维，空间是以自我感知为中心的，游憩空间的特征必然与游人的场所意识发生关系。

一个场所要有中心，就必然会有边缘，它由本身的边界线所限定。场所不是简单的物质空间，而是物质空间与主体感受相互作用的结果，是由主体取舍并排定顺序的空间，也可以说是能从内部感受到的一种印象的和心理的空间。

将空间看成是场所，是借用物理学辐射和引力场概念来描述空间特性的一种比喻。空间中心并非一定要与物理学、几何概念中的中心相一致，可以说它只是印象中的中心。研究场所的目的是要把握空间的感觉尺度与实际的物质空间的差距，以及物质空间之外的精神境域，明晰这一点很重要。

场所的基本形态类型是由中心和限定它的边界线这两个要素决定的。这与场所的中心性和广阔性特点有关。据此，场所大致有两种划分方法。

（1）中心性较强的场所。开敞空间中的一根立柱，立刻会在四周产生了磁场般的感觉（产生了场的感觉），这好似场中"力"与"磁"的作用，如天安门广场上的人民英雄碑或开阔草坪上的孤树，大都具有鲜明的中心性象征意义。这些具有中心象征意义的情景在旅游环境中也经常能感受到，如入口处的大树、广场中的雕塑以及休憩小桌周围形成的场所都属于此类。

这类场所的特征是中心明确，边缘模糊，也就是说并不是没有边界，只是不那么明显。旅游环境中大多是这种类型的空间。

（2）广阔性较强的场所。场所的广阔性在很大程度上受到边界的制约。在无限定的空间内，一旦有了边界，就会产生出"内外"的感觉。两个不同的空间由此就产生了完全不同的场所意义。强化边界形象和感觉，会使场所的包容性进一步加强，在传统院落空间中，这种类型很多。

形象、关联和行为是场所的基本构成要素。形象主要指式样和物质结构，如空间及其环境特征、风格等；关联是指场所与周边环境的关系、景物和背景关系及视觉系统等；行为则是人的活动特征及使用模式、场所的可达性等。形象、关联和行为三要素是作为统一的整体而存在的，而三要素的互动则产生场所的限定问题。

一般说来，身居场所之中就会觉得受保护，有安全感，而置身于边界之外则似乎有被抛弃的感觉。不过，这样的感觉也不是绝对的。日本学者志水英树在谈到场所概念时说，"故乡这个概念，它是相对于城市而言的一个比较典型的场所概念，那么，对于在此生活和从这里离去的人来说，对这种场所的感觉肯定会有天壤之别。"[1]志水英树的意思是说，无论位于场所中的哪一个方位，其意义都会随着主观意向而改变。在进行空间构筑设计时，应特别关注这种"主观意向"的问题。

---

1 ［日］志水英树著.建筑外部空间.张丽丽译.北京：中国建筑工业出版社，2002-03(1):18.

场所的中心性和广阔性也即场所的特点，有时也存在着与物理学、几何学中的中心概念不相一致的内容，或者说相悖多于相同。因为场所的定位、行为图式、向心性、闭合性等观念，对场所感受同时起着作用。因此，场所的广阔性也会受其影响而发生变化。就是说，有时也会因为受到其他因素的影响而变化，有关这方面的观点可用场所的社会性实例加以论证。

空间形态的破碎和尺度的失调，使空间失去吸引人的魅力，人们不再依赖空间提供的场所的交往作用。这种历史上曾经历过的现象，引起了关心物质环境的社会学家、心理学家的重视。其中社会心理学家提出的社会向心空间和社会离心空间概念，对理解场所的社会性，特别对理解游人的心理空间等问题是有帮助的。

社会向心空间（Centripetal Social Space）是指总是倾向于为人们提供一种相互交往并进而寻求丰富环境刺激的场所，如活动集散广场、游乐场、通路等；社会离心空间（Centrifugal Social Space）则指那些希望将人分开、确保私密性的场所，如游憩地中的休憩处、林荫道等。

社会向心空间在形态上呈现内聚的、灵活开放的多功能特征。具有一定封闭性的城市广场，就好象"U"形空间形态，它的一部分与城市开敞空间相连，另一部分被周围建筑所限定，由周边向内收敛，具有一种向心倾向，使人感到温馨舒适而充满生气，并且可以有目的地在其中安排和组织活动，因而社会向心空间也称之为"正空间"。处于内聚性正空间中的人与人之间的关系，是直接的、面对面的"首属关系"（Primary Relationship）。例如，人们的旅游活动建立在感情相对亲密的状态中，在心理上将自己与别人融为一体，这个由不同人群自发组成的最随意的公共游憩场所，是一个看人与被看的场所，是游亭信步、品茶观景、娱乐交际的场所，更是游憩体验的场所。共同的旅游活动和游憩体验，不仅使游人相互扶持，而且容易建立明确的游憩规则，这种规则对游憩成员有着强大的约束力，顺应个体和公共感情的规则对游憩活动产生控制。由于这样的社会向心空间控制是建立在本能和自发基础上的，它的抑制作用和道德训诫力量是不可低估的。

社会离心空间在形态上则表现出一种幽闭的相对独立的封闭特征，在心理需要上更注重对空间的拥有权和个人私密性的保护。而那些具有离心倾向的"负空间"，由于不能提供人们心理上需要的安全感，也就不具备吸引人、组织公共活动的边界条件，相反，更适合作为满足私密性或半私密性需要的场合。

由此看来，场所的广阔性会受到其他因素的影响而发生变化。理解场所的社会性对于维持游人关系、建立游憩规则和提供彼此交往的环境条件，具有十分重要的意义。

3.4　旅游环境中的空间行为

人的行为是从感觉、知觉、认知到空间行为的一系列过程，而不是简单地指人的外显行为。例如，旅游环境知觉和认知虽不是外显行为，但却是人们认识和使用旅游环境的重要途径，人们对旅游环境的审美过程也主要在视知觉中进行。因而，正确地认知和理解旅游者的行为过程将会有助于旅游环境的创造。近几十年，心理学的发展已经证明，人的行为包括人的动机、感觉、知觉、认知再作出反应等一系列心理活动的外显行为。[1]

旅游环境中人的行为一直是环境设计理论关注的主要问题。许多年来，西方学术界从不同角度来研究人的行为，譬如经济学、社会学、人类学、生态学等，不同学科各自将注意力集中在行为的不同方面和区域范围内。群体的微观行为是旅游区景观规划与设计关心的问题，微观行为指从室内到邻里、社区范围内所发生的行为，一般指具体行为，也是游憩设施设计和空间布局时需要考虑的问题。人对旅游环境特点的感情和姿态反应，对各种游憩场所采取的接近或回避的态度，以及如何适应旅游环境等等游憩体验，涉及到私密性、领域感和个人空间等关系学的理论，这些理论深刻影响着旅游区景观设计及环境行为研究。

"私密性是一个广泛使用的术语，如同其他许多术语一样，人们常认为对此术语有一致的意见，但事实远非如此。私密性不仅是心理学家的术语，而且也经常被政治学家、社会学家、人类学家和律师挂在嘴上，这代表了私密性在社会、文化和法律上的普遍意义。"[2]私密性、个人空间和领域感虽然是人类社会的普遍需求，直接影响到人的安全感和生活，但不同的民族和社会却表现出很大的差别。

人的私密性、个人空间和领域性的行为常常是在下意识的情况下发生的。如不从理性上去认识这些规律，则很难在景观设计中妥善地处理好游人需求问题。近二三十年来，行为科学的主要贡献之一就是使越来越多的规划设计人员关注人的上述行为特征，并产生了世界性的影响，在实践中获得了很多成功的经验。

私密性、领域性行为和个人空间是紧密相关的概念。个人空间和领域性是获得私密性的主要手段。私密性具有动态的特点，人在不同的时间和地点，因活动方式的不同需要不同程度的私密性。私密性不能简单地被理解为个人独处的状况，它是一种控制交往、有所选择以及达到预期目的的交往能力。具体地说，就是强调个体或群体在相互交往中，控制视觉、听觉和触觉的能力。

---

1 J Douglas Porteous Envionment and Behavior: Planning and Everyday Urban Life.Reading，Mass，Addison，1977.

2 徐磊青，杨公侠主编.环境心理学——环境、知觉和行为.上海：同济大学出版社，2002-06(1):76.

3.4.1 私密性

1. 私密性的种类

按照不同的目的，可以将私密性分成不同的种类。1970年，维斯汀（Westin）将其分为四种类型：孤独（Solitude）、亲密（Intimacy）、匿名（Anonymity）和保留（Reserve）。

"孤独（Solitude）指的是一个人呆一会儿且远离别人的视线。亲密（Intimacy）指的是两人以上小团体的私密性，是团体之中各成员寻求亲密关系的需要。匿名（Anonymity）指的是在公开场合不被人认出或被人监视的需要。保留（Reserve）指的是保留自己信息的需要。"[1] 人的领域有四种基本功能，即：认别性、刺激性、安全感和参考的框架（指维持个人与他人或周围环境的关系）。

J. 道格拉斯（J.Douglas）认为，与私密性相应的领域也可分为几个层次：即个人范围，家庭范围，社会及城市范围。[2]

2. 私密性的级别

S·查马耶夫（S·Charmayeff）和亚利山大于1963年发表了《社区与私密性》一书，书中提到可以将私密性按不同程度分为六个级别：

都市——公共的：如属于公共的道路、广场、公园等。

都市——半公共的：指在政府或其他机构控制下公共使用的特别场所，如市政公共部门、学校、医院等。

团体——公共的：为公共服务的设施、财产属特定的团体或个人，如邮件递送站，公共救火器材或其他急救设施等。

团体——私有的：属于社区级共用的设施和场所，如社区公园、游戏场等。

家庭——公共的：家庭共同活动的地方，如起居室、卫生间等场所。

个人——私有的：个人居住的房间。

3. 私密性的个体差异

（1）拥挤感。拥挤感是一个与私密性相关联的概念。私密性太强导致与世隔绝的孤独感，而私密性不足则引起拥挤的感觉。"拥挤指的是想拥有更多空间的不舒服和应激的心理状态。"[3] "拥挤是一个复杂的过程，它是人类社会的一个普遍现象。拥挤是密度、其他情境因素和某些个人特征的相互影响，通过人的知

---

1 徐磊青，杨公侠主编.环境心理学——环境、知觉和行为.上海：同济大学出版社，2002-06(1):77.

2 J Douglas Porteous Environment and Behavior：Planning and Everyday Urban Life Reading, Mass，Acldison Wesley，1977.

3 [美]泰勒·佩普劳·希尔斯著.社会心理学.谢晓非等译.北京：北京大学出版社，2004-09 (10):318.

觉——认识机制和生理机制，使人产生一个有压力的状态"，[1] 这种有压力的状态就是拥挤感。

所谓拥挤感，是指由于受到束缚而产生的一种心理状态。拥挤感是一种存在的压力，因为它限制了个人的自由和独立性。西方学者认为拥挤会引起疾病，也会影响个人或整个社会生活，认为一个拥挤场所往往使人联想到不健康外观以及暴戾行为。拥挤是那种不适的心理状态，它往往与一种比实用空间更多的要求相联系，与当时所处的情境相联系。当身体上受到挤压的时候，会有拥挤的感觉，但即使我们周围有大量的空间，有时也会有拥挤的感觉。如果你喜欢在广阔地段独处，即使当时地段上只有几个人，你也会感到拥挤，这是心理上的主观拥挤感。

拥挤感和高社会密度并不是相同的概念。研究者在研究拥挤时发现，主观的拥挤感和客观的人口密度测量之间是有差别的。"社会密度（Social Density）指的是一个给定的空间里所拥有的人数。密度能够按照每平方米的人数来计算。相反，拥挤是一种感觉空间不够的人的主观感觉。高社会密度可能不一定会造成不舒服的感觉，但拥挤总是不愉快的和负性的。"[2]

西方研究者提出了一些理论来解释感觉到拥挤的原因。大多数理论认为感觉过载、缺少控制感和归因在产生拥挤的心理体验中都起到部分作用。

无论什么时候当人们暴露在过多的环境中时，他们就会经历感觉超载。高社会密度能产生过度刺激并能产生拥挤的感觉，这就是感觉超载。个体在社会密度上的不同反应能够反映个体对刺激强度偏好的不同。例如一些人喜欢高强度的环境，他们总是喜欢呆在人多的地方，喜欢边看电视边聊、看书；而有些人则只喜欢低强度的环境，必须在安静的环境下才能工作。对于喜欢高强度刺激的人来说，高社会密度可能是合适的刺激，并且可能感觉到高兴；相反，对于喜欢低强度刺激的人来说，高社会密度可能使他们心烦意乱，感觉到拥挤。

高社会密度可能会使人们感觉到对自己的行为失去控制。该观点认为当人们在一个拥挤的房间里，每个人都失去对情境的控制，很难自由走动或躲避不愉快的接触，结果就是让人感到拥挤。控制感的缺失会造成一些不良的后果。另外，高社会密度使人们不能够得到足够的私人空间。高社会密度也会给生活和谐带来麻烦。例如当3个人住在一间很小的宿舍里时，人们总是互相影响，学习和睡眠也会受到打扰。在高密度的条件下，人们总是容易打扰对方的活动，从而引起懊恼和愤怒的感觉，这便是控制感缺失引起的。

1 徐磊青，杨公侠主编．环境心理学——环境、知觉和行为．上海：同济大学出版社，2002-06（1）：64.

2 [美]泰勒·佩普劳·希尔斯著．社会心理学．谢晓非等译．北京：北京大学出版社．2004-09(10):318.

对拥挤的第三种解释是归因的作用。主观拥挤感需要两个要素：生理上的唤醒和用来归结于这种由于人多而导致的唤醒的原因。

如果人们没有把注意力集中在环境中的其他人，他们的拥挤的感觉就会少一些。例如，节假日里许多爱热闹的人，即使文娱场所人群密度很高，仍不觉得十分拥挤；相反，在拥挤的条件下，人们会觉得节假日气氛更浓。不同的文化背景下和不同的民族，对拥挤的解释和承受力大小也很不相同。总的来说，"感觉过载、缺少控制感和归因在产生拥挤的心理体验中都起到部分作用。"[1]

在旅游环境中，可根据具体的条件，采取恰当的措施尽量减少拥挤感。通常采用的方法有：

1) 在有限的用地中，明显划分出从公共到私密的各级私密性的等级；

2) 用分隔的方法来减少感觉超载；

3) 给予足够的个人空间以及在公共场合减少对行为的控制等；

4) 在特定的用地规模中，保持适当的游人容量，保持适当的个人空间和领域控制。

(2) 个人空间。提供适当的个人空间是达到私密性要求的基本手段之一。人生活在社会中，在社会环境中包括了个人空间与他人空间，而当考虑自己的空间时，也得要考虑他人的空间。人际关系的基本方面之一是我们对自己周围空间的使用。西方学者霍尔 (E.T.Hall) 和索默 (R.Sommer) 早在上世纪五六十年代在这方面就有了一些研究。霍尔著有《无声的语言》(The Silent Language, 1959) 及《隐藏的尺度》(The Hidden Dimension, 1966) 等书，索默著有《紧密的空间》(Tight Spaces, 1974) 及《个人空间》(Personal Space, 1969) 等书。

索默认为每个人的身体周围都存在着一个不可见又不可分的空间范围，它是心理上个人所需要的最小空间范围，即所谓"个人空间气泡"(Personal Space Bubble)，它控制着人体之间的距离。个人空间气泡又可称为身体缓冲区，它随着身体而转移。它不是人们的共享空间，是心理上所需要的最小空间范围。英国学者德斯蒙德·莫里斯生动描述了公共环境中常见的一些维持个人空间范围的现象："如果一个人走进候车室，坐在一长排椅子的一端，那么我们可以预料第二个进来的人会坐在哪里。他不会紧挨着第一个人，也不会离他远远地坐到另一端去。他会在这两极之间选择一个适中的位子坐下。第三个进来的人也会这样做，第四个，第五个……如此等等，直到最后进来的人不得不坐在两边紧挨着人的位子上。同样的行为方式也能在电影院和公共厕所里，以及在飞机、火车和大客车

---

1 [美]泰勒·佩普劳·希尔斯著. 社会心理学. 谢晓非等译. 北京：北京大学出版社. 2004-09 (10)：319.

上观察到。"[1] 这个现象反映出，我们每个人不论走到那里都随身带着一个流动个人空间，如果他人进入这一空间，将会引起焦虑与不安，如果他们离开这一空间太远，又会觉得受到了歧视。结果便产生了一系列微妙的空间调整，这种调整通常是完全无意识地进行的，而且又能使人与人之间尽可能地保持适中的距离。个人空间是社会的，其存在仅仅是当另外有人有意或无意的闯入时，才能被观察到，在某种拥挤的情况下，人们也会相应地调整反应，允许缩小自己的个人空间。个人空间随着年龄、性别、人种、民族、文化习俗和彼此的姿态等而变化。

个人空间和领域性是获得私密性的主要手段，私密性具有动态的特点，人们在不同的时间和地点，因活动的不同而需要不同程度的私密性。

3.4.2　领域性

英国鸟类学家艾略特·霍华德 (Eliot Howard) 在《鸟的生活领域》(Territory in Bird Life) 一书，提出了"领域性"(Territoriality) 的概念。所谓领域性就是包含着个体、一对或者一个团体对一片地带的排外性的控制。"一般说来，领域性具有以下几个特点：①对某个地方的所有权；②该地方个性化的标志；③拥有保持该地区不受侵犯的权利；④满足不同的需要，人的生理需要到认知和审美的需要。"[2]

旅游者的领域要求，就是要求占有并控制一定的空间范围，即个人的游憩行为不受干扰，不妨碍自己的独处与秘密性。由于人类天生是视觉动物，在绝大多数情况下，旅游者采用的是用视觉信号的方法，建立自己的边界或标记来描述领域。由于以文化为中介交换信息是人类的一个特征，旅游者具体表现出来的领域性往往受不同文化的调节，因此，这些标记游憩领域的分界线通常可以为别的旅游者所理解和尊重。

1. 领域性的作用

动物界的领域性主要是为了控制一定的地域，以获得适当的食物。显然领域性是动物群体生存所必须的机制，防止在一定地域内繁殖过多，是生存竞争、大自然选择的一项重要因素，以利最好的动物传宗接代。

人类的领域行为与动物既有相似点，也有区别。人类占有领域的最根本动机是保证在领域内拥有优先权。鉴于这样的原因，每一种领域不仅要求与其他人保持一定的空间距离，而且都必须明确地标示出来。因此，领域实际上就是一种设防的空间。人类的领域行为有四点作用，即安全、相互刺激、自我认同与有管辖机制。

---

1 [英] 德斯蒙德·莫里斯. 人类行为观察. 上海：海天出版社，1990-02 (1)：242.
2 刘先觉主编. 现代建筑理论. 北京：中国建筑工业出版社，1999 (1)：285.

(1)安全。一般动物每天大部分时间是在其领域以外的地域内活动，夜晚才回到领域内的"窝里"睡觉，"窝"是最不可侵犯的，这为其同类所公认。动物的窝就好比人的家，人们不会随便让不认识的人进入其家门。许多动物社会有一定的统治结构，每一个体有一定的地位与其得到同类承认的栖息地，鸡的等级秩序与人类封建社会中的等级秩序有近似的结构，它是一种维持群居的社会机制。领域说明每一"个体"的地位与权力，协调某种统治秩序。以家庭为单位的社会组织中，地位低的动物也能赶走地位高的同类，保卫其所占有的领域。

(2)相互刺激。刺激是机体生存的基本要素，一般常从其同类中寻找刺激。个体如果完全失去刺激，会出现心理与行为失常，无论动物或人类均如此，一般在领域中心有安全感，领域的边界是提供刺激的场所。对鸟类、鹿类的研究说明安全、食物与性并不能完全概括领域行为的需要。两个狮群在相当大的草原上放养，大大超过其所要占有的领地，但他们还要在彼此间划分一条相互间的界限。在一座岛上放养一群罗猴，不久就自然形成相互竞争的小群体，各有一定的领域界限，接着两群中各有一些猴子偷越边界到对方领域内，进行短暂的挑衅，然后回到本群中去。原始部落间仪典式的战争，双方在边界相互投长矛，但都有意识地使长矛不要击中对方。这种个体间、群组间的竞争机制在现代社会中也有很多表现，只是形式不同而已。

(3)自我认同。自我认同即维持各自具有的特色，表现出在群体中的角色地位。认同的英文是Identity，这一英文单词的涵义主要有以下几种：一是使……同于、认为……一致；二是同一性、一致；三是身分、正身、本体、个性、特性。英国学者戴维·莫利在《认同的空间》中，分析了认同的概念，认为是"差异构成了认同"，认同涉及到了排斥和包含。因此，"界定种族集团至关重要的因素便成了该集团相对其他集团而言的社会边界……而不是边界线内的文化现实"。[1]认同感是一种社会心理稳定感，具有群体性（即社群性）。"认同的本质不但是'心理'的，它也包含'群体'的概念，是一项'自我的延伸，是将自我视为一个群体的一部分'。这是认同的核心。"[2]比较性格学及心理学提出，人类或动物都有一种强烈的感情，即要在他们的群落中表现出各自的特色，且要求其所属的群落有与其他群落可以区别的特色，控制一定领域后，便于使这种特色具体化。

(4)管辖机制。在近代人类社会中，领域也表现为不同层次上的管辖范围，大到国家、民族，小到单位、个人。在同一层次不同管辖范围的边界上，会产生矛盾、刺激、竞争。国家是有边界的，单位也有范围，如果单位共有范围，则单

---

1 [英]戴维·莫利著.认同的空间——全球媒介、电子世界景观和文化边界.司艳译.南京：南京大学出版社，2001：61.
2 梁丽萍著.中国人的宗教心理.北京：社会科学文献出版社，2004：13～14.

位与单位的领域界限必然分明，即使没有围墙也有经过协定的空间范围，范围不明确可能产生争执，要经过谈判、协商或裁决。这说明领域性和社会管理与实际执行的机制是密切关联的。

2. 控制领域的机制

控制领域的机制一般有两种，即防卫和个性化。

(1) 防卫。"像任何动物一样。人类在遇到危险时会尽力保护自己。"[1]在动物界冒犯边界是常规的事，防卫一般表现为警告与吓唬，真正为边界战斗致死与严重受伤的颇少，更多以其他动作取代战斗。如鸟类在其相互边界上把草都啄除、熊往往把树皮剥光的行为，实际上是一种警告与吓唬的表现。人类实际上也有动物类似的防卫方法。

(2) 领域个性化。个性化是指对某个地方做出标志和以表明该地方的所属关系。个性化既是为自我认同，也是为使其同类明白其占有领域的范围。表示所属的过程和行为可以是在有意识和无意识的情况下进行，这种行为表达了对领域的愿望、审美的情趣和满足特定活动方式的要求。旅游环境中划定边界有一定的任意性，利用大自然中的标志物标明边界，一般称"标定行为"，例如人类沿地界筑围墙、篱笆。强调个性化领域的常见方法是使用个人标记，如将书本、报纸或者其他个人用品放在自己喜欢呆的地方，以此让别人知道这里已经有人占用。这说明在许多情况下，精心设置个人标记可以作为一种非常有效的领域个性化方法，甚至当领域占有人不在场时也同样有效。

领域个性化的程度由多种因素决定。在比较单一文化背景的旅游环境中，往往给所属的领域等施加强烈的个性信号，如个人用品，还可以设置一些阻碍物，如加一块挡板，以此标示出个人空间的疆界。尽可能的个性化有很多益处，如心理上的安全感和象征性，更重要的是个性化标志着领域性。

3. 空间领域的层次

领域就是设防的空间。从广义上讲，人类领域有部落的、家庭的和个人的。[2]德斯蒙德·莫里斯的私密性阶层的划分方法与纽曼1977年的私密性阶层（即公共空间、半公共空间和私密空间）划分方法有相似之处。其不同之处在于：前者包括了人类的所有场所，且划分阶层较大；后者主要指居住环境中的私密性，简练、扼要、易于掌握。

将上述几种意见加以综合，可以从以下三个空间层次上考虑旅游环境中的领域行为。

---

1 [英] 德斯蒙德·莫里斯. 人类行为观察. 上海：海天出版社，1990-02(1):255.
2 [英] 德斯蒙德·莫里斯. 人类行为观察. 上海：海天出版社，1990-02 (1)：234～248.

（1）个人空间。个人空间在旅游环境中，是指游憩者个体占有的围绕自己身体周围的一个无形空间，如受到别人干扰，会立即引起下意识的积极防卫。个人空间可以扩大为一个领域单元，如私家庭院、一个情侣交谈的座椅、垂钓的周围等。当个人空间未扩大到固定的围合构件所限定的范围时，它是随人身体移动而移动的，具有伸缩性。

（2）群体空间。群体空间是比个人空间范围更大的空间，属半公共性，由群体占有者防卫。可能是个人的，也可能是群组的、小集体的、属于家庭基地或某一机构的领域。

（3）公共空间。公共空间是指比群体空间范围更大的空间。空间属于公共性，交通愈方便，这个范围愈大，但公共空间并非遍及世界各地，通常也只限于一定的范围，如一个国家。

3.4.3　微观空间中的行为特征

人在环境中的分布是保持着一定的距离的，抑或说，领域性的表达是以人际之间的距离为基本潜在量度的。在考察个人空间的问题时，霍尔（E.T.Hall）对这种距离的本质提出过许多看法。他把人际间距离的研究称为接近学（Mimics）。他的研究工作除肯定目光接触的重要性外，还指出可能受听觉、嗅觉、味觉等方面的干扰。他把这种人与人之间保持的中间距离概括地分为四类，与领域范围一一对应，这四个概念又是在远近的基础上分别加以论述的。[1]

1. 距离与交流

简单地讲，霍尔（E.T.Hall）的四类距离是指密切距离、个体距离、社交距离和公众距离。

（1）密切距离。所谓密切距离即是指人们相互接触的距离，包括抚摸、格斗等行为的距离。密切的距离也是男女间谈情说爱的距离，处在密切的距离时，有很大程度身体间的接触，视线是模糊的，声音保持在说悄悄话的水平上，能感觉到对方的呼吸、气味等。密切距离使个人空间受到干扰，只有双方同意才能如此。

（2）个体距离。个体距离是指人们相互交谈，或用手足向对方挑衅的距离。个体空间的距离近到 45 ～ 76cm，是最好地欣赏对方面部细节与细微友情的距离；远到 76 ～ 122cm 时，即达到个体空间之边缘，相互间的距离有一臂之隔。说话声音的响度是适度的，不再能闻到对方的气味。

（3）社交距离。社交距离即指人们进行相互交往或办公的距离。社交距离可近到 122 ～ 214cm，接触的双方均不扰乱对方的个人空间，能看到对方身体的大

---

1 相马一郎，佐古顺彦著. 环境心理学. 周畅，李曼曼译. 北京：中国建筑工业出版社，1986.

部分。双方对视时，视线常在对方的脸部之间来回转，这往往是人们在一起工作、社交时保持的距离。但更正规的社交场合的距离认为是 214 ～ 366cm，此时，对方的全身都能被看见，但面部细节被忽略，说话时声音要响些，但如觉声音太大，则双方的距离会自动缩短。

（4）公众距离。公众距离是指与一般陌生人的距离。在这个距离内，人们既可以很容易地接近而形成社会距离或个体距离，同时也能够在受到威胁时迅速地逃避。公众距离近到 366 ～ 762cm，此时说话声音比较大，讲话用词很正规，交往不属于私人间的，对人体的细节看不大清楚，这个距离在动物界大约相当于可以逃跑的距离。距离若在 762cm 以上，则全属公共场合，声音很大，且带夸张的腔调。

我们可以从日常生活中留意地体验、观察一下，如果上述四类距离是恰当的，可说明一个论点：在各种交往场合中，距离与强度，即密切与热情的程度，取决于人与人之间的交流方式。一般地说，在 60 ～ 90cm 以内，如果不是受到对方邀请与默许的话，就侵犯了对方的个人空间，与陌生人接触中都要保持在个人空间的范围以外。有人将这种人间距离与成人身高成比例估计，社交距离约为身高的 1 至 2 倍，公共距离约为身高的 2 至 4 倍。由此可见，距离既可以在不同社交场合中用来调节相互关系的强度，也可用来控制空间的尺度。因此，距离和交流概念对于旅游区公共场合等的空间设计、游憩设施布置等均有影响。

2．群体与空间

通过上述分析不难理解，人类既需要私密性也需要相互间接触交往，过分的接触与完全没有接触，对个性的破坏力几乎同样大。因此，对每个人来说既要能退避到有私密的小天地里，又要有与人接触交流的机会，环境既可支持也可阻止这些需要的实现。旅游空间布局的一个基本点在于创造条件求得游人间的平衡，满足双方面的需要，即私密性与公共性。任何设计都应包含有私密性与公共性以及半私密性与半公共性的空间的调整。

现实中可以看到这么一种现象，如果不是有组织的正规群体活动，人们聚集在一个公共空间中，人际交流一般是以三五成群的方式进行的，这就是社会心理学中描述的小群生态现象。在旅游空间设计中无论是广场、绿地、入口、通路等，如果空间设计符合这种小群生态的特点，那么空间模式就与人们的游憩活动模式较好地结合起来，反之则结合不好。李道增在对环境行为的研究中，阐述了小群生态现象对空间模式的影响问题。[1]空间设计时，小群生态现象值得考虑。

---

1 李道增．环境行为学概论．北京：清华大学出版社，1999-03（1）：31 ～ 34.

（1）群体活动中人的数量。在社会心理学研究中，"群体是一个专门的学术性名词，是指那些成员间相互依赖、彼此间存在互动的集合体"[1]。但群体活动中人的数量却对空间规模有一定的影响。通常群体活动的人数在非正规场合下是很小的，大部分由2人组成，多于3人的小群是很少的。在旅游环境或者在一些社交场合中，大部分人组成的小群也多为三三两两地交谈，超过4人在一起的较少，而且这种交往不断流动变化，更新组合。如果小群要扩大到8～10人在一起交谈，就要有所组织或涉及一个大家都十分关心的中心议题，这时还可能有更多的人卷入。[2]群体活动中人的数量对空间模式有一定的影响。

（2）游人愿意驻足逗留的地点。在开敞的游憩空间中，停下来与人交谈或者停下来等着干些事情或观看周围景致，在一定程度上属于旅游过程中的不可避免的一件事。这就存在着找一个地方，能驻足停留站一会儿的问题。由于驻足逗留体现了在公共空间中大量静态活动的一些重要行为模式特征，哪些区域是游人喜欢逗留的场所，显然这是值得探讨的问题。

心理学家德克·德·琼治（Derk De Jonge）提出一个颇有特色的边界效应理论。他认为，"森林、海滩、树丛、林中空地等的边缘都是人们喜欢逗留的区域，而开敞的旷野或滩涂则无人光顾，除非边界区已人满为患。边界区域之所以受到人们的喜爱，是因为处于空间的边缘，为观察空间提供了最佳条件。"[3]爱德华·T·霍尔在《隐藏的尺度》一书中，进一步阐明了边界效应产生的缘由，他认为，处于森林的边缘或背靠建筑物的立面有助于个人或团体与他人保持距离。而且人站在森林边缘或建筑物四周，比站在外面的空间中暴露得要少一些，并且不会影响任何人或物的通行。人愿意在半公共、半私密的空间中逗留，这样他既有对公共活动的参与感，也能看到人群中的各色活动，如果愿意的话随时可以参与到活动中去。另一方面他有安全感，由于后背是人最易受到攻击或难以防卫的方位，当人的背后受到保护时，他人只能从前面走过去，对这一暂时的局部领域，他大体上是可以控制的，在一个有一定私密性的被保护的空间之中，观察与反应就容易得多。这样既可以看得清一切，自己又暴露得不多，个人领域减少至面前的一个半圆。[4]实验证明，人们总是尽可能在被占据的整个空间之中均匀地散布开来，他们不一定在最适合自己行为的地方等待。卡米诺（Kamino）在铁路车站进行了长期观察，发现人们喜欢站在柱子附近而又离开人们行走路线的地方。[5]

1 ［美］泰勒·佩普劳·希尔斯著.社会心理学.谢晓非等译.北京：北京大学出版社，2004-09(10):264.
2 李道增.环境行为学概论.北京：清华大学出版社，1999-03(1):32.
3 转引自［丹麦］扬·盖尔著.交往空间.何人可译.北京：建筑工业出版社，2002-10（1）：153.
4 Hall Edward T. The Hidden Dimension.New York：Doudledy，1966.
5 D.Canter著.建筑心理学入门.谢立新译.北京：中国建筑工业出版社，1988.

　　由此我们可以认为：人们总是设法使自己处于视野开阔、但本身又不引人注目、而且不太影响他人的地方。在餐厅和图书馆中我们也可以观察到类似的情况:人们总是尽可能地选择靠近墙壁的桌子，而不愿占据中间的位置。可以说人们普遍具有这样一种习惯，即对于空间的利用总是基于接近—回避的法则，即在保证自身安全感的条件下，尽可能地接近周围环境以便更多地了解环境。

　　因此，在旅游空间中有安全感的地段往往是实墙的角落，或背靠实体、或凹入的小空间。譬如游憩场所中最受人欢迎的逗留处是那些凹入有实体保护的场所，而不是临路的开敞地。凹处、转角、入口，或者靠近柱子、树木、街灯之类站立时可依靠的地方，它们在小尺度上限定了逗留场所，既可提供防护，又有良好的视野。设计实践中，休憩处的位置常常与喧闹的公共活动区离开一段距离而设置，使之具有半私密的性质，同时又靠近公共空间，这大约都是考虑到人的基本需要。这种现象在城市广场上同样可以观察得到，那些处于半公共、半私密空间中的座位总是先占满的。无论是广场、街道或大的室内公共空间，小群活动总是从边上逐步扩展开的。如果边上的空间能吸引人，留得住人，那么这种空间模式就适合于小群体活动方式，加上空间大小与人的密度合适，这种空间就可能很有生气感。相反，如果边上的处理留不住人，不适合小群活动方式，空间可能因此死气沉沉。如果理解这一点，我们就有可能演化出多种空间模式。

　　图3-2列举了人类愿意逗留的不同空间模式，如果读者愿意仔细分析这些空间模式的特征，无疑会对你的设计有很大帮助。

图3-2　人类愿意逗留的各种空间模式
来源：原图A Patten Language，转引自李道增.环境行为学概论.

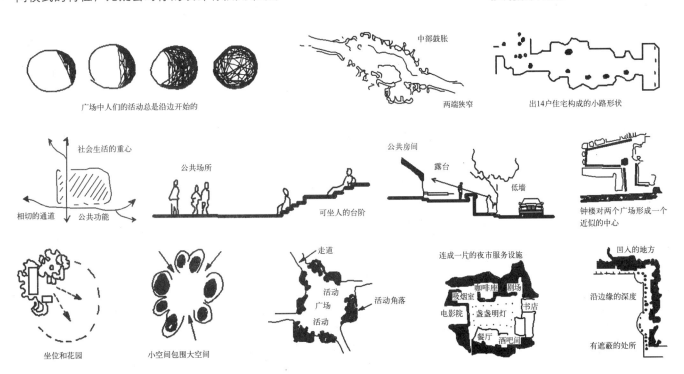

广场中人们的活动总是沿边开始的　　两端狭窄　　出14户住宅构成的小路形状

社会生活的重心　　公共场所　　公共房间　　露台

相切的通道　　公共功能　　可坐人的台阶　　低墙　　钟楼对两个广场形成一个近似的中心

坐位和花园　　小空间包围大空间　　走道　活动广场　活动　活动角落　　连成一片的夜市服务设施　咖啡座　剧场　吸烟室　书店　电影院　盏盏明灯　餐厅　酒吧间　　凹入的地方　沿边缘的深度　有遮蔽的处所

本章主要参考文献

[1] 郭黎岩主编．心理学．南京：南京大学出版社，2002．

[2] 何灿群主编．人体工学与艺术设计．长沙：湖南大学出版社，2004．

[3] 郑雪，易法建，傅荣主编．心理学．北京：高等教育出版社，1999．

[4] 杨清著．现代西方心理学主要派别．长春：辽宁人民出版社，1980．

[5] 高觉敷主编．西方近代心理学史．北京：人民教育出版社，1982．

[6] 林玉莲，胡正凡编著．环境心理学．北京：中国建筑工业出版社，2000．

[7] 彭聃龄主编．普通心理学（修订版）．北京：北京师范大学出版社，2001．

[8] [德]伊曼努尔·康德著．心理学．邓晓芒译．北京：北京师范大学出版社，1985．

[9] 徐磊青，杨公侠主编．环境心理学——环境、知觉和行为．上海：同济大学出版社，2002．

[10] [美]泰勒·佩普劳·希尔斯著．社会心理学．谢晓非等译．北京：北京大学出版社，2004-09（10）．

[11] [英]德斯蒙德·莫里斯．人类行为观察．上海：海天出版社，1990．

[12] 刘先觉主编．现代建筑理论．北京：中国建筑工业出版社，1999．

[13] [英]戴维·莫利著．认同的空间——全球媒介、电子世界景观和文化边界．司艳译．南京：南京大学出版社，2001．

[14] 梁丽萍著．中国人的宗教心理．北京：社会科学文献出版社，2004．

[15] 相马一郎，佐古顺彦著．环境心理学．周畅，李曼曼译．北京：中国建筑工业出版社，1986．

[16] [日]志水英树著．建筑外部空间．张丽丽译．北京：中国建筑工业出版社，2002．

[17] 李道增．环境行为学概论．北京：清华大学出版社，1999．

[18] [丹麦]扬·盖尔著．交往空间．何人可译．北京：建筑工业出版社，2002．

[19] D.Canter著．建筑心理学入门．谢立新译．北京：中国建筑工业出版社，1988．

[20] 汉宝德．境心理学——建筑之行为因素．台北：境与象出版社，1986．

[21] 丁鸿富，虞富洋，陈平编著．社会生态学．南京：浙江教育出版社，1986．

[22] B.Zevi著．建筑空间论——如何品评建筑．张似赞译．北京：中国建筑工业出版社，1985．

[23] T.Hawkcs著．结构主义与符号学．瞿铁鹏译．上海：上海译文出版社，

1987.

[24] Charles Jencks 著.什么是后现代主义.李大厦译.汪坦校.天津:天津科学技术出版社,1988.

[25] R.Arnheim 著.视觉思维.滕守尧译.上海:光明日报出版社,1986.

[26] C.Jencks 著.晚期现代主义及其他.刘亚芬,邱秀文,吴持敏,窦以德译.张似赞校.北京:中国建筑工业出版社,1989.

[27] M.Levery 著.西方艺术史.孙津,王宁,顾明栋译.南京:江苏美术出版社,1987.

[28] K.W.Beck 著.社会心理学.南开大学社会学系译.天津:南开大学出版社,1986.

[29] 伊东忠彦著.美国第三代的建筑师与方法论.蔡伯锋译.台北:尚林出版社,1983.

[30] L.Harlprin 著.人类在环境中的创造过程——RSVP 环.王锦堂译.台北:台隆出版社,1983.

[31] 王玉成主编.旅游文化概论.北京:中国旅游出版社,2005.

[32] [英]伊恩·本特利等著.建筑环境共鸣设计.纪晓海,高颖译.大连:大连理工大学出版社,2002.

[33] Hall Edward T.The Hidden Dimension.New York:Doudledy,1966.

[34] J.Douglas Porteous.Envioment and Behavior:Planning and Everyday Urban Life.Reading,Mass,Addison,1977.

[35] Heimstra,McFarling.Environmental Psychology.The U.S.Dakata.Monterey California,1974.

[36] R.Sommer.Personal Space.New Jersey:Prentice—Hall Inc,1969.

[37] J.Brebner.Environmental Psychology in Building Design.Applied Science Publishers LTD,1982.

[38] R.G.Brooks.Site planning:Environments,Process and Development.New Jersey:Printice—Hall Inc,1988.

[39] L.Perin.With Man in Mind (5th Edition).MIT Press,1976.

[40] J.M.Weyant.Applied Social Psychology.Oxford unv.Press,1986.

[41] C.S.Yadav.Contemporary City Ecology—Perspectives in urban geography.New Delhi:Concept Pub—lishing Co,1987,6.

[42] M.Clark,J.Herington.The Role of Environmental Impact,Assessment in the Planning Process.London & New York:Mansell Publishing LTD,1988.

[43] J.H.P.paelnck.Human Behavior in Geographical Space,Essays in Hornour of

Leo H.Klaossen. Grower Publishing Co.Brookfield Vermont U.S.A.1986.

[44] C.Donna, P.E.Rona. Environmental Permits, A Time Saving Guide. Van Nostrand Reinhold Co.Inc, 1988.

[45] A.Huyssen. Mapping the Postmodern. New German Citique, 1984.

[46] H.M.Proshansky, W.H.Ittelson, L.G.Rwlin. Environmental Psychology, People and Their Physical Settings (2nd Edition) . New York:Van Nostrand Reinhold Co, 1976.

[47] D.Watkin.A History of Western Architecture.New York:Thames & Hudson Inc, 1986.

[48] Architecture, Research, Construction, Inc. Community Group Homes, An Environmental Approach.New York:Van Nostrand Reinhold Co, 1985.

[49] 邱扶东主编．旅游心理学．上海：立信会计出版社，2003.

第4章
外部游憩空间构筑

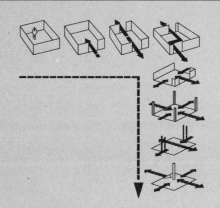

第4章 外部游憩空间构筑

4.1 外部游憩空间的构成要素

广义的外部空间，可以小到质子与电子之间的空间，大到太阳系或银河系的宇宙空间，具有极为广阔的尺度范围。本书论述的外部空间尺度，基本上可以概括为在旅游地域中的建筑外墙线之间，可供游人开展游憩活动的狭义外部空间。狭义外部空间是相对建筑内部空间而言的，芦原义信在他的《外部空间设计》一书中作过论述："我们所讨论的就建筑而言的外部空间，其内涵究竟是什么？首先一点应该将这个理念限定在纯粹的大自然之中。外部空间就是从大自然中依据一定的法则提取出来的空间，只是不同于浩瀚无边的自然空间而已。外部空间是人为的、有目的地创造出来的一种外部环境，是在自然空间中注入了更多涵义的一种空间。"[1]显然，本书论述的外部游憩空间的涵义是指，供游人游憩的注入了更多涵义的"场所"。但是，并不是建筑外的所有自然空间都可以被认为是外部游憩空间，准确地讲，外部游憩空间是指由人创造的有目的的外部环境，是比自然环境更有游憩意义的空间。

对于内、外空间的界定，一般以是否覆盖顶面为界。凡是有屋顶的称为内部空间，凡是没有屋顶的则称为外部空间。内部空间是由空间的界面围合而成，空间的形态是由实体造型和组合形成的。实体是外部空间形态的重要构成元素。

外部空间一般有两种代表类型。一是用实体围合所形成的空间，其特点是空间界限比较明确；二是独立建筑周围形成的空间场，由空间包围建筑。围合所形成的空间被认为是封闭式的空间，空间包围建筑物的称之为开敞空间，封闭一个空间需要两个或者两个以上建、构筑物才能形成。但在现实中，外部游憩空间的形式并不是那么简单的两种，还有介于两者之间的各种游憩空间形式。譬如，主要由建筑围合所形成的"面"状的空间，如广场空间，由建、构筑物相对且平行排列形成的"线"状空间，如商业步行街等。

外部游憩空间的构成要素可分为基本构成要素和辅助构成要素。

---

1 [日] 志水英树著.建筑外部空间.张丽丽译.北京：中国建筑工业出版社，2002-03（1）：6.

4.1.1 基本构成要素

基本构成要素是指限定基本空间的建筑物、高大乔木和其他较大尺度的构筑物，如墙体、柱或柱廊、高大的自然地形等。基本构成要素主要由地面和垂直方向的构件两种情形构成。地面是自然形成的，最多只是在其上面做出材料的铺设而已；建、构筑物是垂直方向构件的主要构成要素，如城市空间基本是以建筑来组成和划分外部空间的。步行街多是由两侧建筑相对排列而形成，它们决定街道的宽窄、长短等特点；广场由周边的建构筑物，甚至由植物围合而成，庭院也是由矮墙或栏杆等实体进行限定的。

4.1.2 辅助构成要素

辅助构成要素是指用来形成附属空间并丰富基本空间尺度和层次的较小尺度的三维实体，如矮墙、院门、台阶，灌木和起伏地形等。除了建筑作为外部空间的主要界面以外，外部空间的特征还受到其他的一些要素的影响，"外部空间的特征比建筑内部空间更直接更容易受到周边自然条件，如地形、地貌、气候、绿化、水域等因素的影响，也包括室外的景观设施、水体、绿化等因素的影响"。[1]

除了受自然地理环境条件因素影响外，外部空间原有的平面形状、古木、古桥、河网，以及建筑风格形式、高度、体量材料，色彩、平面等历史条件因素，甚至包括传统民俗风物、生活习惯等充满人文内涵的非物质形态因素，都直接或间接地影响着外部空间。这些物质形态和非物质形态的因素共同参与外部空间的组成，从而形成外部游憩空间的特征。因此，如何利用好辅助性的细节要素，是处理好外部游憩空间景观设计的关键所在。扬·盖尔（Jan Gehl）在论述户外逗留区域问题时强调："如果空间荒寂而空旷，没有座凳、柱廊、植物、树木之类的东西；如果立面缺乏有趣的细部，如凹处、门洞、出入口、台阶凳，就很难找地方停下来。可以这样说，适于户外逗留的最佳城市具有无规则的立面，并且在户外空间有各种各样的支持物。"[2]

扬·盖尔所说的"各种各样的支持物"显然与本书中的"辅助构成要素"含义一致。可以设想只有建筑本体单独构成的户外游憩空间，那将会显得多么的单调和乏味，正是由于辅助构成要素的共同介入，才使得旅游环境的变化显得丰富多彩。

---

1 ［日］志水英树著.建筑外部空间.张丽丽译.北京：中国建筑工业出版社，2002-03（1）：6.

2 扬·盖尔著.交往与空间.何人可译.北京：中国建筑工业出版社，2002-10（1）：157.

4.2　空间的限定和类型

　　扬 · 盖尔在阐述改善户外逗留条件问题时，描述了"一加一至少等于三"的城市生活现象。他说，室外空间生活是一种潜在的自我强化的过程。当有人开始做某件事时，别人就会表现出一种明显的参与倾向，要么亲自加入，要么体会一下正在进行的工作。这样，每个人、每项活动都能影响、激发别的人和事。一旦这一过程开始，整体的活动几乎总是比最初进行的单项活动的总和更为广泛，更为丰富。在游戏场中也可以观察到游戏活动是如何自我对话的。如果有小孩开始游戏，别的小孩就会受到启发，出来参加游玩，这样，一小群孩子的队伍会迅速扩大，一个过程就开始了。在公共场所同样可以看到类似的现象。如果有一批人在一起，或者发生了什么事，更多的人和事就会加入其中，活动的范围和持续时间都会增加。这种"一加一至少等于三"的城市生活现象，意味着在特定地区高水平的活动有赖两方面的努力：一是保证有更多的人使用公共空间；二是鼓励每一个人逗留更长的时间。[1]

　　在大学里，我经常看到学生们，课间喜欢在户外参入这类"一加一至少等于三"的过程。学生们往往找个便于逗留的地方，譬如建筑入口、台阶或者一个凹处，进行探讨与交流，这种户外学习方式对促进并活跃其创造性的思维能力很有帮助，有时甚至超过在课堂内的授课。其实这种现象在游憩过程中也经常可以看到。

　　因此，户外空间的限定方法，对造就一个适合人们交流的游憩场所就十分重要了，它非常有利于一个高水平游憩空间的形成。

4.2.1　空间的限定

　　空间本身是无限的，是无形态的。由于有了限定，才有形态，可以量度其大小。所谓空间限定，就是确定各个要素的形态和布局，并把它在三维空间中进行组合，从而创作出一个整体。此时，设计师就要在某些构思中确定组合的规则与秩序，并在具体限定中运用，若没有具体的创作手法就无法表明你的思考或者依照什么规则来确定的。在这个意义上，限定就是一种排除了材料、经济等因素的创作手法。空间限定在多数情况下，只是确定设计意图的一个手段，并非目的。尽管只是个手段，但对设计者来说，通过手段来表达自己的意图的同时，也在不断提高旅游环境存在的作用，以使其能为实现更理想的环境目标，

1 扬 · 盖尔著 . 交往与空间 . 何人可译 . 北京：中国建筑工业出版社，2002-10（1）：77～83.

体现出某种旅游环境的理念。所以对设计者来说，限定手法的考虑是创造优美旅游空间环境的必由之路。

对户外游憩空间进行限定，关键在于利用空间的构成要素，将消极空间转为积极的游憩空间。所谓积极的游憩空间是指具有一定使用功能，对人们有用的空间。空间的基本限定主要从垂直和水平两个方向上限定。

1. 垂直方向限定

将一个场地周围用垂直方向的构件围合起来就可以限定出一个空间来。这种限定空间的方法称为垂直方向限定。垂直方向限定有"围合"、"占领"和"占领扩张"三种基本方式，其特征见图4-1、图4-2、图4-3。

（1）围合。围合是空间限定最典型的方法。围合造成内、外空间之别，对于户外游憩空间而言，内部空间往往是功能性的，用来满足使用的需求（图4-1）。

围合空间具有以下四个特点：

1）具有很强的地段感和私密性；

2）易于限定空间界限形成领域感；

3）为户外活动提供相对独立的场所；

4）有较为强烈的向心性，利于增进游人之间的交往。

由此可以看到，围合空间所具有的特点，适合户外空间中的游憩活动需求，它符合那些需要安全性、安定感和社会交往游憩场所的要求，如老年人活动场所。这种空间限定方式易于提供亲切宜人的、可靠的公共活动空间，同时也为游憩空间层次的形成创造了条件。

（2）占领。物体设置在空间中，指明空间中的某一场所，从而限定其周围的局部空间，我们将这种空间限定的形式称为"占领"。占领是空间限定最简单的形式，占领仅是视觉心理上的占领，这种限定因为没有明确的边界，不可能划分出具体的空间界限，也不可能提供空间明确的形态和度量，它主要靠实体形态的力、能、势获得空间的占有，对其周围空间产生聚合力。

与其他空间形式相比，占领实体的形态有很强的积极性。它的形状大小、色

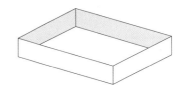

图4-1　围合示意图

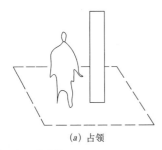

（a）占领

图4-2　占领示意图

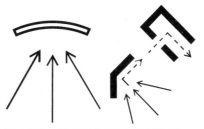

（b）当实体取横向延伸趋势时，具有导向作用

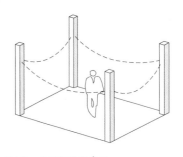

图4-3　占领扩张示意图

彩、肌理，以及结构联结关系所显示出的重量感、充实感、运动感、都影响占领所限定空间的范围。聚合力是"占领"的主要特征，它主要是一种中心限定，例如广场上的一个纪念碑能使许多人向纪念碑周围集合，人们往往愿意聚集在大厅中的立柱周围，也是"占领"实体具有聚合力的原因。

当形成占领的实体形态，取一种横向延伸趋势时，这时聚合力也会顺着这种趋势产生横向引导的作用（图4-2）。

（3）占领扩张。形态对空间是具有扩张力的。空间中的每一个基本形态都直接呈现占有空间的意图，形态对空间的这种占有倾向，可以称为空间扩张性。空间扩张性是指形态向周围扩张的心理空间，是一种形的态势。这种态势是基于人们对客观存在的物理量的经验而形成，既依存于物理量又超出物理量的心理空间。如果利用人的视知觉心理空间的特点，在场地中按意图设置多个占领实体，实体之间由于形态力的作用，都呈现向周围扩张的态势，形态力促使心理过程产生整体的知觉，从而使并不相连的占领实体形态趋合成为一个整体，这种空间限定的方法称为占领扩张（图4-3）。

2. 水平方向的限定

除了利用垂直构件进行空间限定外，还可以利用水平方向构件对空间进行限定，这在开敞游憩场地设计中经常被采用。在水平方向上需要克服重力的影响，首先应有个支撑点，上面再覆盖一个顶面，这样就可以限定出一个空间来。

用水平方向构件限定空间的基本方法有覆盖、肌理变化、凹进、凸起和架起五种。

（1）覆盖。在开敞场地上方支个顶盖，使下方空间具有明显的使用价值，这种限定方式称为覆盖。

覆盖在开敞场地设计中是一种十分具体而实用的限定方式。但是利用覆盖方法限定空间，并不是为了具体划分出顶盖下方的空间使用界限，也就是说，覆盖所限定的下方空间虽然明确，空间领域范围也可以通过顶面的暗示得到理解，但是从占有空间角度来说，下方空间的界限并不能明确被肯定。譬如场地上方悬一个伞盖，能使下方场地空间范围得到心理上的答案，也可以在广场中下沉一片顶棚，制造出一片宁静的场所，但这只是一种抽象的心理上的限定，其领域范围主要通过心理的暗示来领悟。由于这类用覆盖限定出的空间形状、大小和氛围，远比用于覆盖的实体形态重要的多，因此，不宜对构成覆盖的实体材料作过分的渲染，在这层意思上，顶盖下方的空间形态是积极的（图4-4）。

（2）肌理变化。利用实体的不同肌理变化对空间进行限定的方法叫肌理变化。如迎接贵宾的红地毯，限定出一条行进空间；野餐时在场地上铺一块布，通过区

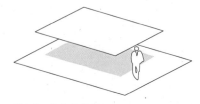

图4-4　覆盖示意图

别桌布与场地的肌理，就可以制造出一个独处的场所。底面的肌理变化不仅为了丰富变化，更重要的是利用肌理来限定空间，划定范围，明确领域。例如盲道的铺装是利用肌理变化限定的空间，其目的是为了限定空间，划定范围，对人的行为几乎没有实际的限定效用，仅仅起到抽象的限定提示作用，故而这类空间形态的积极性较弱，实体形态的积极性较强。实体形态边界划分出的空间具有明确的领域感（图4—5）。

（3）凸起。将底面凸出于周围空间的限定方法称为凸起（图4—6）。凸起更是一种常见的限定空间的方法，由于凸起空间具有明确的边界，其限定的空间范围明确肯定。

然而，当凸起的次数增多，并重复形成台阶形态，其实体形态积聚的特征增加时，由于凸起与周围各部分空间的范围混淆不清，凸起对空间的限定作用反而减弱，空间形态的积极性减弱，成为抽象的心理上的限定。

（4）凹进。凹进与凸起形式相反，性质和作用相似，但是被限定的空间情态却不同。凸起空间明朗活跃，凹进的空间含蓄安定，它们与舞台和舞池相似，舞池凹进，鼓励参与，凸起舞台，有地位、贵贱的差异，也有引起注意的含义，当凹进达到围合程度时，凹进演变为围合（图4—7）。

有人认为场地的丰富性在于标高的变化，也因此，凸起和凹进在开敞空间中是一种运用得非常广泛的空间限定方法。

（5）架起。架起与凸起一样，将限定的空间凸出于周围空间，不同的是被架起的空间下方，包含着一个副空间，与下方副空间相比，被架起的空间限定范畴明确肯定（图4—8）。

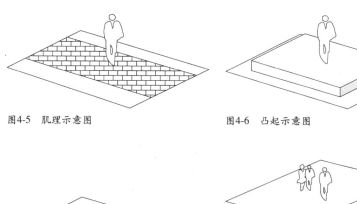

图4-5　肌理示意图　　　　　　　　　　　图4-6　凸起示意图

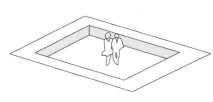
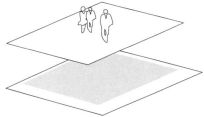

图4-7　凹进示意图　　　　　　　　　图4-8　架起示意图

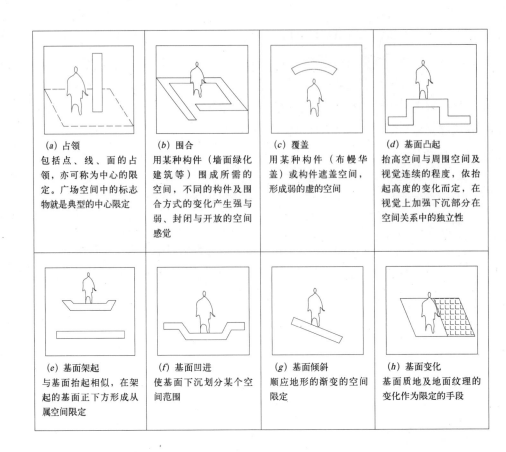

图4-9 空间的基本限定方法

在架起中，实体形态较为积极，被限定的空间形态，由于往往是其他部位空间的从属部分，因此较为消极，而具有与其他空间流通共融、互相联结的特征。

图4-9归纳了以上介绍的几种空间基本限定方法，这些方法可以作为空间进一步衍变的基础。

3.围合程度对空间感的影响

(1)平面与围合。空间的所有变化都建立在平面组织基础上。虽然空间的组合变化复杂多变，但所有变化都依赖平面上的组织。户外游憩场地是三维形式的，但它的形式总是从平面开始谋划，因此，围合空间特征的形成关键在于平面。在平面上，使空间具有围合感的关键在于空间的边角的封闭程度，无论采取哪种限定形式，只要将空间的边角封闭起来就易于形成围合空间。

围合空间根据其平面上围合的程度可分为强围合、部分围合和弱围合三类。根据其围合的空间比例也可分为全围合、界限围合和最小围合三种。从图4-10中可以看出，越是完整的空间形态，其围合感越强。

弱围合的空间常常用在群落空间和线状空间中，部分围合的空间也常常用在线状空间的局部地段，而界限围合和最小围合的空间则经常出现在诸如集中绿地、商业街区等群落和步行街空间中。

 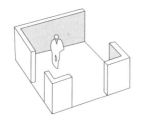 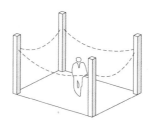

图4-10　三种围合方式产生不同的空间感

（2）物体的间距与高度之比（D/H）。物体间距与物体高度之比对空间感的形成也有很大影响。在立体上围合空间的比例涉及到空间的心理感受，过大的D/H（物体间距与物体高度之比）会使人感觉不稳定甚至失去空间在平面上构筑的围合性，而过小的D/H会使人压抑。因此，营造围合空间必须对它的平面和立体关系同时进行分析。一般而言，D/H的比值不同，可以得到不同的视觉感受。

1）当D/H=1，即垂直视度为45°时，一般可以看清实体的细部。

2）当D/H=2，即垂直视度为27°时，观看者可以看清实体的整体。

3）当D/H=3，即垂直视角为30°时，观看者可以看清实体整体和背景。

如人处在两个实体之间，如步行街，两侧建筑高度与街道宽度之间的尺度也会引起不同的心理反应。

D/H与人的心理感受之间有如下关系（图4-11）：

1）当D/H约为1时，人有一种既内聚安定又不至于压抑的空间感。

2）当D/H约为2时，仍然有一种内聚向心的空间，而不致产生排斥离散感受。

3）当D/H约为3时，就会产生两实体排斥、空间离散的感受。

4）如D/H的比值再继续增大，空旷、迷失或荒漠的感受相应增加，从而失去空间围合的封闭感。

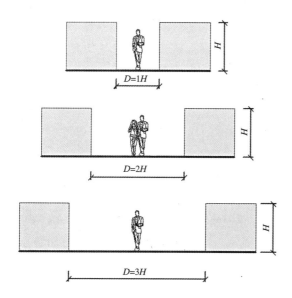

图4-11　物体间距与物体高度之比示意图

89

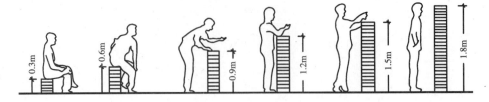

图4-12 垂直构件的高度与空间封闭感关系示意图

(3) 垂直构件高度对空间感的影响。空间的围合程度与垂直构件的高度有直接的关系。围合程度越高,空间的封闭感越强。封闭感除了与行为限制程度有关外,还与视觉感受有关。因此,必须考虑空间环境中的视线水平高度与围合垂直构件的高度关系。当垂直构件 0.30m 高时,人很容易跨越垂直构件,在行为上并不能形成强制性的限制,只能是一种提示性的限制,由于内外空间在视线上保持联系,内外空间只有微弱的领域区别,空间的封闭感较弱;当垂直构件 0.60m 高时,内外空间的视觉联系依然很连贯,尽管对行为有一定的限制作用,由于存在着内外空间的视觉联系,并不能形成强烈的封闭感;当垂直构件在 0.90～1.20m 高时,已形成了相当的遮挡,身体的大部分已看不清,不过在视觉上仍可以与外界保持联系,此高度具有一定强度的限制性质,特别对行为具有强制性的限制作用;当垂直构件 1.50m 高时,除头部外,大部分身体被挡住,封闭感更为强烈;当达 1.80m 高或以上时,视觉完全被遮挡,就有了很强的封闭性。垂直构件的高度与空间封闭感的变化过程示意见图 4-12。

(4) 口形特征对空间感的影响。同样是围合,口形状态不同,其情态特征却分异。

1) 全围合状态的空间特征。全包状态也就是不开口的围合空间,是围合空间方式中限定度最强、封闭性最高的一种形式,具有强烈的包容感和居中感。人处于全包围保护中,感到安全,因而私密性也强(图4-13)。

但当全包围空间尺度大到使人感到渺小时,全包围状态的空间具有纪念空间的性质。

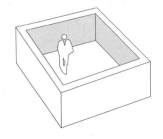

图4-13 全围合状态的空间具有强烈的包容感和居中感,人处于全包围保护中,感到安全。因而私密性也强

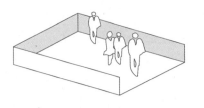

图4-14 在虚面处产生内外空间的交流和共融的趋势,这使内聚焦点对外部空间具有强烈的吸引力

2）单开口围合状态的空间特征。单开口形围合空间是由三面界定、另一面未被界定而形成的空间形态。由于三面被界定，空间形态有很明确的围合感，空间的封闭感随垂直构件的高度而变化。当包围状态有较大的开口时，开口处形成一个虚面，在虚面处产生内外空间的交流和共融的趋势，这种形态，由于生理力的作用，造成力的冲突，内聚焦点对外部空间具有强烈的吸引力（图4-14）。

单开口形围合的空间特征主要表现在开口处，是单开口空间的基本特征。由于在单开口处与相邻空间在视觉和行为上保持着连续性，或者通过向外延伸基底面来扩大心理空间范围，这使一切"U"形空间与相邻空间有相互穿插的感觉（图4-15）。

"U"形空间是单开口围合空间的典型代表，在游憩场地规划设计中屡见不鲜，很多情况下，"U"形空间常常被作为中心广场空间组合的基本形式。

3）双开口围合状态的空间特征。对称双开口围合空间状态，容易形成方向感，产生轴线，空间形态的指引性强。

若强调轴线的方向性，则对称双开口围合空间形态的纪念性增强；减弱轴线时，则出现空间转折，其空间形态变的活跃起来（图4-16）。

"L"形围合也是一种双开口围合空间状态。它与对称双开口围合状态不同，"L"形围合是由界定的两个相邻实体边缘和另两个未被界定的相邻边缘而形成的空间形态。

"L"形空间的边界既明确又模糊。这使得它在组合时可以表达多种空间的特征，具有极大的灵活性。同时，在组合较大场地单元时，可以保持自己的空间独立性。

"L"形限定出的空间易于形成半开放的庭院空间，具有副空间的性质。如果对副空间的独特性加以着重处理，则可以使副空间形态清晰，又易于与主空间紧密结合，在大空间中创造出具有独立特征的小空间，可以丰富空间层次和形态。

若对"L"形空间进行组合并与其他空间要素结合，可以创造更为富于变化的空间形态。

一般而言，"L"形组合限定的空间具有静态的特点，当在转角处进行开口处理，则产生了内外空间的交流和共融的趋势，这种趋势在生理力的作用下，封闭感被打破，空间形态变得富有动势。

4）多开口围合状态的空间特征。由于多开口状态的围合空间形态，内外空间具有良好的流通性，内外渗透强烈，形态对外部空间有强烈的聚合力，人处于外部时有强烈的参与欲望，但其内部空间的居中感、安定感则较弱甚至消失。因此，对私密性要求较高的场所不宜采用这类围合形式，相反它更适合如城市广场一类公共性要求较高的场合。

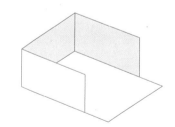

图4-15　通过延伸底面与相邻空间产生穿插

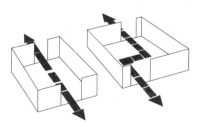

图4-16　双开口围合空间示意图

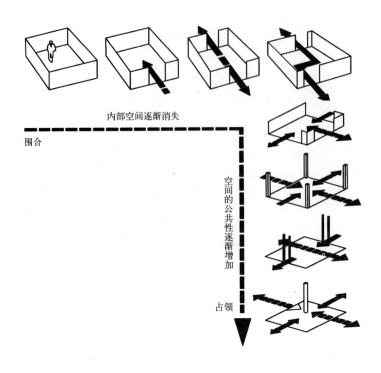

图4-17　围合程度对空间特性影响分析

对于这种围合的空间组合，应该特别注意开口的处理。如果没有这些开口，该空间就不可能与邻近空间建立联系，而且开口的尺寸、数量和位置对空间的围合感具有重大影响，也会影响到人在空间中的行为方式和心理感受。包围状态的开口越大越多，形态对外部的聚合力越强，对内部的限定度越弱；而当内部空间逐渐缩小并发展到极端时，内部空间只具有象征性意义，其对空间的限定范围则转到实体形态的外部，这便是"占领"（图4-17）。

积极的开敞空间需要能给人以心理上的安定感，并让人易于了解和把握，从而使人在其中能安心地进行游憩活动。积极的开敞空间也需要具有良好的通达性，使人易于接近和到达。因此，相对完整的、较多出入口的（不论是场地的出入口还是通路的出入口）空间是形成积极空间的基本条件。

图4-18所示的是某一场地特征分析图，其要义在于分析出哪些是积极空间，这些积极空间便是空间构筑的依据。

不同的开敞空间依据不同的游憩内容和规划概念，可以采用不同的限定方式来形成。一般情况下，在院落空间的构筑上较多地运用围合限定的方式；在群落空间或由点状限定的开敞空间的构筑中，较多地运用实体占领扩张来进行空间限定；而实体占领的空间限定方式，则较多地运用在广场空间、公共游憩场所以及空间节点的重点部分。常见的情况是，在一个围合空间构筑中，上述三种空间限定方式往往根据具体的条件（如周边环境、景观轴线、地形地貌等），以及规划的构思（如规划结构等）综合加以运用。

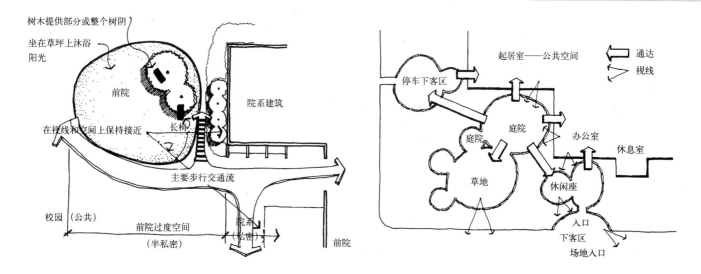

图4-18　外部空间的特征分析
图片来源：人性场所

4.2.2　空间类型

　　旅游点从小到大，有不同的种类和层次，彼此在旅游单元中发挥着不同的功能。如何使这些不同层次和类型的旅游点，取得彼此间的相互联系，使其具有系统化的网络层次，便需要在旅游区的布局上使之成为一个完整的系统。如果根据旅游空间布局的特征进行分类，可以归纳为集中型（块状）、带型（线状）、组团型（集群）、放射型（枝状）、链珠型（串状）、星座型（散点）六种基本空间形态。

　　这六种基本空间形态如果从空间的联结关系上，又可以归纳为接近（Proximity）、连续（Continuity）、闭合（Closure）三种基本格式塔连结方式（图4-19），游憩场地以这三种连结方式形成不同的旅游空间形态。

　　"接近"方式产生散点状的星座型空间，这类空间形态随意性大，往往根据规划意图形成各种不同的空间特征。

　　与"连续"和"闭合"格式塔联结方式相联系的游憩空间，大体可以分为带状的流动空间和块状的静止空间两种基本类型。在具体的游憩场地设计中，往往可以将这两种基本空间类型进行有机组合，营造富有变化和特征的枝状、集群、串状特征的空间形式。

　　带状空间具有向某个方向"延伸"的特性。当轴线特征明显时，具有方向性和指向的趋势，这种趋势在使用意义上，暗示着运动的含义，在空间变化意义上

(a)接近　　　　　　　　　　(b)连接　　　　　　　　　(c)闭合　　　图4-19　空间联结类型示意图

93

的基本功能就是连接性，这如同通路一样，指向某个目的地。带状空间的运动趋势，是交通空间功能的基本特性。

尽管呈扁长状的块状空间一定程度上具有交通和联系空间的特征，但这并不是它的基本功能。块状空间的基本功能是"聚集和容纳"，例如游憩广场、人流集散地、停车场等场地，它的空间形态为人们相互交往提供了公共聚集场地，使人们有条件走在一起聚成群体，这既是它的基本功能也是它的基本特质，块状空间为人们的聚集提供了极大方便。游憩场地的块状空间形态也可以理解成为满足游人聚集需要而产生的公共空间。

上述六种基本空间形态如果从组合方式上，又可分为院落空间、群落空间、公共空间和边缘空间四部分。其中，院落空间、群落空间和公共空间是设计着意塑造的、供游憩活动使用的积极空间；而边缘空间则是在某些情况下不可避免地形成的一些消极空间。边缘空间在实际设计中往往作为周边来处理，周边"是指场所以外向四周延伸的广阔空间，以'广阔性'和'模糊性'为特点。"[1] 如果说院落空间是以中心的确定性为特征，那么，边缘空间则是模糊的无序空间，常常体现为一个空间向另一空间的过渡，或者称为模糊的灰色空间。

上述外部游憩空间分类方法是基于诸多视角产生的，设计中不必拘泥于这种分类模式，设计者要根据设计目的和现状条件，在掌握空间基本构成基础上，把握好空间要素的本质差异，这是至关重要的。

4.3　空间层次构筑与变化

游憩活动从参与人数多寡的角度，一般可以分为个人游憩和群体游憩或称为必要性活动和自发性活动两类。而以上两种分类是相互重叠的，譬如散步，既是个人游憩活动又是必要性活动；再譬如交往既是社会性活动也是自发性活动等等。

激发社会性活动和自发性活动是旅游区规划设计所期望达到的文明目标的重要内容。如果考察游憩场地各个空间层次中的游憩活动就可以发现，每一空间层次都有相对固定的个人游憩和群体游憩活动内容，譬如在半私密空间中的幼儿和儿童游戏活动，闲暇时间中的邻居间交往活动；在半公共空间中的老年人健身、消闲散步、青少年的体育活动，以及公共空间中的旅游观景活动。显然，自发性活动只有在适宜的空间环境中才会发生，而社会性活动则需要有一个相应的人群，有一个开展活动的适宜空间环境，塑造这样一种"适宜的"空间环境，除了形式、比例、尺度等设计因素外，理应首先考虑与这种活动相宜的空间层次的构筑。

---

1 [日] 谷口汔邦等著 . 建筑外部空间 . 张丽丽译 . 北京：中国建筑工业出版社，2002-03：23.

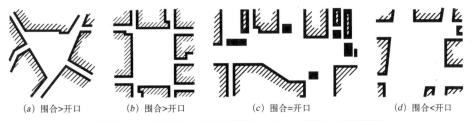

(a) 围合>开口　　　(b) 围合>开口　　　(c) 围合=开口　　　(d) 围合<开口

开口数量越多，围合感越弱，内聚性逐渐消失；相反，空间的公共性逐渐增强

图4-20 开口数量对围合感的影响分析

开口数量对空间的围合程度有着关键的影响。往往围合程度越强的空间暗示着空间的私密性越强，而围合程度越弱的空间则具有越强的公共性，其渐变过程如图4-20所示。

4.3.1 空间层次处理

空间的特性除了与开口数量、位置和尺寸大小等因素有关联外，还与空间衔接点处理方式有关。各层次空间衔接点（或称空间节点）是否经过处理，在很大程度上影响着不同空间层次是否被人感知，以及空间所能起到的实际作用。界定两个空间层次的空间节点必须经过处理，无论是采用何种方式，如过渡、转折或对比，目的在于暗示某种空间的性质和空间的界限，使人有"进与出"的感觉变化，从而保证各空间层次的相对完整和独立性，满足各种活动对空间的领域感、归属感和安全感的要求，使人们在其中自然、舒适和安心地活动。

图4-21示意了两个空间层次衔接的几种处理方式。

图4-21 两个空间层次衔接的处理方式示意图

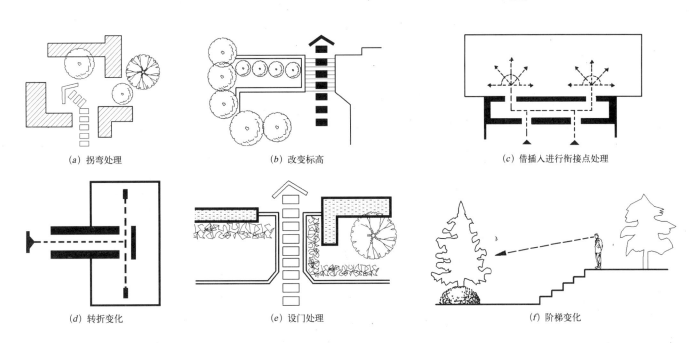

(a) 拐弯处理　　　　　　(b) 改变标高　　　　　　(c) 借插入进行衔接点处理

(d) 转折变化　　　　　　(e) 设门处理　　　　　　(f) 阶梯变化

4.3.2 空间变化

空间的变化可以从空间的形状、大小、尺度、围合程度、限定要素以及改变构筑物的高度和类型来实现，从而产生不同的空间效果。各种不同性质的空间可以通过大小对比、围合要素的改变加以区别，相邻两个空间也可用渐变或突变等方式来连接。

1. 形状的相互转化

团状和线状是空间的两种基本形状。如果运用一些技巧，对这两种基本形状进行重新排列组合，实现两者形状之间的转换，就有可能产生另一种空间形式，也就是说通过改变基本形状的方法使空间形状产生变化。

通过团状和线状组合排列变化，可以在线状空间的局部突显团状空间的特征。有时为了人们驻足停留的需要，或者为了丰富景观效果，往往在线状空间的局部会提供一个相对开敞的局部空间，供人们驻足观望周围环境，例如在交通节点、景观节点、轴线的起点、中点和端点处，这些节点通常是形成团状空间特征的地方。下述的四种方法对形状的变化具有启发意义（图 4-22）。

1）通过折线或曲线形成团状空间；

2）连续线形空间的休止或打断；

3）通过连续的团状空间形成线状空间特征；

4）线状空间与团状空间的有机结合。

2. "L" 形空间的变化

正如前面所说，"L" 形空间具有边界既明确又模糊的特征。如果利用这种特征与其他构成元素结合，就可能限定出新的空间形态。读者可以根据图 4-23 提供的思路，结合实际需要，形成更加丰富的变化。

3. "U" 形空间变化

"U" 形空间是由三面界定、另一面未被界定形成的空间形态。"U" 形可以是

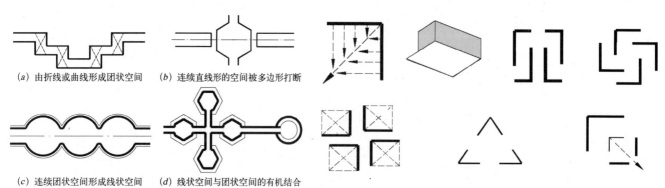

(a) 由折线或曲线形成团状空间　(b) 连续直线形的空间被多边形打断

(c) 连续团状空间形成线状空间　(d) 线状空间与团状空间的有机结合

图4-22　空间变化举例

图4-23　"L"形空间组合示意图

矩形也可以是圆弧形，"U"围合的空间一般是静态的空间，具有内向性特征，现代城市广场多采取这种形态。但可以通过在转角处开口的办法，使静态的空间具有动态的感觉（图4-24）。此时，在转角开口处范围内形成几个次要的多向性动态空间。

当"U"形呈扁长状时，或者多个"U"形组合也会形成运动的态势（图4-25）。

图4-25　当"U"形呈扁长时，具有方向性和运动的趋势

图4-24　"U"形空间开口变化示意图

4.4　环境质量

旅游区环境质量对游览或游憩体验有着直接的影响。这些影响通常包括两方面的意义：一是物理环境质量对旅游活动的影响；二是对形成良好印象的影响。光环境、声环境、热环境，以及温度、湿度等因素直接影响着旅游环境的物理质量，因而是衡量旅游区环境质量的客观指标，国家有关部门根据旅游产品的类型制定了一系列环境质量控制标准，这些标准是评价和划分旅游区等级的依据之一。形成良好环境印象的因素不仅取决于物理环境质量，而且源于对旅游经历和体验产生的相关因素的影响，这些影响主要包括视觉景观、人文景观特征和建筑环境等因素。环境质量的优劣对旅游资源的持续利用有极大影响，是旅游区景观设计研究的重要内容。

4.4.1　影响旅游区物理环境质量的因素

影响旅游区物理环境质量的主要因素具体包括：绿地率、大气质量、与人体接触和非接触的娱乐水体、饮用水水质、环境噪声、公共场所卫生质量等因素。

1. 物理环境质量标准

按《旅游规划通则》的分类方法，旅游区的类型可划分为：

1）观光型：包括自然景观（如名山大川），人文景观（如名胜古迹、城市娱乐等）。

2）度假型：包括森林型、山地型、草原型、温泉型、滑雪型、海滨型、河湖型度假等。

3）专项型：包括体育、探险、游船、科学考察等旅游。

由于上述三种类型可能单独出现，也可能相互交叉出现在同一旅游区内。因此《旅游规划通则》规定，旅游区根据不同的旅游类型及旅游容量采用不同环境质量标准，对跨两种或两种以上产品类型的旅游区，应采用较高的环境质量标准。

以人文景观为特色的旅游区应当以达到以下环境质量标准为目标：

1）绿地率不少于30%。

2）人文景观型旅游区的环境大气质量执行《环境空气质量标准》（GB 3095—1996）一级标准。住区内的环境大气质量标准宜执行二级标准。

3）人体直接接触的娱乐水体达到《景观娱乐用水水质标准》（GB 12941—1991）的A类标准，与人体非直接接触的景观娱乐水体达到《景观娱乐用水水质标准》（GB 12941—1991）的B类标准，生活饮用水水质达到《生活饮用水卫生标准》（GB 5749—2006）的要求，其他水体达到《地表水环境质量标准》（GB 3838—2002）的要求。

4）环境噪声达到《城市区域噪声标准》（GB 3096—1993）的要求，城市区域环境噪声标准见表4-1。

5）公共场所卫生达到《公共场所卫生标准》（GB 9663—9673—1996、GB 16153—1996）的要求。

自然景观型旅游区和度假型旅游区应当以达到以下环境质量标准为目标：

1）除滑雪、海滨和河湖型旅游区外，其他旅游区绿地率不少于50%。

2）大气环境达到《环境空气质量标准》（GB 3095—1996）一级标准。

3）人体直接接触的娱乐水体达到GB 12941—1991的A类标准，与人体非直接接触的景观娱乐水体达到GB 12941—1991的B类标准，生活用水水质达到GB 5749—2006的要求，其他水体达到GB 3838—2002的要求。

4）环境噪声达到GB 3096—1993的0类标准。

5）公共场所卫生达到GB 9663—9673—1996、GB 16153—1996的要求。

专项类型应按照专项旅游环境质量保护的特殊要求进行规划设计。

2．物理环境舒适度

人体的物理舒适度在正常自然条件下，主要取决于以下几个物理因素：

1）温度；

城市区域环境噪声标准　　　　　　　　　　　　　　　　　　　　　　表4-1

类别	昼间	夜间	适用区域
0	50	40	疗养区、高级别墅区、高级特殊住宅区 宾馆等特别需要安静的区域
1	55	45	以居住、文教机关为主的区域
2	60	50	居住、商业、工业混杂区
3	65	55	工业区
4	70	55	交通干线道路两侧区域

2）光环境；

3）声环境；

4）空气质量。

景观设计应通过改善场地的环境条件，如光环境、声环境和局地小气候等方法，提高场地的环境质量，改善旅游物理舒适度的条件。表4-2总结了影响人体舒适度的重要因素，并且提供了一个国际标准单位的预览和舒适度范围。

影响舒适度的重要因素 表4-2

温 度	湿 度	声	照 明
干球湿度	相对湿度	声级	照明
── 水的沸点	── 饱和空气	── 疼痛阈限	── 日光（5000lx）
夏天	潮湿天气	喧闹的市场	明媚的草地上
舒适范围	舒适范围	舒适范围	400lx（办公室照明）
冬天	干燥天气	寂静的森林	50lx（走廊照明）
── 冰点	── 干燥天气	── 听阈	── 0lx（无照明）

4.4.2 温、湿度环境

温度和湿度是影响人体舒适度的重要因素。海洋覆盖了大于2/3的地球表面，大气中大部分的潮湿是海洋蒸发的结果。湿度是由空气中的湿气引起的，人体舒适度、建筑物中的冷凝、天气状况和水都取决于地方天气状况。因此，在任何特定地点的旅游区，自然湿度的潮湿含量产生的影响是不可忽视的。

空气中水蒸气的最大重量比例大概是5%，空气中湿度的供应重量比例虽小，然而环境的重要质量都取决于湿度，而且空气中的潮湿含量也影响了材料的耐久力、材料的烘干。科学证明，取值范围40%～70%的相对湿度是舒适环境的理想湿度。因此，通过水量调节和植物呼吸作用，使旅游区的相对湿度努力保持在这个相对湿度范围内。

热和各种各样的热属性是评价人工建成环境、性能和人体舒适程度的一项重要因素。"热环境是由空气温度、空气湿度、热辐射和气流速度四个参数综合而成，它们共同构成影响人体冷热感觉的周围环境。"[1]高温度和高湿度都会让人感觉不舒服，并且通过排汗的自然冷却也会减少。高湿度和低温度会引起空气的骤然冷却，低湿度可以引起喉咙和皮肤的干燥，静电在低温度下也可以积累。太阳提供的热辐射是旅游环境热增量的主要来源，热增量与该旅游区的地理纬度、季节、当地云层状况、太阳与竖向建、构筑物间的夹角以及建、构筑物材料的吸收

---

1 林红编著.环境艺术工学.贵阳：贵州科技出版社，2001-03（1）：14.

或反辐射性质等因素有关。[1]由于物体在损失热量的同时也在获取热量，因而旅游区的环境配置会对区内温度产生较大影响。考虑到上述因素，北方地区的旅游区冬季要从保暖的角度考虑硬质景观设计；南方地区的旅游区夏季要从降温的角度考虑软质景观设计。

4.4.3　光环境

人类对事物的感受首先是基于生理机能意义上的感受。电磁波中被称为光的一部分，对于人类观察事物方面非常重要，因为它刺激着我们眼睛的感觉，或者说视觉。视觉是当光到达人眼时，在人的大脑中所引起的感觉。眼睛最初先以一种光学的方法对待光，与照相机成像的方法一样，生成一张物理图像，然后这张图像被人的大脑以心理和生理的方法解释。

视觉对旅游者的游憩活动和旅游感受起着很主要的作用。我们用眼睛去感知旅游环境，游览四处并且完成我们的游览活动。但是，能否清楚地识别景物，却与几个条件有关：①物体的明亮程度及其与背景的亮度对比；②物体的颜色和色对比以及光的颜色；③物体的大小和视距的视角大小。[2]也就是说，景物的识别与视觉、光源、光的控制等因素有关。

视觉包括看到光的明暗和物体的形状、颜色、动态、远近、深浅的所有知觉。视觉不仅依靠光对神经系统的刺激，而且很大程度上依赖从以前经验中了解到的事物图像的解释、分析和判断，最后形成视觉。这样，光刺激从眼睛到大脑形成神经脉冲信号，便在大脑中引起了生理变化，最后作为视觉行为表现出来，形成视觉系统。因此，从引起视觉的刺激来看，光起着很重要的作用。视觉是旅游者感受旅游环境最重要的一种感受，无论在光环境中或在视觉环境中都要考虑光与视觉的关系。

自然条件下的旅游区光源主要是天然光源。天然光源是利用天然光来采光的光源。它大致分为两类：直射日光和天空光。这两者在光源的大小、移动性、光强、颜色等方面均不相同。而且天空光是由自然确定的，不能由人工来确定。此外，室外地面或邻近建筑物的墙面反射光，也是天空光引起的间接光源。

天然光的控制是指运用逆光、折光、反光、控光、滤光等光的处理措施方法。这些天然光的控制所创造的氛围能够唤起游人的一系列心理反应，诸如明快、开敞、神秘、幽暗、豪华、雅致等反应。天然光的控制也作为环境主观评价的依据之一。

1 [英] Randall McMullan 著．建筑环境学．张振南等译．北京：机械工业出版社，2003-03：70.
2 林红编著．环境艺术工学．贵阳：贵州科技出版社，2001-03（1）：47.

光环境的创造是以草案设计为基础、互相结合进行的过程。光环境设计离不开具体场地的使用要求和旅游活动类型，因此其设计内容可以考虑以下项目：

1）明确视觉类别、游憩要求及环境影响。

2）综合考虑景物的位置、形式、大小、构造、材料，保证空间、表面、色彩效果。

3）采取避免眩光、遮光、控光、增加辅助照明等的措施。

4）运用光的处理措施，营造天然光的环境氛围。

天然光除了满足游人活动采光需要之外，对于营造环境起着重大的作用。天然光不仅能够透射、反射、折射、散射，而且有着很美丽的光辉，这些光辉富有质感，具有异常的表现力，它是构景的一项重要元素。按照这样的理念，天然光设计原则可以概括为以下各项：

1）发挥光本身的作用。体现旅游场所的实际存在，促进使用功能的实现，满足行为、工效、生理、心理的要求。在满足基本照度要求的前提下，光的设计应以营造旅游气氛为目标，不宜盲目强调光的亮度；在气候炎热地区，特别是以人文景观为特色的旅游区，还应考虑有足够的庇荫构筑物，以方便游人休憩活动。

2）运用光的特性，如光的光辉、质感、光影变化、方向性等。光线充足的地区宜利用天然光产生的光影变化来形成旅游空间的独特景观，体现出光的表现力；运用光和影的对比或变化，取得光影效果、表面效果和立体感。例如，在选择硬质、软质材料时，需考虑光的不同反射程度，满足受光面与背光面不同光线的要求；运用光和色彩的关系，取得色彩效果，从而表现出光和材料的综合性特点。

3）体现设施特征。对诸如建筑、雕塑小品等具有一定体量的设施，应综合考虑尺度、比例、体量等因素，取得光的最佳分布。

4）大胆自由地处理光。采用光的对比、层次、节奏、扬抑等技法，用光构图、创造出优美的光环境。

天然光的运用显然要受到技术方面的影响。当下大量的透光材料和饰面材料的开发，钢、钢筋混凝土、铝合金结构的采用，焊接、钻接工艺的发展，特别是饰面材料的质感和色彩与天然光的表现力的结合，都不断地开拓了由天然光创造旅游环境的途径。

4.4.4　声环境

声音是能对我们的耳朵和大脑产生影响的一种气压变化。这种变化将天然或人为振动源（比如刮风或说话）的能量传递出去，这里的声环境指的是声音能对我们的耳朵产生的影响。对旅游环境产生影响的主要是噪声，噪声令人生厌，使人的情绪烦躁不安、容易发怒，而且干扰游兴。旅游区的噪声可能来源于交通运输以及过高的休闲娱乐声。这些噪声在80dB以下，一般没有生理危害，但对附近需要安静的场所有较大影响，影响静观、交谈和其他旅游活动。听觉的有效距离范围比较大，大约在35m的距离，建立一种问答式的对话关系没有问题，但已经不可能进行正常的交谈。"当背景噪声超过60dB左右，几乎不可能进行正常的交谈。如果人们要听到别人的高声细语、脚步声、歌声等完整的社会场景要素，噪声水平就必须降到45～50dB。"[1] 基于这些原因，旅游区内环境噪声质量除执行上述标准外，城市社区的白天噪声允许值宜不大于45dB，夜间噪声允许值宜不大于40dB。能感觉到的噪声的评估是避免听力损伤、创建舒适旅游环境的重要途径。因此，靠近噪声污染源的地方应通过设置隔音墙、人工筑坡、植物种植、水景造型、建筑屏障等进行防噪。在旅游区的景观设计中，宜考虑用优美轻快的背景音乐来增强游憩体验的乐趣。

4.4.5　小气候环境

气候对所有的人类活动都会产生直接或间接的影响，就像它对一个地区的岩石、土壤、植被和水资源的影响一样。气候又与一个地区的传统社会特征密切相关，比如说当地植物的类型、人们的户外活动方式以及住房。即使是在没有什么传统的地区，气候仍然会影响其农业、环境和人们的休闲活动、运输等生活的方方面面。

一个地区的基本气候经常与某些因素密切相关，下面这些因素是重要的：[2]

1）地理纬度；

2）水的影响；

3）季节；

4）大气循环；

5）海拔高度与地形。

一个地区除了受基本气候特征影响外，还受小气候的影响。小气候是指局部地区周围及其表面以上的气候条件。一个旅游区的小气候可能是由于周围地形地貌差异所引起的，如山地、峡谷、斜坡、溪流或者其他一些特征，这些差异能造成地表热力性质的不均匀性，往往形成局部气流，其水平范围一般在几公里至几十公里。局部气流在旅游区小范围引起空气、湿度、气压、风向、风速、湍流的变化，从而对表面以上的气候产生显著影响。另外，建、构筑物本身也会对深一层的小气候造成影响，例如通过在地面产生的阴影、使地表干燥以及限制风的流动等等。这种深一层的小气候可以发生在同一个建、构筑物的不同部分，如矮墙和角落等，这与它们所获得的日照、风吹和雨淋的不均匀有关系。

---

1 [丹麦] 扬·盖尔著. 交往与空间. 何人可译. 北京：中国建筑工业出版社，2002-10 (1)：171.
2 [英] Randall McMullan 著. 建筑环境学. 张振南等译. 北京：机械工业出版社，2003-03：4.

经过改良的小气候会产生如下几种类型的好处：

1）减少夏季的过热；

2）增加建筑材料的寿命；

3）良好的户外娱乐环境；

4）植物和树木更好地生长；

5）增加游憩者的满意度。

空气流动产生风，风对开敞空间产生的主要影响有水平作用力、热损失以及雨水渗透等。风所产生的水平作用力是随速度的平方而增加的，当风速有一个较小量增加的时候，就会在物体表面产生一个比想象中更大的作用力。用风寒来衡量的风所产生的冷却作用，又会使物体产生热损失。"空气流动总是受下垫面的影响，即与地理因素中的地形地貌、海陆位置、城镇分布等有着密切关系"。[1] 因此，游憩场地的排风应有利于自然通风，又不宜形成过于封闭的围合空间，做到疏密有致，通透开敞。

风玫瑰图上的每个臂的长度都表示由从该臂所示的方向吹来风的天数。臂较长的方向表示有更冷的风从该方向吹来，也会带来更多的能量消耗。其他的风玫瑰系统可能会表示风寒因素的方向，这些因素与人体的舒适度和活动场地的位置选择有一定的关系。地面是一个凹凸不平的粗糙曲面，当风沿地表通过时，它与各种地形地物发生摩擦，使风向、风速同时发生表化，其影响度与各种障碍物的体量、形状、高低有密切关系。因此，户外游憩活动场地的设置，应根据当地不同季节的主导风向，有意识地通过建筑、植物、景观设计来疏导自然气流方向。

降水通常是由雨雪引起的，有时也会发生强降水。强降水会产生大量的地表径流水，可能会引发水土流失，为了不使水土流失，应尽可能扩大绿化种植面积。

4.4.6　嗅觉环境

嗅觉只能在非常有限的范围内感知到不同的气味。只有小于 1m 的距离，才能闻到从别人头发、皮肤和衣服上散发出来的较弱气味。香水或者别的较浓的气味可以在 2～3m 远处感觉到，超过这一距离，人就只能嗅出很浓烈的气味。因此，游憩场地中，应引进芬香类植物，排斥散发异味、臭味和引起过敏、感冒的植物。

也必须避免废弃物对环境造成的不良影响，应在场地内设置垃圾收集装置，推广垃圾无毒处理方式，防止垃圾及卫生设备气味的排放。

1 王祥荣著.生态与环境——城市可持续发展与生态环境调控新论.南京：东南大学出版社，2000-04:153.

4.5　影响形成良好视觉印象的因素

影响形成良好视觉印象的成因是极为复杂的。印象属于主观感受，影响主观感受的成因随游人的构成结构不同有较大差异，一个微不足道的疏忽就可能导致游客的满意度下降。除了使游客的旅游满意度最大化外，影响客观物理环境质量的因素可归结为两大类：一是对视觉景观的感受；二是对人工设施环境及建筑立面细部等因素的感受。

4.5.1　视觉景观

由于感受景观主要依赖视觉来实现，我国不少研究者在这方面进行了探索性研究。较为早期的有孙善芳（1994），近期有许芗斌（2005）、刘滨谊（2005）等人。研究人员从视觉的角度对视觉景观这一问题进行了有益的探索，在视觉分析方法和判断景观价值方面总结出一些经验。西蒙兹（1990）对视觉景观的设计和管理也提出一些中肯的意见，主要集中于下列方面：

1）保护视野和远景，限制路边指示牌和广告牌的使用；

2）在需要旅游信息的地方，建立为旅游者提供信息的服务中心；为风景道路、历史遗迹或步行道设置统一的、经过很好设计的标志及解说，并规定设置的地区，禁止在别的地方设置；

3）按照对环境的影响评定消费品，摒弃不可回收的包装材料和浪费资源并产生过多垃圾的包装方式；

4）组织志愿者清除风景区的垃圾；

5）拆除废弃的有碍观瞻的建筑物；

6）开发具有风景潜力的兜风娱乐线路；

7）在确定新道路和公路的线路时，考虑视觉问题；

8）展现主要的远景并形成框景；

9）开发城市的公园道路系统，提供公园和开放空间（Open Space）；

10）建设水滨公园，充分利用水面形成的宽阔的开放空间；

11）规定商业招牌的设置和布局风格；

12）制订设计标准手册，对人行道铺装、街道小品、照明以及其他一切场地和景观的规划进行控制；

13）在穿越乡村的公路建设过程中，对一些具有构景作用的用地同时加以规划，以保存路边的景观特色；

14）建立风景——古迹风景道路（Parkway），提供路旁公园和娱乐区。

为了使环境更加符合人类的视觉观赏要求，日本学者提出了根据视觉感受对城镇景观的分类方案（表4-3），这些分类方案对改善旅游区视觉景观环境具有指导作用。

进士五十八等（日本观光资源保护财团，1991，122）还提出了创造远眺型城镇景观的技术要求：

①充分利用该处所具有的自然属性（自然利用）；②建筑物的布置及道路的交叉处理，使旅游者体验到城镇景观的亲切近人的特点；③力求各个建筑物的大小、形式、色彩、材料质感的统一（多样性统一的原理）；④重视当地出产的石、木等材料，以及当地传统的形式、色彩（就地取材）。

4.5.2 景观视廊控制

所谓景观视廊是指在沿着给定的方向，人眼能看见的所有景象范围。景观视廊的规划设计实质是一种视觉线的控制，对景观视廊的有效组织是从眺望景观的角度，对"景点"、"视点"、"视廊"等景观结构进行保护的一种基本方法，其对象为一般性城市肌理，其形态根据具体设计对象而确定。

在这方面，巴黎景观整体保护——"纺锤形控制"（Spindle Control）的基本设想是值得参考的。所谓纺锤形控制，简而言之，是在具有特别意义的景观中，阻止障碍建筑破坏景观的控制方法。

日本学者西村辛夫就纺锤形控制专用文本"巴黎景观整体保护——纺锤形的几何考察方法"曾作过详细介绍。

根据视觉感受对城镇景观的分类 表4-3

城镇视觉分类	视点特征及位置	修景技法	修景设计的校核点	景观构成关系
以点景为主的城镇(视觉的点体验)	注意街口转角的景色处理；街道交叉转角、广场、小公园，行人停留处，部分路段	选择点景的位置；确定点景内容；确定设计；确定日常管理维护的方法；引目效果	自然性和人工性；点景的意义；收头处理；设计；刺目与协调；和历史事件的关系	景观要素的影响
沿街道可以连续观赏的城镇(视觉的线体验)	沿街步行连续观赏；道路、街巷，运河、水路，公共汽车内观赏	选择道路宽度和两侧建筑物高度之比例；路面铺设材料选择；引入水及绿化；多样性建筑格调的统一；去除或隐蔽过多的广告及垃圾箱；隐蔽的景观效果	是否连续；是否统一；是否调和；竖向变化与水平变化；去除要素和修景要素	特征要素的影响
远眺型景观城镇(视觉的面体验)	自高处向下远眺或俯瞰；山顶、丘陵、坡顶、梯级、土堤、桥头，高层建筑，高架缆车	确保眺望的可能；充分利用土地特性；使人感到亲切熟悉；多样性统一的处理；充分利用各种场地材料；框景效果；借景效果	地形要素的考虑；城镇整体构成；宽阔和高低起伏；均匀性与不均匀性平衡；自然面与人工的风景要素的风景要素面的比例；地方性	城镇要素的影响

来源：进士五十八.日本观光资源保护财团.1991，114，有修改。

如果将纺锤形控制的基本理念用图示的方法展示出来，就如图4-26所示。图示表示对某历史纪念物，以从某一眺望点观察到的景观为保护对象，力求阻止损害该景观的建筑在其背景中出现。按照这种理念，只需将建筑体积放到由建筑屋脊线两端与眺望者构成的两直线形成的平面与其在地面的投影所组成的立方体——也就是"纺锤形"透视体内即可。这就是纺锤形控制的基本想法。

为了使该控制方法具有可操作性，必须在纺锤形的各点内给出建筑不可突破的高度，如图4-27所示，在纺锤形的上部平面以直线表示出参照线。

在巴黎，这一上限高度不是以地面为基准，而是依据以法国一般水准点（NGF）为基准的"标高"体系在图上表示。因为若高度从地面算起，则在图上的表示变为反映地表起伏的一般等高线，而显得过于复杂。因此，"该控制所指的某地点之上限高度"等同于"纺锤形控制的图示所表示的上限高度"，也就是该地点的标高。

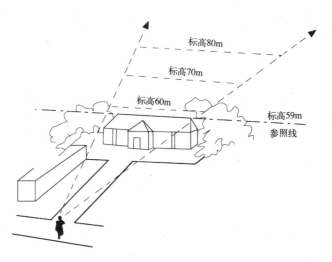

图4-26　巴黎纺锤形控制的基本设想
来源：《城市风景规划——欧美景观控制方法与务实》

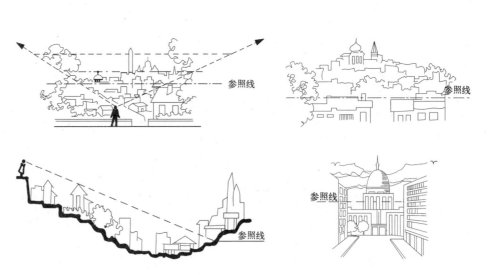

图4-27　巴黎纺锤形控制的基本设想
来源：《城市风景规划——欧美景观控制方法与务实》

　　法国国土整治、设施和交通部建筑城市规划局，1995 年发行的《土地占用规划与景观——法律篇》，规定了纺锤形控制在下述情况时有效：

　　1）对从固定点或线形移动等可能的眺望点观赏到的"全部视点"景观加以保护。

　　2）对从各个眺望点所观赏到的远景加以保护。

　　3）为防止在历史纪念物的背景地带建造破坏其景色的建筑，而应对其价值进行的保护。

　　巴黎市根据这些保护属性及景观的特殊性，采用了三种纺锤形形式：

　　1）"远景"（Perspective）（规划图上在眺望点处以半圆形红色符号表示）。

　　2）"全景"（points devue）（同★、蓝色）。

　　3）"视廊"（échappées）（同▲、茶色）。

　　以上几种纺锤形形式，又有以下特征：

　　1）"远景"指自一处或多处眺望点眺望历史纪念物或景观地，阻止障碍建筑入侵的纺锤形，可对周围及前景、背景实行高度控制。

　　2）"全景"指在能望见历史街区、历史纪念馆部分或整体景观的特殊地点设定眺望点，以保护眺望点与参照建筑群之间的前景为目的的纺锤形。在巴黎，眺望点主要设置于蒙马尔特勒山等山丘上，以俯瞰景观为保护对象。

　　3）"框景"是指保护从一处或多处眺望点所眺望到的街道及两侧街景，同时以保护所看到的历史纪念物或景观的一部分为目的的纺锤形，其特性基本以参照建筑的前景为控制对象。此外与前两种形式不同，该形式中的眺望点可沿街道移动。"远景"与"全景"之间存在微妙的差异，实际上，远景中可能包含全景，而全景也并非一定出现引人注目的纪念物景观。[1]

　　纺锤形控制规划是根据人的视觉特征，通过视觉控制线的规划，对有价值的历史景观达到保护的目的。事实证明，巴黎市运用纺锤形控制方法，对从杜乐丽公园西端起，经过协和广场和香榭舍丽大街眺望凯旋门，这段最能代表巴黎特色的景观起到的重要保护作用。因此说，视觉控制是一个重要而有效的景观控制方法，景观视廊控制手法也是旅游区景观设计的重要内容。韦克威等人在留园、拙政园景观规划中，以楼阁建筑等制高因素为构图中心或景观控制元素，以 60° 水平视角控制园景组织，将主要景点组合在 60° 水平视角的视野范围内，以期获取丰实、完整的景观。[2] 对景点、视点、视廊等的设置，以及以远景、全景、框景

　　1 ［日］西村辛夫等编著 . 城市风景规划——欧美景观控制方法与务实 . 张松，蔡敦明译 . 上海：上海科学出版社，2005-01（1）；50 ~ 54.

　　2 韦克威，林家奕 . 留园、拙政园景观规划中的视觉控制浅析 . 中国园林，2002（5）；60 ~ 62.

展现景观的眺望方式等，对增加游憩体验和提高满意度都会产生特殊的效果，由此也会提升旅游区的景观价值。

4.5.3 人工设施环境

1. 建筑环境对游兴的影响

建筑环境是旅游区必不可少的组成部分。在旅游过程中，除了游览、观赏大自然赋予的美好自然景观外，因"行、游、住、吃、购、娱"的需要，游人必然还会接触到住宿、餐饮和娱乐等以建筑为核心的人工设施。"当一个建筑物要与既定的空间或区域发生关系时，空间或区域的形状和特征都会受到建筑物的定位的影响"。[1]但建筑与建筑环境并不是同一个概念。"所谓建筑环境，并不是指单栋建筑物，而是包括建筑物所控制的周围的一个范围。范围的大小是由建筑物的功能和特点所决定的。建筑物仅是这个环境的一部分，建筑环境还包括周围的附属建筑、围墙、绿地、硬地、小广场、环境小品等"，[2]它们和建筑物一起共同构成了旅游区人工设施环境的基本部分。

无论何种尺度的人工设施环境，都会对旅游者的旅行经历产生影响。对于区域旅游规划来说，虽然建筑及其设施设计并不是规划的内容，但它就整个地区或重点地段的环境、制定的原则和基本风格以及提出的政策性控制方式、对建筑及其设施设计都具有约束性作用。事实上，一个规划成功的旅游区，或者旅游单元、游憩区域，都离不开良好的人工设施环境。

尽管建筑及其环境设施设计并不是规划的主要内容，但区域旅游规划希望后续的旅游区（点）详细规划、建筑设计、景观设计，能在考虑一般性规划要求的同时，也要考虑到这些人工设施环境对旅游者的旅游机会与游兴的影响，希望后续的设计为旅游者和当地游憩者提供一个舒适、愉快、能增进游兴的场所。

2. 游人经常接触的人工设施

（1）游旅线路。通往旅游区内外的旅游线路是感受景观特征十分重要的途径，对旅游者的游憩体验和印象具有显著影响作用。所谓旅游线路是指"旅游者从居住地到旅游目的地，再回到居住地所进行旅行游览活动的轨迹"。[3]具体说来，旅游线路包括两种主要类型：一是旅游区内联系各个景点的小尺度游览线路；二是联系客源地与一系列旅游区外的大尺度旅游路径。两者既有联系又有区别。旅游路径包括旅游产品所有组成要素的有机组合与衔接；游览线路主要涉及小尺度的

---

1 ［美］约翰·O·西蒙兹著．景观设计学．俞孔坚等译．北京：中国建筑工业出版社，2000-08（1）：281.

2 刘文军，韩寂．建筑小环境设计．上海：同济大学出版社，1999-01（1）：2.

3 全华，王丽华编著．旅游规划学．沈阳：东北财经大学出版社，2003：84.

空间范围，即旅游景区的游览线路布设，在相当程度上与区域旅游规划无关，是旅游区游线设计所关注的内容。

按照旅游地域系统的等级，又可将旅游线路分成三个层次：旅游地连接线路，即进入性旅游线路；旅游区连接线路，也可叫主体性旅游线路；连接旅游点的游览线路，或称局部性游览线路。旅游线路特别是后两种线路将旅游地、景区或景点串联起来，对游人的游兴影响较大。游人对旅游质量的评价往往从进入景区的途中就开始了，这意味着可以通过将沿途具有特殊风景或历史价值的地方性道路指定为风景道路，或者通过改良道路景观的办法，间接影响游客的评价态度。倘若存在着一条在可达性和旅游成本方面，使大部分游客成本要求最小化的旅游线路，那么，游客能够意识到花在旅游线路上的成本实际上转化为了旅游者收益，这样的线路无疑对旅游地的评价是有利的。

沿旅游线路的景观如何间接对环境质量评价产生影响，当然不能依靠装饰的办法获得。用西蒙兹（1990）的话说，"在任何情况下，一个精心设计的道路在穿越景观时其选择这样一种方式：即在便捷适用的同时能保护和展示最好的特征和景色。一条出色的道路给旅行者带来舒适、乐趣和愉快。最美的道路通常是那些由于受到约束而具有明显特性，并且车道、构筑物和附属物的设计极其简洁的地方。"[1]

（2）水景和水际。水在地质、地貌、气候、动植物及人类活动等因素的配合下，形成不同类型的水体景观。水景以液态的海洋水、江河水、湖泊水、水库水、地下水、涌泉、溢水和固态的冰川水、积雪水及气态的云雾水等不同形式存在于大自然之中，构成不同的美学特征。水景既可单独构景，又可与其他景观组合成景。瀑布、泉景、风景湖泊、风景河段等，以其自身优美的景色，可以单独形成极富价值的主景。如黄果树瀑布、壶口瀑布等都是独立构景的典型；杭州西湖则构成两湖风景名胜区的主景。但是，水景的构景功能主要还是表现在与山石、植物的结合上。水景对游客的影响不仅表现在视觉观赏层面上，而且体验性的水游憩活动，可以满足游人参与游憩的要求，水景以其形、色、声、影构景要素，给人留下深刻印象的同时，置身其中，还能分享水景带来愉悦之情。

具有开阔水面的区域往往会变成深受旅游者和当地居民喜好的休闲地域。规划部门常常将这一地段称为蓝道（Blue Ways），它们与绿化带构成的绿道（Green Ways）一起，构成了开放空间与水体紧密结合的优越水际环境。水际也称为河岸，是陆地与水域的交界线。实际上，水际的功能并非单一的，有时可兼有多种功用，不单涉及景观问题，还涉及到水利与水工建筑物。因此，西蒙兹提出的设计水际

---

1 ［美］约翰·O·西蒙兹著.景观设计学.俞孔坚等译.北京：中国建筑工业出版社，2000-08（1）：261.

的几条基本原则是可行的："在驳岸稳固的前提下，水际处理得越简单越好；避免阻碍水流和波浪运动；使驳岸成斜状并根据需要加以巩固，在水流湍急或破坏性冲击下可以起到缓冲作用；利用码头；作最坏条件下的设计；预防洪水；使用栏杆；防止污染进入水体"。[1]

（3）游憩广场。游憩广场是游憩场地中最吸引外来旅游者和当地游憩者注意力的场所之一。当一个开敞空间的某些部位被构成实体围合时，它就具有了建筑的特性，即具有可使用的内部空间。如同建筑追求虚空一样，空旷是开敞空间的精髓所在，它可以根据功能要求，演变为具有积聚特征的广场花园、纪念性广场花园、集散性广场花园等游憩场所。

空旷意味着更多的容纳，吸引着游人的进入，这正是一个游憩广场需要的特性。具有一定开敞程度的游憩广场，可以容纳更多的游人和游憩项目，也便于在其中安排和组织游憩活动。但空旷不是空荡，空旷感在形态上应具有内聚的、灵活开放的多功能特征。当它的开口部分与另外开敞空间相连时，开口部分的衔接处理方法是重要的。形态的内聚性由平面边界的围合强度所决定，开敞空间的向心性社会属性，还可以通过抬高或降低基底、控制开口数量和方向等限定手法来实现。由实体界定的平面应与广场的性质、规模、功能相适应。开口数量和方向既要与周围建筑物密切配合、相互衬托，形成一个有机的整体，又要有利于人流、车流的集散。抬高或降低基底，或利用地形标高变化。

（4）建筑物。建筑是大型娱乐场所特别是旅游区的重要设施。现代旅游潮流迅猛发展的一个主要动力来自城市内部建筑空间的拥挤和远离自然。因此，人们来到旅游区时，对区内建筑的自然亲和力具有更高的期望。旅游区的建筑环境要竭力创造充满山水、原野、海面、湖滨、阳光、空气、植物和鸟虫鸣音的天然意境，使建筑与自然完美融合，达到"建筑在自然中生长"的理想目标。西蒙兹在论述历史上那些典范构筑物的共通之处时说，我们可以注意到，除了极少数例外，那些著名的构筑物在它们的时代中，都曾：

1）直截了当地实现并表达了它们的目的。

2）更多地反映了所处时代、地点和使用者的文化。

3）与气候、天气和季节相适应。

4）应用了或拓展了当时的技术和艺术。

5）与建成环境和居住景观和谐融洽。[2]

---

1 ［美］约翰·O·西蒙兹著．景观设计学．俞孔坚等译．北京：中国建筑工业出版社，2000-08（1）：68.

2 ［美］约翰·O·西蒙兹著．景观设计学．俞孔坚等译．北京：中国建筑工业出版社，2000-08（1）：279.

商业建筑及其购物环境对游客有较大影响。购物是旅游动机的一个重要因素。由于旅游者来自不同类型的地区，外出旅游不仅会购买一般旅游纪念品，甚至会集中相当大的财力购买居住地品种单一、价格奇高的高档饰品，如黄金、白金饰品和各种宝石饰品等。从这层意义上说，"具有国内顶级、国际知名商业区的超大型城市，在大额、高档奢侈品旅游消费中具有一定的优势"。[1]因此，店铺的设计可大大增加旅游的乐趣，而对那些浏览商店橱窗的旅游者来说，尤其是如此。各种具有鲜明特点的铺面设计，可以吸引游人的注意并增加其购物或游逛的机会。在西方，许多城市喜欢让旅游者步行穿越主要街区，这样可以大大地增强街道气氛并鼓励旅游者购物。英国最吸引人的一些市中心，人行通道都很狭窄，机动车辆无法通过，在这些城市，街道的狭窄正是其独具魅力之处。

（5）游憩设施。旅游区的游憩设施具有比城市设施更为重要的意义。在旅游区的游客活动中心，人流一般比较稠密，对游憩设施的需求也较大；通常游客活动中心地段的游憩设施包括：露天的桌、凳、座椅、垃圾箱、厕所、果屑箱、售票亭、售货亭、照相亭、移动商店、自动售货柜、街道导向牌、交通导引系统、邮筒、电话亭、时钟、信息站、路灯、夜间照明设施、车站、儿童游戏场、儿童玩具等。从信箱到电话亭、从垃圾桶到公共汽车候车亭、从公共厕所到饮料摊、从灯柱到栏杆，所有这些都需要精心设计，景区内部的游憩设施，宜与环境协调一致，以环境的天然状态更为适宜。游憩设施相对建筑来说体量虽然较小，但数量较多，因此，应反映出本区的景观特征，给游客留下好的印象。

4.5.4　形成良好视觉印象的基本要素

任何一个地区的自然和人文景观总是以各种要素而存在，如艺术、宗教、技术、事件等等。总体空间布局和建筑的外立面处理，往往对感受景观特征产生较大影响。因此，应考虑总体空间布局、建筑空间组合、建筑造型等与整体景观环境的整合，并通过建筑自身形体的高低组合变化与区内、外山水环境的结合，塑造具有个性特征和易于识别的整体景观。

1．总体空间布局结构形态

总体空间规划结构是指各游憩功能区与内外交通的干线"轴"所形成的形态特征。它是旅游区中交通道路、游憩活动场地、通信、排水、给水、供气等的重要构架形态，体现了游憩活动要素构成和系统的关系。确定功能区域是形成总体空间规划结构形态的基础。通常一个旅游区包括多个不同功能的区域，需要根据不同的用途进行区域的划分，以确定其相应的使用领域。如武汉东湖落雁景区由

---

1 范能船，朱海森主编．城市旅游学．北京：百家出版社，2002-02（1）：136．

楚地风情园、濒湖休闲园、民俗大观园、楚天水乡园和自然生态园组成。这种基于功能区划分形成的规划结构形态,对景区的路网布置、游人的活动场地和方式以至景观特征的感受都会产生决定性的影响。

人们对景观特征的认识往往是从识别周围环境开始的,这意味着空间层次与整体景观感受的关系极大。一般来说,空间层次感是通过合理的设计,运用隔断、绿化、水体、高差等造成的心理感受。游人在空间层次变化中,感受近景、中景、远景的区别,识别环境的特点,对景观特征的认识在这一过程中逐渐形成。

2. 建筑外立面

人眼具有极强的视觉灵敏度。人眼可以区分那些非常类似的细节的能力,而且人眼的适应能力也很强,在视野中,人眼为适应所观察的亮度和色彩,可以进行调整,可以对比不同的两部分的亮度和色彩上的差异程度。因此,要综合研究视觉建筑外立面的多种元素细部组合,达到色彩适人、质感亲切、比例恰当、尺度适宜、韵律优美的动态观赏和静态观赏效果。[1]

"从人的视知觉角度讲,建筑实体的形状、质感和色彩是产生视觉感受的三个主要方面"。[2]形式化的点、线、面、体基本要素确定了建筑及其外在立面的基本形式,而材料是通过质感、色彩影响心理的。同一建筑的立面形式可以通过不同材料的质感和色彩对人们心理施加各种影响。例如对石材表面抛光,是试图借助改变其表面光滑度和色泽的办法,来使人们贴近现代生活方式的感受。反之,被人们体验过的质感和色彩知觉经验,也可使建筑赋有新的含义。

由于种族、地域环境造成的不同文化背景,同一实体表达的涵义不尽相同,有时甚至相反。因而,建筑外立面的形状、质感和色彩既可以超越时空,又具有民族性和地域性特点,使不同种族、不同文化背景的游人,可以根据自己的经历来领悟景观特征的涵义。因此说,建筑的外立面特征对周围环境是有相当大影响的。

3. 人文景观的地域特征

人文景观是指由古今人类所创造,能够激发人们旅游动机的物质财富和精神财富。它内容丰富,涵义深刻,有明显的时代性、民族性和区域性、异质性。人文景观有两方面的表现特征:一是视觉上看得见的;二是靠人的其他感官可以感觉到的,即表现出一种"气氛",如节庆的气氛、色彩甚至气味等。它们很难用标示的方法在图纸上表示出来的,因此人文景观是包罗万象的,是人们对环境的全面感应。

1 王昳,何公达. 旅游建筑美琐谈. 安徽农业大学学报(社会科学版),1998(2):57~62.
2 邓涛. 建筑元素的表义性. 华南理工大学学报(自然科学版),2003(7):73~76.

自 1925 年提出文化景观概念以来，其后的许多学者对这一概念加以发展，20 世纪 70 年代以后，将感应和行为联系到人文景观，这些讨论又涉及对景观的态度研究，以及人们对"理想景观"的寻求等等。

人文景观并不是某一时期的产物，而是在历史过程中连续发展的结果。所以对人文景观资源的研究可能涉及文化起源、传播、要素变异等许多方面的问题，亦可能使各种研究方法在人文景观这一研究中结合起来。人文景观资源虽然是由古今人类文化活动而产生的事象，但其形成和分布，不仅受历史、民族和意识形态等因素的制约，而且还受自然环境的深刻影响，是自然和人为要素的综合结果，它在任何特定时期均是一个地方的基本特征。

由于广义的文化包括了人类物质和精神文明的全部方面，因此人文景观的研究范畴可能极为广泛，如遗址遗迹聚落、古建筑与工程、宗教文化、民间习俗等等，甚至可以将经济、政治等内容统统包容进来。我们很难系统地加以介绍，但是，介绍并讨论人文景观与本书内容有关的研究侧重点和主要方面却是必要的。

对于特定地域的人文景观来说，对游人影响较大的是人文景观的区域性和异质性，以及人文景观要素的生态现象。

人文景观区域性从结构上表现为两方面内容：一是垂直结构；二是空间结构。

从垂直结构看，人文景观的垂直结构呈现系统—综合体—特征的表现形态。人文景观区域的最低一层为人文景观特征，指一种人文景观中稳定的单一要素，它的内容包括很广泛，大至宗教建筑，小至衣着服饰，它也可能是很简单的工具，譬如中国人用筷子的习俗，这些都可成为人文景观特征；一组人文景观特征的综合作用形成人文景观综合体，譬如地方风俗和民间礼仪可以作为一种文化综合体看待，许多社会和地域都有自己特征的风俗和民间礼仪，但目的和方式却大不一样；各种人文景观综合体的组合就形成人文景观系统，这种人文景观系统占有一定区域，成为人文景观区域。

人文景观的空间结构，呈现核心区—主导区—周边区—外层区的表现形态。核心区域是指某种人文景观在此发展最久的区域，譬如阿拉伯半岛的伊斯兰教、印度的佛教；主导区域是指仍然以核心区域人文景观为主，但其强度不如核心区；在周边和外层区，核心区域的人文景观要素不占主导地位，其强度亦逐次减弱。核心区域都可能成为人文景观源地，但是，各种人文景观的影响力有大小不同，影响大者为主要人文景观源地。从这个意义讲，主要人文景观源地是不断演变的，如在古代，四大文明源地位于亚、非，而在近代，主要文化源地则为欧、美。

（1）人文景观异质性。人文景观特征与地域人文和自然条件有着深刻关系。任何历史文化都是在一定的地域空间内产生而存在的，同一地域在不同时代其文化有差异；反之，同一时代不同地域的文化更有明显的不同。

譬如，我国居民屋顶有南尖北平的特点，屋顶坡度从南往北逐渐减缓。南方屋顶高而尖，原因是南方的年降水量大，气候又炎热，高而尖的屋顶既利于排水，又利于通风散热。北方由于降水较少，所以屋顶多建成平顶，这样既可节省建筑材料，还可兼作晾晒作物的场所。我国古代的交通运输方式是南方以船为主，北方以马为主。其原因是南方气候湿润，降水丰富，地表河网密布，因此为适应"水乡"的运输，船舶便应运而生。而北方多干旱、半干旱气候，草场广布，畜牧业发达，马匹除了提供乳肉产品外，又以其耐力好、速度快而被北方人民驯化为代步工具，成为北方大地的交通工具。这种人文特点被描述为"南船北马"。

处于同一时代的北京与广州，其人文景观类型和性质存在很大的异质性差别。自顺治元年（1644）4月睿亲王多尔衮率清兵入关，5月进占北京，10月1日，清顺治帝登临皇极门（今太和门），颁诏天下，定都北京，直到辛亥革命被推翻。清代的北京，一直是当时全国政治和文化的中心，也是清朝皇帝日常居住之地。为处理政务和体现国势，清代除重修和增建了城池宫殿外，还在附近建造了西郊园林，便于皇帝就近游乐避暑。而广州濒临南海，为西江、北江、东江三江汇合处，又有良港和珠江航道，则必然会成为南方重要的海上贸易港口。这样，广州与海外往来较多，接收外来事物较快，商业和文化都比较发达。虽然2000多年来，广州也一直是中国华南政治、经济和文化的中心，但北京与广州却有着截然不同的地域人文特征，北京多城池宫苑，广州多会馆茶楼。北京和广州的人文景观类型和性质存在很大的异质性差别，显然这是由空间地域人文和自然条件两方面所决定的。

（2）人文景观的空间相互作用。人文景观是随历史发展而变化的。人类为了生存，会在空间中移动，随着这种移动，一种人文景观的某些成分可能被这些人带到新的地方。当移民到达的是无人居住地域时，其人文景观要素与源地相比变化可能不大；而当所到地域有人居住时，其人文景观要素则可能与当地人文景观产生相互作用，从而产生一种人文景观的变异。在中国许多地方，都有清真寺、天主教或基督教堂，而我们知道这些都不是中国的建筑，虽然它们是外来文化影响的体现，却又常常渗入中国文化的因素。譬如一些清真寺，其殿堂类似中国式的屋顶和装饰，寺中还有中式亭阁之类。在旅游区域规划人文景观传播这一专题上，主要研究人文景观传播的路线、方式和要素变异等等。

人文景观空间相互作用研究中一个重要概念是"文化变异"（Acculturation）。它有两层意思：①一种文化由于接受具有不同文化传统的另一社会的文化特征而发生改变；②一种文化特征为另一种文化所同化或取代。通常，人文景观中的物质文化和技术要素比观念、宗教、语言等更容易被同化。

（3）人文景观生态。人文景观生态指人文景观现象与周围自然环境的明显关系。人文景观生态的研究侧重于人类与自然环境的相互作用方式，以及自然环境与人类活动及分布之间存在的关系。

自然环境对历史文化的影响是很显著的。自然地理中所说的南北，主要指秦岭淮河以北和秦岭淮河以南。总体来说，我国南方气候湿润，自然风景秀丽；北方比较干旱寒冷，多高山和大平原，山地植被不及南方茂密，河流水量不丰富，历史上多自然灾害。由于我国南北方所处的地理位置、气候特征、历史文化以及政治经济活动等方面的不同，人们长期生活在不同的自然环境里，其文化必然形成两种不同的风格，造成了我国南北方自然景观和人文景观的显著差异。形成了譬如饮食方面的"南米北面"、气候方面的"南涝北旱"和语言方面的"南繁北齐"等一些众所周知的地域文化现象。这种差异对建筑、园林、音乐、舞蹈、绘画、诗歌、民俗等方面，均产生很大影响。

就我国建筑和园林而论，南巢北穴，缘由不同；南敞北实，形式不同；南水北石，要素不同；南花北柏，植被不同；南私北皇，社会背景不同。在宗教建筑方面，南方多佛教名山和道教洞天福地，北方多佛教石窟。此外，在空间格局和建筑形式方面也有差异。我国南方的园林建筑，轻巧纤细，玲珑剔透，内外空间连贯，层次分明；北方园林建筑则平缓严谨，粗壮质朴，内外空间界限分明。上述的这些人文景观的异质性，显然与自然环境条件有着明显的关系。

就南米北面的饮食习惯而言，南方人爱米饭，北方人喜面食，其实这与南北方的农业生产结构不同有关。我国南方的气候高温多雨，耕地多以水田为主，所以当地的农民因地制宜，种植生长习性喜高温多雨的水稻；而我国北方降水较少，气温较低，耕地多为旱地，适合喜干耐寒的小麦生长。所谓"种啥吃啥"，长此以往，便养成了南米北面的饮食习惯。

事实上，人文景观生态现象在世界各地也随处可见。譬如在日本，旧式房屋是木构式，它至少表现出受下述自然环境的影响：日本有着湿润的海洋性气候，底层架空的木构式房屋利于防潮，宜通风；日本又是地震多发国家，木构式房屋利于抗震。另外，日本独特的地理条件和悠久的历史，也孕育了别具一格的日本文化，樱花、和服、俳句与武士、清酒、神道教构成了传统日本的两个方面——菊与剑。

总之，人文景观的地域特征表现在各个方面，造成的原因也很复杂。其中，人文景观生态因素是不可忽视的重要原因。人文环境是人类社会发展的历史产物，是人类为生存发展的需要有意识地利用自然所创造的地理景观，是人类在改造自然的过程中逐步建立起来的。旅游区景观设计的任务之一就是要保持地域原有的人文环境特征，发扬优秀的民间习俗，从中提炼有代表性的设计元素，显现其文化价值和景观价值，创造出新的场景，引导新的游憩模式。

本章主要参考文献

[1] [英] Randall McMullan 著．建筑环境学．张振南等译．北京．机械工业
出版社，2003．

[2] 旅游资源分类、调查与评价（GB/T 18972—2003）．

[3] 田银生，刘韶军．建筑设计与城市空间．天津：天津大学出版社，2000．

[4] 同济大学建筑系建筑设计基础教研室编．建筑形态设计基础．北京：中国建
筑工业出版社，1991．

[5] 范能船，朱海森主编．城市旅游学．北京：百家出版社，2002．

[6] [美] 约翰·O·西蒙兹著．景观设计学．俞孔坚等译．北京：中国建筑工
业出版社，2000．

[7] 胡长龙编著．城市园林绿化设计．上海：上海科学技术出版社，2003．

[8] [日] 西村辛夫等编著．城市风景规划——欧美景观控制方法与务实．张松，
蔡敦明译．上海：上海科学出版社，2005．

[9] [丹麦]扬·盖尔著．交往与空间．何人可译．北京：中国建筑工业出版社，
2002．

[10] [日]志水英树著．建筑外部空间．张丽丽译．北京：中国建筑工业出版社，
2002．

[11] 林红编著．环境艺术工学．贵阳：贵州科技出版社，2001．

[12] 弗朗西斯·D·K著．建筑形式的空间秩序．北京：中国建筑工业出版社，
1989．

[13] 叶大年著．地理与对称．上海：上海科技教育出版社，2000．

[14] 刘文军，韩寂．建筑小环境设计．上海：同济大学出版社，1999．

[15] 张肖宁，金广君．铺装景观．北京：中国建筑工业出版社，2000．

[16] [美] 亚里山大著．城市设计新理论．陈治业译．北京：知识产权出版社，
2002．

[17] 刘芳，苗阳编著．建筑空间设计．上海：同济大学出版社，2001．

[18] 王桂梅．形体的构成与表达．天津：天津大学出版社，2001．

[19] [日] 小林克弘编著．建筑构成手法．陈志华，王小盾译．北京：中国建筑
工业出版社，2004．

[20] 杨公侠编著．视觉与视觉环境．上海：同济大学出版社，1985．

[21] 高履泰编著．建筑光环境设计．北京：水利电力出版社，1991．

[22] 戴俭编著．建筑形式构成方法解析．天津：天津大学出版社，2002．

[23] 吴必虎．公共游憩空间分类与地域组合研究．中国园林，2003 (4)：

48 ～ 50.

[24] [日]芦原义信著．外部空间设计．尹培桐译．北京：中国建筑工业出版社，
1985.

[25] 王军，朱瑾．自然环境与人文环境中的建筑文脉．西安建筑科技大学学
报（自然科学版），2000（3）：19 ～ 21.

[26] 孙善芳等．城市景观的视觉分析与模拟控制方法．武汉测绘科技大学学报，
1994（3）：254 ～ 258.

[27] 刘滨谊等．城市景观视觉分析评估与旧城区景观环境更新——以厦门市旧
城区绿线控制规划为例．规划师，2005（2）：45 ～ 47.

[28] 韦克威，林家奕．留园、拙政园景观规划中的视觉控制浅析．中国园林，
2002（5）：60 ～ 62.

[29] 沈苏彦．旅游景区景观场营造的初步研究（博士论文）．南京：南京师范
大学出版社，2005.

[30] 王祥荣著．生态与环境——城市可持续发展与生态环境调空新论．南京：
东南大学出版社，2000.

[31] 全华，王丽华编著．旅游规划学．沈阳：东北财经大学出版社，2003：84.

[32] 朱卓峰．旅游建筑的地域化设计——以黄山新徽天地娱乐城项目为例．华
中建筑，2006（3）：73 ～ 75.

[33] 邓涛．建筑元素的表义性．华南理工大学学报（自然版），2003（7）：
73 ～ 76.

[34] 王昳，何公达．旅游建筑美琐谈．安徽农业大学学报（社会科学版），1998
（2）：57 ～ 62.

[35] 杨国权．论建筑的地域性．建筑学报，2004（1）：67 ～ 69.

[36] [日]进士五十八．日本观光资源保护财团.1991，114.

[37] 旅游资源分类、调查与评价（GB/T 18972—2003）.

[38] R.Sommer.Personal Space.New Jersey：Prentice—Hall Inc，1969.

[39] D.Watkin.A History of Western Architecture.New York：Thames & Hudson
Inc，1986.

[40] [日]谷口矶邦等著．建筑外部空间．张丽丽译．北京：中国建筑工业出版
社，2002.

第5章
旅游区景观设计程序

第 5 章　旅游区景观设计程序

尽管中国的旅游业是一个极富前景的朝阳产业，但不少旅游地区，出现环境污染严重、生态环境退化、景观特色消失、旅游信息混乱、恶性竞争和治安恶化等问题，各个旅游系统并非都健康发展。景观系统是旅游区的核心构成要素，由于旅游业内部原因所引起的发展风险，加上受周边环境的变化和竞争的影响，各旅游景观系统的进化不一定是必然的，而退化与消亡的可能性是存在的。因此，对旅游区景观系统进行有效地控制就显得十分重要了。

5.1　旅游景观系统控制原则

旅游区景观设计从字面上看，即对旅游地景观系统的设计。这里的旅游指现代旅游即旅游系统，景观设计是指按照总体规划要求，进一步执行和表现规划意图的阶段。所以，旅游区景观设计的内容理应包括与旅游景观系统及其景观总体发展规划有关的全部方面。

然而，旅游系统及其发展所涉及的部门、因素十分繁多，相应地，介入旅游景观规划和设计研究的学科领域也十分广泛。它们包括：旅游学或游憩科学、旅游经济学、景观生态学、地理学、风景园林学、城市规划学、建筑学、设计艺术学、心理学、社会学、考古学、艺术学、人类学、统计学、系统学、工程学、建筑物理环境学等等。各学科或学科群在关于旅游发展的大量研究与设计实践中，对旅游景观设计所应涉及的内容，一直在不断地提出新的要求。因此，在进行旅游区景观设计时应全面考虑各学科及其相互关系，并应遵循下列原则：

(1) 珍惜自然景观资源。自然景观资源的稀缺性是指大自然提供的自然景观资源，少于人们的需求。自然景观资源的种类、数量和容量均有限度，而人们欲求的种类、数量和质量又是无限发展的，随着人口增多，其人均占有量将愈加稀缺，因而必严格保护、合理利用、动态平衡、持续利用。

(2) 理解景象的多样性。景象的多样性是指景物种类及其排列组合的多样性。景感反映及其求异心理的丰富性、构景条件及其时空变换的复杂性，是形成旅游地景象多样性的基础，因而应把握构景的共性规律和特殊意趣，创造出景象各异、意境多样的风光美景。

(3) 境域的有机性。大自然是人类生存的家园和智慧的源泉，旅游地自然景观资源是人眼优选、人心优化、人为区划、人工保育和经营管理中的自然境域。

即把社会文明和社会的合理需求科学地融合于自然之中,优化成有机的旅游境域。

(4) 突出个性特征。产生个性特征的关键点在于差异,而工业化的弊端是趋同。在经济、科技和物质生产全球一体化同社会、文化和精神需求地区多样化的矛盾加剧之中,把握国家、地区或当地的基本自然和人文景观特征与差异,是突出旅游地个性特征的重要原则和途径。

(5) 掌握需求与景观特征,优化旅游区的功能作用。功能是影响旅游地发展的重要因素。功能安排既要适应社会需求,又要适宜于景观特征,而社会需求在无限发展,景观特征需稳定发展,因而,依据时空和发展条件,优化适合本旅游地的人文和自然景观功能组合,是发挥旅游地作用的重要规律。

(6) 统筹安排设计内容。景观设计内容常反映着旅游总体规划和景观艺术相结合的创优精神及能力,在统筹安排游赏主体、配套游憩设施、运营管理等内容中,在构思结构与布局、组织游线与游程等环节中,景观设计均应专注旅游地的魅力和发展活力的创意。

(7) 配合总体规划,实行可持续发展方略。面对层出不穷的挑战与机遇,旅游区既要传承历史文化景观特色,又要谋求新的发展,这就需要以景观设计和总体规划相结合的整合精神,正确处理游人规模高速发展、生态景观稳定发展、人工与自然协调发展、整体可持续发展诸多关系,实现旅游区的良性运营。

5.2　设计工作程序

正如前面所说,旅游空间是一个广义的、供人们在闲暇时间里从事游憩活动的空间或地域概念。旅游空间容纳的游憩活动内容和形式极为丰富,只要为人们提供游憩功能的地域,都可以理解为是旅游空间。它大到风景名胜区,小到城市街头零星绿地,其中也包括城市公园、工业园区以及城市开敞绿地等地块。不同规模的地块容纳的活动内容各不相同,当地块具有旅游区规模时,旅游区的景观设计程序可参照《旅游规划通则》规定的内容编制图、文件;当地块具有风景名胜区性质时,可参照《风景名胜区规划规范》规定的内容要求编制图、文件;当地块具有城市公园性质时,可按《公园设计规范》程序和内容进行专项编制。这是根据设计对象的用地性质来划分类别的,每一类设计图纸表达的内容和深度都不一样。

然而,在很多情况下,人们的游憩活动发生在城市区内零星地块上,对于这样小型的不成规模的游憩地块,我们不必完全生硬套用上述设计程序。在我国目前的景观设计实践中,人们通常喜欢参照建筑设计常常采用的工作流程进行设计,即方案设计、扩初设计和施工图设计三个设计进程。形成这一工作进程的原因,主要是我国目前还没有景观规划设计程序的编制标准。

景观设计涉及的面极广，可以从更为广阔的视野范围，如土壤学、植物学、生态学，或从其他相关学科诸如建筑学、城市规划、风景园林设计等中，为问题的解决提供方案；景观设计与其他任何一个设计学科相比，更适合采用图解方法来展示设计方案。因此，景观设计不必拘泥于某一设计程序的方法。至于一个旅游区景观设计具体有什么要求，应达到怎样的设计深度，涉及哪些内容，应根据地块的使用性质、景观特征和游憩活动特点，在符合国家有关强制性标准与规范规定的条件下，有选择地表达图文件的深度和侧重点。这里要强调的是，在旅游区景观设计程序中，由于景观设计具有的特质，上述三种设计图纸内容的区分，可能并非像城市规划或建筑设计图纸那样明显，总体设计中的细节构思常常需要接近施工图设计深度，施工图绘制时也经常穿插一些细节设计。设计的程序和深度要求应考虑设计对象的性质和特点，这是在阅读有关章节需特别注意的。

设计程序是指对一个旅游地域的景观系统进行完整设计所需要采取的一系列步骤，也是描述设计中一系列的分析及创造思考过程，使旅游区景观设计尽可能地实现预期规划目标。如果把设计图纸作为一个结果来看的话，设计过程无疑包含了产生这一结果的所有依据。要想取得理想的结果，当然要对设计过程严格控制。在通常的设计程序中，包含着许多合理的甚至是必需的步骤，它们对实现设计目标是不容忽视的。简而言之，设计程序有下列作用：

1) 建立一个逻辑的或系统的工作架构来寻求一个解决方案；

2) 有助于确定解决方案与基本条件能否配合，如场地条件、景观资源、游憩设施、工程造价等；

3) 利用方案优化的办法做出最佳的设计选择；

4) 作为对建设方解说设计意图的基本资料。

旅游区景观设计与其他工程设计一样，首先是尺寸与材料的安排。一般在未设计前，就应根据这些不同目的与立场，对拟建的基地，先予以调查和分析，根据调查资料及实地测量所得的地形资料，作全盘性的设计，作为日后施工建造的依据。有了尺寸、材料资料，我们才有可能应用个人的创意与构思，利用制图工具将它们符号化、图示化。因此，设计过程包括分析、归类、判断的理性思维过程，以及实体元素的造型和形状组合能力的美学表达等。设计程序只是一种步骤的架构，是协助设计者将工作系统化并尽可能找出最佳设计方案的过程。

5.2.1　几种设计程序研究的介绍

美国学者卡尔·斯坦尼兹（Carl Steinitz）1998 年，基于生态景观观点提出了设计研究框架，这个研究框架将不同的六个涉及景观的问题组织起来，每一个问题又联系到某一特定的基于理论的答案或模型，见图 5-1。

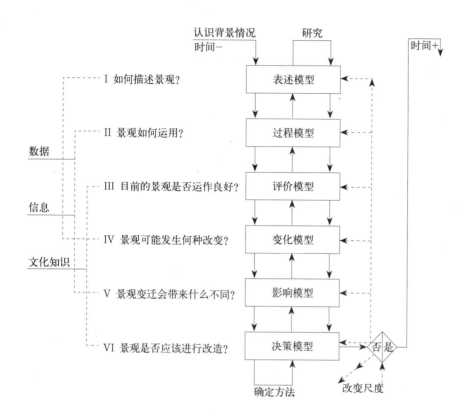

图5-1 景观设计研究框架
来源：转引自黄国平，2003

对这六个问题的具体含义，斯坦尼兹作了如下表述：

1）如何用内容、边界、空间和时间等来描述景观？这个层次的问题联系到景观表述模型。

2）景观如何运用？各个元素之间的功能关系和结构关系是怎样的？这个问题联系到景观过程模型。

3）目前的景观是否运作良好？判断的标准包括：健康、美观、花费、营养流或者用户的满意度。这个层次的问题联系到景观评价模型。

4）景观可能发生何种改变？何时何地可能发生何种事件？这个问题与第1个问题相关，因为这两者都是关于数据、词汇及句式表达。这第四个层次的问题联系到景观变化模型。在这里，至少有两个重要的变化类型需要考虑：一是根据现状趋势发生的改变；另一是根据规划、投资、政策和建设活动等可实施的"设计"而发生的改变。

5）这些景观变迁会带来什么不同？这个问题和第二个问题相关，因为两者都是基于信息和预测理论。这第五个层次的问题可以形成景观影响模型，在这里第二个层次中的景观过程模型将用来模拟变化。

6）景观是否应该进行改造？如何进行不同改造方式的影响评价比较？这个问题和第三个问题相关，因为两者都是基于知识和文化价值。这第六个层次的问题联系到景观决策模型。实施过程可以被视作另一个层次，但这个框架则认为它是作为第一层次的不断反馈过程，即创造一个已经经过改变的表述模型。

这六个问题以及相联系的模型，是根据最初确立景观设计项目时的考虑顺序自上而下列出的。但 Steinitz 认为，从逆向来认识这六个层次更加重要。[1]

俞孔坚参照 Steinitz 设计研究框架的内涵，提出了自己的理解，[2] 他认为一个完整的景观设计过程应该包括如下内容：

1）陈述模型：对景观现象和结构的描述及分析；

2）过程模型：对景观功能的分析；

3）评价模型：对现状的景观的结构与功能关系作出评价，以找出所应解决的问题；

4）改变模型：提出解决问题的各种途径和办法，使景观的现有结构和功能得以改变；

5）影响模型：预测所提出的解决方法将会造成怎样的后果；

6）决策模型：选择一个较优的解决方案，并努力将其付之实施。

其中前三个阶段着重于如何认识问题和分析问题，即认识世界；而后三个阶段着重于如何解决问题，即改造世界。在某种意义上讲，前者决定了后者。

杜顺宝、夏祖华等人在对城市视觉环境构成及控制规划研究中，提出了城市视觉环境构成研究框架，[3] 其中城市视觉环境构成研究图纸和说明包括如下内容：

1）城市景点（区），观景点（线）分布图；

2）各景点（区）的视点，视域平面、剖面图；

3）现状视景图，设计视景图；

4）可取的设计景面图（在视域交叉时，经综合分析后得出）；

5）城市整体景观、特征景观的确认；

6）各景点（区）的内涵、形态特征、社会功能与城市环境的关系；

7）景点（区）、观景点（线）分级表。

城市视觉环境控制规划图纸及说明包括：

1）城市景点（区），观景点（线）分布图；

2）城市建筑高度控制图；

3）在保护区（或称视觉影响区）内，对建筑形式、体量、色彩、绿化覆盖等控制的意见（可以文字说明，或加示意图说明）。

1 俞孔坚、李迪华主编.景观设计专业学科与教育.北京：中国建筑工业出版社，2003-09（1）：145.

2 俞孔坚.建筑学报，2000（2）：45～48.

3 齐康主编.城市环境规划设计与方法.北京：中国建筑工业出版社，1997-06（1）：301～302.

Robert Mill 认为，旅游规划设计的构成应当包括：必要性界定、潜力评估、社区支持、法律环境、规划方案、本地人参与、阶段确定、灵活调整等组成部分；并在 "The Tourism System: An Introduction Text" 中提出，最有代表性的旅游规划设计程序大致可以分成背景分析、研究与分析、综合分析、目标确定和形成规划报告五大步骤。

综合上述各种观点及多种类型的设计实践经验，可以认为旅游区景观设计工作的一般任务是：明确任务与工作准备，景观资源评价与现状背景分析、目标制定，提出解决办法和初步解决方案，选择一个经优化调整的较优解决方案，并努力将其付之。在实际操作过程中，这一程序尚存在路径、多次数的反馈过程，具体方式因设计方的经验和评审方的要求而异。

在旅游区景观设计过程中，目标市场的确定与旅游发展预测、项目策划、容量分析、旅游规划指标的确定、环境保护、供需匹配研究等技术环节，须引起景观设计的特别重视，因为旅游区景观设计是旅游规划意图的深化和体现。

5.2.2　旅游区景观设计工作的五大组成部分

旅游景观设计是旅游规划的深化，是旅游景观系统形象的具体表现。从景观资源调查研究开始，到为旅游景观系统确定一项通向理想目标的最佳解决方案，直至通过设计修编与施工图设计，使之走向实施的过程。笔者认为，无论旅游景观设计采取何种步骤，从与建设方接触开始，其程序的具体进程至少包括如下五个阶段（图5-2）：

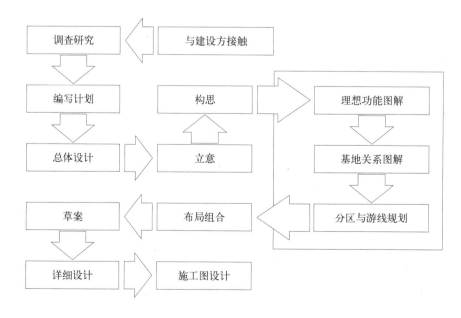

图5-2　景观设计流程图

1）调查研究阶段；

2）编写计划任务书（制定目标）阶段；

3）总体设计阶段；

4）详细设计阶段；

5）施工图设计阶段。

与建设方进行有成效的沟通交流是程序中的重要环节。设计者事先应从建设方的需要出发，对建设项目的性质、设计标准及投资额度等问题，与建设方作初步的沟通和了解，通过设计者的配合与技术引导，帮助建设方理解设计项目，并对设计项目内容、要求、设计费用估算及合约条款等事宜，与建设方进行沟通交流。这一过程是避免日后引起误解和法律诉讼问题的保障。

5.3　调查研究阶段

5.3.1　基地调查前期准备

"所谓基地调查，即是在法定范围、界线之内，对所指基地内的斜度及其他细部事项，包括气候、植栽、社会形态、动线分布情况及历史背景等，做一份完整的调查报告"。[1]对于基地调查的前期准备内容，不少文献都作了大致相同的论述，根据目前较普遍的看法，可以归纳为如下几方面内容。

1. 基本条件

所谓基本条件是指在进行设计前必须了解的一系列与建设项目有关的先决条件。一般包括以下内容：

1）建设方对设计项目、设计标准及投资额度的意见，还有可能与此相关的历史状况。

2）项目与城市绿地总体规划的关系（1：5000～1：10000 的规划图），以及总体绿地规划对拟建项目的特殊要求。

3）与周围市政的交通联系，车流、人流集散方向。这对确定场地出入口有决定性的作用。

4）基地周边关系。周围环境的特点，未来发展情况，有无名胜古迹、古树名木、自然资源及人文资源状况等。还有相关的周围城市景观，包括建筑形式、体量、色彩等。另外就是旅游区周围居民的类型与社会结构，譬如是否属于自然保护区或历史文化名城等情况。

5）该地段的能源情况，排污、排水设施条件，周围是否有污染源，如有毒

---

1 洪得娟编著．景观建筑．上海：同济大学出版社，1999-10（1）：130.

有害的厂矿企业等。如有污染源，必须在设计中采取防护隔离措施。

6）当地植物植被状况。了解和掌握地区内原有的植物种类、生态、群落组成，还有树木的年资、观赏特点等。应特别注意一些乡土树种，因为这些树种的巧妙借用往往可以带来良好效果。

7）数据性技术资料，包括用地的水文、地质、地形、气象等方面的资料。了解地下水位，年、月降水量，年最高、最低温度的分布时间，年最高、最低湿度及其分布时间，年季风风向、最大风力、风速以及冰冻线深度等。如需要，还应由专业技术单位对基地全部或局部进行地质勘察。基地分析所需的数据性技术资料及分析内容见表5-1。

基地分析所需的数据性技术资料及分析内容 表5-1

自然环境资料		分析内容	互动关系
气候	降雨：年（月）平均降水量；各频率降水强度；降水冲蚀指数	适应性，水资源可利用性，户外休憩；暴雨管理，洪水来源；估计潜在土壤流失量	地球自转，周期，台风；干燥期，雨期，树干蒸发，灌溉的必要度，辐射，传导，对流，不适指数，寒期，暖期，集中暴雨，霜害地区等，大气的停滞与扩散等
	气温：月平均，月平均最高，月平均最低	游憩适应性，作物生长与灌溉需求，干旱期分布能源使用需求	
	风：风速，风向	游憩适应性，空气污染扩散	
	相对湿度	游憩适应性	
	蒸发量	水资源可利用性，作物灌溉需求	
	台风路径	灾害防治	
地质	岩石：种类，软硬度，空隙度；地层：年代，断层，褶皱，走向，倾斜	山坡地地质灾害，矿物景观资源分布，地层下陷，地质与地形演变历史，抗剪作用与工程承受力，特殊地形，地下水分布与补注区	地震灾害，地质下沉，水平运动，海岸侵蚀，与沉积物放射能等，地块断层，地块运动等
	环境地质：崩塌，侵蚀，风化程度，崩积土等	灾害防治	
地形	等高线图	研判坡度，坡向，集水区范围，顺逆向坡，地质灾害，潜在土壤流失量，景观分析	倾斜，景观价值等
水文	地表水分布：河流，湖泊，湿地，河川等级，集水区；河川流量：水位，水质，断面	水资源保育，生态保护，洪水平原，水源涵养	水域分布，水位图，低水流，洪水频率，蓄水量等；水质，同系水，水源污染等地下水，利用度：深度，水量，水质（地下水）还原的必要性等
	地下水补注区 地下水的水量，水位，流速	地下水涵养	
土壤	质地，母质，pH值，厚度，阳离子；交换能力，排水性，有机质含量，渗水性，季节性地下水位	作物生产力，暴雨管理，地下补注，作物施肥需要，土壤冲蚀防治，地下水污染防治	营养保养，农业生产性，基础稳定度，伸缩膨胀度，渗透力，侵蚀等
	土壤冲蚀指数	估算潜在土壤流失量	
	工程承载力	建筑物，开发建设适宜性	
生物	植物：组群种类，演替，稀有及特殊品种分布	生态保护，游憩价值，演替趋势，坡度稳定度，土壤流失估算	旅游价值，稀有价值，发生火灾危险性，生态的关系，因变化而生的耐久力，迁移倾向等
	动物：种类与分布，数量，栖息地，稀有与特殊品种分布，迁移路径	生态保护，观赏价值	稀有价值，濒临灭绝的种类，益鸟，益虫，有经济价值的种类发生灾害地区等
土地使用	现状：种类，分布，形态，管理方式	从人类生态学的角度探讨人与环境的关系	农、林、矿、工业、城市街区、准城市街区

8）一般情况下还应考虑旅游区建设所需要的材料来源，如一些苗木、山石、建材等。

2．基础资料

所谓基础资料是指与旅游区景观设计有直接关系的资料，以文字、技术图纸为主。无论建设项目大小，首先应了解其地形地貌，以及基地原有地上、地下设施和邻近环境等状况，然后才可能进行下步工作。具体而言，需收集的基础资料有如下内容：

1）基地地形图。根据面积大小不同，建设方应提供1：2000、1：1000、1：500甚至1：200的基地范围内的总平面地形图。此类图纸应明确显示设计范围（红线范围、坐标数字）等内容。

2）基地范围内的地形、标高及现状物体（现有建筑物、构筑物、山体、水系、植物、道路、水井及水系的进、出口位置、电源等）的位置。现状物体中，要求保留利用、改造和拆迁等情况的要分别注明。

3）四周环境情况。与市政交通联系的主要道路名称、宽度、标高点数字以及走向和道路、排水方向、周围机关、单位、居住区的名称、范围以及今后发展状况等。

如果基地面积比较大，或基地现状特别复杂，或对设计的精细程度有较高要求，则还需要局部放大图，主要供局部详细设计使用，图纸比例一般为1：200。此类图纸应明确显示以下内容：①要保留使用的主要建筑物的平、立面图。平面位置注明室内、外标高；立面图要标明尺寸、颜色等内容。②对设计影响较大的山体、水系、植被、现存环境雕塑小品及基地内现状道路的详细布局。

4）现状植物、植被分布图（1：500，1：200）。主要标明现有植物、植被的基本状况，需要保留树木的位置，并注明品种、生长状况，观赏价值的描述等。有较高观赏价值或特殊保护意义的树木最好附以彩色照片。

5）地下管线图（1：500，1：200）。一般要求与施工图比例相同。图内应包括上水、下水、环卫设施、电信、电力、暖气沟、煤气、热力等管线位置及井位等。还要有剖面图，并需要注明管径的大小、管底或管顶标高、压力、坡度等。一般应与各配合工种的要求相符合，需与设备专业设计人员沟通。

3．现场素材

现场踏勘的重要性是不言而喻的。再详尽的资料也代替不了对现场的实地观察，无论面积大小，项目难或易，设计者都有必要到现场进行认真踏勘。原因至少有两个：一是旅游环境包含了很多感性因素（特别在方案阶段），这类信息无法通过别人准确传达，要求对现场环境有直觉性的认知；二是每个设计师对现场资料的理解各不相同，看问题的角度也不一样，设计师亲赴现场才能掌握自己需要的全部素材。

现场素材是基础素材的补充资料。在现场素材的搜集过程中，要特别注意那些在基本条件和基础资料中难以体现的方面，比如场所的围合性、边界、视点、视廊、眺望对象、现有景观特征等，重要的是要形成对场地环境的感知。另外还要注意可利用、可借景的旅游吸引物，以及那些不利或影响景观的物体，这些在设计过程中应分别加以适当处理。现场踏勘往往需要拍摄实地景象，以备设计时参考之用。同时，现场踏勘也可以纠正基本条件及基础资料中可能存在的错误，如现状的建筑、朝向、植物植被生长等情况，以及原有图纸与实地水文、地质、地形等自然条件吻合的程度。有些素材可以直接标注在反映现场状况的平面图上。另外一方面，设计者到现场，可以根据周围环境条件，进入构思阶段。

当基地规模较大、情况较复杂时，踏勘工作要进行多次。与前两类素材相比，现场素材在数量上讲一般较少，但涉及范围非常广泛，大多数问题只是对某一具体基地才有意义，因此，踏勘时应该搜集哪些资料无法在此具体指出。尽管在素材搜集过程中整理工作一直在进行，我们依然需要一个单独的素材整理阶段，便于设计者将所收集到的资料，经过分析、研究，定出总体设计原则和目标，编制出旅游区景观设计的要求和说明。一般而言，现场踏勘搜集的素材包括如下基本内容：

1）核对补充所收集到的图纸资料；

2）土地所有权、边界线、周边环境；

3）确认方位、地形、坡度、最高眺望点、眺望方式等；

4）建筑物的位置、高度、式样、风格；

5）植物特征，特别是应保留的古树名木的特征；

6）土壤、地下水位、遮蔽物、恶臭、噪声、道路、煤气、电力、上水道、排水、地下埋设物、交通量、景观特点、障碍物等。

如面积较小，最好对现场情况进行测量，并制作一份详细的基本平面图。测量时尤应注意下面几点：

1）依目的与地形状况决定测量的方法；

2）能利用的树木，注意勿加折损，以记号注记；

3）设计上参考用的重要树木、岩石、地形、植物范围、水源、电杆等明显目标，应加标注，作为测量图的对照；

4）在眺望点或重要设施配置处，应多设测点测量，在危峻峡谷处、低湿地、非重点处则可少设测点；

5）在堆砌假山及挖掘水池或河流之处，先预想可能变化的地形，且于四周5～10m范围内多设测点。

基本平面图应详细记载以下资料：

1）基地范围界线特点（包括桩号及距离）；

2）地形图（等高线以虚线表示）；

3）水体、植物植被现状；

4）房屋和其他建筑物的关系（包括以下的细部平面图），甚至包括所有门窗的屋顶平面图、地下室的窗户；

5）地下喷水孔、户外的水龙头甚至户外的电路、空调机的位置；

6）户外照明设施（建筑物上及在基地上的）；

7）其他构筑物，如墙、围篱、电力与电话的变压器、电线杆、地下管网、消火栓等；

8）道路、车道、行人道、小径、台阶；

9）基地附近环境，例如，与相邻街道的关系、附近的建筑物、电线杆、植栽等；

10）任何会影响发展设计的因素。

基本平面图必须用既简明又易读的绘图技巧制作，因为在程序中每个步骤都需要用到它。基本平面图上最好不要用太复杂、太细致的图例或绘图的笔触质感，必须保持图画的完整性及各分图的图画连续性。

4．资料整理

资料的选择、分析、判断是设计的基础。对上述已有的素材进行甄别和总结也是非常必要的，通常在一个设计开始以前，设计者搜集到的素材是非常丰富多样的，甚至有些素材包含互相矛盾的方面。对设计本身来说，不一定把全部调查资料都用上，但要把最突出的、重要的、效果好的整理出来，以便利用。因此，这些素材中哪些是必需的，哪些是可以合并的，哪些是欠精确的，哪些是可以忽略的，都需要预先作出判断。然后把收集到的上述资料制作成图表，在一定方针指导下进行分析、判断，选择有价值的内容，并根据地形、环境条件，加上建设方的意向，进行比较，综合研判勾画出大体的骨架，以决定基本形式，作为日后设计的参考。

5.4　编写计划任务书阶段

计划任务书是进行某一特定旅游区景观设计的指导性文件。当完成资料整理工作后，即可编写设计应达成的目标和设计时应遵循的基本原则，通常应达成的目标和原则在上位规划中已经确定，景观设计时应严格执行。计划任务书一般包括八部分内容：①应明确设计用地范围、性质和设计的依据及原则；②明确该旅游区在城市用地系统中的地位和作用，以及地段特征、四周环境、面积大小和游人容量；③拟定功能分区和游憩活动项目及设施配置要求；④确定建筑物的规模、面积、高度、建筑结构和材料的要求；⑤拟定布局的艺术形式、风格特点和卫生要求；⑥做出近期、远期投资以及单位面积造价的定额；⑦制订地形地貌图表及基础工程设施方案；⑧拟出分期实施的计划。

5.5　总体设计阶段

设计任务书经主管部门审核批准后，即可以根据设计任务书的要求进行总体设计。总体设计按设计思维过程可以分为立意、概念构思、布局组合、草案设计和总体设计五个操作阶段。

5.5.1　立意

立意简单地说就是指确立设计的总意图，是设计师想要表达的最基本的设计理念。立意可大可小，大到反映对整个学科的看法，小到对某一设计手法的具体阐释。对旅游区景观设计而言，每个设计师都有自己的思维方式，都有表达自己创新思想的权利，都有不同于他人的设计特点，但决定一个设计合理性的首要环节是立意。表达立意的方法五花八门，既可以是抽象的图式，也可以文字与图形结合。

5.5.2　概念构思

概念构思是指针对预设的目标，概念性地分析通过何种途径、采取什么方法，以达到这个目标的一系列构思过程。概念构思的要旨在于对面临的课题，找出解决问题的途径。换句话说，概念构思实质上是立意的具体化，它直接导致针对特定项目设计原则的产生。

下面的实例可以帮助我们理解概念构思的要义。

日本是世界上地震多发国，在利用城市绿地防灾方面，其构思及立意过程可供我们参考。

在日本，防灾绿地是为了防止公害发生，在市区用地中，在将工厂地带与市区地带进行遮断和分离的专项绿地上修建避难广场、康乐场所等，以满足正常时期游乐的需要。基于防灾绿地的这个功能要求，概念构思的技术路线主要沿着遮断、分离、避难、康乐四个方面进行构思。

第一步，首先应明确这四个方面的确切定义，以及与定义相关的基本内容等。

1）遮断因素：可以遮断的公害，气象条件，树种与树林密度的关系。

2）分离因素：需要何种分离程度，使人离开时，可以符合分离的目的；应如何防止住宅与工厂的相互侵入。

3）避难因素：避难的限界，市区地段与工厂之间的距离，绿地宽度，栽植密度，广场。

4）康乐因素：与其他康乐规划的关系，市民的要求，在防灾绿地中可以利用的休憩界限、设施内容。

第二步，在梳理清楚上述关系的前提下，用图、表具体表达如下防灾绿地概念构思的内容（图5-3）：

1）防灾绿地的定位。

2）工厂地带→绿地←市区地结合点的确认。

3）以既定规划的公园绿地为基点的绿化地段的定位，以及与市区地段和工厂地段的关系。

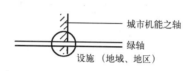

(a) 防灾绿地的定位

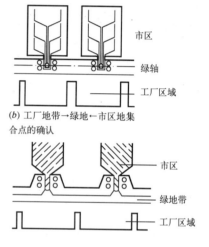

(b) 工厂地带→绿地←市区地集合点的确认

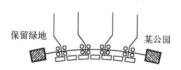

(c) 以既定规划的公园绿地为基点的绿地地段的定位，以及与市区地段和工厂地段的关联

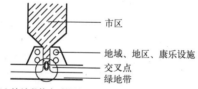

(d) 该地段的康乐设施、避难场所的连接构造的把握

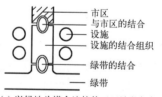

(e) 以绿地为媒介连接的工厂地段与市区地段的场所构造

(f) 城市用地与绿地用地空间会合时，节点的处理与调整

(g) 最末端的市区地段与工厂地段绿地的联系，及其空间处理解决方案

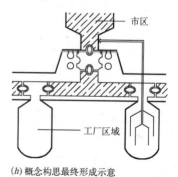

(h) 概念构思最终形成示意

图5-3　概念构思示意图
来源：日本建筑设计资料集成3（有修改）

4) 该地段的康乐设施、避难场所的连接构造的把握。

5) 以绿地为媒介连接的工厂地段与市区地段的空间结构。

6) 城市用地与绿地空间会合时，节点的处理与调整。

7) 市区地段的最末端与工厂地段绿地的联系，以及空间处理的解决方案。

如果读者能够理解上述文字内容，并仔细推敲图 5-3 中的图示含义，相信是可以清楚地看到从立意到概念构思的延续过程，同样也能领悟到概念构思对设计内容具有更直接的指导意义。在设计构思阶段，应对将要进行的设计工作有清晰的认识，在制定设计原则时必须充分考虑实施性的问题，同一立意当然可以通过不同的操作方法来体现。

对于旅游区景观设计来说，概念构思应围绕游客的"食、住、行、游、娱、购"六方面的课题，从增强景观的吸引力的角度，提供一条如何增强景观吸引力的具体途径。这必然会涉及到景观特征分析、景观单元布局、游憩活动项目的设立、游览路线的组织等方面的内容。

所谓景观特征分析是指根据游人的审美判断力，探讨与游人审美判断力相适应的实施措施，以及展示旅游景观资源特征的具体处理手法。包括景物素材的属性分析、景物组合的审美或艺术形式分析、景观特征的意趣分析、景象构思的多方案分析、展示方法和观赏点的分析等内容。

在概念设计构思过程中，往往会形成不少的景观分析图，或综合形成一种景观地域分区图，以此来揭示某个旅游景区所具有的景观感受规律和赏景关系，并蕴含着设计构思的若干相关内容。

概念设计构思应遵循景观多样化和突出自然景观特征的原则，并用图、表的方式至少具体表达出如下概念的展开过程：

1) 景观的类型。景观的种类、数量、审美属性及其组合特点的分析与区划。

2) 景观的异质性。景观特征、结构及其意境分析与处理等。

3) 观赏方式。赏景点选择及其视点、视角、视距、视线、视域和景深层次的优化组合等。

4) 空间形态与层次递进。功能区位、空间形态、空间层次和空间转换等的展现构思。

5) 游兴的控制。交通方式、游线组织、观赏方式的调度、显现景观意境的解决方案等。

概念设计构思过程尽可能图示化，并思考每一种活动与活动之间的相互关系、空间与空间的区位关系，使各个空间的处理安排尽量合理、有效。

通常概念构思可分解为如下几个步骤完成：理想功能图解→基地关系功能图解→游线系统规划。

（1）理想功能图解。所谓理想功能图解是指将场地的使用功能以理想状态的空间组合方式，根据游览欣赏活动项目需要，用泡泡图或抽象图形的方法表示出来的过程。也就是按计划任务书中预设的游赏项目组织的目标，以最高的设计效率对游赏项目的各种功能进行空间组合，并以简单的图面形式表示出来。在自然风景名胜区中，往往具有良好的自然资源条件，甚至本来就是自然原赋的山水胜地，游览欣赏活动项目和相应的场地功能及游憩设施配置，是基于这些天然条件引申出来的。因此，游赏项目组织应因景而生，随意境而变化，景观资源越丰富，游赏项目变化的可能性越大。

景观特征、场地条件、旅游需求、技术设施条件和地域文化观念都是影响游赏项目组织的因素。理想功能图解的过程，实质上是根据这些因素，保持景观特色并符合相关法规的原则，选择与其协调适宜的游赏活动项目，使游赏活动性质与环境意境相协调，使游憩设施与景观类型相协调，将场地使用功能确定在理想范围内的过程。因此，功能图解的预期目标，应该形成一套抽象的反映理想功能分区的图面，使图解能够表达出场地功能与空间的相关距离或空间层次关系，以及游憩活动对空间形式的要求、人流动线与车流动线等关系。对于较大规模的旅游地域，可以首先用泡泡图抽象地确立主要功能单元，然后探讨次要功能单元，再定出功能之间的组合。图5-4中例举了两个不同规模场地的理想功能图解的分析方法，其特点是根据预期目标，按照理想功能的状态，用抽象的图式分析各种因素的特点和关系。

具体方法先如同图5-4（a）那样，用一个泡泡图代表某种功能，再用不同的图例将各个功能连接起来，通过这一步骤的梳理，已经大体上明确了功能之间的关系；再如同图5-4（b）那样，逐个对具体场地的功能构造关系进行分析，此时比例尺寸关系是次要的，其目的在于弄清功能区划的大体关系。

为了获得较好的理想功能图解构想，可将同一个方案分配给数人同时进行，经讨论分析，再形成新的方案。也可用功能不同的纸板移动的方法或者用统计学的方法来探讨最好的功能组合方案，然后再进行图面设计。

（2）基地关系功能图解。基地关系功能图解是在理想功能图解的基础上，用图解的方法表示基地各功能区域间关系的过程。基地关系功能图解分析相对理想功能图解分析来说，要更为具体、详尽。要弄清影响实现功能要求的具体因素，一般可从立地条件、游憩活动特点和限制条件等方面着手，如基地的方位、大小、境界、建筑周边现有植物、步道、铺装、围篱、墙垣、坡度、阴影，建筑物的位置、体量、建筑线、高度、立面细部、开口、色彩等，综合考虑该区能够容纳的功能及其基地规模大小等的可能性，用一系列图解对某些必要的功能进行大略的配置。基地关系功能图解应落实在功能空间的实际比例尺寸上，然后再依基地的

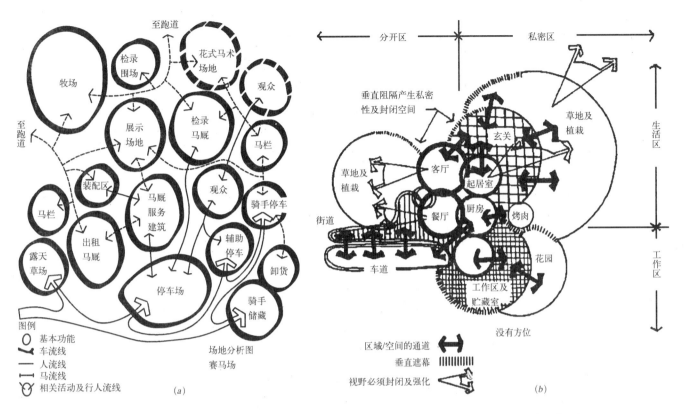

图5-4 理想功能图解

(a) 赛马场场地分析图，图片来源：人性场所——城市开放空间设计导则；(b) 建筑周边环境分析图，图片来源：建筑小环境设计

性质、各关系图解，发展出功能区域的划分，以及各种不同的使用空间（图5-5、图5-6）。基地规模较大时可用1：25000～1：10000的比例尺寸，一般游憩地可用1：3000～1：500的比例尺寸。这些关系图解的不同处理，对下一步的分区与游线规划有很重要的作用。

（3）分区与游线系统规划。旅游区之所以要进行分区原因很简单，旅游区本身是一个综合体，具有多种功能，接纳不同游客，这些不相同的功能和游客，需要有适合自己需要的空间和设施，这就必然要求设计者将旅游区划分成相应的单元区域。分区体现着设计者的设计技巧，分区中常要调动各种手段，来突出最具代表性的景观特征和主题区段的感染力，以及空间层次上的递进穿插，如景象上的主次景设置和借景配景，时间速度上的景点疏密，景观感受上的比拟联想，手法上的掩藏显露和呼应衬托等。分区要求保证将旅游环境中最大的吸引潜力挖掘出来，创造对旅游活动有实际意义的环境。

旅游单元分区的首要依据是功能的差异，目的是为了满足不同人群的游憩体验，形成良好的游赏过程。为了实现设计任务书中所确立的目标，合理地组织游人在旅游单元内开展各项旅游活动，就应考虑发展顺序和区域连贯诸问题。也就是说，应根据游人的不同年龄、兴趣、爱好、习惯等特征，精心组织起景→高潮→结景的基本段落结构。

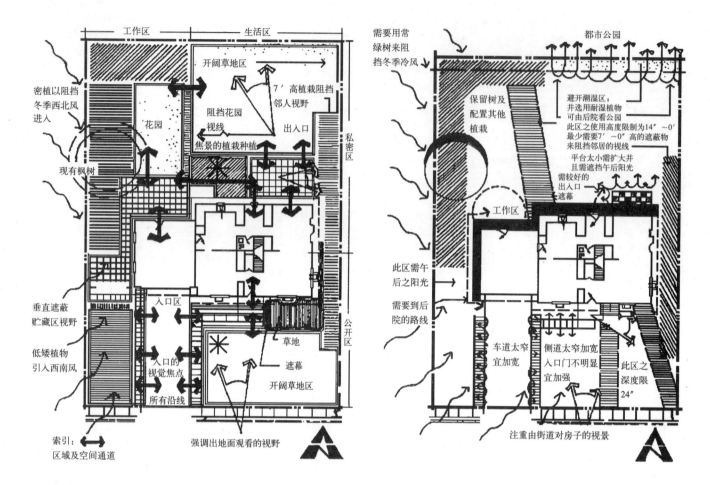

图5-5　基地关系功能图解（左）
图5-6　基地分析（右）
说明：1.在房子北方植栽必须耐阴暗；2.房子前面的屋基植必须不能高于36″；3.不能选用喜好酸性土壤。
（注：1′=0.3048m；1″=0.0254m）
图片来源：建筑小环境设计

所谓游线是指联络各功能区域、贯穿整个旅游单元的动线系统，通常指不同等级的道路系统。由于不同的景观特征需要有与之相适应的游赏方式，而游赏的方式又是多样的，既可以是静赏、动观、登山、涉水、探洞，也可以是步行、乘车、坐船、骑马等。因此在区划的同时，应充分考虑各功能分区的交通、游览活动特点和联系问题。不同游赏方式表现出的进程速度，需要消耗不同的体力，因而游线组织涉及到因年龄、性别、职业差异所带来的游兴差异。所谓游兴是指游人感受景观的兴奋程度，过度疲劳会使人的游兴下降，而在游线上，游人对景象的感受和体验，主要体现在直观能力、感觉能力、想像能力等方面，景观类型的变换可以改善游兴下降的程度。因此，游线组织实质是景观空间展示、时间速度进程、景感类型转换的综合。游线安排直接影响游人对景象实体的感受，特别容易影响景象实体所应有的景致效果，所以必须精心安排游线系统。

在设计构思时，可以根据游人活动情形，依据场地的地形地貌、土壤状况、水体、原有植物植被等自然条件，以及需要保留的建筑物或历史古迹、文物等情况，综合考虑各功能分区本身的特殊要求，以及各区之间、场地与周围环境之间、空间层次、空间转换等关系，尽可能地因地、因时、因物来考虑游线系统和各种联系的可能性。这一构思过程就是所谓的"游线系统规则"，可用游线交通系统分析图表示（彩图 1）。

在进行分区与游线系统规划构思的同时，也经常借用草图的形式获得一些场地布局的概念：

1) 如何将一个空间与另一个空间连贯；

2) 各分区的关系与游线系统；

3) 游线的级别、类型、长度、容量和序列结构；

4) 不同游线的特点及次序差异，不同等级游线之间的布局与衔接；

5) 基地对外或对内的景致预期；

6) 游线与游路及交通对开放空间的私密性与公共性的影响程度。

5.5.3　布局组合

布局组合是指在立意、构思的基础上，将游赏对象组织成景物、景点、景群、景线、景区等不同类型结构单元的思维过程。布局组合阶段的目的在于，围绕选取游憩项目、提炼活动主题，酝酿、确定旅游主景、配景以及场地功能分区，组织旅游景点的动线分布等内容，全面考虑游赏对象的内容与规模、性能与作用、构景与游赏需求等因素，探索所采用的结构形式与内容协调的过程。由于不同的旅游对象有不同的结构特点，譬如在一些旅游单元中，游赏对象多以自然景观为主，但在园苑、院落中却以人工景观为主，内向活动是游人的主要活动特征，它要求有特定的使用功能和空间环境。因此，应根据旅游对象的特点，提取、归纳各类景观元素，并将这些元素组织在不同层次、不同类型的结构单元中，并使旅游活动的各个组成部分之间得到合理的联系。彩图 2a 为深圳欢乐谷二期项目中的景观区域分析图，该图根据场地功能和游憩主题特点，将景观划分为 9 个区域，并提取了各自区域的景观特点。这种分析图有利于梳理景观特征与活动内容之间的逻辑关系，为下一步草案设计奠定基础。

一般来说，布局组合阶段主要考虑的内容有：旅游区的构成内容、景观特征、范围、容量；功能区域的划分，也就是主景、景观多样化的结构布局；出入口位置的确定；游线和交通组织的要点，包括园路系统布局、路网密度等；河湖水系及地形的利用和改造；植物组群类型及分布；游憩设施和建筑物、广场和管理设施及厕所的配制与位置；水、电、燃气等线路布置等。彩图 2b 摘选于深圳欢乐谷二期老金矿区方案设计。该项目分析图将本区中的三个支撑游乐的设备：漂流河（一期）、矿山车、疯狂小屋，三组游乐项目：金矿小镇、矿井戏水、淘金河，一个表演场和有关金矿的趣味展览，多个主题商店，一个餐厅，三处小卖点，以及游客服务中心和后勤管理枢纽等项目，通过人车分流、立体交通等方法，较好地解决了各个组成部分的联系，并将设计意图十分清晰地展现于分析图中。

从立意到布局的过程，实质上就是在旅游活动内容与场地结构形式之间寻求一种内在逻辑关系。因此，布局组合应该根据旅游活动内容，把游赏对象组织成景物、景点、景群、景线、景区等不同类型的场地结构单元，并应遵循以下原则：

1）依据游赏内容与规模、景观特征分区、构景与赏景需求等因素进行场地形式组织；

2）使游赏对象在一定的场地结构单元和结构整体中发挥良好作用；

3）应该为各景物间和场地结构单元间相互联系创造有利条件。

设计实践中经常会遇到，仅仅改变了一个出入口的位置，会牵扯到全区建筑物、广场及园路布局的重新调整，或因地形设计的改变，导致植物栽植、道路系统的更换。整个布局组合的过程，实际上是功能分区、地形设计、植物种植规划、道路系统诸方面矛盾因素协调统一的总过程。由于存在多种布局组合的可能性，加之布局组合对总体设计具有重大意义，为了避免不必要的调整和变更，以草案的形式来获得多种可选方案是可取的方法。

5.5.4 草案设计

草案设计是介于布局组合通向总体设计之间的一个综合设计过程，是将所有设计元素抽象地加以落实、半完成的思考过程。经过立意和概念构思阶段的酝酿，此时所有的设计元素均已被推敲策划过，草案设计根据先前各种图解及布局组合研究所建立的框架，将所有的元素正确地表现在它们应该设置的位置上，并通过草案设计这一考虑过程再进行综合研磨。下面的线索对推敲对象的品质具有规定性作用：

1）功能区域划分应根据旅游区的性质和环境现状条件，确定各分区的规模及景观特色。

2）出入口的位置应根据城市规划和旅游区内部布局要求，确定主、次和专用出入口的位置，需要设置出入口内外集散广场、停车场、有自行车存车处要求的，应确定其规模要求。

3）道路系统应根据旅游区的规模、各分区的游憩活动内容、游人容量和管理需要，确定道路的路线、分类分级和景桥、铺装场地等的位置和特色要求。

4）如是城市公园，园路的路网密度，宜为 $200 \sim 380 m/hm^2$。

5）主要道路应具有引导游览的作用，易于识别方向。游人大量集中地区的道路通达性要好，便于集散；通行养护管理的园路宽度应与机具、车辆相适应；通向建筑物集中地区的道路应有环行路或回车场地；生产管理专用路不宜与主要游览路线交叉。

6）河湖水系设计应根据水源和现状地形等条件，确定河湖水系的水量、水位、流向，水闸或水井、泵房的位置，以及各类水体的形状和使用要求；游船水面应按船的类型提出水深要求和码头位置；游泳水域应划定不同水深的范围；观赏水域应确定各种水生植物的种植范围和不同的水深要求。

7）植物组群类型及分布应根据当地的气候状况、场外的景观特征、场内的立地条件，结合景观构想、防护功能要求和当地居民生活习惯确定，应做到充分绿化和满足多种游憩及审美的要求。

8）建筑布局应根据功能和景观要求及市政设施条件等，确定各类建筑物的位置、高度和空间关系，并提出平面形式和出入口位置，景观最佳地段不得设置餐厅及集中的服务设施。

9）管理设施及厕所等建筑物的位置，应隐蔽又利于方便使用。

10）水、电、燃气等线路布置，不得破坏景观，同时应符合安全、卫生、节约和便于维修的要求。电气、上下水工程的配套设施、垃圾存放场及处理设施应设在隐蔽地带。

草案设计是为研究可选方案作准备的。多数情况下草案设计用徒手来表达，图面也多是半真实性的，具有解说图的性质，它们应该具有简明性和图解性，以便尽可能直接解释与特定场地的特性相关的设计构思（彩图3、彩图4）。从图纸角度来讲，在布局阶段，我们已经开始画设计图了，这时还是以草图为主，此时的草图，或许比例、形状都不太准确，但这些都没有关系，重要的是应该没有遗漏地将所有构景元素正确地安放在应该布置的位置上，而且所有的图面甚至包括线条的轻重粗细都要易于判读（彩图5）。

为了使可选性草案具有可比性，应当有两个以上的设计人员进行这项工作。随着构思的不断成熟和草案设计的进展，需要进一步对可选性草案的优缺点以及可能存在的问题作比较分析。不合适的方案将被放弃或要加以修正，好的构思应当采纳并加以优化，只要有可能，所有建设性的思想和建议都要包括在内，这种设计过程在设计中是经常出现的，为了减少负面的环境影响，尽可能增进有益的内容。当最适合实际的几个草案，已初具轮廓并已互相比较过，选出最好的一个，此时的草案质量实际上已经转化成了初步设计，有时为了清晰地判读方案和研究成果，草案平面图最好利用阴影来表现三度空间的立体效果（图5—7）。

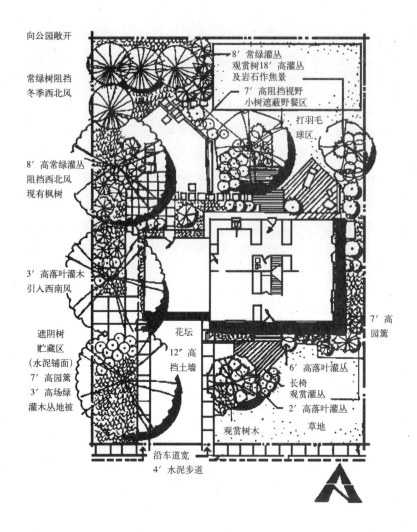

图5-7　设计初期平面草图
(注：1′=0.3048m；1″=0.0254m)
图片来源：建筑小环境设计

5.5.5　总体设计

总体设计是全部设计工作中一个重要环节，是决定一个旅游区旅游实用价值（游憩和环境效益）和景观艺术效果的关键所在。游赏对象是旅游区存在的物质基础，它的属性、规模、景观特征、空间形态等因素，决定了各类各级旅游单元总体设计中的主体内容。因此，总体设计应根据批准的设计任务书，围绕游赏对象，结合现状条件，对场地功能和景区划分、景观构想、游憩点设置、出入口位置、竖向及地貌、园路系统、河湖水系、植物布局以及建筑物和构筑物的位置、规模、造型及各专业工程管线系统等做出综合设计。

总体设计通过设计图文件至少应反映如下内容：

1) 旅游区所处地段的景观特征及景象展示构思；

2) 基地的面积和游人容量；

3) 总体景观构想的内容、艺术特色和风格要求；

4）景观系统结构，包括山体水系等要求；

5）游憩项目的组织，包括旅游点的设置、旅游吸引物的类型、要求等；

6）景观单元的布局；

7）游线组织与游程安排；

8）分期建设实施的计划；

9）建设的投资匡算。

通常一个旅游区景观的总体设计成果主要包括技术图纸、表现图、总体设计说明书和总体匡算四部分内容。

1. 技术图纸内容

（1）区位图。属于示意性图纸，比例一般较大（1：5000～1：10000）。主要表示该旅游地在区域内的位置、交通和周边环境的关系（图5-8）。

（2）现状分析图。根据已掌握的全部资料，经分析、整理、归纳后，对现状作综合评述。可用圆形圈或抽象图形将其概括地表现出来。在现状图上，可以分析设计中有利和不利因素，以便为功能分区提供参考的依据（图5-9）。更重要的是，分析图可以使设计者与甲方的沟通更有针对性，可以帮助甲方从纷杂的思绪中解放出来。

图5-8　区位图
来源：《中国景观设计年鉴》

141

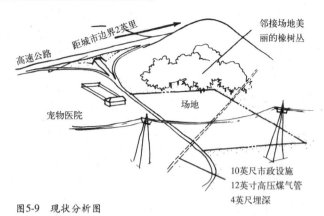

图5-9 现状分析图
来源：景观设计学——场地规划与设计手册

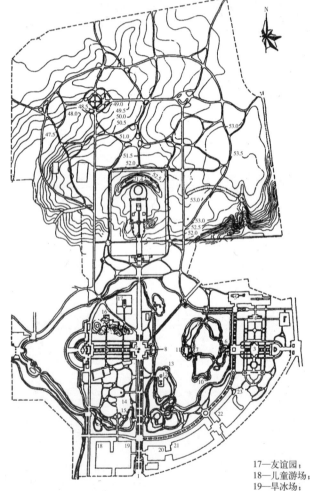

1—主要入口；　5—大温室；　　9—翼然亭；　13—码头；
2—中心广场；　6—文娱厅；　　10—望荷亭；　14—赏心亭；
3—沉池；　　　7—环翠台；　　11—水榭；　　15—知春亭；
4—观赏花圃；　8—多景台；　　12—沁芳亭；　16—松陵酒家；
17—友谊园；
18—儿童游场；
19—旱冰场；
20—公园管理处；
21—游泳场；
22—球场；
23—杂技场

图5-10 沈阳市北陵公园总体规划平面图
图片来源：现代城市环境景观平面图例

（3）分区示意图。是根据总体设计的原则、现状图分析，确定划出不同的空间，使不同空间和区域满足不同的游憩功能要求，形成一个统一整体，又能反映各区内部设计因素关系的图。分区图多用抽象图形强调各分区之间的结构关系（彩图6）。

（4）总平面图。总平面图（图5-10、彩图7、彩图8）应包括以下内容：

1）旅游区与周围环境的关系以及各出入口与城市的关系，临街的名称、宽度、周围主要单位名称或社区等，使旅游区与周围分界的围墙或透空栏杆应明确表示出来；

2）旅游区主要、次要、专用出入口的位置、面积、形式、广场、停车场的布局；

3）旅游区的地形总体设计，道路系统设计；

4）旅游区中全部建、构筑物和游憩设施等布局情况；

5）植物种植设计构思。

（5）竖向设计图。"竖向设计是指在一块场地上进行垂直于水平面方向的布置和处理"。[1]竖向与平面布局具有同等重要性，是总体设计阶段至关重要的内容。地形是一个游憩活动空间的骨架，要求能反映出旅游区的地形结构特征（彩图9）。因此在对主要旅游景区（点）布局的同时，应根据旅游区四周城市道路规划标高和区内主要游憩内容，充分利用原有地形地貌，提出主要景物的高程及对其周围地形的要求，地形标高还必须适应拟保留的现状物和地表水的排放。竖向控制应包括下列内容：山顶标高；最高水位、常水位、最低水位线；水底标高；驳岸顶部标高；道路主要转折点、交叉点和变坡点标高；还必须标明旅游区周围市政设施、马路、人行道以及与旅游地邻近的单位的地坪标高，以便确定旅游区与四周环境之间的排水关系；主要建筑的底层和室外地坪标高；桥面标高、广场高程；各出入口内、外地面；地下工程管线及地下构筑物的埋深；内外佳景的相

1 梁伊任等编著.园林工程（修订版）.北京：气象出版社，2001-03（2）：1.

互观赏点的地面高程。这里的高程均指除地下埋深外的所有地表标高。各部位的标高必须相互配合一致，所定标高即为以后局部或专项设计的依据。

风景旅游区的地形通常不同于城市地形，因此，风景旅游区的竖向规划设计有别于城市用地的竖向规划，应符合以下规定：

1）维护原有地貌特征和地景环境，保护地质珍迹、岩石与基岩、土层与地被、水体与水系，严禁炸山采石取土、乱挖滥填、盲目整平、剥离及覆盖表土，防止水土流失、土壤退化、污染环境；

2）合理利用地形要素和地景素材，应随形就势、因高就低地组织地景特色，不得大范围地改变地形或平整土地，应把未利用的废弃地、洪泛地纳入治山理水范围，并加以规划利用；

3）对重点建设地段，必须实行在保护中开发、在开发中保护的原则，不得套用"几通一平"的开发模式，应统筹安排地形利用、工程补救、水系修复、表土恢复、地被更新、景观创意等各项技术措施；

4）有效保护与展示大地标志物、主峰最高点、地形与测绘控制点，对海拔高度高差、坡度坡向、海河湖岸、水网密度、地表排水与地下水系、洪水潮汐淹没与侵蚀、水土流失与崩塌、滑坡与泥石流灾变等地形因素，均应有明确的分区分级控制；

5）竖向地形规划应为其他景观规划、基础工程、水体水系流域整治及其他专项规划创造有利条件，并相互协调。

（6）道路交通系统图。首先，在图上确定旅游区的主要出入口、次要入口与专用入口。还有主要广场的位置及主要环路的位置，以及作为消防的专用通道，同时确定主路、支路等的位置，以及各种路面的宽度、排水纵坡。并初步确定主要道路的路面材料、铺装形式等，它可协调修改竖向规划的合理性。图纸上用虚线表示等高线，再用不同的粗线、细线表示不同级别的道路及广场，并将主要道路的控制标高注明（彩图10、彩图11）。

（7）建筑设计示意图。根据旅游规划原则，分别画出旅游区内各主要建筑物的布局、出入口、位置及立面图，以便检查建筑风格是否统一，与旅游区环境是否协调等。彩色立面图或效果图可拍成彩色照片，以便与图纸配套，送甲方审核（彩图12、彩图13、彩图14）。

（8）种植设计图。种植总体设计内容主要包括不同种植类型的安排，如密林、草坪、疏林树群、树丛、孤植树、花坛、花境、地界树、行道树、湖岸树、经济作物等内容。还有以植物造景为主的专类园和旅游地内的花圃、小型苗圃等。同时，确定基调树种、骨干造景树种，包括常绿、落叶乔木、灌木、草花等。必要时在图纸上辅以文字，或在说明书中详述。还要确定最好的观景位置，应突出视线集中点上的树群、树丛、孤立树等（彩图 15），以及反应植物的季相变化，例如彩图 16、彩图 17、彩图 18、彩图 19，表现出春、夏、秋、冬四季植物的季相变化，图纸可按绿化设计图例或配合文字来表示。

（9）管线综合图。其内容主要包括：水的总用量（消防、生活、造景、喷灌、浇灌、卫生等）及管网的大致分布、管径大小、水压高低等，以及雨水、污水的水量、排放方式、管网大体分布、管径大小及水的出处等。如有供暖需求，则要考虑供暖方式、负荷大小、锅炉房的位置等。总用电量、用电和用电系数、分区供电设施、配电方式、电缆的敷设以及各区各点的照明方式以及广播、通信等的位置。

2. 总体设计表现图

表现图是总体设计阶段至为关键的组成部分。表现图有全景或局部中心主要地段的断面图或主要景点鸟瞰图。由于甲方往往缺乏相应的专业知识，形象化的图纸是他们最易理解和感兴趣的。设计者应直观地表达旅游区景观设计的意图，客观地表现旅游区的构图中心、景点、景观视廊、各景点、景物以及旅游区的景观形象，通过钢笔画、铅笔、钢笔淡彩、水彩画、水粉画或其他绘画形式表现，都会取得有较好效果。也可按总体规划做成模型，各主要景点应附有彩色效果图，并拍成彩照、图纸和照片，全部交付甲方审核批准（彩图 20）。特别注意的一点是，在建筑表现图中植物一般是作为配景出现的，而旅游区景观设计表现图中植物却经常是主角，对植物的表现是重点亦是难点，为了效果起见，最好表现成熟期的植物。个别情况下，可能需要表达植物的不同时期对景观的影响。

3. 总体设计说明书

总体设计说明书是指表达设计意图的文字说明。总体设计说明书的内容可以根据项目性质的不同，采取不同的表述方式，起到补充说明的作用。具体内容一般包括以下几个方面：

1）位置、现状、面积、范围、游人容量；

2）工程性质；

3）设计原则和内容（地形地貌、空间构想、道路交通系统、竖向设计、河湖水系、建筑布局、种植等）；

4）景观功能分区内容；

5）管线、电讯设计说明；

6）经济技术指标；

7）分期建设计划和环境质量评估等内容。

4. 总体匡算

匡算是指精确程度要求相对不高的估算。主要使设计者和委托方了解所需投资与预期值的差距，可按面积根据设计内容，工程复杂程度，结合常规经验进行匡算。

5.6　详细设计阶段

详细设计的主要任务是以总体设计为依据，详细贯彻各项控制指标和其他设计管理要求，或者直接对旅游区做出具体的安排和对每个局部进行技术设计。它是介于总体设计与施工图设计阶段之间的设计。

详细设计阶段是整个设计程序中图纸工作量最大的一个阶段，也是人力、物力投入最多的阶段。设计的任务和将达到的目标，就是为了完成所有与旅游区建造有关的一系列技术图纸。对于诸如风景名胜区、城市公园等建设用地规模较大的旅游区，应根据相应的控制性详细规划为依据和从管理的需要出发，进行详细设计。对于规模较小的旅游地域，在总体设计阶段时，其深度可直接穿插一些详细设计的内容，或直接进入施工图设计阶段。

5.6.1　景观详细设计内容

建设用地规模较大的旅游区，景观详细设计通常包括下列内容：

1）建筑、道路、绿地和景观等的分区平面图；

2）交通出入口、界线等的详细设计；

3）道路景观详细设计；

4）种植详细设计；

5）工程管线详细设计；

6）基地剖面详细设计；

7）游憩服务设施及附属设施系统详细设计；

8）投资概算与效益分析。

上述详细设计内容是作为一般性建设项目而言的，具有普遍的指导意义。它为区内一切旅游项目开发建设活动提供指导，详细设计时应该参照执行，但旅游区的景观详细设计应有自己的特点和控制侧重面。

当旅游区规模比较大，在总体布局确定后，可根据实际需要，分别进行每个分区的详细设计，或各个分项的详细设计，如建筑分项、小品分项、广场分项、种植分项等。无论采取哪种途径进行详细设计，与总体设计阶段的定位不同，各分区的旅游活动特性决定了它们设计上侧重面的不同，详细设计阶段更侧重具体场地的功能性与个性塑造。具体而言，旅游区景观详细设计有如下特点：

1. 功能具体化

对于一个具体的旅游空间而言，首先是场地的功能性问题，也即一个场地如何布置游憩设施、并最大程度地为开展游憩活动提供适合使用特点的场地环境，并从建设条件及综合技术经济方面进行分析、论证和设计控制。例如，游憩场地的主要出入口是人流、车流汇集之处，大量车流在此集散，人流在此等候出入，还有停车场面积大小及位置安排；另外，在盈利性旅游区的主要出入口附近，常常设置售票处、商业零售、导游广告牌、环境小品等附属设施。因此，出入口的内、外集散广场，应满足主要人流进出场地的需求，吸引游人进入，同时还要完善协调与城市交通的延伸。在大型综合城市公园中，通常设有集中的文化娱乐分区，在这个分区里，建筑物及游憩设施一般比较多，包括俱乐部、影视中心、音乐厅、展览馆、露天剧场、溜冰场和其他一些室内及室外游憩活动场地等，对于大容量的游憩项目或有瞬时人流高峰的场所，如露天剧场、电影院、溜冰场、游泳池等，道路的通达性就显得格外重要。因此，应特别注意妥善组织交通，在条件允许的情况下尽可能接近旅游区的出入口，甚至可单独设专用出入口。再如儿童游乐区的详细设计，设计中重点考虑的是安全问题，所以游戏器械区组团以弹性为多，植物种植也应选择无毒、无刺、无异味的树木花草和落叶树种，因为它们夏季遮荫、冬季透光而更适合栽植在这里。

上述这些分析过程就是功能具体化的详细设计过程。但详细设计与总体设计在设计深度上要求不一样。总体设计阶段的设计目标，是根据旅游地内部使用要求，确定位置的安排，考虑更多的是整个旅游单元的全面的综合设计问题，而详细设计涉及到诸如出入口及其边界、内外集散广场、停车场、自行车存车处、植物种植等，以及附属设施的使用功能控制和空间的具体设计，两者的设计深度要求不一样。

总之，详细设计的要点就是深化总体设计的意图和将功能具体化。

2. 形象塑造

仅仅实现旅游地的实用价值（游憩和环境效益）并不是一个旅游区的全部需求。一个旅游区不仅为人们提供了休闲娱乐的场所，改善环境质量，也是旅游地艺术面貌和效果的关键所在。就出入口大门而言，大门不仅应该具有控制通行的能力，而且应给人强烈的视觉印象，指导人们的进出。有些学者从"意象"的角度提出一些设计方法上的思路，大多数学者设想的"意象"，简单地说是指人们"头脑中的地图"，而头脑中的地图网络具有拓扑关系的特点，即大体的先后、内外、方向、连续与非连续的关系不变，具有不准确的距离和不准确的几何关系。[1]这一理论的要义揭示了一种现象，即人的意象尽管具有不准确的特点，但意象在地形的识别过程中的确发挥着作用。依照这种理论，无论一座大门本身是否具有可读性，它都应该具有能启发人们"意象"的能力，这种能力被学者称为是个体事

---

1 [美] 凯文·林奇著. 城市意象. 方益萍，何晓军译. 北京：华夏出版社，2001-04 (1)：1～9.

物的"意象能力"(Imagery Ability)。个体事物的意象能力就如同一页文字组成的印刷品一样，是由许多符号与相关的模式组合起来的，人们可以根据这些符号或相关模式领悟含义。不仅一个旅游区是由各种要素、各个部分，组合成一个相关的模式，即便是一个简单的出入口大门，也是由许多符号与相关的模式组合起来的。当大门符号与相关的模式启发了人们头脑里的大门"意象"时，我们说，这样的设计便抓住了大门的特征。

一个高品质的景观设计应该具备以下三方面的特点：

1）异质性：即有自己特点，能从整体上与其他区域区别开来。

2）关联性：即每一个体事物能与其他事物、与观察者发生一定的关系。譬如一座大门应能与游客或与其背后的空间发生一定的联系。

3）含义：形式应该传达一定的含义。譬如大门意味着入口的含义。

特色、关联和含义是形象中的三个相互依存不可分割的部分，即构成一个明确的形象不可缺少的三个方面。

如果说详细设计与总体设计在形象塑造上到底有何不同的话，那么，详细设计的设计目标，就在于如何使形象具有启发人们"意象"的能力。

5.6.2　详细设计图文件

详细设计图文件通常包括下列内容：

(1) 分区平面图。详细设计阶段的分区图设计深度与总体设计阶段的要求不一样。详细设计阶段的分区图，是根据总体设计阶段的区划，对不同的空间分区进行局部详细设计。每个局部应根据总体设计的要求,详细地表达出等高线、道路、广场、建筑、水池、湖面、驳岸、乔灌木、花草、草地、花坛、山石、雕塑等内容。

(2) 基地断剖面图。有人常说，一个好的空间单元往往具有丰富的空间变化和地形起伏，这是有道理的。地形起伏变化会给空间序列展开创造有利条件，但同时也增加了设计难度。为更好地表达设计意图和地形关系的最复杂部分，或局部地形变化部分，需要作出断剖面图，以便更好地把握地形变化的关系（彩图21A、B、C）。

(3) 种植设计图。种植在旅游区设计中是贯穿始终的分项。详细设计阶段的种植平面图不同于总体设计阶段，总体设计阶段的种植设计图主要是从大的方面进行控制。详细设计阶段的种植设计图应能较准确地画出常绿乔木、落叶乔木、常绿灌木、开花灌木、绿篱、花篱、草地、花卉等具体的位置、品种、数量、种植方式等。在特别重要的旅游地段中，如果利用植物来造景，还要画出植物立面图，以控制栽植效果。例如图5-11中，不仅要用图例表示不同树种或相同树种的搭配关系，而且还要从平面与立面上对应地表达出树种的空间关系。

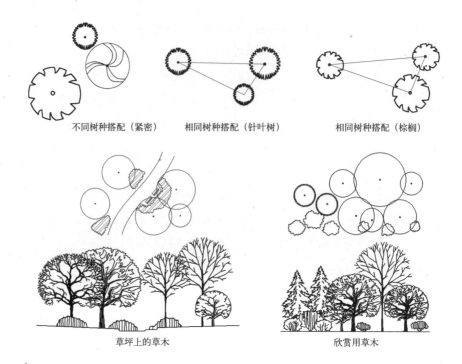

不同树种搭配（紧密）　　相同树种搭配（针叶树）　　相同树种搭配（棕榈）

草坪上的草木　　　　　　　欣赏用草木

图5-11　种植方式示意图

（4）竖向设计图。详细设计阶段的竖向设计图，是对总体设计阶段竖向设计图的细化。此阶段的竖向设计图应具体确定制高点、山峰、台地、丘陵、缓坡、平地、岛及湖、池、溪流、岸边、池底等的高程，以及入水口、出水口的标高，还应包括地形改造过程中的填方、挖方内容，在图纸上应写出挖方、填方数量，说明应填土方或运出土方的数量，一般力求挖、填土方取得平衡。

（5）建筑设计图。总体设计阶段的有关建筑的图纸只是一种控制意义上的示意图，主要从面积、高度和风格等方面进行控制，考虑更多地是建筑与环境协调的问题。但详细设计阶段的建筑设计图，却与通常的建筑设计图纸一样，不仅要求执行和深化总体阶段预设的目标，而且还包括建筑的各层平面图、立面图、屋顶平面、必要的大样图等，涉及到与结构、电气设备、上下水等各专业工种的配合问题，显然设计的深度是不一样的。此阶段的建筑设计图纸特别要求反映出建筑与环境的关系（图5-12）。

（6）管线图。相对总体设计阶段来说，详细设计阶段管线图的主要任务不是位置的布置，是应具体表现出上水（造景、绿化、生活、卫生、消防）、下水（雨水、污水）、暖气、煤气等内容，并注明每段管线的长度、管径、高程及如何接头，同时注明管线及各种管井的具体的位置、坐标。在电气图上具体标明各种电气设备、（绿化）灯具位置配电室及电缆走向位置等。

（7）设计概算。详细设计阶段应有概算。土建部分可按项目估价，算出汇总价，或按市政工程预算定额和园林附属工程定额计算。绿化部分可按基本建设材料预算价格中苗木单价表，及建筑安装工程预算定额中的园林绿化工程定额计算。

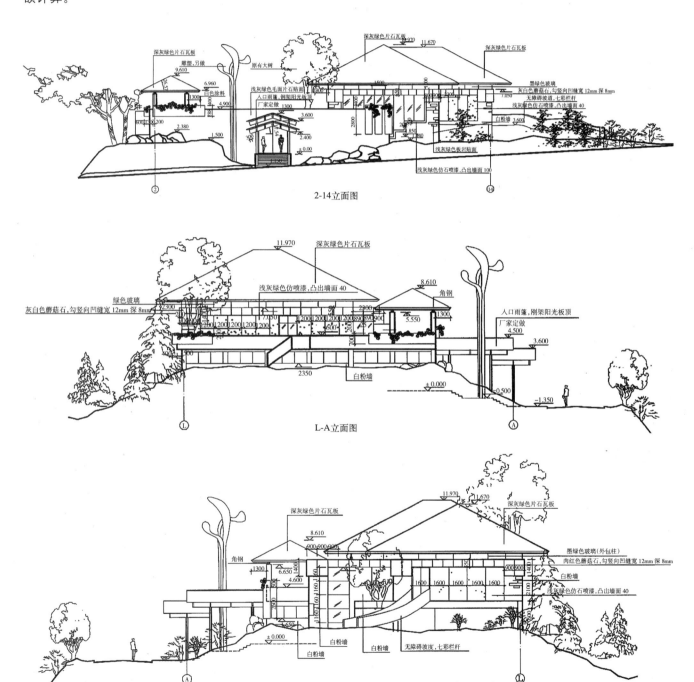

图5-12　建筑立、剖面图（一）

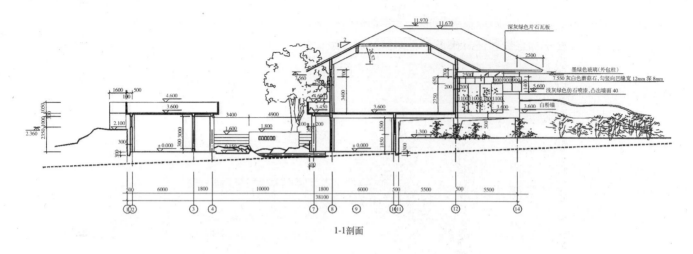

1-1剖面

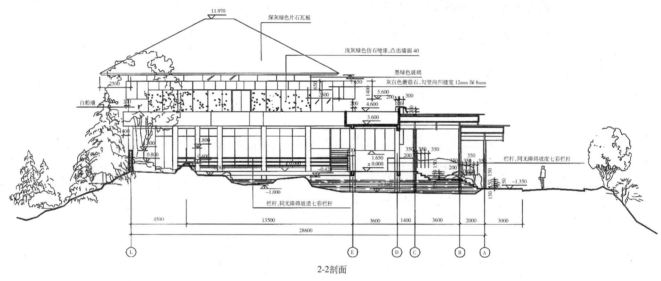

2-2剖面

图5-12 建筑立、剖面图（二）
来源：风景园林规划设计50例

5.7 施工图设计阶段

施工图设计是设计程序中最后一个步骤，此时所用的设计元素应考虑细部处理和材料利用等细节问题。

设计不能仅凭想象，也不能仅用文字描述，必须用设计图来表达。设计图纸是设计者与建设方或使用者之间最具体化的沟通工具。一般基地面积较小者，设计图常常以1：10或1：50比例绘制，并用图例在设计图上表现，当植物的冠幅宽度适合在图纸中表达时，尽量依比例绘入图中。例如植栽设计中阔叶树充分发育后的树冠可达3～10m，针叶树的成年树树冠可达1～3m，其符号图例即可依比例绘入图中。

完成设计时，必须详细检查所有的图文件，并考虑时间和预算经费是否在范围内，同时与建设方进行沟通交流，做出必要的修正。在一切确定之后，根据已批准的设计文件、技术设计资料和要求，再将所有的图面清楚地、完整地绘制在图纸上。

完整的施工设计图文件应包括：图纸目录、设计说明、主要技术经济指标表、城市坐标网、场地建筑坐标网、坐标值、施工总图、竖向设计图、土方工程图、道路、广场设计、种植设计、水系设计、建筑设计、管线设计、电气管线设计、假山设计、雕塑小品设计、栏杆设计，标牌设计等的平面配置图、断面图、立面图、剖面图、节点大样图、鸟瞰图或透视图以及苗木规格和数量表，并编制工程预算书及施工规范。

5.7.1　施工总平面布置图

施工总平面布置图应反映出如下内容：

1）场地四界的城市坐标和场地建筑坐标（或注尺寸）；

2）建筑物、构筑物（人防工程、化粪池等隐蔽工程以虚线表示）定位的场地建筑坐标（或相互关系尺寸）、名称（或编号）、室内标高及层数；

3）拆除旧建筑的范围边界，相邻单位的有关建筑物、构筑物的使用性质、耐火等级及层数；

4）道路和明沟等的控制点（起点、转折点、终点等）的场地建筑坐标（或相互关系尺寸）和标高、坡向箭头、平曲线要素等；

5）指北针、风玫瑰；

6）建筑物、构筑物使用编号时，列出建筑物、构筑物名称编号表；

7）说明栏、尺寸单位、比例、城市坐标系统和高程系统的名称、城市坐标网与场地建筑坐标网的相互关系、补充图例、施工图的设计依据等。

5.7.2　竖向设计图

竖向设计图应反映出如下内容：

1）地形等高线和地物；

2）场地建筑坐标网、坐标值；

3）场地外围的道路、铁路、河渠或地面的关键性标高；

4）建筑物、构筑物的名称（或编号）、室内外设计标高（包括铁路专用线设计标高）；

5）道路和明沟的起点、变坡点、转折点和终点等的设计标高（道路在路面中、阴沟在沟顶和沟底）、纵坡度、纵坡距、纵坡向、平曲线要素、竖曲线半径、关键性坐标，道路注明单面坡或双面坡；

6）挡土墙、护坡或土坡等构筑物的坡顶和坡脚的设计标高；

7）用高距0.10～0.50m的设计等高线表示设计地面起伏状况，或用坡向箭头表明设计地面坡向；

8）指北针；

9）说明栏中的尺寸单位、比例、高程系统的名称、补充图例等；

10）当工程简单时，本图与总平面布置图可合并绘制。如路网复杂时，可按上述有关技术条件等内容，单独绘制道路平面图。

5.7.3 土方工程图

土方工程图应反映出如下内容：

1）地形等高线、原有的主要地形、地物；

2）场地建筑坐标网、坐标值；

3）场地四界的城市坐标和场地建筑坐标（或注尺寸）；

4）设计的主要建筑物、构筑物；

5）高距为0.25～1.00m的设计等高线；

6）20m×20m或40m×40m的方格网，各方格点的原地面标高、设计标高、填挖高度、填区和挖区间的分界线、各方格土方量、总土方量；

7）土方工程平衡表；

8）指北针；

9）说明栏：尺寸单位、比例、补充图例、坐标和高程系统名称、弃土和取土地点、运距、施工要求等；

10）本图亦可用其他方法表示，应便于平整场地的施工；

11）场地不进行初平时可不出图，但应在竖向设计图上须说明土方工程数量。如场地需进行机械或人工初平时，须正式出图。

5.7.4 管道综合图

管道综合图应反映出如下内容：

1）场地四界的场地建筑坐标（或注尺寸）；

2）各管线的平面布置，注明各管线与建筑物、构筑物的距离尺寸和管线的间距尺寸；

3）场外管线接入点的位置及其城市和场地的建筑坐标；

4）指北针；

5）当管线布置涉及范围少于三个设备专业时，在总平面布置蓝图上绘制草图，不正式出图。如涉及范围在三个或三个以上设备专业时，对干管干线进行平面综合，必须正式出图；管线交叉密集的部分地点，适当增加断面图，表明管线与建筑物、构筑物、绿化以及合线之间的距离，并注明管道及地沟等的设计标高；

6）说明栏内：尺寸单位、比例、补充图例。

图纸内容包括：

(1) 平面图。表示管线及各种井口的具体位置、坐标，并注明每段管的长度、管径、高程以及接头详图等，每个井口都要有编号。原有干管用红线或黑色细线表示，新设计的管线及检查井，用不同符号的黑色粗线表示。

(2)剖面图。画出各号检查井口，用黑色粗线表示井内管线及截门等交接情况。

5.7.5　种植设计图

种植设计图应反映出如下内容：

1）种植设计总平面布置图；

2）场地四界的场地建筑坐标（或注尺寸）；

3）植物种类及名称、行距和株距尺寸、群植位置范围，与建筑物、构筑物、道路或地上管线的距离、尺寸，各类植物数量（列表或旁注）；

4）雕塑小品和美化构筑物的位置、场地建筑坐标（或与建筑物、构筑物的距离尺寸）、设计标高；

5）指北针；

6）如无绿化投资，可在总平面布置图上示意，不单独出图。此时总平面布置图和竖向设计图必须分别绘制；

7）说明栏内：尺寸单位、比例、图例、施工要求等。

5.7.6　详图

包括道路标准横断面、路面结构、混凝土路面分格、铁路路基标准横断面、小桥涵洞、挡土墙、护坡、环境雕塑小品等详图。

5.7.7　水系设计图

水景是旅游区景观中一项重要的构景元素。它不同于其他专业的图纸，有其独特的表达方法。总体来说水系设计图应表明水体的平面位置、水体形状、大小、深浅及工程做法。

图纸内容包括：

(1) 平面位置图。以施工总图为依据，画出泉、小溪、河湖等水体及其附属物的平面位置。用细线画出坐标网，按水体形状画出各种水体的驳岸线、水底线和山石、汀步、小桥等位置，并分段注明岸边及池底的设计高程。最后用粗线将岸边曲线画成折线，作为湖岸的施工线，用粗线加深山石轮廓线等。

（2）纵横剖面图。在水体平面及高程有变化的地方都要画出剖面图。通过这些剖面图表示出水体与驳岸、池底、山石、汀步及岸边处理的关系。

（3）进水口、溢水口、泄水口大样图。如暗沟、窨井、厕所粪池等，以及池岸、池底工程做法详图。

（4）水池循环管道平面图。在水池平面位置图的基础上，用粗线将循环管道的走向、位置画出，注明管径、每段长度、标高以及潜水泵型号，并加简单说明，确定所选管材及防护措施，表明各设施的平面关系和它们的准确位置。标出放线的坐标网、基点、基线位置。

5.7.8　道路广场设计图

道路广场设计图主要表明区内各种道路和广场的具体位置、宽度、高程；纵横坡度、排水方向；路面做法、结构、路牙的安装与绿地的关系；道路、广场的交接、拐弯、交叉路口、不同等级道路的衔接、铺装大样、回车道、停车场等。

图纸内容包括：

（1）平面图。依照道路系统规划，在施工总图的基础上，用粗细不同线条画出各种道路广场、台阶、道路的位置；在主要道路的变坡点和交叉点，注明每段的高程、纵坡坡度的坡向（黑色细箭头表示）等。

（2）剖面图。比例一般为 1：20，首先画一段平面大样图，表示路面的尺寸和材料铺设方法，然后在其下方作剖面图，表示路面的宽度及具体材料的拼接构造（面层、垫层、基层等）、厚度、做法。每个剖面都编号，并与平面图配套。

（3）路口交接示意图。用细黑线画出坐标网，用粗线画出路边线，用线条画路面内铺装材料拼接、摆放等，作出路口交接示意图。

5.7.9　建筑设计图

表现各区建筑的位置及建筑物单体及组合的尺寸、式样、大小、颜色和做法等。如以施工总图为基础，画出建筑物的平面位置、建筑底层平面、建筑物各方向的剖面、屋顶平面、必要的大样图、建筑结构图及建筑庭园中活动设施工程、设备、装修设计。

5.7.10　照明设计图

在电气规划图的基础上，将各种电气设备、景具位置及电缆走向位置等表示清楚。在种植设计图的基础上，用粗黑线表示出各路电缆的走向、位置及各种灯的灯位及编号、电源接口位置等。注明各路用电量、电缆选型敷设、灯具选型及颜色要求等。

5.7.11　假山、雕塑小品等设施设计图

掇山置石形成的假山或雕塑小品通常主观性较强，其施工图应以便于施工者进行施工为原则。这类施工图严格说只能算作施工示意图，因为其意境往往差之毫厘，失之千里，一般而言，设计者都要亲临现场指导施工。施工图可参照施工总图及水体设计的方法，画出山石平面图、立画图、剖面图，注明高度及要求。

5.7.12　苗木表及工程量统计表

苗木规格统计表包括编号、品种、数量、规格、来源、备注等。工程量包括项目、数量、规格、备注等内容，见表5-2。

5.7.13　工程预算

土建部分以项目为单位进行预算，可按市政工程预算定额中的园林附属工程定额计算造价；绿化部分按基本建设材料预算价格制定苗木单价，可按建筑安装工程预算定额的园林绿化工程定额计算出造价。

苗木规格统计表　　　　　　　　　　　表5-2

序号(乔木)	名称	学名	单位	数量	规格（cm）				土球(cm)	备注	图例
					高	胸径	冠幅	净干高			
01	仁面子	Dracontomelon duperreanum Pierre	株	10	300～500	7～8	150～200	200～230	60		
02	马占相思										
03											

序号(棕榈科)	名称	学名	单位	数量	规格（cm）				土球(cm)	备注	图例
					地径	自然高度	净干高	冠幅			
01	大王椰子	Roystanea regia	株	10	50	700～750	450	450	82		
02	蒲英		株	10	20	200～250		120～180	60		
03	散尾英		株	10		250～350	主支4支以上		60		
04											

序号(灌木)	名称	学名	单位	数量	规格（cm）		土球(cm)	备注	图例
					苗高×冠幅	形状			
01	黄金叶		盆	10	100×80	球状			
02	四季桂花								
03									

序号(花草)	名称	学名	单位	面积(m²)	规格（cm）	土球(cm)	备注	图例
					苗高×冠幅			
01	黄金叶	Duranta repens	袋		（10～25）×（10～20）	15	36袋/m²	
02								

本章主要参考文献

[1] 俞孔坚，李迪华主编．景观设计专业学科与教育．北京：中国建筑工业出版社，2003．

[2] 俞孔坚．建筑学报，2000（2）：45～48．

[3] 齐康主编．城市环境规划设计与方法．北京：中国建筑工业出版社，1997．

[4] 洪得娟编著．景观建筑．上海：同济大学出版社，1999．

[5] 梁伊任等编著．园林工程（修订版）．北京：气象出版社，2001．

[6] [英]曼纽尔·鲍德·博拉，弗雷德·劳森著．旅游与游憩规划设计手册．唐子颖，吴必虎等译．北京：中国建筑工业出版社，2004．

[7] 克莱尔·库珀·马库斯，卡罗·琳弗朗西斯编著．人性场所——城市开放空间设计导则．孔俞坚，孙鹏，王志芳等译．北京：中国建筑工业出版社，2001．

[8] 李浩年主编．风景园林规划设计50例．南京：东南大学出版社，2005．

[9] 刘文军，韩寂．建筑小环境设计．上海：同济大学出版社，1999．

[10] 牛亚菲，王文彤．可持续旅游概念与理论研究．上海：国外城市规划，2000．

[11] 黄东兵主编．园林规划设计．北京：高等教育出版社，2003．

[12] 孟刚等编著．城市公园设计．上海：同济大学出版社，2003．

[13] 宗跃光．城市景观规划的理论和方法．北京：中国科学技术出版社，1993．

[14] 李世华，吴智勇主编．现代城市环境景观平面图例．北京：中国建筑工业出版社，2004．

[15] [美]凯文·林奇著．城市意象．方益萍，何晓军译．北京：华夏出版社，2001．

[16] 张红霞，苏勤，王群．国外有关旅游资源游憩价值评估的研究综述．旅游学刊，2006（1）：31～35．

[17] 谢晖，保继刚．旅游行为中的性别差异研究．旅游学刊，2006（1）：44～49．

[18] 阎树鑫．论控制性详细规划编制内容和深度的完善．同济大学学报（社会科学版），2000（S1）：39～42．

[19] 赵蔚．城市公共空间的分层规划控制．上海：同济大学学报（社会科学版），2000（1）：36～38．

[20] 李忠淑．浅析建筑造型设计手法．科技情报开发与经济，2004（11）：236～237．

[21] 孙成仁著．城市景观设计．沈阳：黑龙江科学技术出版社，1999．

[22] 王炳昆编．城市规划中的工程规划．天津：天津大学出版社，1994．

[23] 城市用地竖向规划规范（GJJ 83—99）．

[24] 风景名胜区规划规范（GB 50298—1999）．

[25] 日本建筑学会编．日本建筑设计资料集成3，1980．

[26] 特集．都市の景観．環境文化．環境文化研究所発行，1983（57）．

第6章
旅游区通路

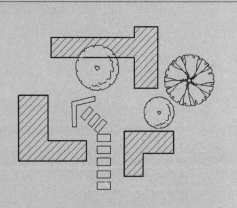

第6章 旅游区通路

通路是旅游区内外各种路径的统称，包括小径、车路和旅游小商品步行街。通路在旅游区中的作用极为重要，它在规划结构中是旅游区的空间形态骨架，是旅游区功能布局的基础；在旅游者心理方面，它是作为区内与区外的基本脉络，起着"内"与"外"的连接作用；同时它又是旅游者进行日常游憩活动的通行通道，有着其最基本的交通功能。旅游区中的道路，也称为园路，它是旅游区基本构成要素之一，包括道路、停车场地、回车场地等硬质铺装用地。园路除了具有交通、导游、组织空间、划分景区等功能以外，还有造景作用，也是旅游区景观工程设计与施工的主要内容之一。

6.1 交通方式、交通组织与路网布局

通行功能是旅游区各类通路的基本功能。旅游者的游览与区内交通方式的选择，直接影响着旅游区各类各级通路的布局和连接形式。虽然受经济发展水平、生活习惯、自然条件、年龄和收入等因素的影响，不同地区、不同年龄和不同阶层的旅游者所选择的交通方式有不同的特征，但仍然有其一般性规律。

6.1.1 旅游区交通方式

旅游区交通方式按采用的交通工具分为机动车交通、非机动车交通和步行交通三种。

在各种旅游交通方式中，采用什么样的位移方式较为恰当，可根据准确性、经济性、及时性、灵活性、舒适性、方便性、快捷性等因素来判断。[1]

在众多因素中，影响旅游者选择交通方式的基本因素是交通距离。影响交通距离与交通方式的相关因素有体能、交通时间和交通费用三项。一般情况下，不同的旅游者选择交通方式时考虑的因素是不同的。对老年人、儿童和青少年来说，选择交通方式时，体能是主要考虑的因素；对低收入者来说，费用是其选择交通方式的主要方面；对高收入者来说，时间可能对他来说是最重要的。但是，在绝大部分情况下，在比较短的距离内（一般为 500～1000m），步行是大部分旅游者愿意选择的交通方式，因为其方便游览、体力能够承受，而且不产生任何费用。

---

1 陶犁.旅游地理学.昆明：云南大学出版社，1995-11（1）：131.

对距离较长的游览(一般在 7km 以内),应该采用机动车作为交通工具。在 1 ～ 7km 的范围内,小型游览车交通将是大部分旅游者的主要交通方式,因为其方便,而且仅发生极小的临时性费用。对老年人、儿童,他们的游览可能仍然采用机动车作为交通工具。

6.1.2　区内交通特征与类型

旅游区交通设施包括区内自身需要的,为通达至游憩场地、各类游憩设施和可以活动的绿地的通路,为旅游者游览服务的非机动车和机动车停车设施,以及对外、内部交通通信与独立的基础工程用地。从交通的类型上分析,主要包括游人为满足购物、娱乐、休闲、交往等和其他游憩活动需要而发生的游览性交通,垃圾清运、货物运送等内容的服务性交通,以及消防、救护等的应急性交通。后两项交通均为机动车交通,发生者不是旅游者本身。其中服务性交通有必要性、定时和定量的特征,应急性交通则有必要性和偶然性特征。这两类交通应该在满足其基本通行要求的前提下,应安全并最大限度地避免对游人游憩活动的干扰。游览性交通均为旅游者自身发生的交通,一般情况下,符合上面关于交通方式选择的分析,对这类交通应最大限度地满足安全、便捷和舒适的要求。

6.1.3　区内交通组织与路网布局

旅游区交通组织的方式和路网布局的形式有人车分行和人车混行两种。

1. 人车分行

建立"人车分行"的交通组织体系的目的在于保证旅游环境的独立性和安全。人车分行方式使旅游区各项游憩活动能正常进行,避免区内大量机动车对游憩活动质量的影响,如交通安全、噪声、空气污染等。基于这样的一种交通目标,在旅游区的路网布局方面应遵循以下原则:

1) 进入旅游区后步行道与汽车通路在空间上分离,设置步行道与车行道两个独立的路网系统。

2) 车行路应分级明确,可采取围绕旅游区或场地群落布置的方式,并以枝状尽端路或环状尽端路的形式延伸到游憩场地出入口。

3) 在车行路周围或尽端,应设置适当数量的停车位,在尽端型车行道路的尽端应设置回车场地。

4) 步行路应尽量在景区内部,将绿地、活动场地、公共服务设施串联起来,并延伸到游憩活动场地的入口。

人车分行的路网布局一般要求步行路网与车行路网在空间上不能重叠,在无法避免时可以采用局部交叉的工程措施。在有条件的情况下,可以采取车行道整体下挖并覆土，应营造人工地形，建立完全分离、相互完全没有干扰的交通路网系统。也可以采用步行路网整体高架、建立两层以上的步行路网系统的办法来到达人车分行的目的。虽然人车分行路网布局要求步行路网与车行路网不重叠，但允许两者在局部位置交叉，此时如条件许可应该采用立交，特别在行人流量较大的地段。

人车分行的交通组织与路网布局在环境保障方面有明显的效果，但在采用时必须充分考虑经济性和它的适用条件，因为它是一种针对旅游区内存在较大量机动车交通量的情况而采取的交通组织方式。

2. 人车混行

在许多情况下，特别是在旅游区，人车混行的交通组织方式与路网布局有其独特的优点。

人车混行的交通组织方式是指机动车交通和人行交通共同使用一套路网，具体地说，就是机动车和行人在同一道路断面中通行。这种交通方式在交通量不大的旅游区，既方便又经济，是一种被普遍采用的交通组织方式。人车混行交通组织方式下的人车混行区路网布局要求道路分级明确，应贯穿于人车混行区内部，主要路网一般采用互通型的布局形式。

旅游区交通组织考虑的因素包括合理处理人与车、机动车与非机动车、小型游览车与大型游览车、区内交通与外部交通、静态与动态交通之间的关系。

使游人出行安全、便捷。在具体路网布局中，如何处理安全与便利的关系，应综合考虑人车混行、区内规模、游人愿意选择的交通方式以及场地环境等因素。在规模不太大的旅游区，不必刻意强调人车完全分行，当然，随着生活水平的提高和对环境要求的提高，特别在游人集中空间和群落空间中，完全的人车混行方式将不能适应旅游活动发展需要。根据自然条件和旅游需要，人车分行与人车混行结合的交通组织方式及路网布局形式更加适用。

旅游区路网布局应在区内交通组织规划的基础上，采取适合相应交通组织方式的路网形式，并应遵循如下原则：

(1) 通畅而不穿行，保持区内场地的完整与通畅。　区内的路网布局包括出入口的位置和数量。出入口应与游览交通的主要流向一致，避免产生逆向交通流，应该防止不必要的交通穿行，如旅游目的地不在游憩场地之内的交通穿行和误行。应该使游人出行能便捷而安全地抵达目的地。

(2) 分级布置，逐级衔接。应根据通路所在位置、空间性质和服务人口，确定其性质、等级、宽度和断面形式。不同等级的通路应该归属于相应的空间层次内；不同等级的通路，特别是机动车道应尽可能地逐级衔接。旅游区沿城市道路部分的地面标高应与该道路路面标高相适应，并采取措施，避免地面径流冲刷、污染城市道路和旅游区绿地。

（3）因地制宜，布局合理。应该根据旅游区内不同的基地形状、地形、规模、旅游需求和游人的行为轨迹合理地布局路网、道路用地比例和各类通路的宽度与断面形式。

（4）空间结构整合化。各级通路是构建旅游区内功能与形态的骨架。区内交通应该将游憩场地、服务设施、公共设施等内外设施联系为一个整体，构筑方便、丰富和整体的区内交通、空间及景观网络，并使其成为所在地区或城市交通的有机组成部分。景区沿城市道路、水系部分的景观，应与该地段城市风貌相协调。

（5）避免影响地区或城市交通。应该考虑旅游区内交通对周边地区和城市交通可能产生的不利影响。避免在城市主要交通干道上设置出入口或控制出入口的数量及位置，并避免出入口靠近道路交叉口设置。条件不允许时，必须设置通道使主要出入口与城市道路衔接。沿城市主、次干道的市、区级旅游区主要出入口的位置，必须与城市交通和游人走向、流量相适应，并根据规划和交通的需要设置游人集散广场。

6.2　道路类型、分级与宽度

6.2.1　道路类型

"道路是一条带状的三维空间的实体，它由路基、路面、桥梁、涵洞、隧道和沿线辅助设施所组成。"[1] 旅游区中的道路是贯穿全区的交通网络，是联系若干个旅游单元和旅游点的纽带，是组成旅游区景观的要素，并为游人提供活动和休息的场所。根据区内交通组织的要求，旅游区的通路有步行路和车行路两种类型。在人车分行的路网中，车行路以机动车交通为主，兼有非机动车交通和少量步行交通，步行路则兼有步行交通和步行休闲功能，并可兼为非机动车服务；在人车混行的路网中，车行路共有机动车、非机动车和步行三种交通形式，也同时有专门的步行路系统，但一般主要是用于休闲功能。道路的走向对旅游区内的通信、光照、环境保护也有一定的影响。因此，无论从实用功能上，还是从美观方面，均对道路的设计提出一定的要求。

6.2.2　分级、宽度

旅游景区或公园的道路也称为园路，按其使用功能可以划分为主路、支路和小路三个等级。各级园路以总体设计为依据，确定路宽、平曲线和竖曲线的线形以及路面结构。

---

1 吴瑞麟，沈建武主编. 道路规划与勘测设计. 广州：华南理工大学出版社，2002-03（1）：106.

(1) 主路。联系旅游景区主要出入口、旅游景区各功能分区、主要建筑物和主要广场，是全区道路系统的骨架，是游览的主要线路，多呈环形布置。其宽度视旅游景区的性质和游人容量而定，一般为 3.5 ~ 6.0m。

(2) 支路。支路作为主路的分支路，宽度根据旅游区规模和人车流量而定。规模较大的旅游区内，道路宽度可以达到 3.5 ~ 5.0m；规模较小的旅游景区内，其宽度为 1.2 ~ 2.0m；一般为 2.0 ~ 3.5m。

(3) 小路。小路是各旅游单元内连接各个旅游点、深入各个角落的游览道路，一般为 0.9 ~ 2.0m，有些游览小路其宽度为 0.6 ~ 1.0m。

旅游景区的园路宽度应符合表 6-1 的规定。

景区园路宽度规定 表6-1

道路级别	陆地规模（ha）			
	<2	2~10	10~50	>50
主路（m）	2.0~3.5	2.5~4.5	3.5~5.0	5.0~7.0
支路（m）	1.2~2.0	2.0~3.5	2.0~3.5	3.5~5.0
小路（m）	0.9~1.2	0.9~2.0	1.2~2.0	1.2~3.0

6.2.3 道路线型与断面形式

道路的线型包括平面线型和纵断面线型。线型设计是否合理，不仅关系到旅游区景观序列的组合与表现，也直接影响道路的交通和排水功能。道路线型设计应符合下列规定：

1) 地形、水体、植物、建筑物、铺装场地及其他设施结合，形成完整的景观构图；

2) 创造连续展示景观的空间或欣赏前方景物的透视线；

3) 道路的转折、衔接通顺，符合游人的行为规律；

4) 通往孤岛、山顶等卡口的路段，宜设通行复线，必须沿原路返回的，宜适当放宽路面；

5) 应根据路段行程及通行难易程度，适当设置供游人短暂休息的场所及护栏设施。

1. 平面线型

平面线型是指道路中心线的水平投影形态。线型种类有：

1) 直线。曲率为零（曲率半径为无穷大）的线性。一般在规则式景区场地中多采用此线形，其形态平直，方便交通。

2) 圆弧曲线。曲率为常数（曲率半径为常数）的线性。道路转弯或交汇时，考虑行驶机动车的要求，弯道部分应取圆弧曲线连接，并具有相应的转弯半径。

3）缓和曲线。曲率为变数（曲率半径为变数）的线性。指曲率不等且随意变化的自然曲线。在以自然式布局为主的小路中多采用此种线型，可随地形、景物的变化而自然弯曲、柔顺流畅和协调。

"现代道路平面线性正是由上述三种基本几何线性即直线、圆曲线和缓和曲线的合理组合而构成。"[1]

对于总体设计时确定的道路平面位置及宽度，在详细设计时应再次核实，并做到主次分明。在满足交通要求的情况下，道路宽度应趋于下限值，以扩大绿地面积的比例。游人及各种车辆的最小运动宽度见表6-2。

每小时最大通行量为800辆的大型旅游单元，在容许汽车出入的场合，汽车道的有效宽度最小为6m（双车道）。小于这种限度，车道的数量应增加。

游人及各种车辆的最小运动宽度　　　　　　表6-2

交通种类	最小宽度（m）	交通种类（m）	最小宽度（m）
单　人	≥0.7	小轿车	2.00
自行车	0.6	消防车	2.06
三轮车	1.24	卡　车	2.05

一般的步行道，步行者往往因沿途的游览状况，会有所停滞、交错。但道路的设计一般原则是始终保持一致的路幅宽度。因此，对停滞的流通量，应预先加以考虑，以扩大其路宽、扩大量（表6-3）。

停滞交通量扩大道路宽量　　　　　　表6-3

停滞方向	园路行进方向	与行进方向交叉的侧路方向
最小扩宽量（cm/人）	50	30

一般步行不踏出外面的宽度为40mm（小于70cm）。

多人并列同行所需要的人体宽度可按下式计算：

$$n(人) = (60 \times n) - 20 (cm)$$

标准的景区园路宽最小幅度见表6-4。

景区园路宽最小幅度表　　　　　　表6-4

种　类	公　园	庭　园
车　道	6.0m	2.4~3.0m
步行道	1.5m	支路：1.0m 小路：0.6~0.75m

---

1 吴瑞麟，沈建武主编．道路规划与勘测设计．广州：华南理工大学出版社，2002-03(1)：108.

有些游憩场地允许自行车出入，设计的自行车道的宽度、坡度应符合人性化。

（1）平曲线最小半径。当车辆在弯道上行驶时，为了使车体顺利转弯，保证行车安全道上部分应为圆弧曲线，该曲线称为平曲线（图6-1）。

行车道路转弯半径在满足机动车最小转弯半径条件下，可结合地形、景物灵活处置。

道路的曲折迂回应有目的性。一方面曲折应是为了满足地形及功能上的要求，如避绕障碍、串联景点、围绕草坪、组织景观、增加层次、延长游览路线、扩大视野；另一方面应避免无艺术性、功能性和目的性的过多弯曲。

曲线变化主要由下列因素决定：

1）构景的需要；

2）当地地形、地物条件的要求；

3）经常通行机动车的道路上或地段条件困难的个别地段上，为保证行车安全，宽度应大于4m，最小转弯半径不得小于12m。

（2）曲线加宽。当汽车在弯道上行驶时，由于前轮的轮迹较大，后轮的轮迹较小，出现轮迹内移现象。同时，汽车本身所占宽度也较直线行驶时大，弯道半径越小，这一现象越严重。为了防止后轮驶出路外，车道内侧（尤其是小半径弯道）需适当加宽，称为平曲线加宽（图6-2）。

曲线加宽设计要点：

1）曲线加宽值与车体长度的平方成正比，与弯道半径成反比。

2）当弯道中心线平曲线半径 $R > 9m$ 时，可不必加宽。

3）为了使直线路段上的宽度逐渐过渡到弯道上的加宽值，需设置加宽缓和段。

4）在路的分支和交汇处，为了通行方便，线型圆润、流畅，形成优美的视觉效果。

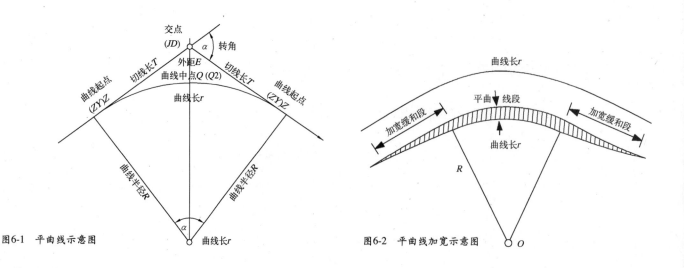

图6-1　平曲线示意图　　　　　　　　　　图6-2　平曲线加宽示意图

2. 纵断面线型

纵断面线型是指道路中心线在其竖向剖面上的投影形态。它随着地形的变化而呈现连续的折线，在折线交点处，为使行车平顺，需设置一段竖曲线。

(1) 线型种类。线型种类有以下两种：

1) 直线。表示路段中坡度均匀一致、坡向和坡度保持不变的线型。

2) 竖曲线。两条不同坡度的路段相交时，必然存在一个变坡点。为使车辆安全平稳通过变坡点，须用一条圆弧曲线把相邻两个不同坡度的线连接起来，这条曲线因位于竖直面内，故称竖曲线。当圆心位于竖曲线下方时，称为凸型竖曲线。当圆心位于竖曲线上方时，称为凹型竖曲线（图6-3）。其大小用曲线半径和曲线长（水平长度）表示。

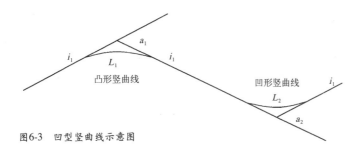

图6-3 凹型竖曲线示意图

竖曲线设计要点：①区内道路根据构景的需要，应随形就势，一般随地形的起伏而起伏。②在满足构景艺术要求的情况下，尽量利用原地形、以保证路基稳减少土方量。行车路段应避免过大的纵坡和过多的折点，使线型平顺。③区内道路应与相连的广场、建筑物和城市道路在高程上有一个合理的竖曲线。④区内道路应配合组织地面排水。⑤纵断面控制点应与平面控制点一并考虑，使平、竖曲线尽量错开，注意与地下管线的关系，达到经济、合理的要求。⑥行车道路的竖曲线应满足车辆通行的基本要求、应考虑常见机动车辆线形尺寸对竖曲线半径及会车安全的要求。

(2) 纵向坡度。纵向坡度是指道路沿其中心线方向的坡度。道路中，直线有上坡和下坡之分，是用坡度和长度（水平长度）表示的。"直线的坡度和长度影响着汽车的行驶和运输的经济以及行车的安全，它们的一些临界值的确定和必要的限制，是以道路上行驶汽车类型及其行驶状况来决定的。"[1] 行车道路的纵坡一般为0.3%～8%，以保证路面排水与行车的安全。小路和特殊路应不大于12%。

1 吴瑞麟，沈建武主编．道路规划与勘测设计．广州：华南理工大学出版社，2002-03 (1)：141.

（3）横向坡度。横向坡度是指垂直道路中心线方向的坡度。为了方便排水，道路横坡一般为1％～4％，呈两面坡，弯道处由于设置超高而呈单向横坡。

不同材料路面的排水能力不同，它所要求的纵横坡度也不同（表6-5）。

各种类型路面纵横坡度表　　表6-5

路面类型	纵坡(%)			横坡(%)		
	最小	最大		特殊	最小	最大
		主路	支路			
水泥混凝土路面	0.3	6	7	10	1.5	2.5
沥青混凝土路面	0.3	5	6	10	1.5	2.5
块石、砾石路面	0.4	6	8	11	2	3
拳石、卵石路面	0.5	7	8	7	3	4
颗粒路面	0.5	6	8	8	2.5	3.5
改善土路面	0.5	6	6	8	2.5	4
游览小路	0.3		8		1.5	3
自行车道	0.3	3			1.5	2
广场、停车场	0.3	6	7	10	1.5	2.5
特别停车场	0.3	6	7	10	0.5	1

（4）弯道超高。当汽车在弯道上行驶时，产生横向推力即离心力。这种离心力的大小，与行车速度的平方成正比，与平曲线半径成反比。为了防止车辆向外侧滑移及倾覆，并抵消离心力的作用，就需将路的外侧抬高。设置超高的弯道部分（从平曲线起点至终点）形成了单一向内侧倾斜的横坡。为了便于直线路段的双向横坡与弯道超高部分的单一横坡有平顺衔接，应设置超高缓和段。

供残疾人使用的道路在设计时的要求：

1）路面宽度不宜小于1.2m，回车路段路面宽度不宜小于2.5m；

2）道路纵坡一般不宜超过4％，且坡长不宜过长，在适当距离应设水平路段，并不应有阶梯；

3）应尽可能减小横坡；

4）坡道坡度为1/20～1/15时，其坡长一般不宜超过9m；每逢转弯处，应设不小于1.8m的休息平台；

5）道路一侧为陡坡时，为防止弯道超高轮椅从边侧滑落，应设10cm高以上的挡石，并设扶手栏杆；

6）排水箅子等，不得突出路面，并注意不得卡住车轮和盲人的拐杖。

具体做法参照《方便残疾人使用的城市道路和建筑物设计规范》（JGJ 50—88）。

6.2.4　道路规划设计的有关规定

旅游区中的主路纵坡宜小于8%，横坡宜小于3%，粒料路面横坡宜小于4%，纵、横坡不得同时无坡度。山地景区的道路纵坡应小于12%，超过12%应作防滑处理。主路不宜设梯道，必须设梯道时，纵坡宜小于36%。

支路和小路，纵坡宜小于18%。纵坡超过15%的路段，路面应作防滑处理纵坡超过18%的路段，宜按台阶、梯道设计，台阶踏步数不得少于2级；坡度大于58%的梯道应作防滑处理，宜设置护拦设施。各种设施的理想坡度见表6-6。道路在地形险要的地段应设置安全防护设施。

各种设施的理想坡度　　　　　　　　　表6-6

各种设施	理想坡度	
	最高（%）	最低（%）
（1）道路（混凝土）	8	0.50
（2）停车场（混凝土）	5	0.50
（3）服务区（混凝土）	5	0.50
（4）进入建筑的主要通路	4	1
（5）建筑物的门廊或入口	2	1
（6）服务步道	8	1
（7）斜坡	10	1
（8）轮椅斜坡	8.33	1
（9）阳台及坐憩区	2	1
（10）游憩用草皮区	3	2
（11）低湿地	10	2
（12）已整草地	3∶1坡度	—
（13）未整草地	2∶1坡度	—

6.3　通路与游憩场所

6.3.1　通路的特性

通路作为旅游区空间结构的骨架，以出入口为起点，将区内各游憩活动场所、主要建筑物及各个空间作线形连接，这便是最简单的通路特性。

一般说来，主路构成连接主要游憩场所之间的交通线路，具有承担客运、货运、通勤等各种功能。支路是主路的分支路，在规模较大的旅游区中起到分担主路功能的作用。小路具有休闲散步、赏景游玩、登高望远等功能。假如有哪一个游憩场所脱离了通路而独立存在，那一定是不得已而为之。通路的作用就是保证场所之间的联系，它以"连接性"为特点。

通路不仅仅只是支撑和维持游憩场所的存在，而且也要受到游憩场所间的关系的制约。随着通路从一间房屋这样小的场所，向国家公园那样庞大的区域不断延伸，沿途会产生若干各具特色的游憩场所。非均质性的游憩场所，因受景观特点和社会要求的影响，会具有各种不同的功能和旅游意义，游憩场所内部也因旅游吸引力的差异具有等级之分，这种场所间的差异使连接这些场所的通路带有轴向性和方向性，使之产生"前往与返回"等概念。有时，通路的轴向性和方向性还受到游憩场所的中心性或重要性的制约，从而使连接场所之间的通路产生"主路"、"支路"，"大街与小巷"的区别，并以此来适应各自场所环境的要求。无论通路连接的是大型广场还是一块小场地，通路无疑都受到游憩场所特性的制约，也就是说，必然会根据游憩场所的特性，形成诸如主路、小径那样形式各异、不同层次的园路。在重要的游憩场所之间开设主要的通路，而在通路两端又会出现相应的新场所，场所需要通路，而通路又会使场所焕发出新的活力。这就是两者相互依存关系带来的良性关联作用。旅游区的空间组织在这种不断延伸中也变得更加丰富。因此，设计通路时，"连接性"往往被视为通路的重要原则。

与城市道路略有不同。旅游区中的通路是为了满足游览观景、开展各种游憩活动的需要，除了便利实用外，通路应考虑旅游空间的区划要求。通路不仅是道路交通设施的组成部分，也构成了旅游单元的空间骨架。在多数情况下，通路将旅游单元区划为若干旅游点，旅游点往往沿通路动线布局。这意味着，通路的设计实质上是游览活动向导线设计的基础。

道路的分级和布局受景象特征和游赏方式的影响。一般而言，游人的游赏方式与景象特征是相适应的，游人面对不同的景象特征，因体力和游兴的原因，在行为上表现出不同的游赏方式，可以是静赏、动观、跋山、涉水、探洞，也可能是步行、乘车、坐船、骑马，这些游赏方式在时间上体现为不同的速度进程。上述因素影响着道路的级别、类型、长度、容量和空间层次序列结构，道路的特点差异和多种游线间的穿插衔接关系，以及道路交通设施配置等诸问题。道路的分级和布局实质上是景象空间展示、速度进程、景观类型转换综合构想的体现方式。[1]

6.3.2　通路的结构形式

"连接性"是各级道路的共同特点。无论主路、支路还是小路，设置道路的目的就是为了连接各类游憩场所，影响游憩场所位置和布局的因素是多种多样的。因此，游憩场所的布局具有非均质性特点，这将导致游憩场所在空间排列上有多种可能性。通路就是要适应场所的这些特点，将各种游憩场所连接起来。

---

1 张国强，贾建中主编. 风景规划——风景名胜区规划规范实施手册. 北京：中国建筑工业出版社，2003-03：4 ~ 5.

从平面上分析，通路一般可以归纳为"向心式"、"环绕式"和"自由式"三种基本类型。

（1）"向心式"。平面上的"向心式"源于用来连接两个游憩场所的道路原形。由于场所具有非均质性和中心性特点，在现实中，两个场所的中心性或重要性往往会存在差异，在设计中，因考虑这种差异而特别强调其中一方场所的中心性或重要性。因此，源于连接两个游憩场所的道路原形，演变为向一个中心场所集中的平面形式。我们称具有这种结构特点的通路为"向心式"。"向心式"适用于地势平坦的旅游区，主路大都属于这种类型。

（2）"环绕式"。"环绕式"在具体形态上是指如同中庭广场的环廊、但向心性较弱的通路类型。"环绕式"通路按照环廊的形式，将环廊上的相互接近的场所连接贯通，但并不强调被环廊围合场所的中心性特征。旅游区中环绕式的庭院大多采取这种类型的通路。

（3）"自由式"。"自由式"中的通路在具体形态上多指诸如旅游区内的小路、公园中的散步道或城市游憩中心的漫步空间。这种通路主要用于体验其中的游览情趣，是一种强调游憩要素的通路类型。通常这类通路蜿蜒曲折，不拘泥于两个目的地之间最短距离的直线原则。

从纵向断面上分析，通路的纵向断面形式可以归纳为平坦形、凹形、凸形和坡形四种类型。在具体形态上多指包括平路、跨越桥、坡状、阶梯状、分段下沉凸起等通路。

6.3.3　通达性

通达性是指从源地克服各种阻力达到目的地的相对或绝对难易程度，其比较指标有距离、时间、费用等等。如果不考虑空间上的阻力分布差异，则平面上两点间直线距离最短，到达的代价最小。通路的通达性实际上反映了通路对某种水平运动过程的阻力，也用可穿越性及隔离程度来表述，更为普遍性的概念是费用、距离。游人在旅游区中的游览需要克服空间阻力来完成，我们可以用通路的通达性来衡量通路为游人提供服务的可能性或潜力。因此，通达性是通路应该具备的基本性质。

通路的通达性包括以下内容：

1）通路的畅通性；

2）通路与目的地的可达性；

3）通路与目的地的可选择性。

通路的畅通性是通路设施的基本要求，它保证通路基本功能的实现；通路与目的地的可达性保证通路自身各种功能使用的效率与效果；通路与目的地的选择性体现的是社会公平与实现多样化需求的目标，游人对通行路径以及在上面发生的游憩活动，对提供的各类设施，应该具有相对同等的选择机会。

通路的通达性由以下三方面的要素决定：

1）通路的线形、空间比例及尺度是体现通达性的主要的形态要素。一般来说，通达性要求越高的通路，其线形越平直，比例及尺度也越大；线形越弯曲、转折越多，空间的比例及尺度越小，通路的通达性越弱。

2）通路所处的空间层次是决定通路通达性的空间要素。根据空间的层次原理，一般来说，在公共性越强的空间中，通路的等级越高，交通性越强，通达性也越大；相反，通达性就越弱。

3）通路所服务的对象和内容是决定通路通达性的功能要素。通路通达的设施对游人游憩活动等的重要程度以及游人对它的使用频率，决定了使用该通路的游人数量和该通路的使用频率。一般而言，使用的游人数量越多，使用的频率越高，要求通路的通达性越好，也意味着通路的公共性越强。

由于大自然本身是有方向感的，例如，山脉的蜿蜒起伏，河流的来龙去脉。"在有自然地形起伏的地区，路并不追随两点间直线距离最近的几何定律。"[1]因此，旅游区的通路起着多种作用，不论哪一级或哪一类通路均同时兼有通行、观景、休闲散步、认知定位和游人交往等功能。通达性是通路最主要的布局要求，它是满足通路功能的基本条件，而通路所处的空间层次及其主体功能影响着通路的通达程度。

6.3.4 控制穿越性的设施

车挡和缆柱是控制道路通行能力和车辆停放的重要路障设施之一。"确定道路通行能力的种类主要考虑两点：（1）通行能力分析必须与运行质量相联系；（2）需要有一种具体公路均能与之对比的基本参照通行能力。"[2]除此之外，道路通行能力还与通行的条件有关，控制条件就是其中之一。"控制条件是指交通控制设施的形式及特定设计和交通规则。"[3]其中交通信号的设置地点、形式和预定时对通行能力的影响最大。其他重要交通控制包括停车和让路标志、车道使用限制及转弯限制等等。车挡是一种车道使用限制设施。车挡的造型、设置地点应与通路的景观相协调。车挡和缆柱分为固定和可移动式的，固定车挡可加锁由私人管理。

---

1 李道增.环境行为学概论.北京：清华大学出版社，1999-03（1）：72.
2 王炜，郭秀成.交通工程学.南京：东南大学出版社，2000-10（1）：125.
3 王炜，郭秀成.交通工程学.南京：东南大学出版社，2000-10（1）：126.

车挡材料一般采用钢管和不锈钢制作，高度为 70cm 左右，通常设计间距为 60cm。但有轮椅和其他残疾人用车地区，一般按 90 ～ 120cm 的间距设置，并在车挡前后设置约 150cm 左右的平路，以便轮椅的通行。

缆柱分为有链条式和无链条式两种。缆柱可用铸铁、不锈钢、混凝土、石材等材料制作，缆柱高度一般为 40 ～ 50cm，可作为街道座凳使用，缆柱间距宜为 120cm 左右。带链条的缆柱间距也可由链条长度决定，一般不超过 2m。缆柱链条可采用铁链、塑料链和粗麻绳制作。

路障设施应根据不同功能要求确定其结构和材料。材料应与景区风格相协调，并宜与城市车行路有所区别。

6.3.5 通路与旅游活动

通路通常可以扩展为广场、街道，为游人提供购物活动和休息的场所，从而对空间中的自发性游憩活动产生影响。在由通路扩张为街道上进行休闲活动，是城市休闲生活的重要特征。我国传统的街道中，街道休闲生活丰富而有特色，它是城市休闲活动的重要组成部分。通行、观景、休闲散步和邻里交往，在我国传统街道生活中往往集街道空间于一体。步行街是城市休闲区域中一种具有特定内容的通路，但并不是所有的通路都能够或都应该成为"步行街"。一般情况下，步行街指那些两侧建筑毗邻的通路，两侧的建筑大多使用频率较高、有着较多吸引游憩者的设施，通行、观景、休闲散步和邻里交往，往往在这类通路上同时发生。

营造街道休闲生活应该成为游憩场地景观设计及管理的重要目标之一。城市中的街道休闲是市民日常生活活动不可缺少的场所，因此，在城市中，适合街道休闲的通路应该是各类服务设施集中地段的生活性通路，同时，适宜的位置、良好的通达性、丰富而具有特色的景观、适宜的空间比例与尺度也是规划设计街道的重要要素。

6.3.6 通路空间尺度与景观

通路作为空间界面的一个方面而存在着，自始至终伴随游览者，影响着景观效果，它与山、水、植物、建筑等等，共同构成优美丰富的景观。在建筑比重较小的现代旅游地，用通路围合、分隔不同景区是主要方式。借助通路形式（线形、轮廓、图案等）的变化可以暗示空间性质、景观特点的转换以及活动形式的改变，从而起到组织空间的作用。因此，通路的线形、空间比例、尺度不仅仅取决于通路的通达性，还应该考虑通路景观以及它所表现出的对旅游区整体效果的影响。

经过铺装的通路能耐践踏、辗压和磨损，除满足各种人流、货流运输的要求外，还为游人提供舒适、安全、方便的交通条件。旅游点间的联系是依托通路进行的，为动态序列的展开指明了前进的方向，引导游人从一个旅游点进入另一个旅游点。所以，通路的设计必须配合旅游单元的空间布局要求，使之成为游览活动的向导线。选定游览动线时应考虑以下因素：

1）选定游览路线时要注意沿线设施上的有效利用、景观的变化以及顺应地形上的要求；

2）对原有树木、景观的保存应加以考虑，遇有树木或景物宜绕行设置；

3）选定能使景物产生最佳效果的路线。

通路为欣赏景观提供了连续的不同的视点，可以取得步移景异的效果。通过通路的引导，将不同角度、不同方向的地形地貌、植物群落等景观展现在眼前，形成一系列动态画面，此时通路参与了景观的构图。通路的每一块铺料的大小以及铺砌形状的大小和间距等，都能影响整个路段的空间比例。而通路本身的线形、质感、色彩、纹样、尺度等与周围环境的协调性，涉及到旅游区整体环境的舒适性、特征性、丰富性等心理问题，通路起到对旅游环境的认知定位作用。

道路及铺装场地应根据不同功能要求确定其结构和饰面。面层材料应与景区风格相协调，并宜与城市车行路有所区别。

本章主要参考文献

[1] 沈志云，邓学钧编著．交通运输工程学．北京：人民交通出版社，2003．

[2] 成耀荣编著．综合运输学．北京：人民交通出版社，2003．

[3] 林选泉，刘月琴．交通·让出行成为享受——城市道路景观设计理论与实践．中外建筑，2005（4）：93～98．

[4] 吴瑞麟，沈建武主编．道路规划与勘测设计．广州：华南理工大学出版社，2002．

[5] 吴必虎．区域旅游规划原理．北京：中国旅游出版社，2001．

[6] 李道增．环境行为学概论．北京：清华大学出版社，1999．

[7] 俞孔坚，段铁武，李迪华等．景观可达性作为衡量城市绿地系统功能指标的评价方法与案例．城市规划，1999，23（8）．

[8] 汪光焘，城市交通规划面临的形势与任务．城市交通，2006（1）：5～8．

[9] 金勇，丁良川．可达性·愉悦性·可持续性——论城市道路交通环境设计的社会学价值．规划师，2005（1）：18～21．

[10] 卓健．速度·城市性·城市规划．城市规划，2004（1）．

[11] 葛亮，王炜，邓卫，陈学武．城市空间布局与城市交通相关关系研究．华中科技大学学报（城市科学版），2003（4）：54～56．

[12] 张春凯．城市中心区道路交叉口空间与建筑形态研究（博士学位论文）．上海：同济大学学报，2002．

[13] 陶犁．旅游地理学．昆明：云南大学出版社，1995．

[14] 张国强，贾建中主编．风景规划——风景名胜区规划规范实施手册．北京：中国建筑工业出版社，2003．

[15] 王炜，郭秀成．交通工程学．南京：东南大学出版社，2000．

[16] 大阪市土木技術協會．交通抑制のための道路構造．1984．

[17] 今野　博．まさ づくり步行空間．鹿島出版会，1980．

[18] 都市住宅編集部編．步車共存道路の理念と実践．鹿島出版会，1983：39～40

第7章

游憩活动场地及其设施设计

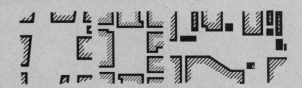

第7章 游憩活动场地及其设施设计

7.1 游憩设施系统

旅游区一般由旅游吸引物和接待设施系统组成。如果将游憩体验与满足看成是旅游者所需的终极产品，那么旅游过程就是游憩体验的产生过程。当我们把旅游需求与游憩设施和环境联系起来，使这些设施和环境可以不同程度地满足旅游的需求时，每种游憩活动对支持它的设施和环境也提出相应的要求。基于这种供需关系的理解，旅游区景观设计的物质对象，主要是区内设施和旅游吸引物两个系统。区内设施系统包括除交通设施以外的基础设施（给水排水、供电、废物处置、通信及部分社会设施）、接待设施（宾馆、餐饮）、康体娱乐设施（运动设施、娱乐设施等）和购物设施四部分；旅游吸引物系统主要包括旅游景观系统（自然景观、人文景观）和游憩设施系统两部分。

设施系统和吸引物系统往往构成旅游资源学、旅游规划、建筑学、环境艺术设计（狭义景观设计）、风景园林设计、饭店管理等学科的主要研究对象。这些内容也常常是政府和开发商特别关注的事项。

本书所涉及的游憩设施系统主要包括游憩活动场地、庇护性设施、游憩环境设施以及旅游服务和管理设施四大类。

（1）游憩活动场地是任何一处旅游空间的必须用地，它为游憩活动提供场地条件。游憩活动场地设计主要包括场地出入口、边界、场地铺装以及各类活动场地设计等内容。

（2）庇护性设施主要指建立在场地基础上的、为各种游憩活动提供遮蔽功能的设施。庇护性设施设计主要包括亭、廊、榭、厅堂、阁楼、馆、码头、棚架、膜结构、座椅具设计等内容。

（3）游憩环境设施泛指用于塑造游憩环境的设施，包括为游人提供方便的便民设施等。游憩环境设施由硬质景观、水景观、模拟景观三个小类组成。硬质景观设计涉及到雕塑小品、栏杆与扶手、挡墙与栅栏、坡道、台阶、种植容器、便民设施设计等内容；水景观设计涉及到自然水景、驳岸、景桥、木栈道、庭院水景、瀑布跌水、溪涧、生态水池与涉水池、人工海滩、浅水池、装饰水景、喷泉、倒影池、景观用水设计等内容；而模拟景观设计则主要包括假山石、人造树木、枯山水、人工草坪、人工坡地设计等内容。

（4）旅游服务及管理设施设计包括商业、饮食设施、文娱设施、体育设施、管理与医疗设施、住宿设施以及设备和维护用房、照明、解说设施的设计等内容。

人们可以根据很多需要划分游憩设施系统，如性质、主导功能、用途以及同旅游开发的关系、设施形式等等。由于本书关注的是场地景观环境与游憩活动的相互关系，上述的分类是建立在游憩设施形式和用途的综合特征上的。因此，旅游服务及管理设施类别中的商业、饮食、文娱、体育、管理、医疗和住宿等设施，可以看成建筑设计专项范畴，本书不作专论。

对于一个较大规模的旅游区，游憩设施系统的四个部分，共同组成了包含彼此内容的不可分割的旅游景观环境整体。

旅游区的游憩设施系统设计应注重实用性，同时户外游憩活动的场地应以适合、适用为原则。旅游区中的各项设施、设备亦以满足使用的需求为主，在符合人性化尺度下，提供合宜的设施、设备，并考虑形式美，以增加视觉的趣味性。因此，设计者必须了解设施的实质特征（如大小、重量、材料、活动距离等）、美学特征（大小、形态、颜色、质感）及功能特征（品质影响及使用功能），并预想不同的设施设计及组合、形体配置后能造成的品质和感觉，使设施确实能发挥其潜能。

7.2　游憩活动场所与设施内容

7.2.1　游憩活动场地及其设施

旅游区的游憩活动场地及其设施主要是指：户外游憩活动场地以及设置于其中的各类活动设施和配套设施，如休憩娱乐广场、儿童游乐场地、健身运动场地、纪念性休闲广场等。各类活动设施包括儿童的游戏器具、青少年运动的运动器械和为老年人健身与休闲使用的设施。配套设施包括各类场地中必要的桌凳、亭廊、构架、照明灯和雕塑小品等设施。围绕着户外游憩活动场地，场地设施的设计涉及到出入口、边界、路面铺装以及各类场地四个方面的内容。绿化是游憩活动场地必备的要素，它起着经营环境、分隔空间、构筑景观的作用，绿地布局也是场地设计必须考虑的内容。

为了对游憩活动场地基本情况有所把握，在进行场地设计前，一般需收集和分析相关的资料，这些资料的内容以及对后续设计的重要性，已经在第5章详细介绍过。

除了对场地的基本情况有所把握外，公共游憩活动场地的配置与设计，还应该以游人的年龄结构为基础，根据不同年龄组人群活动的生理和心理需要以及行为特征进行分析。

如果按照年龄组分类，可以将游人分为：1～5岁的幼儿，6～11岁的少儿，12～17岁的青少年，18～24岁的青年，25～64岁的成年，65岁以上的老年。在老年人中还应该根据生理、心理、健康状况和活动特点划分为65～70岁的低龄老人、70～80岁的中龄老人和80岁以上高龄老人三个年龄段。

另外，还必须考虑特殊人群的不同生理和活动特点。由于疾病、事故或年老体衰，这些人会觉得在某些方面无能为力，但这些身体障碍不应妨碍他们享受生活。当设计者创造了一个无障碍的环境时，即使对那些没有明显残疾的人也是更加舒适的。譬如，有时将路边缘石削平，这样的设计对骑自行车的人、玩滑板的人、推购物车及婴儿的人来说，同样是很方便的。

虽然将每个人的需要都预计到是不可能的，但通过无障碍设计的控制，可以将环境的不利因素削减到最小。

7.2.2　游憩活动场地的特征

游憩活动场地是指由建筑物、道路和绿化地带等围合或限定形成的，为游人游憩活动提供场地的户外公共活动空间。在旅游区中，游憩活动场地是公共场地的重要组成部分。它可以由道路交汇点或扩大部分形成产生，也可以顺应自然地形而产生。游憩活动场地的特征取决于它在旅游区中的位置与环境特点，以及场地用途和游憩主题等因素。

旅游区中的游憩活动场地，与经过精心严密组织的城市广场功能不同。城市广场在古代的基本功能是供交通、集会、宗教礼仪、集市之用，以后逐步发展到具有纪念、娱乐、观赏、社交和休憩等功能。城市广场往往作为城市外部空间与建筑内部空间的相互延续和补充，是城市空间形态中的节点，它突出代表了城市的特征和形象。因此，城市广场往往注重强调与周围建筑物及中间标志物的有机结合。为了产生清晰有力的城市形象，城市广场特别注意影响形成空间形态的因素，如周围建筑的体形组合与立面、街道与广场的关系、几何形式和尺度、广场的围合程度与方式、主题标志物与广场的关系等。因此，围绕着广场主题而产生的标志物、公共活动场地和建筑的空间围合便构成了城市广场的三个要素。然而，旅游区中的活动场地的主要功能，是为游人休闲游憩活动提供户外公共活动空间，在空间形态、几何尺度、围合程度、主题标志物等方面，并没有城市广场那样严密的要求。旅游区中的活动场地，多是顺应自然环境特点开发出来的不规则形式，它可能是道路的交汇点和扩大部分，也可能是某种用途和环境特征的集中点，更多地是利用溪畔、山丘等自然地形地势特点，凸显场地的使用性质和功能主题，更注重调动诸如植物、隔离物、铺地等造景元素，体现空间形态的聚集性，关注空间感对游憩体验的功能作用。尽管有时，为了突出游憩活动场地的功能或主题，设计上也常常借鉴城市广场的设计手法，譬如，通过设置标志物的方法来明确场地的性质。也尽管旅游区中的活动广场与城市广场，在某些方面有着近似的功能和作用，但游憩活动场地与城市广场是不同的两个概念。游憩活动场地与城市广场最大区别在于构成要素方面。标志物、公共活动场地和建筑物的空间围合是城市广场的三个要素，但在游憩活动场地构成那里，无须全都具备，用途上的多功能性、空间形态的聚集性、环境协调性是它的明显特征。

7.3 游憩活动场地设计

按游憩活动特征或使用者的年龄划分场地类型，有利于分析人性场所的特征。就旅游区游憩活动场地的使用对象来说，场地的使用者是没有限制的，任何年龄的游人都有权利使用场地。但由于不同年龄的使用者因其行为方式、活动内容的不同，使每一类场地承担不同的功能，这使公共活动空间具有了不同的场地特征，并派生出不同的类型或主题，如儿童游乐场、青少年活动场地等。因此，按场地主要使用者的年龄划分游憩活动场地的类型，更有利于分析人性场所的特征和设定设计目标。就主要使用者的年龄而言，游憩活动场地可以划分为老年人健身与休闲场地、青少年活动场地以及儿童游乐场的三种类型。

7.3.1 老年人健身与休闲场地

人口老龄化，是当今世界的普遍现象。1982 年 7 月首次老龄问题世界大会（World Assembly on Aging）提出老龄化社会的定义是："老龄化社会是指老龄人口在社会总人口达到一定比率时的社会，而不是指由老龄人组成的社会。"[1]生理机能日益老化、感觉减退、活动能力减弱、体弱多病是老年人生理机能的普遍特征，另外，"在老年期中可能会出现的其他情感反应还有负疚——一种无能和无助感以及愤怒。"[2]社会学在社会联系、私密性、个人空间、安全和社区流动性方面的研究课题，也有助于我们分析老年人的户外活动需求。表 7-1 反映了不同年龄段的老年人群的自我调节能力和活动特点的差异，这些差异将导致他们对公共活动空间以及配制的设施会有不同需求。

1 扬贵庆.城市社会心理学.上海：同济大学出版社，2000-08（1）：130.
2 [美]乔斯·B·阿什福德，克雷格·温斯顿·雷克劳尔，凯西·L·洛蒂著.人类行为与社会环境：生物学、心理学与社会学视角（第 2 版）.王宏亮，李艳红，林虹译.北京：中国人民大学出版社，2005-04（1）：667.

老年人活动类型简表　　　　　　　　　　　　　　　　表7-1

	低龄老人	中龄老人	高龄老人
年龄段	大约65~70岁或以上	大约70~80岁或以上	大约80岁以上
能力	自立的、活动性强	半自立的、半活动性的（以集体形式）	依赖性、有限的活动能力、非常需要健康护理
活动类型	自我为中心、休闲、娱乐、社交、健身等	自我或集体为中心、更趋于静坐、健身等	有限的（以护理人员为中心的）、集体活动、社交、治疗等

　　老年人健身与休闲场地具有多功能综合性的特点。老年人由于社会角色变迁带来的失落感、寂寞感，使老年人更需要参与社会交往，宽余的时间使得他们在出行时间、地域范围和活动方式上，与其他人群有所不同。出行频率高，时间长度短，出行时段多集中在日间，譬如：早晨是老年人晨练的主要时间，下午主要是老年人碰面和交流的时间。老年人的健身和休闲方式与年轻人也有较大区别，许多老年人去健身场地不仅仅完全为了健身，他们也为了会见朋友、熟人，并与他们交谈。场地上一方面应考虑设置一些健身设施，为有各种活动能力的老人提供各类锻炼机会；另一方面应考虑为他们提供见面交流的场所。这时就要强调场地上的健身设施与用于散步空间关系等问题。老年人健身与休闲场地在其他的时间段，往往会有不同的活动内容和使用对象，譬如：可以作为青少年活动（如游玩、散步、读书等的空间）的场所，假日里，更多的是作为游人活动的场所，有时也会成为其他活动的地点位置。因此，老年人的健身与休闲场地应该考虑多样化的用途，宜布局在人流集散地（如中心区、主入口处），面积应根据旅游区规模和规划要求确定，形式宜结合地方特色和建筑风格考虑。

　　如下方面可作为设计考虑的因素：

　　1）场址应避免选择在风口位置，场地上应保证大部分面积有日照和遮风条件；

　　2）座椅等设施的布局应考虑场地上微气候状况；

　　3）在炎热夏日地区，座椅应安排在可享受凉风的地方，应考虑在恶劣的天气下仍能锻炼或散步的可能性；

　　4）场地上设施的使用性应明确；

　　5）健身设施应促进老年人的社会交流；

　　6）场地上的步行活动路线应有不同长度和难度的选择；

　　7）步道应采取防跌倒措施，面材要平整，不能太滑，并且不能有反光；

　　8）广场周边宜布置休息座椅、长椅，方式应便于人们交谈，长椅靠背要有防护设施，如在长椅后设置矮墙或树丛以增加安全感；

　　9）在某些步行道旁边宜有扶手、坡道和休息区，以鼓励更衰老的老人参与锻炼；

10）场地设计应充分考虑植物配置、季节变化、表面材质、建筑材料、艺术品以及老年人交谈话题等方面的细节。

随着老年人口的增加，设计领域对户外空间的老龄问题研究成果也同样在增多。克莱尔·库珀·马库斯(Clair Cooper Marcus)和卡罗·琳弗朗西斯(Carolyn Francis)总结了这方面的研究成果，并以"设计建议"的形式作了详细阐述。这些设计建议集中反映在如下七个方面：[1]

1）老年社会和心理需求；

2）建筑与微气候；

3）总体布局；

4）入口、地坪和步行道；

5）公共庭院；

6）场地设施和细部设计；

7）户外照明和标识。

7.3.2 青少年活动与运动场地

青少年活动与运动场地包括健身运动区和休息区。运动区应设在相对独立的地段，运动场所可分为专用运动场和一般健身运动场。旅游区的专用运动场多指网球场、羽毛球场、门球场和室、内外游泳场，这些运动场应按其技术要求由专业人员进行设计。一般的健身运动场应分散在方便游人、又不干扰他人活动的区域，区内应保证有良好的日照和通风，地面宜选用平整防滑、适于运动的铺装材料，同时满足易清洗、耐磨、耐腐蚀的要求。不允许有机动车和非机动车穿越运动场地。

旅游区中，青少年活动与运动场地的布置应根据实际面积的大小、场地地形以及所指定的活动要求而变化。它应使场地最大限度地保留原有地坪和场地的特点，如大面积的林荫地面、有吸引力的地面形式、露头岩石和小河等，并与这些自然场地的特点相协调配合。应将这些自然特点最大程度地与周围环境结合，寻求一种可行的布置方案，以创造适当的活动空间，并使其成为自然划分的、能够引起游人兴趣的场地。地面坡度应与活动要求保持最低的一致性，对排水坡度要求和控制滑坡塌陷也应如此。

1. 场地设计一般应考虑的因素

场地设计一般应考虑如下因素：

1）场地应选择靠近游人、能够便捷到达的位置，并毗邻公共绿地；

2）为了方便所有青少年使用者，敞开式的草皮场地应紧靠有设备的运动场；

---

1 克莱尔·库珀·马库斯，卡罗·琳弗朗西斯编著. 人性场所——城市开放空间设计导则. 俞孔坚，孙鹏，王志芳等译. 北京：中国建筑工业出版社，2001-10（1）：200～240.

3）非激烈活动的场地宜与激烈运动场地离开一些，并紧靠树荫地带或场地内有其他天然特点之处；

4）有铺地地面的多种用途的场地应用林荫带与其他场地相隔开，其位置应设在健身运动场附近；

5）休息区宜布置在运动区周围，休息区宜种植遮阳乔木，并设置适量的座椅；

6）一般地说，运动场区可作如下划分：①大约一半的用地应公园化，包括激烈运动用的敞开草皮场地、非激烈活动用的遮荫场地和各种设施用地；②另一半应包括运动设备场、休息区和多种用途铺地地面场地；

7）场地环境应进行全面开发，要善于利用绿化种植、环境设施元素等来塑造游憩环境，引人入胜，并以此作为限制运动活动和交通的分隔措施。有条件的旅游区要有近便公用的，供健身运动的游人休息和存放物品的棚架、盥洗设施、饮水装置（饮泉）、比较宽的散步和车辆用的道路、自行车道、成年和儿童用的长椅以及垃圾箱等设施。

2. 选用设备的一般要求

在选用青少年活动与运动设备时，应考虑下面的主要因素：

（1）开发价值和游憩价值。所有设备都应有助于每个青少年健康成长和娱乐的享受，并使其能学会如何通过协调、合作、竞争、享受而获得自信。因此，活动与运动设备应具备：

1）发展体力、敏捷、协调、平衡和勇气；

2）鼓励每个青少年的创造性，并在运动中获得一些有意义的经验；

3）引导青少年对整个运动产生兴趣和了解运动背后的意义；

4）帮助青少年从休息场区转移到运动场区。

（2）安全问题：

1）不能有锋利突出的表面等情况，如焊接缝、铆钉、螺栓或接头等；

2）具有足够的结构强度，能经受得住预计的荷载；

3）设计应考虑防止不正确的使用，将意外事故降低到最低限度；

4）应将设备安放在恰当的地面上，以减少爬高掉下来的危险；

5）夜间应有照明来增加扶手的可视性；

6）严格按制造商的说明书安装；

7）台阶和梯子应有把手或安全扶手、以及踏步上的防滑构造。

（3）维修管理方便：

1）应按最低维修要求选择设备；

2）应选用需要直接监视程度最低的设备。

7.3.3　儿童游乐场

儿童游戏场是供5～11岁儿童使用的场所。儿童对世界上的一切事物都非常好奇，总是瞪大眼睛，怀着要发现世界奥秘的愿望观察、想象、发问。我们应设法进一步激发这种好奇心，使孩子的想象始终处于活跃状态。游戏是培养儿童想象力的最好方法，儿童通过游戏对现实生活中表现创造性的反映。在游戏活动中，特别是角色游戏和造型游戏，随着扮演角色和游戏情节的发展变化，游戏内容越丰富，想象也就越活跃。

因此，儿童游乐场应该积极组织、引导儿童参加游戏活动，根据不同年龄想象发生的特点，设置不同的游戏设施，在游戏中培养和锻炼儿童的想象力。儿童游乐场的位置应该在旅游区中划出固定的区域。游乐场的选址在有可能时，宜布置在游人稠密、相对独立的空间中，并单独设置对外出入口。还应充分考虑儿童活动产生的嘈杂声对附近环境的影响，一般离开建筑窗户10m远为宜。

1. 儿童的动作类型

5～11岁儿童的心理和行为方式与成年人有很多不同之处。儿童生性好动，身体柔韧性较好，加之有较多的好奇心，动作类型方面表现出与成年人不同的特点。表7-2和图7-1列举了在日常游戏中，常见的儿童动作类型。熟知这些行为特点，可以帮助我们理解游戏设施设计的要点。

儿童基本动作方式分析　　　　　　　　　　　　表7-2

动作类型	动作方式	动作类型	动作方式
站立	握住单杠、梯、立体方格铁架、城堡塔顶等物体吊立；握住秋千游动、滑动；站立于秋千中央摇动；吊于手环、秋千、滑梯滑动；吊于梯子等移用；攀登，立于滥写板前	行走奔跑	走动或跑动矮墙、平衡台、游动木上；跨过乱桩、立体方格铁架；紧握海洋波、沿回转台跑动；攀登或下降滑梯、梯、立体方格铁架等；攀登石山，矮墙，爬网等；捉鬼游戏
蹲	穿洞、立体方格铁架、城堡塔顶等；穿越隧道；蹲、滑下滑梯；蹲于沙坑，在地面上书写；捉迷藏等	跳跃	跳上梯子、单杠、手环秋千；从游动木、梯子、矮墙、乱桩、秋千跳下；从平衡台、乱桩上跳动，从平台上跳下；在沙坑内跳跃，跳绳游戏等
乘坐乘跨	乘坐于踏板秋千、安全秋千、舟形秋千上；乘跨秋千上；乘坐及跨越矮墙、立体方格铁架、城堡塔顶等；平衡台、乱桩	回转	在单杠上回转；利用立体方格铁架、梯、手环秋千回转之；利用绳梯回转；在沙坑内回转
躺卧坐下	滑下滑梯(坐下，躺卧)；匍匐穿过隧道；匍匐穿过平衡台，固定圆木；在梯上匍匐移动；腹挂于秋千上摇动；在砂坑内坐下、躺卧游戏等		

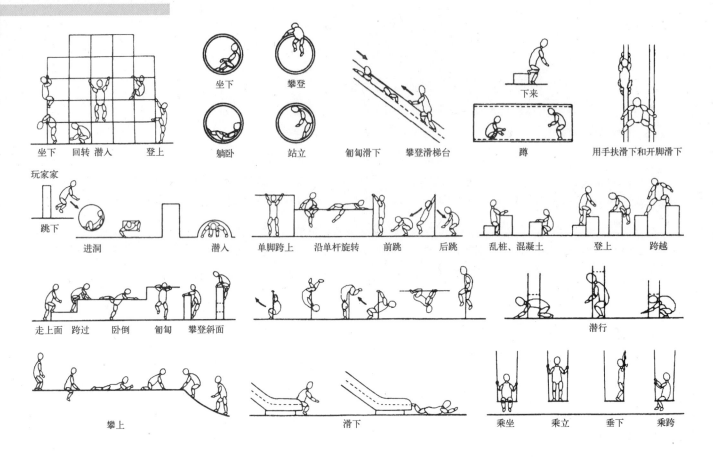

坐下　回转　潜入　登上

坐下　攀登

躺卧　站立

匍匐滑下　攀登滑梯台

下来

蹲

用手扶滑下和开脚滑下

玩家家

跳下

进洞

潜入

单脚跨上　沿单杆旋转　前跳　后跳

乱桩、混凝土　登上　跨越

走上面　跨过　卧倒　匍匐　攀登斜面

潜行

攀上

滑下

乘坐　乘立　垂下　乘跨

图7-1　儿童基本动作

2. 设计游戏场应考虑的因素

设计游戏场应考虑以下几方面的因素：

1）儿童游戏场一般应设置在其他活动节点的附近，有一个低围合的敞开式空间；

2）游乐场地必须阳光充足，空气清洁，能避开强风的袭扰；

3）游戏场地面应平整，形式及色彩搭配应具有一定的图案感，不宜采用无防滑措施的光面石材、地砖、玻璃等，路缘不得采用锐利的边石；

4）地表高差应采用缓坡过渡，不宜采用山石和挡土墙；

5）游戏器械下的地面宜采用耐磨、有柔性、不扬尘的材料铺装；

6）儿童游戏场与安静休憩区、游人密集区及城市干道之间，应用园林植物或自然地形等构成隔离带，应与景区的主要交通道路相隔一定距离；

7）应保证基本没有交通工具特别是机动车交通的穿越，并尽量减少汽车噪声的影响并保障儿童的安全；应该考虑到成年人或老年人在监护或陪伴时相互交往的可能，一般需要考虑家长监护或陪伴时使用的休息设施；

8）儿童游乐场周围不宜种植遮挡视线的树木，应保持较好的可通视性，便于成人对儿童进行目光监护；

9）较具规模的游乐场附近应为儿童提供饮用水和游戏水，便于儿童饮用、冲洗和进行筑沙游戏等。

3．选用设施的一般要求

选用设施应符合以下要求：

（1）适应儿童的喜爱和活动量。应随时关注儿童喜爱的变化、成熟和活动量等因素。因此，设施的选择应做到：

1）模拟并均衡满足不同年龄层次儿童的体力和令其兴奋的活动量；

2）允许和鼓励儿童在没有大人直接照看或帮助下去单独从事一些感兴趣的活动；

3）提供各种各样的活动机会，来适应儿童变化的兴趣；

4）适应多种兴趣、技能和能力素质；

5）游戏设施可以有一个主题中心，反映场地的地方传统或历史意义的特点。

（2）视觉兴趣感：

1）设施的游戏内容应能吸引儿童参加和调动儿童参与游戏的兴趣；

2）所有设施的设计和选择应以功能和视觉兴趣感来激发儿童的想象力；

3）具有悦目的比例以及相互协调的颜色，并与环境相协调或对比。

（3）安全问题：

1）应保证安全、卫生，适合儿童特点，有利于开发智力，增强体质；

2）游戏器械选择和设计应尺度适宜，避免儿童被器械划伤或从高处跌落；

3）幼儿和学龄儿童使用的器械，应分别设置；

4）洗手池和贮水深度不超过0.35m的戏水池，可设置保护栏、柔软地垫、警示牌等；

5）不宜选用强刺激性、高能耗的器械。

4．儿童设施设计要点

儿童游乐场地类型和设施设计要点见表7-3。

儿童游乐场地类型和设施设计要点　　　　　　　　　　　　　　　　　　　　表7-3

序号	设施名称	设计要点	适用年龄
1	砂坑	①砂坑一般规模为10～20㎡，砂坑中安置游乐器具的要适当加大，以确保基本活动空间，利于儿童之间的相互接触；砂坑深40～50cm，砂子必须以中细砂为主，并经过冲洗；②砂坑四周应竖10～15cm的围沿，防止砂土流失或雨水灌入；③围沿一般采用混凝土、塑料和木制，上可铺橡胶软垫；④砂坑内应敷设暗沟排水，防止动物在坑内排泄	3～6岁
2	滑梯	①滑梯由攀登段、平台段和下滑段组成，一般采用木材、不锈钢、人造水磨石、玻璃纤维、增强塑料制作，保证滑板表面平滑；②滑梯攀登梯架倾角为70°左右，宽40cm，踢板高6cm，双侧设扶手栏杆；③休息平台周围设80cm高防护栏杆；④滑板倾角为30°～35°，宽40cm，两侧直缘为18cm，便于儿童双脚活动；⑤成品滑板和自制滑梯都应该在梯下部铺厚度不小于3cm的胶垫或40cm的砂土，防止儿童坠落受伤	3～6岁

续表

序号	设施名称	设计要点	适用年龄
3	秋千	①秋千分板式、座椅式、轮胎式几种，其场地尺寸根据秋千摆动幅度以及周围游乐设施间距确定；②秋千一般高2.5m，长3.5～6.7m(分单座、双座、多座)，周边安全护栏高60cm，踏板距地35～45cm，幼儿用距地为25cm；③地面需设排水系统，铺设柔性材料	6～15岁
4	攀登架	①攀登架标尺寸为2.5m×2.5m(高×宽)，格架宽为50cm，架杆选用钢骨和木制；②多组格架应组成攀登架式迷宫，架下必须铺装柔性材料	8～12岁
5	跷跷板	①普通双连式跷跷板宽为1.8m，长为3.6m，中心轴高45cm；②跷跷板端部应放置旧的设备作缓冲	8～12岁
6	游戏墙	①墙体高控制在1.2m以下，供儿童跨越或骑乘，厚度为15～35cm；②墙上可适当开孔洞，供儿童穿越和窥视产生游乐兴趣；③墙体顶部边沿应做成圆角，墙下铺软垫；④墙上绘制的图案不易褪色	6～10岁
7	滑板场	①滑板场专用场地，要利用绿化种植、栏杆等其他休闲设施分割开；②场地用硬质材料铺装，表面平整，并具有较好的摩擦力；③设置固定的滑板练习器具，铁管滑架、曲面滑道和台阶总高度不宜超过60cm，并留出足够的滑跑安全距离	10～15岁
8	迷宫	①迷宫由灌木丛墙或实墙组成，墙高一般为0.9～1.5m，能以遮挡儿童视线为准，通道宽为1.2m；②灌木丛墙需进行修剪以免划伤儿童；③地面以碎石、卵石、水刷石等材料铺砌	6～12岁

7.4 出入口设计

一般而言，一个盈利性的旅游单元为了控制人流和物流，通常设有出入口。一个没有出入口的旅游单元就如同一个完全封闭的死空间，旅游单元借助出入口与其他场所联系，使旅游单元具有对外开放的意义。对于公益性的旅游单元来说，场地的边界或许并不重要，但出入口将相邻的空间连接起来，暗示着一个空间区段与另一个空间区段的存在和区别，具有"分段性"的特点。因此，出入口以及位置的布置对于旅游者识别场所特征和场地性质是至关重要的。

7.4.1 出入口的特性

盈利性旅游单元的出入口一般都设在边界的某个位置，具有开合场所的作用。场所的开合是指场所因限定程度的差异，形成的相应开敞与闭合的状态。任何一个场地都不是孤立存在的，一定要存在于与其他场所、其他空间的联系之中。出入口是既能划分连续空间领域、又能连接相邻空间领域的一个场地要素，以"分段性"为特点。

出入口具有开启与闭合、分隔空间与连接空间的双重特性。也就是说，当出入口闭合时，有类似于边界的"隔断性"特征；当出入口开启时，有类似于通路的"连接性"特征。边界的"隔断性"具有分隔区域的功能，而出入口的"隔断性"在于把空间分成区段，两者有着本质上的不同。

对于边界的"隔断性"来说，时间和空间处于停止状态。而连接性则以连续的时间和空间为前提，具有将连续的时空进行分段的作用，具有"分段性"的特点。因此，出入口不仅昭示着过去或未来，由此通彼，还往往与人类的观念有着密切的联系。诸如山巅与桥梁，港口与车站，十字路口与坡道、山洞、深渊、海角、湖泊、关隘、城门、窗扉、牌坊、牌楼等，在空间、形态上虽各有差异，但都可以把它们看作是出入口的一种符号形式。事实上，"在任何情况之下，一个符号的含义和价值，都不是由形态的固有特性所产生或决定的。"[1] 门只是最典型的出入口符号而已。显然，"各种符号的含义，来源于和取决于使用它们的有机体。"[2] 因此，设计上我们尽可以用各种形式上的"符号"来象征出入口与边界的不同。出入口通过实体符号来分隔边界，即把空间分出"这边"与"那边"，同时，又起到连接"这边"与"那边"的作用。 这就使出入口赋予了场所"内向"与"外向"的空间性格。内向来自于封闭，在观念上对应与"静"相联系的多种情绪特征；外向源自开敞，在观念上对应与"动"相联系的多种情绪特征。完全的开敞和闭合是场所的两个极端特性，场所开合程度的中间变化，也就是说，出入口在"隔断性"和"连接性"之间的变化则奥妙无穷。具体而言，一个旅游单元的出入口具有如下四方面的典型特性：

1）具有开闭场所的作用；

2）标志着空间的区段、等级和特点；

3）控制、引导游人的出入；

4）自身的造型构成景物的一景。

正如上述所表明的那样，出入口不是单纯控制人出入的门。出入口常常具有表现场所特征的作用，一般从门的构造和样式上就能看得出来。因此，要特别注意这种意义的"隐喻"作用。

出入口的存在方式大致可分为两种：一种是作为边界的割口而存在；另一种作为体现边界或场所特征的元素而独立存在，如中国的牌坊或具有分隔空间意义的中式景门出入口等。在这里人们可以感觉到牌坊或景门既属于边界一部分，同时也感觉到它有别于边界而独立存在。

1 [美] L·A· 怀特著 . 文化人类学名著译丛：文化的科学——人类与文明研究 . 沈原等译 . 山东：山东人民出版社，1988-09（1）：25.

2 [美] L·A· 怀特著 . 文化人类学名著译丛：文化的科学——人类与文明研究 . 沈原等译 . 山东：山东人民出版社，1988-09（1）：25.

7.4.2 出入口的设计

场地出入口的设计，要根据场地所处的地理环境、场地的使用性质等因素，进行具体分析，合理地布置场地的出入口。

在一般旅游区的总平面中，出入口均与城市道路和主要建筑有所关联。出入口应设在所临的主干道上，并能与主要游憩场地有比较方便的联系。通常盈利性的旅游单元一般都设有独立的出入口，故出入口的选样应以出入方便为原则。但是，有些游憩场地所处地段，并不与干道相邻，在这种情况下，也要考虑其出入口与附近的干道方向有比较方便的联系，给人流活动创造通畅的条件。还有些游憩场地所处的地段联系几个方面的干道，这就需要对人流的主要来向进行分析，把地段的出入口放在人流较多的部位上，而其他方向，根据需要设置次要出入口。

出入口的形式，可以处理成敞开的，也可以处理成闭合的，对于出入口的形式并没有什么特别的规定。图7-2总结了几种常见出入口的形式，具体采用哪种形式，应视游憩场地的性质和创作风格而定。通常在大型旅游单元中，需设置几个出入口，才能满足功能的要求。此外，在场地空间布局中，配合建筑组合、绿化布置、庭院处理等方面的设计意图，需要考虑一定的内部道路。这些内部道路的组织安排，应起到使旅游单元内外各个空间之间有机联系的作用。如果配合得当，不仅能使场地空间使用便利，而且也可赋予旅游单元更加统一的空间整体感。

应特别主要的是，沿城市主、次干道的市、区级公园主要出入口的位置，必须与城市交通和游人走向、流量相适应，根据规划和交通的需要设置游人集散广场。

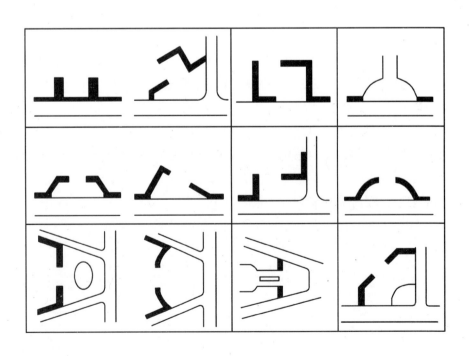

图7-2 常见出入口形式示意图

入口形式 表7-4

入 口	设 计 要 点
主要入口	游憩地：接近主要道路，散设于不同位置、入口与城市道路交接处，应满足游人集散的需要，应设置集散广场； 公共建筑：在接近厅堂处设置； 规则式布局：入口以对称布局为佳； 自然式布局：避免对称布局
次要入口	补充主要入口的人流、货流的不足； 入口设在主要道路旁； 开口处不必宽大； 小规模庭园式旅游点不必设置次要入口
使用入口	以内部使用为主，避免接近主要入口与次要入口； 以实用为主，不必太宽
混合入口	地形整齐宽广的游憩场地与道路平行或正交设置

出入口依据其用途及位置可分为：主要入口、次要入口、使用入口和混合入口四种形式。出入口设计要点如表7-4所列。

当旅游地是盈利性城市公园时，公园游人出入口宽度应符合下列规定：

1）总宽度符合公园出入口总宽度下限要求的规定见表7-5；

2）单个出入口最小宽度1.5m；

3）举行大规模活动的公园，应另设安全门。

公园出入口总宽度下限要求（m/万人） 表7-5

游人人均在园停留时间	售票公园	不售票公园
1~4h	17.0	10.2
<1h	25.0	15.0
>4h	8.3	5.0

注：单位"万人"指公园游人容量。

7.4.3 出入口设计考虑的因素

出入口设计应考虑方便性与安全性因素。

1. 方便性

1）入口应显著。具有吸引人的色彩和造型，并易于识别，以吸引游人进入；在必要的情况下设立引导标志。

2）场地入口的位置适中。在游人的视野中并易于通达；在主入口外的闲坐区等车的游人应能清楚地看到汽车上下车区。

3）可达性好。在可能的条件下，场地入口宜靠近公共交通；上下车区之间应设有扶手以增加安全感和可达性。

4）入口应具有体现场所特性的外观形态，给人停留感。

5）场地入口应与主要人流方向相对应，顺序安排明确，路线便捷。

2．安全性

1）出入口的宽度与形状应与人流集散或周期性高峰人流相适应；

2）旅游区主入口处应有足够的空间供机动车通行、上下游客，附近应有闲坐和等候区；

3）应根据功能需要和消防管理条例以及其他安全规定设置出入口的数量；

4）应考虑出入口地坪高差变化以及方向转换带来的安全问题；

5）步行者和汽车共用一个出入口应设有路峰；

6）出入口地面材料应有防滑措施；

7）出入口的灯光应能照亮铺地的边界，防止形成漆黑的阴影或眩光；

8）上下车区和入口车道应在同一高度，应设置控制机动车交通的安全柱等其他设施；

9）出入口宽度应足以容纳数人或轮椅并排移动。

7.5 边界设计

7.5.1 边界的基本特性

自古以来，人类极为重视边界的设定。边界如城墙、护城河、堤坝、广场墙、围墙、栅栏、篱笆、圈绳定界、圣域、界桩等，尽管它们的规模和性格各异，但这都是设定边界的具体实例。

地理术语中的边界，常指大尺度单元的边缘，叫"边疆"或"边界"。"如果边缘以外没有什么人烟了，这个边缘地带（可以很宽阔）就叫边疆，如果边缘地带以外另有一个不同的人文社会单元，则这个边缘地带（不会很宽阔）就称边界。"[1]

景观设计中的边界与地理学的边界含义是一致的，是指"将无限定空间进行划分和限定空间的要素。它以'隔断性'为特点。"[2]对边界的定义和理解可以是多种的，因为边界本身就具有多重性格。本书所说的边界定义是基于界定空间范围的解释，即通过采用某些手段来划分连续空间，并将无个性的空间进行隔断，使其变为性格鲜明、具有特殊意义的场所要素。在这层含义上，"隔断性"是边界最显著的特性。

一个旅游单元常常通过边界线的划定方法，来确定其规模和边界轮廓。但我

1 唐晓峰著．人文地理随笔．北京：生活·读书·新知三联书店，2005-01（1）：30.
2 ［日］志水英树著．建筑外部空间．张丽丽译．北京：中国建筑工业出版社，2002-03（1）：16.

们不能就此认为，边界只是那些人工建造的构筑物。旅游环境中，有很多由自然要素构成的边界，如一道坡或一片海滩，一棵树甚至一堆叠石等自然物，都可以被视为象征性的天然边界。就像中国古代造园那样，"凡园之围墙，多于版筑，或于石砌，或编篱棘。"[1] 就是说，一般庭园的墙垣，既可以用石料砌筑，也可以通过栽植带刺的植物而形成的绿篱，这里的墙垣、绿篱当然指的是边界。因此，边界形式中既有人工建造的物质"实体"，也有花草编织的绿篱，甚至包括虚拟的"佛光圣域"。不同的边界形式会对场所的性格和氛围产生重大影响。例如，用坚实砖石筑成的与篱笆围合成的场所无疑是两种截然不同的情形。绿篱围绕自然风致，深得山林雅趣；用石砌墙垣围合的空间，有今日的院落之意，中国北方四合院的内聚性格，显然与墙垣的隔断程度有关，它可以说是最典型的内聚性实例。用石砌的墙垣与用带刺植物形成的墙垣之所以不同，显然与边界的"隔断性"强弱有关。也就是说，根据边界隔断性能的强弱程度，会产生无数个不同规模、各具特性的边界。

一个界桩对空间的限定强度虽然有限，但是，当界桩作为边界的重要设施出现时，处在边界内还是边界外，是身居由边界围成的场所中心还是在其边缘，其意义则大不相同。因此，一个旅游区域的内与外的划分，不完全是根据边界隔断性能的强弱来理解的，也不是由物质实体因素决定的，往往取决于人们的意识和心理等因素。

用边界划分空间就会使旅游场所产生的"内外之别"，带有相互对立的意义。例如，以墙垣为边界，墙垣内侧为旅游点，墙垣外侧为非旅游点。显然，场所的边界就是行为停止的地方，理想的边界是墙，阻止了相互通过的行为。如果将区域旅游的概念扩大到整个街区或城市，庭园墙垣的外侧周边又变成内部，显然庭园墙垣的性质处于明确与模糊之间，具有双重性格。因此，不能简单地决定边界的这一侧或那一侧、内部或外部。一般情形下，旅游区的"内与外"，应根据场所在空间上是否使人产生封闭感来确定边界线的范围。因为人们对边界的理解，有时是基于划分要素的文化和精神意义上的理解。

显而易见，在边界特性中不仅包含物质实体的要素，而且包含着文化和心理上的要素，边界的隔断性既是明确的又是模糊的。如果不以此为出发点，就不会理解宗教为获得神圣场所而设置多重边界的技巧，也难以领会和学习"圈绳定界"特殊的意味。

以上是对边界的定义和特点做出的是最简要的阐述。这里论述的仅仅限于揭示边界物质和心理方面的基本特性。

---

1 ［明］计成原著 . 园冶注释 . 陈植注释 . 北京：中国建筑工业出版社，1988-05（2）：184.

7.5.2 边界的设计

在日常认识中，我们常常把沿着旅游区边界线进行围合的人工构筑物称作墙垣。墙垣是确定边界线的一种典型形式，具有限定、隔断空间的基本功能，也有围合场地、标识性质、衬托景观的作用，本身还有装饰，美化环境，制造气氛并获得围合感等多种功能。表7-6中的形式是根据边界的隔断程度这一要义来归类的。

墙垣大致可分为园（景）墙、围篱、栅篱、栏杆、花栅、照壁等六种形式（表7-6）。

具有边界功能的实体形式有很多，如"划河为界"的"河"也是一种边界实体形式。因作为实体边界的园墙典型代表了边界"隔断性"的特点，我们可以通过对典型园墙的论述，来领会边界设计的要点。

1. 园墙的基本功能

园墙是场地设施之一，是指具有保安、隔离、隐蔽、区划、扶持、装饰的功能，更可区分场地内外的边界。在大型自然公园或国家公园常不设置园墙，具有历史保护价值的庭园或盈利性旅游区多设有园墙。

围墙具有如下几方面的基本功能：

1）保安。为使场地内部不受外界的干扰，设园墙加以保护。

2）隔离。确定旅游场所的界线，以便与外界有明确的划分。

3）遮蔽。不雅的部分，如厕所、厨房、堆积场、上人房，以及场外不雅之处用园墙遮蔽之。

4）区划。划分旅游场所内部空间，常用绿篱、栅栏等作为局部的分隔，并得以维护区域内花木免遭人畜的践踏。

墙垣的形式与特点   表7-6

类别	位置	材料	功能	说明
园墙	场地边界的高墙	石板、水泥板、水泥花砖、砖、泥土	保安防护、隔离	高度1.80m
围篱	水边、路边、园舍、露台、台阶、边界	石板、水泥板、水泥花砖、砖、泥土	区划、防护、隔离、装饰	高度不超过1.20m，美观重于实用；多纹饰、颜色、形式富于变化
篱栅	场地内部各处	竹、金属、混凝土、木、其他组合材料	外栅：区别地界，安全境界（构造物、水域等境界），内栅：设施区分（遮掩、管理设施境界），止步。其他：装饰、禁止车行、方向诱导	设置目的：明示境界、防止危险、提示使用、诱导人流；高度：防止进入1.8~2.0m(也可略高于2.0m)的高度；禁止进入0.6~1.0m(也可略高于1.0m)的高度；内栅0.4m左右
栏杆	水边、路边、亭廊、露台、台阶	竹、金属、水泥、木	装饰、区别、防护、依托	通透；高度以1.20m为宜
花栅		金属、水泥、竹木、花砖	保护、装饰	高度0.50~0.60m，以美观为主
照壁	中式庭园大厅前门处	金属、水泥	装饰	多为雕刻图案

5）扶持。很多蔓藤植物的生长，需依赖围墙予以扶持。

6）装饰。园墙也是景园中景色的重要点缀物。

2．园墙（景墙）的基本类型

园墙（景墙）的类型繁多，根据其材料和剖面的不同有土、砖、瓦、轻钢、绿篱等。外观上又有高矮，曲直，虚实，光洁与粗糙，有檐与无檐之分。

1）按造型特征分，可分为平直顶墙、云墙、龙墙、花格墙、花篱墙和影壁六种。

2）按常用材料分，可分石墙（虎皮石墙、彩石墙、乱石墙）；砖墙（清水墙、混水墙、混合墙）两种。

压顶构造是区分园墙形式的重要标准。传统园墙的压顶构造形式有小青瓦，琉璃瓦压顶、青瓦卷棚压顶、景窗青瓦压顶、漏窗青瓦压顶、长腰青瓦压顶、八五砖竖筒压顶。现代园墙多为砖石或混凝土仿生园墙，各种复合式构造的园墙在设计中也广泛应用，设计上通常运用"线条"、"质感"、"体量"、"色彩"、"光影"、"层次"、"花饰"、"韵律与节奏"等形式手法来传达旅游场所的特征。

围篱与园墙的作用和功能是一致的。只不过在某些场合，为了管理和观瞻的需要，在构成方法上用各种材料，如铁丝、竹木、树丛、茅苇等编织成篱笆式的遮挡，以虚围或实围围成具有一定垂直界面的漏透空间。围篱在垂直界面上虚多实少，围而不闷，隔而不断，欲藏还露，妙在透景。所用材料自由广泛，往往就地取材，极富个性。现代围篱多用砖，石，轻钢，铅丝网等人工材料构成，砖围篱、砖石钢木混合围篱、轻钢围篱和铅丝网围篱；传统围篱则善于取自天然自然材料如竹片、棕笫、树枝、稻草等，从而构成的竹围篱、穗枝围篱、栅式围篱、屏栅围篱、花坛式围篱和绿篱。竹围篱富于野趣，造价低廉，别具一格，但使用年限短。绿篱则多用藤蔓花卉及灌木组成，强烈的反映自然生机与情趣，生动自然，颇有特色，在自然旅游环境中经常被采用。

围墙和围篱在设计中可交替配合使用，构成各旅游场地的边界特征，并与大门出入口、园路、标志、场地铺装、植物、水域等自然环境融为一体。

3．设计应考虑的基本因素

设计时应考虑的因素有以下六个方面：

（1）安全问题。隔断性程度高的边界园墙应坚固、不易为人破坏或攀引。园墙尖锐处要有圆度，尤其在人流较多的场所如游戏场其圆度应加大。

（2）隔断程度。应根据场所的性质采取不同的边界形态类型，以增强或减弱边界的隔断程度，如单一隔断形式向双重隔断形式再向多重隔断形式的变化过程，就表明了边界隔断程度逐渐增强的过程。

（3）比例尺度。出于场地私密性的考虑，边界园墙垂直界面高度应高过人的水平视线以上，2m 以下为宜。需要保持高度私密性的园墙垂直界面，其高度在 2m 以上；当边界仅作为区划或提示性分隔空间时，垂直界面的高度不宜过高，一般在 0.45m 以下即可。过长的园墙可通过线形变化处理加以修饰。

（4）心理需求。在现代设计中，用得最多的是根据不同材料的不同质感、形状，以记号的形式来暗示不同场地性质的区别，如设置一排类似能阻止车辆进入的路障等分隔空间的做法。但边界的隔断程度应不可令人有不便之感，或远道绕行之烦。

（5）边界位置。一个旅游场所的基本形态类型是由中心和沿中心向四周划定的边缘所形成的圆形，场所的规模和轮廓是经过边界线划定的，一个场地不仅必然地会有边界，而且不同的边界形式会对场所的性格和氛围产生重大影响。因此，边界应有与场所性质相适应的既明确有时又模糊的形态。

（6）美学价值。边界除具有分隔空间和形成场所的隔断价值外，还兼顾装饰美观，式样应力求变化具有特色。

本章主要参考文献

[1] 扬贵庆编著．城市社会心理学．上海：同济大学出版社，2000．

[2] ［美］乔斯·B·阿什福德，克雷格·温斯顿·雷克劳尔，凯西·L·洛蒂著．人类行为与社会环境：生物学、心理学与社会学视角（第 2 版）．王宏亮，李艳红，林虹译．北京：中国人民大学出版社，2005．

[3] 克莱尔·库珀·马库斯，卡罗·琳弗朗西斯编著．人性场所——城市开放空间设计导则．俞孔坚，孙鹏，王志芳等译．北京：中国建筑工业出版社，2001．

[4] ［美］L·A·怀特著．文化人类学名著译丛文化的科学——人类与文明研究．沈原等译．济南：山东人民出版社，1988．

[5] 唐晓峰著．人文地理随笔．北京：生活·读书·新知三联书店，2005．

[6] ［日］志水英树著．建筑外部空间．张丽丽译．北京：中国建筑工业出版社，2002．

[7] ［明］计成原著．园冶注释．陈植注释．北京：中国建筑工业出版社，1988．

[8] 刘冰颖．浅析城市儿童游戏场地设计元素．技术与市场（园林工程），2005（7）：20～23．

[9] 刘照祥，万翠蓉．室内外环境景观元素融合的研究．家具与室内装饰，2005（6）：73～75．

[10] 张路红．在游戏中成长——试论居住区儿童游戏环境设计．安徽建筑，2005（4）：24～26．

[11] 张若筠．欧洲儿童游戏场的安全特色．新建筑，1997（3）：63～64．

[12] 杨焰文，肖毅强．儿童游戏场地系统规划探析．规划师，2001（1）：83～85．

[13] 唐莉英．城市儿童游戏场空间研究（博士学位论文）．西南交通大学学报，2004．

[14] 白晶．居住区儿童户外游憩空间研究（博士论文）．东北林业大学学报，2005．

[15] 张亚萍，张建林．老年人户外活动空间设计．中外建筑，2004（2）：101−104．

[16] 王炜．建筑入口的环境设计．中外建筑，2004（2）：75～77．

[17] 尹培如，杨思声．建筑入口空间设计与系统平衡．福建建筑，2004（2）．

[18] 胡望社，王蓉．建筑视觉造型元素设计初探——建筑入口视觉造型设计．建筑知识，2005（4）：6～10．

[19] 李开然，冯炜．城市环境艺术设计手法探析．规划师，2001（4）：63～65．

[20] 欧阳勇锋．城市广场人性化设计研究（博士学位论文）．西北农林科技大学学报，2005．

[21] 张剑敏．适宜城市老人的户外环境研究．建筑学报，1997，（9）．

[22] ［美］罗斯（Russ T.H.）著．场地规划与设计手册．顾卫华译．北京：机械工业出版社，2005．

[23] 吴为廉主编．景观与园林建筑．上海：同济大学出版社、北京：中国建筑工业出版社，2005．

[24] 封云编著．公园绿地规划设计．北京：中国林业出版社，1996．

[25] 孟刚等编著．城市公园设计．上海：同济大学出版社，2003．

[26] ［日］画报社编辑部编．地面铺装．唐建，苏晓静，魏颖译．沈阳：辽宁科学技术出版社，2003．

[27] 张肖宁，金广君编著．铺装景观．北京：中国建筑工业出版社，2000．

[28] 日本建筑学会编．日本建筑设计资料集成3．1980．

第8章
游憩环境设施设计

第8章 游憩环境设施设计

本书游憩环境设施特指硬质景观、水景观和模拟景观三部分内容。

8.1 硬质景观设施

硬质景观设施是相对植物类软质景观而言的，泛指由质地较硬的材料组成、用于塑造游憩环境的设施。主要包括雕塑小品、栏杆与扶手、挡墙与栅栏、挡墙、坡道、台阶、种植容器，以及一些为游憩活动提供方便的便民设施等。

8.1.1 雕塑小品

1. 雕塑小品的特性

雕塑小品通常指设置于公共空间环境中的三维造景装饰品。

雕塑小品不是纯粹的艺术品。尽管有时也用来表达一定的思想性，但它并不独立承担"辅德"的作用，它只是整体环境中的一个构成元素而已。这是雕塑小品不同于雕塑艺术品的根本点。

当一个雕塑艺术品根植于大地，以环境作为背景时，公共空间环境就成为雕塑艺术品的立地条件。但此时，思想的表现性已经不是雕塑的全部职能，艺术性也不完全能作为其品质评价的唯一的标准了，公共性上升为雕塑艺术品的社会基本功能。这使雕塑从根本上与纯粹艺术脱离开来，而成为环境组成的一部分。因此，雕塑主体与环境的有机融合成为其存在的基本立足点。雕塑小品在这层意义上具有了非艺术品的属性，也就是说，雕塑小品只是公共空间环境中的一类构景元素。但是，"非雕塑和雕塑同样体现着供欣赏的客体与欣赏主体之间的联系。"[1]

雕塑小品与雕塑艺术品在艺术表现方法上有其共同点。"传统意义上的说法，雕塑是用雕、刻、塑以及堆、焊、敲击、编织等手段制作三维空间形象的艺术。"[2]雕塑是雕塑家运用形体和材料来表达个人主观看法的一般方法，其艺术审美价值是其表现的核心内容。二战以后，雕塑的概念在西方已经大大的扩展了，广义的雕塑包括了雕塑小品在内的所有装置。雕塑小品作为点缀空间环境的装饰品，具有装饰美化环境作用，这使得雕塑小品在材料的选用、形式表

---

1 王朝闻著. 雕塑雕塑. 沈阳：东北师范大学出版社，1992-07（1）：40.
2 王枫著. 雕塑·环境·艺术. 南京：东南大学出版社，2003-06（1）：2.

现方法等方面，与雕塑艺术品有着极其近似之处，有时遵循着与艺术品极为相似的装饰艺术形式法则。这里所说的"装饰性是集概括、夸张、提炼、归纳等手法于一体，遵循相应的形式法则。形式美是装饰的语言，装饰艺术讲究规范、规律、格式、格律和限制性，这就是装饰艺术的形式法则。"[1]

有时，雕塑小品作为空间环境特征的提示物，也承担一定的引导审美价值取向和社会教化意义的作用，如纪念性、主题性和标志性类型的雕塑小品。尽管，"观赏者接受客观形象的过程可能使有限的艺术境界具有无限性。"[2]但大部分雕塑小品是不以表达思想性为要旨的，例如装饰性、趣味性、寓言性等类型的雕塑小品。

从艺术手法而言，雕塑小品有具象性的、抽象性的、直观性的、含蓄性的。从结合方式上有大型组合式环境雕塑小品、单组群雕小品、单体雕塑小品、浮雕、圆雕小品等等。

根据雕塑小品设置的位置也可以分为不同的类型。如广场雕塑小品、街心雕塑小品、街区雕塑小品、道路雕塑小品、步行道雕塑小品、公共建筑环境雕塑小品、园林雕塑小品、水景雕塑小品、喷泉雕塑小品等等。

大多数雕塑小品的题材及规模的大小，通常根据特定环境的要求来确定。

雕塑小品的布局一般比较自由，内容也不受思想表达性的约束，因此常常起到划分空间和组景的作用，其形体往往根据环境的要求可简单也可复杂。

2. 设计应考虑的因素

一般而言，设计雕塑小品时应考虑如下问题：

(1) 雕塑小品与植物植被。在游憩环境中，绿地、花草、树木植物等自然景象通常作为雕塑的背景而存在，雕塑因此会受到这些背景的影响。对设置在庭园或自然环境中的雕塑小品，应从比例尺度、背景的明暗程度、形体对比关系、情调与色调等方面作全面的思考。

雕塑小品深受背景植物植被条件的影响。在以大自然为背景中的大部分雕塑小品，因植被与树木为雕塑小品提供了广阔的遐想背景，小品在内容、题材和表现手法上，受环境的影响不太大，设计者可以任意发挥想象力和创造力。但在背景树木较多的小型游憩地，雕塑小品则应根据背景树木的疏密程度、可被利用的空间尺度、以及与公共游憩设施的相互关系来考虑形式与内容，并应慎重选择材料。例如，树木环抱中的一小片空地，如果放置与游憩设施相结合的雕塑小品，其形体就不宜过大，应以实用性和功能性为主。雕塑小品的色彩与形象的新颖、别致以及位置的醒目程度，如与背景植物植被的姿态、叶色相得益彰，也会为环境增添不少趣味。而采用具象的装饰手法来表现人类处于放松、悠闲状态的雕塑

1 王琳，乐大雨编著. 装饰雕塑：创造精神的永恒世界. 沈阳：哈尔滨工业大学出版，2003-02（1）：3.
2 王朝闻著. 雕塑雕塑. 沈阳：东北师范大学出版社，1992-07（1）：40.

小品，因其具象的生动性使情感在天然环境中得到进一步联想，这无疑使人感到自然环境的亲近。尽管有时抽象小品表达理念更为自由和宽泛，但由于融于自然环境中的具象小品，可以反馈给人类以天然之外的遐想空间，人类情感仍然可以通过具象性雕塑小品这样一个特殊的媒介，与自然环境进行沟通。无论雕塑小品采取的是抽象表达理念的手法，还是以其形象的生动性反映游憩体验，作为背景的植物植被，对雕塑小品的形式与内容都有不可忽视的影响。

（2）雕塑小品的位置与地形、地貌。雕塑小品的位置选择与地形、地貌关系十分密切。在以天然景致为主、人工景观为辅的野外游憩环境中，位于山岗制高点或水边的雕塑小品，地形、地貌的特征对其位置的选择往往具有深刻的影响，当雕塑小品居于山岗制高点具有点景功能时，加大小品的体量和尺度可以有效地引导视线，使小品成为景致的焦点。山坡上的雕塑小品，不仅会给环境增添观看点，而且由于小品的特殊位置，当从不同角度观看它的时候，就会引起对地形、地貌差异的注意，使自然环境的地形地貌得到充分利用，同时也强化了雕塑小品的表现力，这正是雕塑小品在游憩环境中的引导作用。因此说，雕塑小品在环境中不是孤立存在的，地形、地貌的特征对观察雕塑小品、景观视线的引导有着十分密切的关系。

（3）雕塑小品的尺度。近人尺度是街旁绿地雕塑小品的基本特征。街旁绿地是指位于城市道路用地外、相对独立的绿地，包括街道广场绿地、小型沿街绿化用地等。凡置于街旁绿地休闲娱乐开敞空间中的雕塑，也被称为"园林小品"。与大型纪念性雕塑相比，这类雕塑小品不需要大体量的尺度或占有大量空间，也无须表达宏伟或震撼的主题思想，纯粹的情趣性成为它的主要特点。这类雕塑小品传递的信息和被感知的效果，通常以休闲娱乐性为主，虽然此地的雕塑小品并没有起到什么重要的社会"辅德"作用，但通过它的形体语言以及可视、可触的形象，使活动在这一区域的游人可以体会到环境特征的信息，这使雕塑小品与游人之间实际进行着情感上的无声交流。它如同一些游憩设施那样，在供人观看、触摸、评价的过程中，甚至在接纳孩童们的攀登和嬉戏中，得到默默的认可。因此，雕塑小品的近人尺度，对形成游憩环境的亲和空间具有重要意义。特别在休闲娱乐的场合，人们通常更愿意接受这样的亲和空间和传递的信息。因此，街旁绿地的使用性质决定了雕塑小品的尺度应该是近人的尺度。

（4）雕塑小品的标志作用。旅游环境中，标志性是雕塑小品的基本功能。开敞空间为各类游憩活动提供了场地、建筑及道路等相关设施，把分散的人群汇集成人流，显然，这样的开敞空间通常需要有一定的聚散力，使人流按规划意图聚散。

当雕塑小品处于这样的开敞空间中，并扮演了具有凝聚力的角色时，此地的雕塑小品就具有了标志作用。例如在一条功能和形式随着地点而变化的连续街道上，一个雕塑小品所处的位置，会让人感觉到它打断了道路的流线，使一个场景在此停顿，或者另一个场景在此重新展开。相对建筑来说，尽管雕塑小品具备组织人流的作用有限，但它形象的丰富性和趣味性却要比建筑物突出许多，处在这个点上的雕塑小品，可能因其所处的特殊位置（街区广场中心或交叉路口等）以及自身的特殊形象，要比建筑更具标志性。正是这个原因，雕塑作为停顿点或标志物在许多城市公共环境建设中应用得极为普遍。

除了纯粹象征性或寓意性的标志雕塑以外，还有许多雕塑被赋予街区方位指示引导的功能，是典型的功能标识性雕塑。在开敞游憩场所中，如大型中心广场等，雕塑小品一般都有纪念性或象征性的功能，在这类广场上设置尺度较大的标志性雕塑，可以起到标识环境特点和传达艺术含义的双重作用。通常雕塑小品也大都设置在这些场所的中心点或轴点上的节点上，雕塑小品除了具有标识性的作用外，也很容易表达小品的思想含义。如果雕塑小品设置在狭小的城市街旁绿地空间中时，雕塑小品的艺术性就不一定是表达的重要因素。此时，雕塑小品的标志性就显示出它的重要了。

雕塑小品尺度过大或过小都会影响游人对其环境意义的理解。尺度过大会影响整体旅游环境的关系，尺度过小，不容易吸引人的注意力，失去标识的作用。一般而言，场地的开敞程度，往往受周围建、构筑物的高度、场地宽度以及植物等因素的影响，雕塑小品的尺度和体量应根据周围建、构筑物的高度、场地宽度、坡度等具体情况来设置。设置于开阔交叉口等场地的小品，其尺度和体量显然对识别场地特征具有重要作用，空间越开阔，雕塑的尺度和体量就要越大。因此，雕塑小品的尺度和体量必须与所处的环境相协调，这说明，小品与环境的比例关系在开敞空间中具有相当重要的作用。

雕塑小品的标志性通常依赖地形高差的处理形成的。为达到这样的效果，设计者可以根据游憩场地的性质，利用环境特点或设计构想改变地面标高的尺度，选择适合表现小品标志性特征的题材、表现手法、材料和体量。例如在狭窄而又需设置雕塑小品或标志的旅游空间，雕塑小品应具有小而精巧、形式醒目的点景标志特征。

近人尺度与标志性的有机结合，是雕塑小品品质评价的重要标准。符合人与物的比例关系，是借助雕塑小品形成亲和游憩环境的基础，人们可以通过对雕塑小品的可触、可及的方式，在轻松娱乐中体验游憩带来的乐趣。

3. 雕塑小品的材料特点

（1）金属材料。铸铜是流传至今最古老的金属雕塑材料。现代雕塑应用铜板加工制作浮雕和圆雕的实例非常多，锻铜与铸铜相比较，铜板的厚度显然要比铸铜薄得多，整体重量也相对要轻些。因此，锻铜工艺适宜于悬空和跨度较大的特殊形式制作。轻便的锻铜的中空形式以及易于运输和安装的特点，使锻铜工艺制作的雕塑更适合安置在不宜承受重压的载体上。因钢筋骨架结构是铸铜雕塑小品的中空支撑体，铜板只须几个毫米的厚度就够了，锻铜雕塑更适合大型制作。

锻铜的制造需要在翻制好的雕塑模具中进行，依照模的形状剪切成的钢片需要加热退火，退火后的铜板有很好的可塑性和延伸性，放在阴模中敲打成形。此锻铜工艺比铸铜要简便、易行一些，尤其适用于浮雕，因为浮雕的起伏程度与圆雕相比要小得多，观赏角度以一面为主。锻铜通常适合制作外表形体与结构不太复杂的雕塑小品。结构复杂、细部丰富的雕塑小品，或者说写实性强的雕塑小品，如果选择铜作为材料，还是铸铜的表现力更强。

不锈钢板与铜板具有相似的制作工艺，却有不同的质感效果。不锈钢材料表面具有类似镜面一样的光滑和明亮特性，对周围物体易于形成反射，由此产生的雕塑质感表现力是其他材料无法达到的，这是现代雕塑大量运用不锈钢材料制作雕塑小品的原因之一。

（2）树脂复合材料。这里所称的树脂复合材料特指运用于制作雕塑小品的化工材料，一般称为玻璃钢。树脂分为环氧树脂和不饱和树脂两类。雕塑小品经常使用不饱和树脂，价格便宜并且容易掌握配方和加工方法。使用不饱和树脂复合材料制作雕塑小品的辅料有：玻璃丝布、立德粉、滑石粉等，固化剂为环己酮和氧化钴。玻璃钢有硬度大、轻便、耐火、耐腐蚀的特点，十分适合制作雕塑小品。树脂本身还可以和很多材料复合使用，可以添加金属粉末，仿制金属效果，也可以添加石粉和石子颗粒来仿制石头的质感，并能在表面制作肌理和刷漆等。树脂的这种特点，使得多数设计人员更愿意用它来模仿其他材料的质感。

玻璃钢的翻制不像铸铜那样对模具有很高的要求，用石膏就可以制模，只要在模具外涂几遍隔离层，再将树脂玻璃钢等材料贴到模具上便可成形，工作用期短，操作过程易行简单。雕塑成形后，重量轻，运输和安装更为方便，容易搬动。对于小型展览用或临时用的雕塑，它是最方便的材料。

（3）钢筋混凝土和石膏。钢筋混凝土原是用于建筑的材料，因钢筋混凝土成本低廉，施工方便，成为现代雕塑经常采用的一种新材料。在前苏联的许多纪念性雕塑就是运用大量的钢筋混凝土来制作雕像的，如"献给斯大林格勒保卫战的英雄纪念碑"的大型建筑与雕塑的综合体。制作钢筋混凝土雕塑小品，并没有青铜工艺那么多的限制，翻制过程并不复杂，也容易表现出雕塑家的技巧。所以，在制作大型写实性的纪念碑雕塑的时候，雕塑家往往选择钢筋混凝土制作。

由于钢筋混凝土的造价不高，比较适合在资金不足的情况下使用。例如我国建国初期的很多雕塑，都是用钢筋混凝土的材料制作的。

石膏是一种用于翻制的材料。石膏易受潮，易损坏，只适用室内环境，因此，不适合制作耐久的物品。一般情况下，水泥、玻璃钢、陶塑等雕塑小品的翻制都是用石膏来做模具。有时雕塑家的小型创作稿子，也用石膏来制作。石膏的这些特点，使它成为最易取得的模具材料。

（4）废钢铁。利用废钢铁制作雕塑是 20 世纪 50 年代后出现的事。二战后，留下了大量废钢铁，因其价格便宜，成为战后经济恢复期的最适合制作雕塑的材料。金属切割、焊接工艺技术也因此开始广泛使用。现代雕塑艺术从中得到启发，利用废旧钢铁制作环境雕塑成为一种广泛的表现手段，有人称之为"废品雕塑"。20 世纪 50 年代，废品雕塑遍及欧洲和美国，作为装配雕塑的一个分支，"废品雕塑"处心积虑地寻找城市文明所遗弃的一些废品，用选择、重新组合或者不加解释地展示等方式，把它们变成雕塑作品。废旧钢铁的出现，一方面得益于金属加工工艺的革新进步；另一方面为金属雕塑的发展开拓出一片新天地，它意味着雕塑语言的一次深刻转变，古典的铸造工艺已经不是唯一的金属加工方式。

与铸铜相比较，这些"半成品"材料的加工更加简便，废旧钢铁成为一种当今十分流行的雕塑材料。

（5）混合材料。雕塑小品中的混合材料是指各种材料的混合体。如铜与木、铜与石材、不锈钢与玻璃、不锈钢与石材、金属与砖、陶等，甚至各类材料与钢筋混凝土的混合。环境艺术品几乎无奇不有地创造了与自然结合的表现形式。有时一件雕塑小品中会同时使用到很多种材料，这些混合材料的质感、肌理和色彩与所处的环境相得益彰，产生出不同的视觉效果和吸引力。由于大部分硬质混合材料经得起风雨洗刷，适合安置在户外公共空间中，这在现代景观设计中应用得极为普遍。

另外也有一些相对于硬质材料而言的软质混合材料，如棉、麻、丝、化纤等，使用这类材料制成的雕塑小品，可以称为软质雕塑小品，它们适合安置在室内环境中，作为近距离欣赏的对象。

4. 雕塑材料的色彩

世界上任何一种材料本身都是有颜色的。绘画中我们经常用"固有色"的概念来讨论色彩的组成，色彩在雕塑小品中的运用也是不可忽视的问题。雕塑小品颜色的选择，一方面取决设计者的构思，另一方面应考虑与环境的协调，尤其在公共空间中的雕塑小品，既需要环境的颜色作衬托，又需要与环境相配合，它经常成为游憩环境中的一个观赏点。天然材料的颜色源自材料本身，如有黑、白、灰、绿等很多种颜色的天然石料，它的质感往往有人工方法无法取代的效果，如汉白玉白色的温润、不锈钢如同镜面般的光洁、暗赤色红铜的沉稳、青铜色的斑斓等，合理运用材料自身的色彩和肌理，可以丰富小品的内涵。

"人为色彩在雕塑上的使用是现代雕塑的一大特征。这种人为色彩主要区别于传统彩塑中对客观对象色彩的重复和再现，人为色彩所包含的内容更为理性、直观、自由地强调色彩本身所呈现的感情。"[1]敷以人为色彩的制作方法，有强化材料天然色泽不足的优点，使雕塑小品变得更加醒目和有特征。

雕塑或雕塑小品毕竟是依靠形体的空间占有来体现品质的。雕塑小品材料的颜色既可源自材料本身，也可以人工附着，形式多变可以不受限制，色彩上的表现性并不是雕塑小品特征所在，它不太可能如同在画面上那样自由地运用色彩。一般情况下，设计者比较倾向于利用材料本身的质感和固有色来表达意图。所以，现代雕塑小品在色彩、质感上，基本只是强调色彩的醒目性和环境色彩的倾向性。

8.1.2　隔栏设施

1. 护栏／扶手

护栏设施包括栏杆和扶手，泛指游憩场地中能够起到栏杆作用的设施，可以是栏杆、矮墙或花台（池）等。栏杆具有拦阻功能，也是分隔空间的一个重要构件。设置护栏设施的起始高差为 1m，设计时应结合不同的使用场所。首先要充分考虑栏杆的强度、稳定性和耐久性；其次要考虑栏杆的造型美，突出其功能性和装饰性。常用材料有铸铁、铝合金、不锈钢、木材、竹子、混凝土等。

栏杆大致分为以下三种类型：

1）矮栏杆，高度一般为 0.3～0.4m，不妨碍视线，多用于绿地边缘，也用于场地空间领域的划分；

2）高栏杆，其高度一般在 0.9m 左右，有较强的分隔与拦阻作用；

3）防护栏杆，高度为 1.0～1.2m（或略高于 1.2m），这个高度超过了人的重心，起到防护围挡的作用。一般设置在高台的边缘，可使人产生安全感。

扶手通常设置在坡道、台阶两侧，高度在 0.9m 左右。为方便老人和残障人使用，室外踏步级数超过 3 级时必须设置扶手，供轮椅使用的坡道应设高度为 0.65m 与 0.85m 的两道扶手。

设置护栏／扶手时，应遵循以下原则：

1）游憩场所内的示意性护栏高度不宜超过 0.4m；

2）各种游人集中场所容易发生跌落、淹溺等人身事故的地段，应设置安全防护性护栏；

3）各种装饰性、示意性和安全防护性护栏的构造作法，严禁采用锐角、利刺等形式。

---

1 董书兵著. 完全素质手册: 凝住的时空·雕塑艺术欣赏. 北京: 中国纺织出版社，2000-03（1）: 18.

2. 围栏／栅栏

设防和围护是围栏与栅栏第一位的功能。防止侵略者和野生动物入内、阻止家养的动物走失或外出破坏环境,围栏为人的生存提供基本保证。围栏与栅栏"在设计合理的情况下, 它们惯常提供的功能是: 安全感, 创造小气候使以前不能存活的植物很好地生长。尽管这样, 矮墙也有缺陷, 它不能像实砌高墙一样提供安全感、遮阳、挡风等功能。"[1] 但是, 围栏与栅栏也可在一个院子或花园内起到保护隐私的作用。他们能创造出有独立功能的使用区域, 建立与室内房间完全不同功能的室外房间。围绕一个院子的篱笆栅栏能使我们心理上产生平和幽隐的感觉。

栅栏一般采用铁制、钢制、木制、铝合金制、竹制等。栅栏的作用是范围区域, 通常采用围合的方法, 在区域的边界处进行限定。最常见的方法是平地上的设置篱笆, 在危险地段栅栏竖杆的间距不应大于 110mm。围栏、栅栏一般设计高度见表 8-1。

围栏、栅栏高度表　　　　　　　　　　　　　表8-1

功能要求	高度（m）
隔离绿化植物	0.4
限制车辆进出	0.5~0.7
标明分界区域	1.2~1.5
限制人员进出	1.8~2.0
供植物攀缘	2.0左右
隔离噪声栏	3.0~4.5

3. 挡土墙

挡土墙是指由块料或整体构成的用以挡土的墙。挡土墙的形式根据用地的实际情况经过结构设计确定。从结构形式上分主要有重力式、半重力式、悬臂式和扶臂式挡土墙; 从形态上分有直墙式和坡面式。

挡土墙既应满足工程的要求, 又要求考虑环境景观的需求。挡土墙的外观质感由用材确定, 它直接影响到挡墙的景观效果。毛石和条石砌筑的挡土墙要注重砌缝的交错排列方式和宽度; 预制混凝土预制块挡土墙应设计出图案效果; 嵌草皮的坡面上需铺上一定厚度的种植土, 并加入改善土壤保温性的材料, 利于草根系的生长。常见挡土墙形式见图 8-1。

挡土墙技术要求及适用场地见表 8-2。

挡土墙须解决好墙前后的排水。挡土墙必须设置排水孔, 一般为每 $3m^2$ 设一个直径 75mm 的排水孔, 墙内宜敷设渗水管, 防止墙体内存水。钢筋混凝土挡土墙必须设伸缩缝, 配筋墙体每 30m 设一道, 无筋墙体每 10m 设一道。

---

1 [美] 谢尔登著 . 院墙·栅栏 . 于蕾, 张晓杰译 . 济南: 山东科学技术出版社, 2003-01 (1): 7.

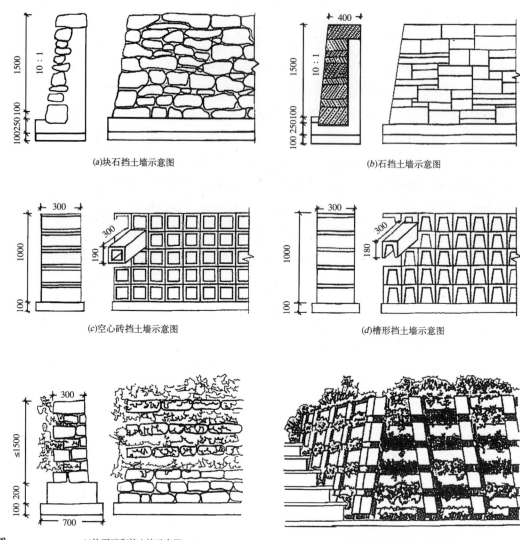

(a)块石挡土墙示意图

(b)石挡土墙示意图

(c)空心砖挡土墙示意图

(d)槽形挡土墙示意图

图8-1 常见挡土墙形式示意图

(e)块石干砌挡土墙示意图

(f)混凝土块料挡土墙示意图

常见挡土墙技术要求 表8-2

挡土墙类型	适用场地及技术要求
干砌石墙	墙高不超过3m,墙体顶部宽度宜在450~600mm,适用于就地取材处
预制砌块墙	墙高不超过6m,这种模块形式还适用于弧形或曲线形走向的挡墙
土方锚固式挡土墙	用金属片或聚合物片将松散回填土方锚固在连锁的预制混凝土面板上,适用于挡土墙面积较大时或需进行回填方处
仓式挡土墙/格间挡土墙	由钢筋混凝土连锁砌块和粒状填方构成,模块面层可有多种选择,如平滑面层、骨料处外露面层、锤凿混凝土面层和条纹面层等。这种挡土墙适用于使用特定挖举设备的大型项目以及空间有限的填方边缘
混凝土垛式挡土墙	用混凝土砌块砌成挡土墙,然后立即进行土方回填。垛式支架与填方部分的高差应不大于900mm,以保证挡土墙的稳固。
木式垛式挡土墙	用于需要表现木质材料的景观设计。砌体倾斜度不宜用于潮湿或寒冷地区,适宜用于乡村、干热地区
绿色挡土墙	结合挡土墙种植草坪植被。砌体倾斜度宜在25°~70°。尤其适合雨量充足的气候带和有喷灌设备的场地

8.1.3　坡道与台阶

行走是游览的最基本活动方式。大部分旅游行为是在行走过程完成的，但步道的高差变化会给步行带来很大麻烦，人们走到高差变化较大的地方，可能会产生恐惧感，因而会绕过这个高差。同时，坡道和台阶在环境中又有明显的引导作用，可以引导人们从一个空间到达另外一个空间，人们根据坡道或台阶高差变化，会明显地感觉空间的转换。因此，在划分空间时可以利用坡道或台阶，使空间有所变化，形成有标高差异的空间。

1. 坡道

坡道是旅游区道路交通和空间组织中重要的设计元素之一。坡道作为两个不同标高空间的边界，起过渡的作用，直接影响道路的使用和感观效果。如果利用高差的变化作为空间的边界，可以加强环境的空间边界感，使游人清楚地区分两个空间。当高差较大时，游人可以通过坡道前往高处，形成较好的视野，俯视全局。根据日本人户川喜久二的研究，坡度小于5°对步行来说是安全有利的，如果超过7°，情况就会突然变坏，7°（1/8）是选择斜路或阶梯的分界线。[1] 在我国《公园设计规范》（CJJ 48—92）中，规定主园路不宜设梯道，必须设梯道时，纵坡宜小于36%。

支路和小路主要是供游人行走的道路，上述主园路的最大纵坡应不大于8%的规定，是考虑行车的需要。作为供游人行走的支路和小路，纵坡若超过18%，宜按台阶、梯道设计，并且台阶踏步数不得少于2级。根据日本资料：最大纵坡15%，自然探胜路17.6%，郊游路33.3%。实况调查，17.6%的坡道，人行较为舒适；18.9%的坡道，下行时有不同程度的负担，普遍感到稍累。这与我国《公园设计规范》中规定的支路和小路纵坡宜小于18%的指标相吻合。这个指标是以梯道代替坡道的最大限度。

坡道对残疾人也有所帮助。有关这方面的规定可参阅本书第六章第二节相关内容。

2. 台阶

在建筑物与室外地坪连接处，以及场地局部倾斜度较大或有高程差的地方，宜设置台阶。台阶是道路的一部分，故台阶的设计应与道路的设计成为一体。台阶在场地设计中起到不同高程之间的连接和引导视线的作用，可丰富空间的层次感，尤其是高差较大的台阶，会形成不同的近景和远景的效果。

台阶的种类依其形状可分为规则式台阶和不规则式台阶，见表8-3。

---

1 户川喜久二. 步行を測る. ディテール，1973-07（37）：15～16.

台阶种类　　　　　　　　　表8-3

类　别		构　造
规则式	水泥台阶	用模板按水泥路面方式灌注，其高度宽度预先测定
	石板台阶	整齐石板铺砌而成
	砖砌台阶	以红砖按所需高度、宽度整齐砌成
不规则式	块石台阶	坚硬石块，较平一面为踏面，高度、宽度在同一阶上力求平整
	横木台阶	台阶边缘，用横木固定，材料以桧木，栗木为佳，踏面以上石铺设
	纵木台阶	台阶边缘用纵木桩固定之，起形式与横木台阶形式相同
	草皮台阶	草皮纵叠于台阶边缘

(1) 台阶设计考虑的因素。台阶设计考虑以下三方面因素：

1) 舒适性因素。台阶的踏步高度 (h) 和宽度 (b) 是决定台阶舒适性的主要参数，两者的关系如下：$2h+b=600cm$ 为宜，一般室外踏步高度设计为 120～160mm，踏步宽度 300～350mm，低于 100mm 的高差，不宜设置台阶，可以考虑做成坡道；

2) 宜人性因素。台阶长度超过 3m 或需改变攀登方向的地方，应在中间设置休息平台，平台宽度应大于 1.2m，台阶坡度一般控制在 1/7～1/4 范围内；

3) 安全性因素。为了方便晚间人们行走，台阶附近应设照明装置，人员集中的场所可在台阶踏步上安装地灯。过水台阶和跌流台阶的阶高可依据水流效果确定，同时也要考虑儿童进入时的防滑处理。

(2) 台阶设计要点。台阶设计应满足以下几方面要求：

1) 应尽可能沿等高线布置，与所在地的环境及道路协调，所采用的材料与式样应根据环境及道路来决定；

2) 踏面平稳，其构造应坚固安全，踏面应作防滑处理，并防止因深槽、凸棱和大的接缝而阻碍运动。阶梯面宜向前微倾以利排水，并保持 1% 的排水坡度；

3) 台阶两旁可配置短墙、栏杆、花钵、树丛、假山等以丰富景观；

4) 在山旁台坡坎处的台阶、梯道，可在石缝中栽植岩石植物，以增加美观。

8.1.4　种植容器

1. 花盆

花盆是景观设计中传统种植器的一种形式。花盆具有可移动性和可组合性，能巧妙地点缀环境，烘托气氛。花盆的尺寸应适合所栽种植物的生长特性，有利于根茎的发育，一般可按以下标准选择：花草类盆深 20cm 以上，灌木类盆深 40cm 以上，中木类盆深 45cm 以上。

花盆用材，应具备有一定的吸水保温能力，不易引起盆内过热和干燥。花盆可独立摆放，也可成套摆放，采用模数化设计能够使单体组合成整体，形成大花坛。

花盆用栽培土，应具有保湿性、渗水性和蓄肥性，其上部可铺撒树皮屑作为覆盖层，起到保湿装饰作用。

2．树池／树池算

树池是树木移植时根球（根钵）所需的空间，一般由树高、树径、根系的大小所决定。

树池深度至少深于树根球以下250mm。

树池算是树木根部的保护装置，它既可保护树木根部免受践踏，又便于雨水的渗透和步行人的安全。

树池算应选择能渗水的石材、卵石、砾石等天然材料，也可选择具有图案拼装的人工预制材料，如铸铁、混凝土、塑料等，这些护树面层宜做成格栅装，并能承受一般的车辆荷载。

树池及树池算选用表见表8—4。

树池及树池算选用表　　　　　　　　　表8—4

树高	树池尺寸（m）		树池算尺寸（直径m）
	直径	深度	
3m左右	0.6	0.5	0.75
4～5m	0.8	0.6	1.2
6m左右	1.2	0.9	1.5
7m左右	1.5	1.0	1.8
8～10m	1.8	1.2	2.0

8.1.5　便民设施

旅游区便民设施包括音响设施、自行车架、垃圾容器、书报亭、公用电话等。选用或设计的便民设施应容易辨认，其选址应注意减少混乱且方便易达。在旅游区内，宜将多种便民设施组合为一个较大单体，以节省户外空间和增强场所的视景特征。

1．音响设施

在旅游区户外空间中，宜在距嘈杂喧闹较远地带设置小型音响设施，并适时地播放轻柔的背景音乐，以增强游园的轻松气氛。

音响设计外形可结合景物元素设计。音箱高度应为0.4～0.8m为宜，保证声源能均匀扩放，无明显强弱变化。音响放置位置一般应相对隐蔽。

2．自行车架

自行车在露天场所停放，应划分出专用场地并安装车架。自行车架分为槽式单元支架、管状支架和装饰性单元支架，占地紧张的时候可采用双层自行车架。自行车架尺寸按下列尺寸制作（表8—5）。

自行车架尺寸　　　　　　　　　　　　表8-5

车辆类别	停车方式	停车通道宽（m）	停车宽（m）	停车车架位宽（m）
自行车	垂直停放	2	2	0.6
	错位停放	2	2	0.45
摩托车	垂直停放	2.5	2.5	0.9
	倾斜停放	2	2	0.9

8.2　水景观

水体景观与旅游的关系极其密切。水体既是旅游者进行旅游活动的对象，又是开展旅游活动的重要环境背景。水景是自然景观的基本构景条件，能塑造环境、改善气候，提供多种多样的旅游活动项目；水景也是很多人文景观中不可或缺的组成部分。优良的水质有利于开展旅游活动，受到污染的水体会阻碍人们开展相关的旅游活动。因此，了解水景的基本特性是十分必要的。

8.2.1　水景的基本特性

旅游区中的水景多由自然水体构成，或将自然水体略加人工改造而成。自然水体是指海洋、河流、湖泊、沼泽、冰川和地下水等水的聚积体。自然水体是自然地理环境中地表水圈的重要组成部分，是以相对稳定的陆地为边界的天然水域。由于地表水圈与大气圈、生物圈、岩石圈上层的紧密联系、相互渗透，在太阳辐射热及其物理作用下，不停地进行着水的大小循环运动，从而引起许多表生地质作用，形成景色各异的各种水景，其光、影、形、声、色、味等都是生动的景观素材，构成一系列旅游价值极大的水景。

按水体的成因分类，有自然水体、人工水体和混合式水体三种类型。自然水体是指保持天然或摹仿天然形状的河、湖、溪、涧、泉、瀑等；人工水体是指人工开凿成的几何形状的水体，如水池、运河、水渠、方潭、水井、喷泉、叠水、瀑布，它们常与景桥、山石、雕塑小品、花坛、棚架、铺地、景灯等环境设施组合成人工水景；混合式水体是指前两种形式交替穿插协调形成的水景。水景是旅游区景观组成的重要内容，应以水体为主要表现对象。

人的亲水性是水景设计的根本依据。人类通常喜欢与水保持较近的距离，并喜欢用身体的各个部分接触水，朦胧的水雾景色、适宜的水温都能让人感受到水的亲切；当人距离水面较远时，通过感觉器官感受到水的存在，潺潺流水声，滴滴入耳，都可能会吸引人们到达水边，而气势恢弘的瀑布、波涛汹涌的海浪则让人心潮澎湃、遐想无限。由于人类具有亲水性特点，在设计中应缩短人和水面的距离，在保证安全的前提下，也可以让人自由接触到水面，融入水景中，如游船在水面上荡漾、儿童在浅缓水流中嬉戏。还可以通过景桥、汀步使人置身于水面上，也可以将建筑直接建造在水面上或水边，如亭、舫、榭、桥等，人们通过仰视、俯视各种姿态，观察水景，体验水景。在特殊的情况下人类还可以潜入水中，亲临其境地直接观赏到水的各种形态和水环境的魅力。人类一方面喜欢与水面保持亲近，同时有时又会对水产生恐惧感，人类这种亲水性的特点就是水景观设计的根本依据。

水源和气候条件对水景形式特征的形成有一定影响。水源的种类一般有引用原河湖的地表水、利用天然涌出的泉水、利用地下水和人工水源、直接用城市自来水或设深井水泵抽水四个种类。不同的种类的水源不仅对水景的形式特征有一定影响，而且要求水景应结合场地气候、地形及水源条件进行设计。南方干热地区应尽可能为游人提供亲水环境，北方地区在设计不结冰期的水景时，还必须考虑结冰期的枯水景观。

并非所有水体都可以成为有旅游价值的水景，只有具备相应的条件，水体才可以成为水景。有旅游价值的水景应具备的主要条件包括两个方面的内容：①水体的卫生环境质量；②水体自身的优美程度。

水体的卫生环境质量对旅游活动会产生影响。在环境学中，水体不仅包括水本身，还包括了水中的悬浮物、溶解物质、胶体物质、底质（泥）和水生物等。水体的卫生环境质量，简称水质，是指包括水中微量化学元素和生物含量在内的各种物质的总和。天然水的水质取决于它形成的区域环境特征，一方面与接触水的岩石、土壤、大气、生物等环境要素的物质组成及其溶解性有关；另一方面还与接触过程中的地形、水文条件和气候有关。因此，不同地区、不同类型的水体，其水质不同。

旅游区水景的水质要求主要是确保景观性（如水的透明度、色度和浊度）和功能性（如养鱼、戏水等）。目前，对旅游区水环境的判断，可参照相应的水环境标准。如水净化处理的方法通常采取物理法、化学法、生物法三种方法。

水净化处理分类和工艺原理见表8-6。

水体自身的优美程度直接影响着旅游活动的质量。水体具有光、影、形、声、色、味等诸多的美感，都是生动的景观素材。一般来说，水面能点缀、映照周围景物，使风景更加妩媚、秀丽；水中倒影可反映出高低、起伏、明暗的景物，亦可反映出春秋、朝夕、阴晴等季节与天气的变化，不同形状与状态的水体又给人以不同的感受；缓流潺潺、急流汹涌更造成不同的声响与气势。这些都是激发旅游动机的因素。水温的高低对亲水游憩活动也有影响，水温直接影响到游泳、漂流、潜水及医疗疗养等旅游活动项目的开发。因此说，水体自身的优美程度会直接影响到旅游活动的质量。

水净化处理分类和工艺原理 表8-6

分类名称		工艺原理	适用水体
物理法	定期换水	稀释水体中的有害污染物浓度,防止水体变质和富营养化发生	适用于各种不同类型的水体
	曝气法	向水体中补充氧气,以保证水生生物生命活动及微生物氧化分解有机物所需氧量,同时搅动水体使水循环;曝气式主要有自然跌水曝气和机械曝气	适用于较大型水体(如:湖、养鱼池、水洼)
化学法	格栅-过滤-加药	通过机械过滤,滤去除颗粒杂质,降低浊度,采用直接向水中投化学药剂的方法,杀死藻类,以防水体富营养化	适用于水面面积和水量较小的场合
	格栅-气浮-过滤	通过气浮工艺去除藻类和其他污染物质,兼有向水中充氧曝气的作用	适用于水面面积和水量较大的场合
	格栅-生物处理-气浮-过滤	在格栅-气浮-过滤工艺过程中增加了生物处理工艺,技术先进,处理效率高	适用于水面面积和水量较大的场合
生物法	种植水生植物	以生态学原理为指导,将生态系统结构与功能应用于水质净化,充分利用自然净化与生物间的相克作用和食物链关系改善水质	适用于观赏用水等多种场合
	养殖水生鱼类		

8.2.2 水景类型及特点

具有旅游价值的水景种类众多,根据自然水的景观特点和水的不同性质,旅游区的水景主要有海、湖、江、瀑、泉、庭院水景、池水及装饰水景等类型。

1. 海洋景观

根据海洋所处的不同位置(内陆海、陆缘海、边缘海、大洋等)、不同的气候带(热带、温带、寒带)、不同的海岸类型(沙岸、岩岸、泥岸、珊瑚礁海岸等)、不同的海岸地貌、不同的海洋物理化学条件与生物条件,便形成了类型不同、功能各异的海洋景观。主要类型有滨海风光与海滩浴场、海岛景观、珊瑚礁和海洋。与旅游区景观设计关系最密切的海洋景观是海滩浴场。

海滩浴场是最有吸引力的亲水景观。国外将吸引游客的海洋景观因素归纳为三"S",即海洋(Sea)、海滩(Sand)、阳光(Sun)。海是大洋的边缘部分,海岸带是海洋与陆地的接触带,处于水、岩石、生物和大气的相互作用中。海岸带自陆向海可分为海岸、潮间带和水下岸坡三部分。海岸是高潮线以上狭窄的陆上地带;潮间带是高潮线与低潮线之间的地带;水下岸坡则是水深为30m以内的海底。其中,与旅游活动有密切关系的是海岸和潮间带,二者统称为海滨。前者有海蚀崖、海蚀台、海蚀穴(洞)、海蚀拱桥和海蚀柱等;后者如海滩、沙坝、沙嘴、泻湖等。

海滩浴场主要是让人领略日光浴的地方。最好的海滨浴场应当是滩缓、沙细、潮平、浪小和气候温和、阳光和煦的地带,如地中海沿岸。海滩浴场基层上多铺白色细砂,坡度由浅至深,近岸2.0m范围内的水深不得大于0.7m,一般为0.2～0.6m,达不到此要求的应设护栏。无护栏的汀步附近2.0m范围内的水深不得大于 0.5m。驳岸需做成缓坡,以木桩固定细砂,水池附近应设计冲砂池,以便于更衣。

对于以观赏海底景观为主的游憩活动来说,要求海底生物景观丰富多彩,水体中悬浮物质和浮游生物要少,海水透明度高,以利于旅游活动的开展;对于旅游潜水活动项目来说,则要求海底水流平静,不能有激烈的暗流,同时,不能有凶猛鱼类出没。

2. 河流景观

河流是水景观中重要的类型。江河按其流向分类,有内流河与外流河。流入海洋的河流称为外流河,如长江、黄河、黑龙江等;流入内陆湖泊或消失于沙漠中的河流,称为内流河,如塔里木河、伊犁河等。

河流通常可分为河源、上游、中游、下游和河口五段,各河段均有其独特的形态和景观特征。河流最初具有地表水流形态的地方,称为河源。上游落差大,河谷窄,流速大而流量小,多急滩和瀑布;中游落差较缓和,河床位置较稳定;下游河谷宽广,流速小而流量大,多浅滩和沙洲。河口常有大量泥沙堆积,分叉现象显著,常形成三角洲。河流为旅游活动的开展提供了景观资源和环境,江、河、溪、涧等属于线型水体,长短、宽窄及曲直变化莫测,河流景观大致可分为观赏型的风景河段和体验型的漂流河段两大类型。

3. 涧溪

自然中的溪涧是规模最小的河流。溪涧多发育在河流上游的高山地区,到平缓地形时形成溪涧水景。湍流涧溪河床纵坡大,水流湍急。游客乘舟筏在溪流中漂流,有惊无险,野趣无穷,对游客具有较大吸引力。湍流溪涧风景河段属于体验型的漂流河段,是泛舟漂流旅游的好地方。

溪流的形态是由自然环境条件、水量、流速、水深、水面宽度等因素决定的。平缓地形的溪水穿林绕麓,时隐时现,呈现宽狭深浅不一的溪流形态,适合游客漫步观景。景观设计主要着眼于两岸景致的观赏,包括两岸的山峦奇峰、怪石、植物植被以及名胜古迹等景观元素的借用。应选用适合的材料,对自然溪流形态进行合理的改造设计。

人工溪流形态应根据环境特征进行合理设计。人工溪涧通常以自然溪涧形态为蓝本,其形态力求左右弯曲或环绕亭榭,萦回于石山之间,穿岩入洞,有分有合,有收有放,形成宽窄不同的水面。溪流应随地形而变化,使之跌水成瀑、落水成潭。

人工溪涧大致分为可涉入式和不可涉入式两种。可涉入式人工溪涧的水深应小于 0.3m,以防止儿童溺水,同时水底应作防滑处理,可供儿童嬉水的溪流,应安装水循环和过滤装置;不可涉入式人工溪涧宜种养适应当地气候条件的水生动植物,增强观赏性和趣味性。

人工溪涧通常配以山石以充分展现其自然风致，石景在溪涧中所起到的景观效果见表8-7。

人工溪流的坡度应根据地理条件及排水要求而定。普通溪流的坡度宜为0.5%，急流处为3%左右，缓流处不超过1%。溪流宽度宜在1～2m，水深一般为0.3～1m，超过0.4m时，应在溪流边采取防护措施（如石栏、木栏、矮墙等）。为了使旅游区内的景观在视觉上更为开阔，可适当增大宽度或使溪流蜿蜒曲折。溪流水岸宜采用散石和块石，并与水生或湿地植物的配置相结合，减少人工造景的痕迹。

4. 瀑布跌水

"天然瀑布为河床纵断面上陡坡悬崖处倾泻下来的水流。"[1]跌水是呈阶梯式的多级人工跌落瀑布。天然瀑布的成因是多种多样的。地壳抬升或沉降均可导致河流纵剖面上出现陡坎而形成瀑布；河流向下侵蚀河床，由于地壳岩石软硬不一，较硬岩层突露于易受侵蚀的较软岩层之上成为陡坎而形成瀑布。此外，火山喷发、熔岩流阻塞河道、冰川堆积等也可形成瀑布。

天然瀑布的形态结构一般由三部分组成，即造瀑岩层、瀑下深潭和瀑前峡谷。造瀑岩层是指河谷纵剖面上陡坎的地段，地理学上称之为裂点，多半由坚硬的岩石构成，且岩层向外突出，状似窗台，可以抗拒河流的侵蚀，保护下部抵抗力较弱的岩层；瀑下深潭是指瀑布之下被跌水冲击而成的水池，其大小、形状、深度各异，主要取决于瀑布的落差、宽度和水量状况；潭前峡谷是造瀑层被侵蚀后退的产物，表示瀑布位置仍在向后移动，如北美尼亚加拉瀑布，平均每年后退1m，瀑布的现在位置距原来地点已有10km之多。落差、水量和宽度是衡量瀑布规模大小的主要指标。

除天然瀑布外，旅游区中的瀑布，多为模仿自然瀑布意境而形成的人工瀑布跌水。

溪涧石景效果表

表8-7

序号	名称	效　果	设置位置
1	主景石	形成视线焦点，起到对景作用，点题，说明溪流名称及内涵	溪流的首尾或转向处
2	隔水石	形成局部小落差和溪流声响	铺在局部水线变化位置
3	切水石	使水产生分流和波动	不规则地布置在溪流中间
4	波浪石	使水产生分流和飞溅	用于坡度较大、水面较宽的溪流
5	河床石	观赏石材的自然造型和纹理	设在水面下
6	垫脚石	具有力度感和稳定感	用于支撑大石块
7	横卧石	调节水速和水流方向，形成溢口	溪流宽度变窄处和转向处
8	铺底石	美化水底，种植苔藻	多采用卵石、砾石、水刷石、瓷砖铺
9	踏步石	装点水面，方便步行	横贯溪流，自然布置

---

1 陈安泽，卢云亭等著.旅游地学概论.北京：北京大学出版社，1991-05（1）：63.

通常采取石山叠高、其上设池做潭、水自高泻下、激石喷溅的做法。人工瀑布形态结构主要由上游水源、落水口、瀑身、受水潭和下游泻水五部分构成。上游水源可以引用原河湖的地表水，利用天然涌出的泉水，利用地下水人工水源，或直接用城市自来水或设深井水泵抽水；瀑身是瀑布跌水的主要观赏处，瀑布跌水按其跌落形式分为滑落式、阶梯式、幕布式、丝带式等多种，并模仿自然瀑布，形成帘瀑、挂瀑、叠瀑、飞瀑等形式；受水潭不拘形式；下游泻水可用水泵抽水回至上游。人工瀑布采用天然石材或仿石材设置背景和引导水的流向（如景石、分流石、承瀑石等），考虑到观赏效果，不宜采用平整饰面的白色花岗石作为落水墙体。为了确保跌水沿墙体、山体平稳滑落，应对落水口处山石作卷边处理，或对墙面作坡面处理。

　　瀑布因其水量不同，会产生不同视觉、听觉效果，因此，落水口的水流量和落水高差的控制成为瀑布设计的关键参数。

　　人工跌水是水体因重力而下跌、高程突变、成为阶梯式的多级跌落瀑布。其梯级宽高比宜为 1：1 ～ 3：2，梯面宽度宜为 0.3 ～ 1.0m 为宜。

　　5. 湖泊景观

　　湖泊是大陆洼地中积蓄的水体，为重要的旅游景观类型。湖泊的形成有两个先决条件，即湖盆与湖水。除有积聚水体的湖盆外，还必需有水的来源，如果水的来源有限且又易蒸发或消失，也不能形成湖泊。根据湖泊按是否通海，可分为内陆湖与外流湖。按湖水含盐量，可分为咸水湖和淡水湖。

　　(1) 湖泊景观的类型。[1] 其类型包括以下几种：

　　1) 构造湖。构造湖是由于构造运动而断块沉降或凹陷而形成的积水盆地，如我国的青海湖、鄱阳湖、滇池和洱海等。这类湖泊常与断块隆起山地相伴而生，名山名湖相映成趣。

　　2) 海迹湖。海迹湖是浅水海湾因湾口被泥沙淤积成的沙嘴或沙坝所封闭或接近封闭而成的湖泊，又叫泻湖。高潮时与海水相通，为咸水湖。如果陆上水流不断注入，与外海完全隔绝时则变为淡水湖，如杭州西湖。

　　3) 河迹湖。河迹湖是因河流的变迁，蛇曲形河道自然取直截弯而形成的牛轭湖等。如南京的玄武湖、莫愁湖和武汉的东湖等。

　　4) 冰川湖。冰川湖是由冰川的掘蚀作用而形成的掘蚀洼地或冰川的冰积洼地、后来积水而形成的湖泊。如新疆天池等。

　　5) 风蚀湖。风蚀湖是在干旱地区，由强大的风力作用所形成的洼地，或沙丘间凹地积水而成的湖泊。水源可以为河流注入，也可以为地下水补给，多为间歇湖或游移湖，如新疆的罗布泊湖等。

---

1 陶犁.旅游地理学.昆明：云南大学出版社，1995-11（1）：140 ～ 142.

6）岩溶湖。岩溶湖是石灰岩地区溶蚀凹地积水而成的湖泊，通常呈漏斗型，面积小而深度大。由于湖底常与地下河相通，往往于旱季时湖水流入地下而消失，雨季又重新出现，有时因底部被泥沙堵塞，湖泊长期积水，有较大的旅游意义。如云南石林中的剑池、贵州威宁的草海等。

7）堰塞湖。堰塞湖是由于火山喷出物或山崩、泥石流等重力堆积物阻塞河道而形成的湖泊。如火山熔岩堰塞河道而形成的五大莲池、镜泊湖等。

8）人工湖。人工湖是水库与风景区利用天然洼地而修建的人工水库。如浙江富春江上的千岛湖，秦皇岛的燕塞湖，北京的昆明湖、龙潭湖及金海公园、长江葛洲坝水库、黄河三门峡水库等。

（2）湖泊景观的特点。地球上的湖泊虽然很多，但并不是每个座湖泊都能作为旅游对象开发的，能作为旅游景观的湖泊只是其中的一小部分。因此，那些可以利用或开发的湖泊资源，除作为水景的构景要素外，必须突出和展示湖泊的特色。著名旅游地的湖泊景观，一般都具备以下一个或几个特点：

1）通达性好。通达性好是指通往湖泊目的地的交通便捷，费用距离指标小。如北京昆明湖、南京玄武湖和莫愁湖、杭州西湖、武汉东湖、济南大明湖、扬州瘦西湖等湖泊的位置，位于市区或城市附近，交通便捷，游客可多次往返，且费用少，这就是通达性好。

2）层次丰富。湖泊的层次主要是由水上跨越结构，如岛屿、长堤、桥梁等决定的。跨越结构将水面分隔成多个层次，既丰富了湖景内容，又使游人有四面临水之趣，常常是赏景最佳之地。如太湖不仅湖面开阔，而且约40座岛屿排列有序，使水面多处被分隔，形成四个连续的景观层次。

3）内涵深厚。著名的湖泊旅游区通常是自然景观与人文景观的有机结合，是文化积淀与旅游环境密切配合形成的。如杭州西湖历经千百年的积淀，遗留下许多内涵深厚、优美动听的传说，以及大量的人文景观，具有不同旅游动机的旅游者都能从中找到能满足自己需求的旅游对象，而且随着时空的变化，亦有不同的感受。

（3）湖泊景观的构景元素。湖形、湖影和湖色是湖泊景观的基本要素。湖形是湖泊的平面形状，由湖泊所处的地形部位和成因决定；湖影是指湖泊的透明度，湖泊的透明度受多种因素影响，透明度会影响湖水倒影的清晰度；湖色是指湖泊的颜色，湖泊水景所形成的湖光水色是水景观特殊的表现形式。

湖泊岸线形态体现了湖泊平面特征，形成不同的静态水景类型。常见的静态水景类型形式有方形（北海画舫斋）、长形（南京熙园）、若方形（苏州网师园、留园、艺圃）、若三角形（颐和园谐趣园）、若长方形（苏州拙政园）、狭长形（苏州怡园）、带形（颐和园后溪河）、复合形（苏州狮子林）等。

湖泊沿岸山岳、丘陵、峭壁、林木和水面天光则是形成湖水倒影的必要因素，没有这些元素也就不存在湖水倒影。因此，沿岸山体树木和水面天光等是湖泊景观的必要构景元素。水生动植物对湖色也有较大影响。水虽然本身无色彩，但是由于透入水中的光线，受水中悬浮物以及水分子的选择吸收和选择散射的合并作用，水中可呈现出不同颜色，这些水的色彩变幻与多姿多彩，加之水生动、植物的因素，使水景色彩更富魅力、更加动人。

湖泊的海拔、旷度、深度对湖形、湖影和湖色也有影响。岛屿、长堤、桥梁、建筑、植物等，通常可以将湖泊分隔出不同的景观层次，这些水体分隔元素自然也成为湖泊景观的构景元素。

综上所述特点，我们可以将湖泊景观的构景元素列表表示（表8-8）。

湖泊景观的构景元素　　　　　　　　　表8-8

景观元素	内　容
水体	水体流向，水体色彩，水体倒影，溪流，水源
沿水驳岸	沿水道路，沿岸建筑（码头、古建筑等），沙滩，雕塑
水上跨越结构	桥梁，栈桥，索道
水边山体树木（远景）	山岳，丘陵，峭壁，林木
水生动、植物（近景）	水面浮生植物，水下植物，鱼、鸟类
水面天光映衬	光线折射漫射，水雾，云彩

（4）湖泊景观的设计要点。其设计要点体现在以下三个方面：

1）因境设景。湖泊岸线曲折多变，水景设计必须服从对原有自然生态景观形态不利的一面，处理好自然岸线与局部水体形态的空间关系，正确利用借景、对景等手法，充分发挥自然条件，形成纵向水景、横向水景和鸟瞰水景。

2）创造出新水景形态。当水体面积较大时，应根据跨越结构的现状对水体进行分隔，结合水体内部和外部的构景元素形成几个不同的水景层次，创造出新的水景形态。

3）随形而变。当湖池面积不大时，按自然式进行布景，以聚为主，可作为构图中心处理。

6.泉水景观

"泉是地下水的露头，是地下水涌出地面的自然现象，有重要的旅游价值。"[1]以各种形式埋藏在地壳岩石中的水均称为地下水。当潜水面被地面切断时，地下水即可露出地面，这种渗出的水沿着固定的出口源源不断地流出，形成各种泉水形态，这就是泉水景观。自然界中，泉的形成条件是多种多样的，主要取决于地质构造、地貌和水文地质条件等。

---

1 陈安泽，卢云亭等著．旅游地学概论．北京：北京大学出版社，1991-05（1）：66.

按泉水涌出的水动力条件，泉水景观可分为上升泉、下降泉；按泉水涌出的地质条件可分为侵蚀泉、接触泉、溢出泉、悬挂泉、堤泉、断层泉、岩溶泉等；按天然泉水涌出的特征与功能又有间歇泉、多潮泉、喊泉、笑泉、羞泉、鱼泉、火泉、冰泉、乳泉、甘泉、苦泉、药泉和矿泉等。泉水与蓄水层的岩性和地形部位密切相关，不同的天然泉水形态有着不同的水景特征。

人工喷泉是为体现或模仿天然泉水景观形态特征而修筑的人工设施。人工喷泉是完全靠设备制造出的，依靠喷头成形，对水的射流控制是关键环节，并以喷射各异水形为特征。常见形式有：蒲公英形、球形、涌泉形、扇形、莲花形、牵牛花形、雪松形、自流水柱形、组合形。现代喷泉多采用不同的手法进行组合，并配以光、声、电等自控装置，创造出现多姿多彩的变化形态。

泉池常以深色景物为背景，多设置于广场前、广场中央、主干道交叉口处。常与水池、彩灯、雕塑、花坛等组合成景。常见的人工喷泉景观分类见表8-9。

7. 人工池水景观

人工池水景观包括生态水池和涉水池、装饰水景、倒影池等。

(1) 生态水池和涉水池。生态水池是适于水下动植物生长，又能美化环境、调节小气候供人观赏的水景。以砖石、钢筋混凝土砌筑为主。应注意水池整体性和防渗处理。给水、溢水、泄水管道、闸阀等设备应完备。冻土地带应设防冻胀设施。

旅游区里的生态水池多饲养观赏鱼虫和习水性植物（如鱼草、芦苇、荷花、莲花等），以营造出动物和植物互生互养的生态环境。

池形随境而变，水池的深度应根据饲养鱼的种类、数量和水草在水下生存的深度而确定。种植水生植物一般在 0.10 ～ 1.00m，养鱼 0.80 ～ 1.20m。为了防止陆上动物的侵扰，池边平面与水面需保证有 0.15m 的高差。水池壁与池底需

喷泉景观的分类和适用场所　　　　　　　　　　　　　　　　　　　　　　　　表8-9

名　称	主　要　特　点	使用场合
壁　泉	由墙壁、石壁和玻璃上喷出，顺流而下形成水帘和多股水流	广场，旅游区出入口，景观墙，挡土墙，庭院
涌　泉	水由下向上涌出，呈水柱状，高度0.6～0.8m，可独立设置也可组成图案	广场，入口，庭院，假山，水池
间歇泉	模拟自然界的地质现象，每隔一定时间喷出水柱和气柱	溪流，小径，泳池边，假山
旱地泉	将喷泉管道和喷头下沉到地面以下，喷水时水流回落到广场硬质铺装上，生成可变化长度和跳跃时间的水流	庭院，路边，中心休闲场所
跳球喷泉	射流处呈光滑的水球，水球大小和间歇时间可控制	庭院，路边，休闲场所
雾化喷泉	由多粗微孔喷管组成，水流通过微孔喷出，看似雾状，多呈柱形和球形	庭院，广场，休闲场所
喷水盆	外观呈盆状，下有支柱，可分多级，出水系统简单，多为独立设置	路边，庭院，休闲场所
小品喷泉	从雕塑上的器具（罐、盆）或动物（鱼、龙）射流口中出水，形象有趣	广场，群雕，庭院
组合喷泉	具有一定规格，喷水形式多样，有层次，有气势，喷射高度高	广场，旅游区，入口

平整以免伤鱼。池壁与池底以深色为佳。不足 0.3m 的浅水池，池底可作艺术处理，显示水的清澈透明。池底与池畔宜设隔水层，池底隔水层上覆盖 0.3～0.5m 的厚土，种植水草。

一般水深在 1m 以内的水池称为涉水池。包括儿童戏水池和小水池、造景喷水池等。涉水池可分水面下涉水和水面上涉水两种。水面下涉水主要用于儿童嬉水，其深度不得超过 0.3m，池底必须进行防滑处理，不能种植苔藻类植物。水面上涉水主要用于跨越水面，应设置安全可靠的踏步平台和踏步石（汀步），面积不小于 0.4m×0.4m，并满足连续跨越的要求。上述两种涉水方式应设水质过滤装置，保持水的清洁，以防儿童误饮池水。

（2）装饰水景。装饰水景不附带其他功能，仅仅起到赏心悦目、烘托环境的作用，这种水景往往构成环境景观的中心。装饰水景通过人工对水流的控制（如排列、疏密、粗细、高低、大小、时间差等）达到艺术效果，并借助音乐和灯光的变化产生视觉上的冲击，进一步展示水体的活力和动态美，满足人的亲水要求。

（3）倒影池。光和水的互相作用是形成水景观的所在。倒影池就是利用光影在水面形成的倒影，扩大视觉空间，丰富景物的层次，增加景观美感的一种借景设施。倒影池极具装饰性，应做到十分精致，无论水池大小都能产生特殊的借景效果，花草、树木、小品、岩石前都可设置倒影池。

倒影池的设计首先要保证池水一直处于平静状态，尽可能避免风的干扰。其次是池底要采用黑色和深绿色材料铺装（如黑色塑料、沥青胶泥、黑色面砖等），以增强水的镜面效果。

8. 庭院水景

自然水体按其形状的存在方式，大致有四种基本形态：

1）喷水。水体因压力面向上喷，形成各种各样的喷泉、涌泉、喷雾、溢泉、间歇泉。

2）跌水。水体因重力而下跌，高程突变，形成各种各样的瀑布、水帘。

3）流水。水体因重力而流动，形成各种各样的溪流、漩涡。

4）池水。水面自然，不受重力及压力影响。

以上四种基本形态是庭院水景设计的物理基础。[1]

庭院水景是指在庭院中模仿自然水体形状而形成的人工化的水景。现代庭院水景形式大致有六类：

1）水池喷水。这是最常见的庭院人工水景形式。水池轮廓形式不限，通常

---

1 吴殿廷等编著. 水体景观旅游开发规划实务. 北京：中国旅游出版社，2003-10（1）：89～90.

设计成规则几何形，池内安装喷头、灯光、音响设备。停喷时，成为一个静水装饰水景池。

2）旱池喷水。以硬质铺装地面替代水体，喷头等隐于地下。适用于布置游人参与的场所，如广场、游乐场。停喷时，是场地中一块微凹的硬质地坪。

3）浅池喷水。喷头置于山石、盆栽之间，可以把喷水的全范围做成一个浅水盆，也可以仅在射流落点之处设几个水钵。

4）舞台喷水。设置于影剧院、跳舞厅、游乐场等场所，有时作为舞台前景、背景，有时作为表演场所和活动内容。设施和水池往往是临时设置的。

5）自然喷水。模仿天然泉水神韵，喷头置于自然水体之中。如济南大明湖、南京莫愁湖及瑞士日内瓦湖中的百米喷泉。

6）水幕影像。是一种水幕电影，由喷水组成扇形水幕，与夜晚天际连成一片。电影放映时，人物驰骋万里，来去无影。

旅游环境中，对自然水体四种基本形态的认识，是挖掘庭院水景设计理念的要点。庭院水景应根据庭院空间的不同形态，因地制宜地采取多种手法进行引水造景（如跌水、溪流、瀑布、池水等），对场地中原有的自然水体要保留利用，进行综合设计，使自然水景与人工水景融为一体。

庭院水景设计要借助水的动态效果营造充满活力的环境氛围，其水景效果特点见表 8-10。

水景效果特点　　　　　　　　　　表8-10

水体形态		水景效果			
		视觉	声响	飞溅	风中稳定性
静水	表面无干扰反射体（镜面水）	好	无	无	极好
	表面有干扰反射体（波纹）	好	无	无	极好
	表面有干扰反射体（鱼纹波）	中等	无	无	极好
落水	水流速度快的水幕水堰	好	高	较大	好
	水流速度低的水幕水堰	中等	低	中等	尚可
	间断水流的水幕水堰	好	中等	较大	好
	动力喷涌的水幕水堰	好	中等	较大	好
流淌	低流速、平滑的水墙	中等	小	无	极好
	中流速、有纹路的水墙	极好	中等	中等	好
	低流速的水溪、浅池	中等	无	无	极好
	高流速的水溪、浅池	好	中等	无	极好
跌水	垂直方向瀑布跌水	好	中等	较大	极好
	不规则台阶状瀑布跌水	极好	中等	中等	好
	规则台阶状瀑布跌水	极好	中等	中等	好
	阶梯水池	好	中等	中等	极好
喷涌	水柱	好	中等	较大	尚可
	水雾	好	小	小	差
	水幕	好	小	小	差

8.2.3 驳岸（护坡）

用于保护河岸和提防免受河水冲刷的建筑物叫驳岸或称护坡。在水体外缘建造驳岸或护坡，主要是为了避免河湖淤积和提防免受河水冲刷。因此，旅游区中的河湖水池必须建造驳岸、护坡，以稳定湖岸线，并根据总体设计中规定的平面线形、竖向控制点、水位和流速进行设计，以维持地面与水面的固定关系。

驳岸和护坡的形式很多，一般驳岸有：板墙驳岸、桩篱驳岸、竹篱驳岸、整型驳岸、混合型驳岸、自然型驳岸、块石护坡、植物护坡、全封闭式护坡和嵌草护坡。驳岸和护坡对景观环境影响很大，应是滨水景观中重点处理的部位。设计时应着眼于景观特点，与游憩环境相协调，应有别于一般的水库或其他水工构筑物。驳岸、护坡与水线形成的连续景观线是否能与环境相协调，不但取决于驳岸、护坡与水面间的高差关系，还取决于驳岸和护坡的类型及用材。

驳岸、护坡类型及其构造要求见表8-11。

驳岸、护坡类型表　　　　　　　　　　　　　　表8-11

序号	类型	构造要求	材料选择
1	板墙驳岸		板式砌块(砖、石、混凝土)
2	竹篱驳岸		竹片桩锚固，编织成篱
3	直立式驳岸		石砌平台
4	条石驳岸		条状砌块(砖、石、混凝土)
5	块石驳岸		块状砌块(砖、石、混凝土)

序号	类型	构造要求	材料选择
6	台阶式驳岸		阶梯、卵石
7	扶壁式驳岸	扶壁式驳岸构造要求： 1. 在水平荷载时，$B=0.45H$；在超重荷载时，$B=0.65H$；在水平有道路荷载时，$B=0.75H$。 2. 墙面板扶壁的厚度≥20～25cm，底板削成坡形，厚度≥0.20m。 3. 墙段的接缝处作防水	整体板砌块
8	混合型驳岸		砌块(砖、石、混凝土)
9	植被式驳岸		植物植被，卵石
10	山石式驳岸		山石砌块
11	块石护坡		砌块(砖、石、混凝土)
12	植物护坡		缓坡种植保护

续表

序号	类型	构造要求	材料选择
13	全封闭式护坡	干砌块石厚300 150厚10~30碎石 750 500	砌块(砖、石)
14	嵌草护坡	500~1500 150~200 栽植草皮 150~200 混凝土方形板 栽植草皮碎石 或砾石 木挡柱 混凝土六角形板 碎石或砾石 木挡柱	砌块(砖、石、混凝土),缓坡种植保护

当素土驳岸的岸顶至水底的坡度小于100%时,应采用植被覆盖;坡度大于100%者,应有固土和防冲刷的技术措施。地表径流的排放及驳岸水下部分的处理应符合有关标准的规定。

寒冷地区的驳岸基础应设置在冰冻线以下,并考虑水体及驳岸外侧土体结冻后产生的冻胀对驳岸的影响,需要采取的管理措施在设计文件中注明,驳岸地基基础设计应符合有关规定。

当一般土筑的驳岸坡度超过100%时,为了保持稳定,可以用各种形状的预制混凝土块、料石和天然山石铺漫,铺漫的形式可以有各种花纹,也可以留出种植孔穴,种植各类花草;坡度在100%以下时,可以用草皮或各种藤蔓。

驳岸顶部一般都较附近稍高,为了防止对驳岸的冲刷,应使地表水向河湖的反方向排水,然后集中排入河内。

对景区中的沿水驳岸(池岸),无论规模大小,无论是规则几何式驳岸(池岸),还是不规则驳岸(池岸),驳岸的高度、水的深浅设计都应满足人的亲水性要求,"所谓亲水性,其实就是指能去河边,或者说是一种很容易就能到达的物理现象,也可以说是手能触及到的心理现象。"[1] 驳岸(池岸)尽可能贴近水面,以人手能触摸到水为最佳。为了提高物理亲水性,使驳岸阶梯化,采取缓坡构造等方法比较有效。亲水环境中的其他设施(如水上平台、汀步、栈桥、栏索等),也应以人与水体的尺度关系为基准进行设计。

但在下列情况时,岸边应设有安全防护设施并应符合以下规定:

1)凡游人正常活动范围边缘距水边临空高差大于1.0m处,均设护栏设施,其高度应大于1.05m;高差较大处可适当提高,但不宜大于1.2m;护栏设施必须坚固耐久且采用不易攀登的构造材料。

---

1 日本土木学会编.滨水景观设计.孙逸增译.大连:大连理工大学出版社,2002-11(1);79.

2）游人通行量较多的亲水台阶宽度不宜小于 1.5m；踏步宽度不宜小于 30cm，踏步高度不宜大于 16cm；台阶踏步数不少于 2 级；侧方高差大于 1.0m 的台阶，设护栏设施。

8.2.4 景桥

1. 景桥的特性

景桥作为动线设施与道路连贯，其交通功能性很强。景桥在自然水景和人工水景中都起到涉水架桥、连山川路的不可缺少作用，所以景桥除了具有实用性的动线连贯作用外，另兼具有景观欣赏的含义。甚至有些景桥专为点缀观赏而设置，如山水园林式景桥。因此，景桥是重要的景点，必须全面考虑。其功能作用主要有：

1）跨越水流、溪谷，联络道路形成交通跨越点；

2）横向分割河流和水面空间；

3）形成地区标志物和视线集合点；

4）跨水游览、眺望河流和水面的良好观景场所，其独特的造型具有自身的艺术价值。

2. 景桥的基本类型

景桥按其材料可以分为钢制桥、混凝土桥、拱桥、原木桥、锯材木桥、仿木桥、吊桥等。景桥涉及到水面、沟壑、景观、建筑、交通和旅游环境等诸多因素。对于各类因素应作全面考虑，水域面积较大时，为了适应水面上的游赏活动的需要，景桥下以能通过画舫或游艇为宜，以免造成日后水面上的游赏活动路线不合理。有些连接孤岛的桥梁要考虑通往岛上的供水、供电、供热、污水及煤气等各种管线的位置，既不要暴露在外，影响景观和安全，又要考虑维修方便，也包括设计预留供将来使用的通道。游览区中的景桥一般采用木桥、仿木桥和石拱桥为主，体量不宜过大，应追求自然简洁，精工细做。常见的景桥形式有以下几种：

1）板桥：梁桥、石、木板；

2）折桥：九曲、五曲，直、锐、钝；

3）汀步：跳汀、步汀、双汀；

4）孔桥：拱桥、廊桥；

5）花桥：有民族特色；

6）亭桥：双亭、五亭、桥头桥中亭；

7）双渡桥：来往成对景的独木桥、索桥、木（竹）排桥、高架桥、船桥、千秋桥、天生桥、块桥、吊桥；

8）工艺桥：狮子桥、灯桥、展览桥。

旅游区中的景桥构造通常较为简单，应注重视觉的效果，其材料、位置、形式、颜色应以丰富景观为目的。景桥根据材料的类别可划分为人工材料和天然材料两类，景桥种类及其构造特点见表8-12。

3.景桥的设计要点

景桥的设计应注意以下几个方面：

1）溪水、水面将道路截断处以桥相连接；

2）任何形式的桥中线与水流中线宜相垂直；

3）桥身的大小，应结合交通流量、境界综合确定，应与跨越的河流溪谷大小相协调，并与所联络道路的式样及路幅一致；

4）高岸设低桥、低岸架高桥，增加游览路线的起伏，如在位于水面较狭窄处的池上架桥，应考虑桥身与水面关系，其高低视池面大小而定；

景桥种类   表8-12

类 别		设施地点	设计构造
自然材料	土 桥	自然式庭园中，土路或沙砾路	跨距、幅度不必太长，太宽； 构造简单不可设置于深水处； 先设台座，跨距稍大者，加设桥脚一列或两列，桁梁应稍向上拱曲，其上密排直径10～15cm的圆杉，其上敷杉皮一层，置沙砾土，加置滞草皮土壤一层； 桥两岸加设木桩或石块护土，以防园路崩溃
	石 桥	自然式庭园中多用	重量较重，抗力度小，石材尺寸稍大； 桥脚石柱需多； 小跨距处，以平坦的大石板架之
	木 桥	规则式庭园，接近建筑物的道路上，自然式庭园	木材加工，平整，油漆； 桁梁桥脚，栏杆可有原木甚至带皮； 桥面铺板，加设栏杆； 可设于水深处
	水泥桥		须加钢筋，用模板； 表面可做成树皮状，并加颜色； 仿石水泥桥，可于表面斩假石、加线条、成石块状
人工材料	拱 桥 （中式园林特有）	自然式庭园	形状高大可形成对比，减少平坦单调感； 拱石合缝方向集中于拱曲的中心点； 用石栏杆最为合适； 栏杆幅度视桥宽而定； 圆拱应中心稍高于水面
	九曲桥 （中式园林特有）		桥面以下90°直角作多次弯曲； 设有栏杆，桥面大多较狭窄，前面离水，不可过高

5）应考虑桥梁两岸的树木、假山、岩壁等关系进行布置，结合植物成景，如桥头植树，桥身覆以蔓藤等；

6）桥身的形式须与环境相协调，不论建筑物还是地形，均须形式上保持统一；

7）桥身富有情趣，外形应美观、善于创造倒影，如在两岸适当栽植庭园树木，则可在水中形成倒影，丰富空间层次；

8）桥身所用构筑材料，可用自然材料或仿自然的人工材料；

9）桥面应有防滑措施，以便行人车辆通行安全；

10）桥上附属物如照明灯、庭椅、花架等，可视实际情况决定是否设置。

8.2.5　木栈道

在临水处用木板材料铺设的步道称为木栈道，是为游人提供行走、休息、观景和交流的多功能设施。由于木板材料具有一定的弹性和粗朴的质感，行走其上比一般石铺砖砌的栈道更为舒适。木栈道多用于要求较高的游憩环境中。

木栈道由表面平铺的面板（或密集排列的木条）和木方架空层两部分组成。木面板常用桉木、柚木、冷杉木、松木等木材，其厚度要根据下部木方架空层的支撑点间距而定，一般为 3～5cm 厚，板宽一般为 10～20cm，板与板之间宜留出 3～5mm 宽的缝隙，不应采用企口拼接方式。面板不应直接铺在地面上，下部要有至少 2cm 的架空层，以避免雨水的浸泡，保持木材底部的干燥通风。设在水面上的架空层，其木方的断面选用要经计算确定。

木栈道所用的木料必须进行严格的防腐和干燥处理。为了保持木质的本色和增强耐久性，用材在使用前应浸泡在透明的防腐液中 6～15 天，然后进行烘干或自然干燥，使含水量不大于 8%，以确保在长期使用中不变形。个别地区由于条件所限，也可采用涂刷桐油和防腐剂的方式进行防腐处理。

连接和固定木板和木方的金属配件（如螺栓、支架等）应采用不锈钢或镀锌材料制作。

8.2.6　景观用水

景观给水。景观给水一般用水点较分散，高程变化较大，通常采用树枝式管网和环状式管网布置。管网干管尽可能靠近供水点和水量调节设施，干管应避开道路（包括人行路）铺设，一般不得超出绿化用地范围。

景观排水。景观排水要充分利用地形，采取拦、阻、蓄、分、导等方式进行有效地排水，并考虑土壤对水分的吸收，注重保水保湿，利于植物的生长。与天然河渠相通的排水口，必须高于最高水位控制线，防止出现倒灌现象。

给水排水管宜用 UPVC 管，有条件的则采用铜管和不锈钢管给水管，优先选用离心式水泵，采用潜水泵的必须严防因绝缘破坏导致的水体带电。

浇灌水方式。对面积较小的绿化种植区和行道树使用人工洒水灌溉。对面积较大的绿化种植区通常使用移动式喷灌系统和固定喷灌系统。

对人工地基的栽植地面（如屋顶、平台）宜使用高效节能的滴灌系统。

水位控制。景观水位控制直接关系到造景效果，尤其对于喷射式水景更为敏感。在进行设计时，应考虑设置可靠的自动补水装置和溢流管路。较好的做法是采用独立的水位平衡水池和液压式水位控制阀，用联通管与水景水池连接。溢流管路应设置在水位平衡井中，保证景观水位的升降和射流的变化。

8.3 模拟景观

8.3.1 模拟景观的类型与特性

模拟景观是指以天然山、水、植物等为蓝本，经过艺术提炼和夸张，用人工构筑方法模仿自然神韵形成的景观。模拟景观与附近的建筑、道路、水体、植物都有密切的关系，通常以游赏为功能目的，也结合其他功能要求发挥综合作用。

常见的模拟景观类别有以下七类：

1. 假山石

假山石是以模仿自然山体的神韵为宗旨，采用天然石材进行人工堆砌再造而成的山石，可分观赏性假山和可攀登假山。堆叠假山石在中国传统造园中称为掇山或置石。掇山指的就是以自然山体为蓝本，用人工造山的方法形成的假山石，其手法与制作雕塑小品极为近似，有人把假山或置石比作旅游环境中的雕塑。

2. 人造山石

人造山石是指用人造山石模仿天然石材质感特征而形成的假山石。人造山石多采用钢筋、钢丝网或玻璃钢作内衬，外喷抹水泥做成石材的纹理褶皱，喷色后似山石和海石。

3. 人造树木

人造树木是指采用人工建筑材料，模仿天然树木形态和纹理而形成的景观。一般采用塑胶做枝叶，枯木和钢丝网抹灰做树干，达到以假乱真的目的，人造树木具有一定的观赏性，常常设置在较干旱地区或无法植栽植物的局部。

4. 枯山水

枯山水是指模仿自然山水形态的模拟景观形式。"枯"有干涸之意，即"山泽无水谓之枯"。应该说，枯山水是世界园林历史中，最具日本特色的模仿自然山水意境的模拟景观形式。尽管现在还未找到日本枯山水园林与中国园林的具体联系，但可以说，"唐山水"即枯山水，应该是指传入日本的中国式园林。枯山水一反"无池无水不成园"的传统，通常"在没有池子、没有用水的地方散置数石或叠石造山，呈断臂悬崖或荒坡野岭状，造成偏僻的山庄、缓慢起伏的山峦等模样，试图生出一股野景的趣味，以表现禅道的至真。"[1]

从枯山水平面构成上来看，可以分为两种类型。"一种是在庭内堆土或叠石成山、成岛，使庭内富于起伏变化。还有一种是仅在平坦的平庭内点置、散置、群置山石。"[2]枯山水景观的重点在置石。在置石上主要是利用单块的石头本身的造型和它们之间的配列关系，石形务求稳重，底广顶削，不做飞梁、悬挑等奇构，也很少堆石成山。枯水多采用纯白细砂和细石铺成流动水状，或用松针苔藓，象征水波。枯水常常与石块、石板桥、石井及盆景植物组景，巨石壁立，缝隙象征瀑布，实际上并无滴水，形成寓意深刻的枯山水景观。西蒙兹在评价日本枯山水时说，"京都的龙安寺（The garden of Ryoanji）绝对是历史上最出色的十个园林之一。它以耙平的沙石作抽象构成来模拟大海，这个围墙内的空间扩展了所了解的亭台界限，作为一个禅思而设计的园林，它以其简洁、细节的完美、宏大空间的蕴意而闻名，以它那令人心驰神往的魅力而闻名。"[3]以枯水形成的水渠河溪，也是供儿童玩砂的场所，还可设计成"过水"汀步等场景。枯山水庭园内也有栽植不太高大的观赏树木的，但大都十分注意修剪树的外形姿势而又不失去其自然生态。

5. 人工草坪

人工草坪是指用塑料及织物材料制作成的模仿自然的草坪。常常使用于广场的临时绿化区和屋顶上部。具有良好的渗水性，但不宜大面积使用。

6. 人工地被

人工地被是指模仿自然地被植物波浪起伏状态的一种景观形式。自然中的地被植物是指株丛紧密、低矮，用以覆盖地面防止杂草丛生的植物，它们比草坪有更强的适应性。人工地被通常将绿地草坪做成高低起伏、层次分明的造型，并在坡尖上铺带状白砂石，形成浪花。人工地被必须选择靠路和广场的适当位置，用矮墙砌出波浪起伏的断面形状，突出波浪的动感。也可以在不良土壤、树根暴露的地方代替自然草坪。

7. 人工铺地

人工铺地是指模仿水纹、海滩等形态的一种景观形式。常采用灰瓦和小

---

1 曹林娣，许金生著. 中日古典园林文化比较. 北京：中国建筑工业出版社，2004-09（1）：55.
2 曹林娣，许金生著. 中日古典园林文化比较. 北京：中国建筑工业出版社，2004-09（1）：55.
3 [美] 约翰·O·西蒙兹著. 景观设计学. 俞孔坚等译. 北京: 中国建筑工业出版社，2000-08（1）：291.

卵石，有层次、有规律地铺地装成鱼鳞水纹，多用于庭院间小路。人工铺地采用彩色面砖，并由浅变深逐步退晕，造成海滩的效果，多用于水池和泳池边岸。

8.3.2 置石与掇山

掇山与置石就是堆叠假山石。我国传统园林中有很多艺术性很高的假山，例如苏州环秀山庄的湖石假山（清·戈裕良）、上海豫园的黄石假山（明·张南阳）、故宫的花园假山、北海公园琼岛后山。

堆叠假山石首先要选好石料。所谓"石无山价"是说，生在山上的石，本身没有什么价值，只有人工费用。因此，凡是近便的山都可采取石料，如果不能近取，再图远求。古人认为，"石以灵璧为上，英石次之"。俗言所说的"灵璧无峰"，"英石无坡"指的是灵璧和英石二品种难求，购之颇艰，大者尤不易得，高逾数尺者，便属奇品（图8-2）。[1]

图8-2 灵璧石
图片来源：《长物志图说》

选石应审度石之尺度、体态、质感、皱纹和色彩，所选之石必须质优不裂，即要奇巧玲珑，又要坚实古拙。奇巧玲珑的石料适合单点，坚实古拙的石料可供层叠。从图8-3中可以看到，所选石料的形态对山石体态的形成具有重要的影响。

常见的石料特征有以下八种（表8-13）。

1. 置石

用山石零星布置，或作独立或附属的造景布置称为置石或点石。置石是以石材或仿石材布置成自然山石景观的造景手法，可结合护坡、种植床或器设等实用功能造景。

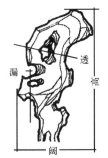

(a) 透、漏、瘦

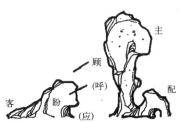

(b) 石情：若人所表露之情

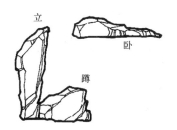

(c) 石姿：若人所处的姿式，如顾盼、呼应、俯仰、笑怒

图8-3 山石体态举例

---

1 灵璧石亦称"磬石"，园林叠山或盆景用石之一。产于今安徽灵璧县磬山，为安山岩之一种，石呈中灰，在深山沙土中，掘之乃见，细白纹如玉，石面有坳坎，石形多变化，佳者如卧牛、蟠螭，种种异状。可掇山石小品，或盆景置石。参见 [明] 文震亨著．长物志图说．海军，田君注释．济南：山东画报出版社，2004：113～115.

常见石料特征表 表8—13

类 型	示 意 图	特 征
太湖石		太湖石盛产于今苏州太湖水涯。性坚而润，有嵌空穿眼，宛转怪势。太湖石有青黑、微黑青和白色几种。纹理质地纵横，笼络起隐。因风浪冲击，表面生有凹下和虚陷的空隙，谓之"弹子窝"。扣之微有声。太湖石以高大为贵，宜置于轩堂前，或点乔松奇卉下，装饰假山，罗列于园林广榭中，颇多伟观
黄 石		沿长江中下游随处可见，苏州、常州、镇江等地皆有所产，以常熟虞山的自然景观最为著名。其质地坚硬，不入斧凿，石纹古拙。是一种带橙黄颜色的细砂石，石型体顽夯，见棱见角，节理面近乎垂直，雄浑沉实，具有强烈的光影效果
英 石		英石产于今广东省英德县溪水中。英石分为微青色、微黑色和浅绿色多种。各有峰峦，嵌空穿眼，宛转相通。其质地稍润，扣之微有声。可置于案几旁，或可点盆，也可掇小景
石 笋		石笋是外形修长如竹笋的一类山石的总称。主要产于我国浙江等地，因其形状多呈长条石笋形而得名。石笋常常由钟乳石滴下的水形成，有时候两者相接，成为从洞底到洞顶的一个完整石柱。变质岩类，颜色有灰绿、褐红、土黄等，属硬质石材，不宜雕凿，不吸水，常作点景、对景用。作竹石盆景或树桩盆景中配石最具象征意义，在山水盆景造型中适宜做剑峰壁立
房山石		产于北京房山大灰厂一带山上，是石灰岩，但为红色山土所渍满。新开采的房山岩呈红色、橘红色或更淡一些的土黄色。日久以后表面带些灰黑色，但有一定的韧性，外观比较沉实、浑厚、雄壮
青 石		青石是一种青灰色的细砂岩，北京西郊洪山一带均有所产，青石的节理面不像黄石那样规整，不一定是相互垂直的纹理，也有交叉互织的斜纹，就形体而言，多呈片状，故又有"青云片"之称
黄腊石		多产于广东、广西、福建、江西、云南以及甘肃，黄腊石外形浑圆可受，油润如腊，多用于点缀家居和公园庭院，适合孤置，别饶石趣，此石常以三、二个大小不同的形状组成小景，或散置于草坪、池边或树丛中，既可供丛歇、又能观赏
石 蛋		多产于花岗岩分布区，岩石由表及里呈圆球状层层风化剥落，风化的碎屑物质被剥离以后，残留的球形岩块称为石蛋，也可人工加工而成。多垒叠放置形成石蛋地貌区用于观赏

　　置石的特点是山石半埋半露，点缀局部景点（建筑基础、水畔、护坡、庭院、墙角、路旁、代替桌凳、花台、树池边缘等），即作观赏也作联系空间之用。与假山比，置石容易实现、篇幅不大、结构简单。

　　常见的设置形式有特置、散置和群置。

　　(1) 特置。特置是指用玲珑、奇巧、古拙的单块山石立置而成。可设基座，亦可半埋土中。其位置多设于旅游景区入口、路旁、小径尽头，构图中起到"点景"的作用（图8—4）。

一般特置山石体量较大，体姿奇特，可单独成石景。常作入口障景、对景、漏窗或地穴的对景和庭中、廊间、亭边、水际的点缀，具有瘦、皱、漏、透、清、顽、丑、拙特点

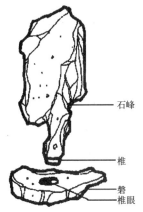

石峰

椎

磐
椎眼

(a) 须弥石座特置　　　　　(b) 以石板为座的特置　　　　(c) 单独成景的特置　　　　图8-4　特置举例

（2）散置。散置是指"散漫理之"的无定式布局形式，也称散点。有"攒三聚五"的做法。根据山石尺度大小，可分大散点和小撒点。要在散中有聚，寸石生情，散、聚、立、卧主次分明、顾盼呼应，形成有机整体。通常在廊间、粉墙前、山脚、山坡、水畔等处就势落石，如苏州怡园的散点山石。也有用混凝土替代山石的做法。

（3）群置。群置是指几块山石成组排列作一个整体。群置的位置布局与散置基本相同，以多代少，以大代小，结合水景，配合建筑、雕塑等造成特定的意境。

在我国传统园林中，有很多地方都是采用山石结合的方法做护坡、砌花台、砌筑挡土墙、驳岸，也有叠成围墙状形成一定的空间，以遮掩一些败景，也有用来做梯道、台阶或石桌石凳的，还有与山石结为一体，独立模仿真山石意境的。

用自然山石堆叠假山除了在艺术上要有完整性外，还应该有安全保证，在结构上也要有整体性，其重心应稳定，以防局部塌落。悬挑和山洞口的山石，为了防止塌落，常在山石间埋设铁件，以山石做建筑物的梯道或以墙做壁山，都在其间采用拉结措施，以防不均匀沉降或地震时发生问题。

假山、山洞的结构可以采用梁柱式或拱券式，可以用钢筋混凝土做内部结构，外表饰以山石，也可以用天然石料直接堆筑。堆叠山石首先要设计，但施工质量和方法对山石的堆叠效果也有直接影响，设计人员与施工部门应共同商定，山石之间的加固措施也要同时确定。山洞曲折、深邃、内部较黑暗的要有采光。采光的方式可以用人工照明，也可以留出孔洞，引入自然光。山洞内要有排水坡度，是为了外界的地表水流入后能排出，内部结露滴下的水能排出，内部清扫冲刷时能将水排出。

常见的模拟景观分类及设计要点如表8-14。

2. 掇山

掇山亦称叠山，利用石头的不同质感，构筑成不同假山势的方法。有"多方胜景，咫尺山林"的审美意味。其工艺过程包括选石、采运、相石、立基、拉底、叠中层和结顶。先构思立意，确定造山目的，再以专门手法掇合千变万化的各种山水单元，如峰、峦、顶、岭、壁、岩、洞、环、谷、沟、渠、岫、罅、叽等。掇山的基本理法是"有真为假、做假成真"。

掇山应按照地形，详细考察基地与周围环境、空间的关系。掇合假山之前，要估计山形、山势、欣赏角度和范围，再挖土立基；掇山构思力图深远，创造如画的意境；掇山筑石并不在于石形的巧拙，而在于创造余情未尽的丘壑；蹊径皆随地势，花木各就所宜；石块驳岸自然成池岸，挑土堆山自然成岭峰，高低观察应多趣。掇山可根据地形特征，宜造亭台者造亭台，宜于建水榭者建水榭。掇山的构成要运用巧思，方法不拘一格。如有人主张在水边选用玲珑剔透的青绿色石料比较协调，但也有人主张用比较方整的暖色石料可以形成对比。虽说在大环境中用料宜偏大，但也有在小的空间环境中，选用几块大石料作为标志的实例。诸如此类的巧思都要由设计者详加选定。由此看来，若要掌握掇山的技巧，还须深入研究山林的意味，懂得理石的原理，理解花木的习性。倘若以真山的意境来堆土筑山，堆的山就可能得真山之精髓。图8-5列举了山石结体的常用做法。

常见的模拟景观分类及设计要点　　　　　　　　　　　　　　　　表8-14

分类名称	模仿对象	设 计 要 点
假山石	模仿自然山体	①采用天然石材进行人工堆砌再造。分观赏性假山和可攀登假山，后者必须采取安全措施；②堆山置石的体量不宜太大，构图应错落有致，选址一般在旅游区入口、中心绿化区；③适应配置花草、树木和水流
人造山石	模仿天然石材	①人造山石采用钢筋、钢丝网或玻璃钢作内衬，外喷抹水泥做成石材的纹理褶皱，喷色后似山石和海石，喷色是仿石的关键环节；②人造石以观赏为主，在人经常践踏的部位需加厚填实，以增加其耐久性；③人造山石覆盖层下宜设计为渗水地面，以利于保持干燥
人造树木	模仿天然树木	①人造树木一般采用塑胶做枝叶，枯木和钢丝网抹灰做树干，可用于旅游区入口和较干旱地区，具有一定的观赏性，可烘托局部的环境景观，但不宜大量采用；②在环境小品中应用仿木工艺，做成梁柱、绿竹小桥、木凳、树桩等，达到以假代真的目的，增强小品的耐久性和艺术性；③仿真树木的表皮装饰要求细致，切忌色彩夸张
枯山水	模仿水流	①多采用细砂和细石铺成流动水状，应用旅游区的草坪和凹地中，砂石以纯白为佳；②可与石块、石板桥、石井及盆景植物组合，成为枯山水景观区，卵石的自然石块作为驳岸使用材料，塑造枯水的浸润痕迹；③以枯水形成的水渠河溪，也是供儿童玩砂的场所，可设计出"过水"的汀步，方便活动人员的踩踏
人工草坪	模仿自然草坪	①用塑料及织物制作，使用于广场的临时绿化区和屋顶上部；②具有良好的渗水性，但不宜大面积使用
人工地被	模仿波浪起伏的自然地被	①将绿化草坪做成高低起伏、层次分明的造型，并在坡尖上铺带状白砂石，形成浪花；②必须选择靠路和广场的适当位置，用矮墙砌出波浪起伏的断面形状，突出浪的动感
人工铺地	模仿水纹、海滩	①采用灰瓦和小卵石，有层次、有规律地铺地装成鱼鳞水纹，多用于庭院间小路；②采用彩色面砖，并由浅变深逐步退晕，造成海滩的效果，多用于水池和泳池边岸

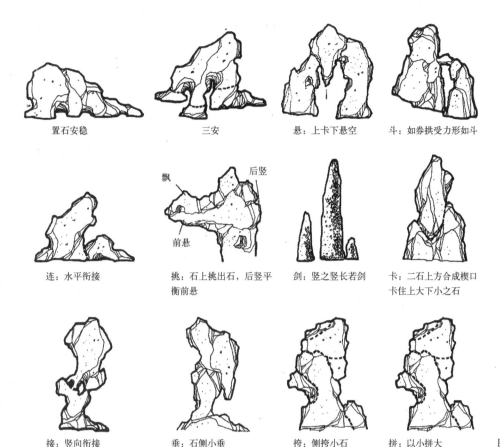

<table>
<tr><td>置石安稳</td><td>三安</td><td>悬：上卡下悬空</td><td>斗：如券拱受力形如斗</td></tr>
</table>

连：水平衔接　　挑：石上挑出石，后竖平衡前悬　　剑：竖之竖长若剑　　卡：二石上方合成楔口卡住上大下小之石

接：竖向衔接　　垂：石侧小垂　　挎：侧挎小石　　拼：以小拼大

图8-5　山石结体举例

现以苏州所摄环秀山庄太湖石假山为例，说明摄山之理。

环秀山庄,位于江苏省苏州城中景德路。环秀山庄本是五代吴越钱氏"金谷园"旧址。其后屡有兴废。清代乾隆（1736～1795）以来,蒋（楫）、华（沅）、孙（士毅）三家先后居于此处,掘地为池,叠石为山,造屋筑亭于其间。道光二十九年（1847）成为汪氏宗祠"耕耘山庄"的一部分,更名"环秀山庄",又称"颐园"。

环秀山庄占地不大,面积仅为3亩。但其内湖石假山为中国之最。据载,此山为清代叠山大师戈裕良所做。[1]

园内地盘不大,园外无景色可借,造景颇难。但因布局设计巧妙得宜,湖山、池水、树木、建筑得以融为一体；望全园,山重水复,峥嵘雄厅；入其境,移步换景,变化万端。虽由人作,宛如天成,尽得造化之妙,堪称假山之珍,环秀山庄亦因此而驰名。

1 曹汛.戈裕良传考论——戈裕良与我国古代园林叠山艺术的终结（上）.建筑师,2004(04)：98～104.

   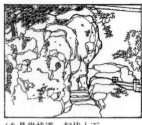

(a) 远观有势，高远显赫　　(b) 两山对峙，山实谷虚　　(c) 跨水为桥，引蔓通津　　(d) 悬崖栈道，起伏上下

(e) 环中套环，深远独具　　(f) 驳岸高下，水曲不穷　　(g) 步移景异，峦顶洞观　　(h) 陀散点，疏密有致

图8-6　苏州环秀山庄空间设计特点图说

湖石假山占地仅半亩，而峭壁、峰峦、洞壑、涧谷、平台、磴道等山中之物，应有尽有，极富变化。池东主山，池北次山，气势连绵，浑成一片，恰似山脉贯通，突然断为悬崖。而于磴道与涧流相会处，仰望是一线青天，俯瞰有几曲清流，恰如置身于万山之中。全山处理细致，贴近自然，一石一缝，交代妥贴，可远观亦可近赏，无怪乎有"别开生面、独步江南"之誉。图8-6总结了环秀山庄的空间设计特点。

本章主要参考文献

[1] 卓智慧，郭瑰．自然环境对日本园林形式和特点的影响．上海：上海建设科技，2005（05）：16～18．

[2] 封云．掇山理水——中国园林的山水之韵．同济大学学报（社会科学版），2005（03）：41～44．

[3] 何平，石之于．中国园林意境的意义及其美学分析．东南大学学报（哲学社会科学版），2005（05）：57～61．

[4] 陈英．苏州园林的空间意识和空间美感．北京：中国园林，1994（04）：16～17．

[5] 陈福义，范保宁主编．中国旅游资源学．中国旅游出版社，2003．

[6] 杨鸿勋著．中国古典造园艺术研究——江南园林论．上海：上海人民出版社，1994．

[7] 沈福煦. 理水叠山，造园手法之精华. 南方建筑，2002（02）:29～31.

[8] 曹汛. 戈裕良传考论——戈裕良与我国古代园林叠山艺术的终结（上）. 建筑师，2004（04）:98～104.

[9] 章采烈. 论中国园林的叠山艺术. 北京：古建园林技术，1994（04）:44～50.

[10] 吴为廉主编. 景观与园林建筑. 上海：同济大学出版社、北京：中国建筑工业出版社，2005.

[11] 郦芯若，唐学山著. 中国园林. 北京：新华出版社，1992.

[12] [明] 计成原著. 园冶注释. 陈植注释. 北京：中国建筑工业出版社，1988.

[13] 黄东兵. 园林规划设计. 北京：高等教育出版社，2006.

[14] [英] 里斯著. 庭院水景园林设计. 马健译. 天津：天津大学出版社，2003.

[15] 王朝闻. 雕塑雕塑. 沈阳：东北师范大学出版社，1992.

[16] 王枫著. 雕塑·环境·艺术. 南京：东南大学出版社，2003.

[17] 王琳，乐大雨编著. 装饰雕塑：创造精神的永恒世界，沈阳：哈尔滨工业大学出版，2003.

[18] 董书兵著. 完全素质手册：凝住的时空·雕塑艺术欣赏. 北京：中国纺织出版社，2000.

[19] [美] 谢尔登著. 院墙·栅栏. 于蕾，张晓杰译. 济南：山东科学技术出版社，2003.

[20] 户川喜久二. 步行を测る. ディテール，1973–07（37）.

[21] 陈安泽，卢云亭等著. 旅游地学概论. 北京：北京大学出版社，1991.

[22] 陶犁. 旅游地理学. 昆明：云南大学出版社，1995.

[23] 陈安泽，卢云亭等著. 旅游地学概论. 北京：北京大学出版社，1991.

[24] 吴殿廷等编著. 水体景观旅游开发规划实务. 北京：中国旅游出版社，2003.

[25] 日本土木学会编. 滨水景观设计. 孙逸增译. 大连：大连理工大学出版社，2002.

[26] 曹林娣，许金生著. 中日古典园林文化比较. 北京：中国建筑工业出版社，2004.

[27] [美] 约翰·O·西蒙兹著. 景观设计学. 俞孔坚等译. 北京：中国建筑工业出版社，2000.

[28] 刘滨谊. 现代景观规划设计. 南京：东南大学出版社，1999.

[29] 曹汛. 戈裕良传考论——戈裕良与我国古代园林叠山艺术的终结（上）. 建筑师，2004（4）：98～104.

[30] [美] 艾伯特·H·古德著. 国家公园游憩设计. 吴承照，姚雪艳，严诣青译. 中国建筑工业出版社，2003.8.

[31] [明] 文震亨著. 长物志图说. 海军，田君注释. 济南：山东画报出版社，2004.

[32] [明]计成著. 园冶图说. 赵农注释. 济南：山东画报出版社.2003.

第9章
庇护性设施设计

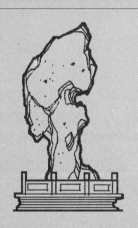

第9章 庇护性设施设计

庇护性设施是指对游人有庇护作用的设施,通常指亭舍、廊、榭舫、厅堂、阁楼、馆、码头、棚架、膜结构、座椅具等内容。

9.1 亭与园舍

9.1.1 亭舍的一般特性

旅游环境中的"亭"指一种有顶无墙、供游人休憩用的庇护性功能设施,它造型小巧而集中,有其独立而完整的形象。在世界园林建筑中,我国传统园林中的亭,造型最为绚丽多姿,它种类繁多,琳琅满目。有因景而筑的眺望亭,有因地而建的游憩亭,有因人而设的纪念亭,有因物而立的庇护亭,也有因事而造的喻世亭等等。当亭骑水而建时,称为廊亭和桥亭,当亭倚水而建时,又称楼台水亭,当亭布置在路旁时,称为路亭,路亭具有交通集散,组织人流的作用。

亭起源于中国,《园冶》上说,"亭者,停也"。[1]这里的"亭"与"停"是同义,是停止的意思,所以说亭是指供人停下来集合歇息的地方。古时,亭设立于道旁供人休息之用,后来慢慢演变成一种庭园建筑物。亭四面均不设墙壁,仅由亭顶和柱构成,偶尔点缀一些栏杆或桌椅,作蔽荫、乘凉、眺望与点缀风景之用。中式亭多雄伟壮观,色彩鲜艳,构造较为复杂,建筑费用也高。中式亭四面多呈开放状,内外交融,以便眺望,有时将多个亭集中建造形成亭群。在自然风景区中,为了保持其天然趣韵,常将树顶锯去,以茅草或树皮建屋顶,以增情趣,而最简单者,亭盖作伞状,中央仅立一柱子即成。

园舍或舍是指与亭有相似功能作用的庇护性设施。园舍起源于西方,由古时监视敌人的哨台演进而来,后来演变为装饰和休憩之用,一般三面依附墙壁,一面呈开放状。在这层意义上,园舍常常被看成是一种隐蔽性的建筑物,多设立于背后有依附物的地方,不同于中式亭,常设置于高敞开阔之处,具有休息、眺望和点景的多种作用。

现代亭的式样更为抽象化,亭顶成圆盘式、蘑菇状或其他抽象形式,喜欢采用对比色彩,装饰趣味多于实用价值。

---

1 [明] 计成原著.园冶注释.陈植注释.北京:中国建筑工业出版社,1988-05 (2):88.

亭作为旅游景区建筑物中最基本的建筑单元，在功能上主要是为满足人们在游览活动中的休憩、停歇、纳凉、避雨、极目眺望之需，个别属于纪念性建筑和标志性建筑。亭因其体量小巧，在建筑学中称之为建筑小品。亭的形式、尺寸、色彩、题材等通常结合具体地形、自然景观及风格，与所在游憩地的景观相适应、协调，与周围的建筑、绿化、水景等结合，构成一方景观。

在旅游区空间布局中，亭因其具有庇护作用，通常布置在邻近易于通达的主要步行动线上。亭的位置一般设在步道的末端或其他建筑物旁，或设于视线开阔显要之处，如山顶、山腰、水边、林间。亭不仅作为游人小憩的场所，亦作为观赏对象。如出于观赏和适用的需要，往往在亭或园舍旁边或内部设置适量的桌椅、栏杆、盆钵、花坛等附设物，亭的梁柱上也常常雕刻各种装饰等。因此，在视觉效果上应加以认真推敲，体量应与空间大小相宜。一些重要的、体量大的亭往往亦成为场地的构图中心。

9.1.2　亭的基址选择

在旅游环境中，因基址环境不同而使亭各具其妙。中式亭的"相地"历来都是不拘方向的，任其地势高低，讲究的是"涉门成趣，得景随形，或傍山林，欲通河沼"。[1]只须利用天然的地势，适合建造方亭的地势就其方亭，适合建造圆亭的地势就其圆亭，可扁则扁，可曲则曲，造型上往往因地制宜、不拘方圆。因此，中式亭的特点与基址的选择有较大关系，总的说来，常见的基址有临水、山地和平地三类。

1. 临水亭

临水亭是指基址选择于湖泊水边的亭。因岛屿的存在既丰富了湖景内容，又使游人有四面临水之趣，常常是赏景最佳之地。著名的湖泊风景区也是自然风光与人文景观的有机结合，是空间美与时间美的密切配合。这样，具有不同动机的旅游者都能从中找到能满足自己需求的欣赏对象，而且随着时空的变化，亦有不同的感受。因此，旅游区中常常临水建造亭、廊、榭等设置，供游人停留观赏景致之用。临水亭具体可归纳为水边亭、近岸水中亭、岛上亭、桥上亭和溪涧亭等。

（1）水边亭。其基址通常低临水面，布置方式有：一边临水，二边临水及多边临水等，如留园的濠濮亭。

（2）近岸水中亭。近岸水中亭是指亭基建造于近岸的水中，以曲桥、小堤、汀步等将亭与水岸相连的亭。由于亭建于水中，而使亭四周临水，游人可徜徉于曲桥或倚栏而濒眺水景，如北海公园的五龙亭。

1 [明] 计成原著. 园冶注释. 陈植注释. 北京：中国建筑工业出版社，1988-05 (2)：56.

（3）岛上亭。岛上亭是指亭基建于岛上的亭。具有类似特点的亭有：湖心亭、洲端亭等。岛上亭的基址通常选择于岛的高方之处，观景面特征突出。因此，岛上亭也常常成为水面视线焦点，但岛不宜过大，如拙政园的荷风四面亭。

（4）桥上亭。桥上亭是指亭基建于桥上的亭。桥是一种水面跨越结构，基本作用是将水的两岸连接起来，在桥上建造亭可以供游人休息、观景之用。由于湖泊的层次主要是由岛屿、长堤、桥梁等跨越结构决定的。因此，桥上亭又可划分水面空间。当水面较小时，桥宜低临水面为佳，如颐和园的豳风亭。

（5）溪涧亭。溪涧亭是指亭基建于溪涧旁的亭。溪涧多发育在河流上游的高山地区，河床纵坡大，水流湍急，两岸山岚叠嶂，景色幽深。在溪涧亭休息，可观溪水，穿林绕麓，可听流水淙淙声，逍遥自在，别有一番情趣，如峨眉山的牛心亭。

2. 山地亭

山地亭泛指亭基建造于山地上的亭。山地是指自然和人工堆山叠石形成的地形，其共同特点是坡度较大。山地的山体可分为土山、石山、土石混合山体。土山坡度一般在30%以内；石山并不受坡度限制；土石山是以土石构成的山体，有土山点石、石山包土、土石相间三种。山地亭根据亭基处于山体的不同位置，可以归纳为山顶亭、山腰亭等。

（1）山顶亭。山顶亭是指亭基建于山顶上的亭。由于山体有土山、石山、土石混合山三种类型，建于不同类型山体之顶的山顶亭，往往依山体的不同坡度形成不同的景致。如避暑山庄四面云山亭建于人工山体之上，坡度不大，游人可沿坡道拾级而上抵达山亭，居高临下，俯瞰全园。但云南石林望峰亭位于千峰万仞之巅，于奇峰林立之中，游人历奇险之势，方能抵达亭内。虽同为山顶亭却因其坡度不同，前者多作休息场所，后者则多用作景观透视线控制点。

（2）山腰亭。山腰亭多指亭基建于山腰之处的亭。主要供游人登山途中驻足歇息之用。亭址宜选择在山坡道旁开阔台地上，利于眺望周围景象，既便休息又作路线引导。在地形突变，崖壁洞穴，巨石凸起处，宜紧贴地形大落差，建二层亭。

3. 平地亭

平地亭是指亭基建于坡度在8%以内地形上的亭。平地亭通常根据环境特征形成不同的特点。路亭常设在路旁或园路交会点，可防日晒避雨淋，驻足休息；筑台建亭是中国传统园林常用手法之一，可增亭之雄伟壮丽之势；也可抬高亭基标高及视线，并以山石陪衬环境，增加自然气氛，减少平地单调之感，形成掇山石亭；或虽为平地，但在巨树遮荫的密林之下，景象幽深，林野之趣浓郁的林间建亭；或利用建筑的山墙及围墙角隅建亭，可打破实墙面的呆板，并使小空间活跃。

亭的形式和特点见表9-1。

亭的类型　　　　　　　　　　表9-1

名　称	特　　　点
山　亭	设置在山顶和人造假山石上，多属标志性
靠山半亭	靠山体、假山石建造，显露半个亭身，多用于中式园林中
靠墙半亭	靠墙体建造，显露半个亭身，多用于中式园林中
桥　亭	建在桥中部或桥头，具有遮蔽风雨和观赏功能
廊　亭	与廊相连接的亭，形成连续景观的节点
群　亭	由多个亭有机组成，具有一定的体量和韵律
纪念亭	具有特定意义和著名，或代表院落名称
凉　亭	以木制、竹制或其他轻质材料建造，多用于盘结悬垂类蔓生植物，亦常作为外部空间通道使用

9.1.3　亭的基本构造与类型

1. 亭的基本构造

亭的构造大致可分为亭顶、亭身、亭基三部分。亭的类型取决于平面形状、平面组合及屋顶形式，其变化形式极为丰富、灵活。

亭基多以混凝土为材料。地上部分荷载大者，需加钢筋、地梁，荷载较轻者，如用竹竿、木柱盖以稻草的凉亭，则仅在亭柱部分掘穴，以混凝土做成基础即可。

亭身（亭柱）的构造依材料而异，有竹、木、石、砖瓦、茅草等地方性传统材料，现在更多的是用钢筋混凝土或兼以轻钢、铝合金、玻璃钢、镜面玻璃、充气塑料等新材料。由于凉亭一般均无墙壁，故亭柱在支撑及外观上均极为重要。柱的形式则有方柱、圆柱、多角柱、格子状柱等。柱的色泽各有不同，也可以在上面绘成或雕刻各种花纹以增加变化。

我国传统南、北亭的特色有所不同。[1]

亭的顶部梁架可用木料做成，也有用钢筋混凝土或金属铁架做成的。亭的基本构造见图9-1。亭顶一般可分为平顶与尖顶二类，形状则有方形、圆形、多角形、梅花形、十字形和不规则形等。顶盖的材料则可用瓦、稻草、茅草、树皮、木板、树叶、竹片、柏油纸、石棉瓦、塑胶片、铝片、镀锌铁皮等。

2. 亭的类型

亭的种类从平面上划分有正多边形平面、不等边形平面、曲边形平面、半亭平面、双亭平面、组亭及组合亭平面和不规则形平面等形式。亭各种平面类型如图9-2～图9-7所示。

亭顶的形式可以大致可分为：

1）攒尖式有角攒、圆攒；

---

1 徐华铛，杨冲霄著.中国的亭.北京：轻工业出版社，1983-05（1）：92～111.

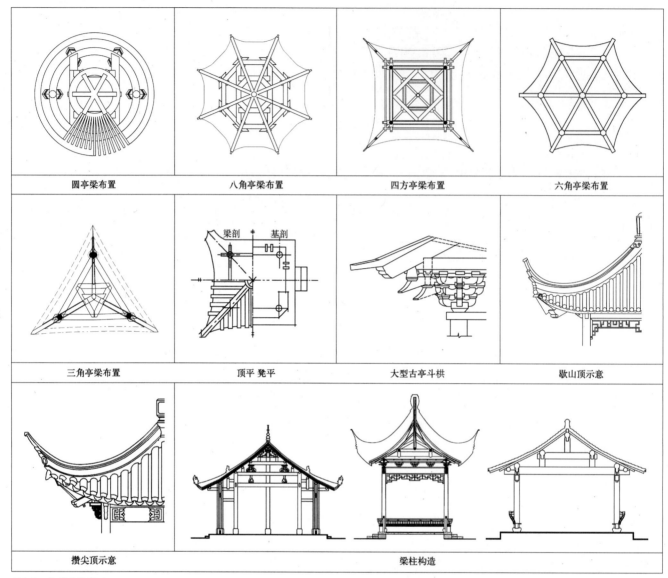

圆亭梁布置　　八角亭梁布置　　四方亭梁布置　　六角亭梁布置

三角亭梁布置　　顶平　凳平　　大型古亭斗栱　　歇山顶示意

攒尖顶示意　　梁柱构造

图9-1　亭的基本构造

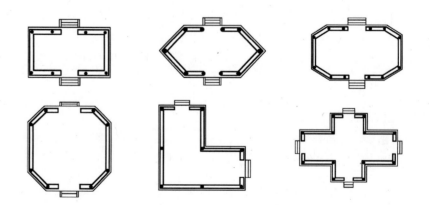

图9-2　不等边形平面

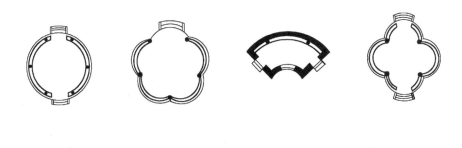

图9-3　曲边形平面。曲边形亭有扇形亭、海棠亭、圭角亭、十字亭、单柱伞亭等等

图9-4　半亭平面。半亭是一种依附于建筑上的亭

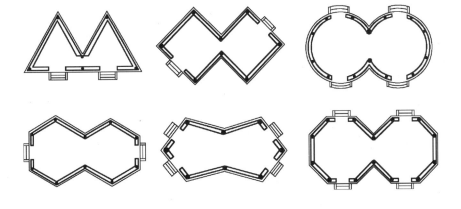

图9-5　双亭平面。有双方亭、双长方亭、双圆形亭、双菱形亭、双六角形亭等，它们双双相连，有的是内、外两层，大亭套小亭

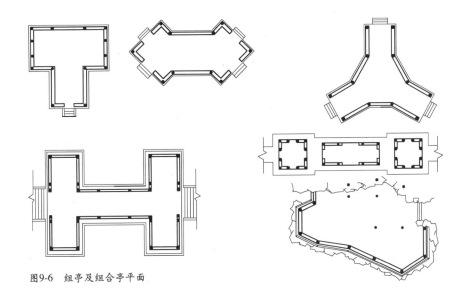

图9-6　组亭及组合亭平面

图9-7　不规则形平面

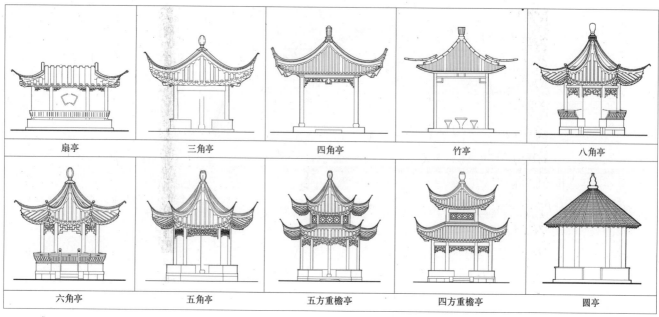

图9-8　常见亭顶形式

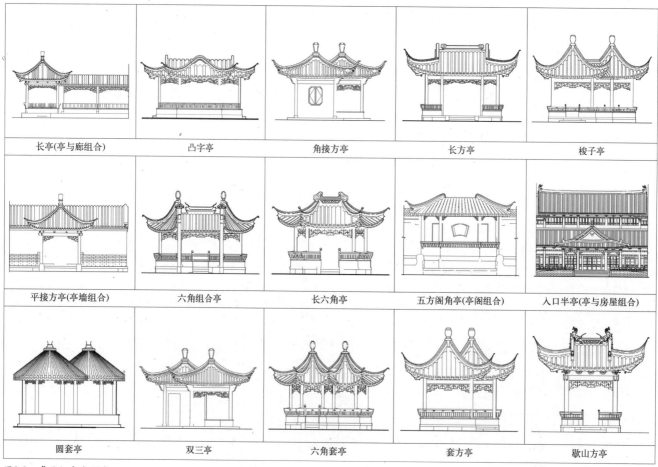

图9-9　常见组合亭形式

2）歇山卷棚；

3）盔顶与开口顶；

4）单檐与重檐的组合。

各式亭顶形式如图 9-8 所示。

亭身按立柱划分有单柱（伞亭）；双柱（半亭）；三柱（角亭）；四柱（方亭，长方亭）；五柱（圆亭、梅花五瓣亭）；六柱（重檐亭、六角亭）；八柱（八角亭）；十二柱（方亭、十二个月份亭、十二个时辰亭）；十六柱（文亭、重檐亭）等。

通常单体亭在平面上寻求多变，又可亭与亭、亭与廊、亭与墙、亭与桥、亭与房屋、亭与石壁结合组成各种形式的组合亭。常见组合亭形式见图 9-9。

9.2　廊

9.2.1　廊的基本特性

廊是亭的延伸。廊须有顶盖，可分为单层廊、双层廊和多层廊等基本形式。廊的设置位置与空间组合形式，依地形、水岸、坡地的不同，还可形成平地廊、爬山廊、水走廊、直廊、曲廊、回廊等其他形式。

廊具有引导人流，引导视线，形成视角多变的交通路线，连接景观节点和供人休息的多种功能。其长度随形就势，曲折迂回，逶迤蜿蜒，形成了自身有韵律感的连续视觉效果。廊与景墙、花墙相结合又可划分景区，丰富空间层次，增加景深，增加了观赏价值和文化内涵。廊是旅游景区休息设施中重要组成部分。归纳起来廊有如下基本功能：

（1）廊是有顶盖的游览通道，防雨遮阳，联系不同景点和建筑，并自成游览空间；

（2）分隔或围合不同形状的情趣的空间，以通透、封闭地或半透半合地分隔方式，显示出丰富的空间层次；

（3）作为山麓、水岸的边际联系纽带，增强和勾勒山脊线走向和轮廓。这种廊称为爬山廊和涉水廊。

廊的宽度和高度应根据人的尺度比例关系加以控制。廊的宽度宜在 3m 左右，柱距以 3m 上下为宜。有些廊宽为 2.5 ～ 3m，以适应游人流量增长后的需要，廊的一般高度宜在 2.2 ～ 2.5m。景区内建筑与建筑之间的连廊尺度控制必须与主体建筑相适应。

柱廊是以柱构成的廊式空间，既有开放性，又有限定性，能增加环境的景观层次感。柱廊一般无顶盖，或在柱头上加设装饰构架，依靠柱子的排列形成效果，柱间距较大，纵列间距 4 ～ 6m 为宜，横列间距 6 ～ 8m 为宜。柱廊多用于建筑物之间的联系，通常布置在两个建筑物观赏点之间，不仅能遮风避雨、交通联系，还是划分空间的重要手段。在空间构成中，廊属于连接两个场所的"过渡空间"。

为了便于四面眺望，廊的立面多选择开敞式，以轻巧玲珑为主。有时为了强调等级，常常加大檐口出挑，形成阴影。为了开敞视野，也有用漏明墙处理的。在细部处理上，常设挂落于廊檐；下设置高1m左右的栏杆或在廊柱之间设0.5～0.8m高的矮墙，上覆水磨石，以供坐息，或以石椅面或美人靠相匹配。

9.2.2 廊的基本类型

从平面上划分有：曲尺回廊、抄手廊、之字曲折廊、弧形月牙廊。

从立面上划分有：平廊、跌落廊、顺坡廊。

从剖面上划分有：双面空廊、半壁廊、单面空廊、暖廊、复廊、楼廊。

与景物环境配合的廊有：水廊、桥廊。

9.2.3 廊的形式特点

1. 空廊

空廊是指两侧空敞的游廊，有双面空廊和单面空廊之分。空廊一般在柱间设坎墙或坐凳栏杆，以备游览进程中随遇休憩。双面空廊有柱无墙，两侧立柱，上设廊顶。开敞通透适用于景色层次丰富的环境，廊的两面有景可观。当次廊隔水飞架，即为水廊。单面空廊也称半廊，沿界墙及附属物以"占边"形式布置，一侧开敞，一侧靠墙，列柱间砌有实墙或半实墙，起到遮掩围墙，丰富背景的作用。亦可为独立廊。形制上有一面、二面、三面、四面走廊。常在廊、墙、房、亭之间配以山石、花架、绿化形成组景。为了避免单调，半廊常常与空廊更替布置，或贴墙体形成半廊，或离开墙面而成空廊，如苏州鹤园入口门厅至最后的大厅就是采取这种曲折布局的空廊形式。有时为了改变半廊一侧观赏的偏奇，常在封闭的墙面上镶嵌碑刻，作为景致的平衡。还有一种半廊是将空廊的一侧柱间填充墙体，有时基于景观渗透的需要，墙上常设有各色漏窗门洞，这种半廊多用来处理景观关系或隔断空间（图9-10）。单面空廊屋顶通常作单坡或双坡。

2. 复廊

复廊是在双面空廊中间夹一道墙，亦称内升廊。由于廊中间一般不设漏窗之墙，犹如两列并行半廊的复合体，两面都可通行，易于廊的两边各形成不同的景区场合。也有在中间的隔断处设置漏窗或洞窗的，例如苏州怡园"绕遍回廊还独坐"直至南雪亭之间的复廊就是采用漏窗的实例。复廊不仅仅局限于庭院中，在民间也常常可见到这种形式，例如图9-11就是江南乌镇的复廊实景。

图9-10　左侧为双面空廊，右侧为单面空廊

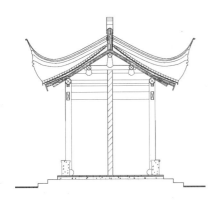 

图9-11　左图复廊剖面图，右图乌镇复廊实景

3. 双层廊

双层廊又称复道阁廊。双层廊将廊子做成两层，上下都是廊道，亦称"桥廊"或"阁道"（图9-12）。上下两层廊道便于联系不同高度的建筑和景物，以增加廊的气势和景观层次。

4. 爬山廊

爬山廊是以山为基座的建筑物，又称山地廊。廊顺地势起伏蜿蜒曲折，犹如伏地游龙而成爬山廊（图9-13）。廊内可设踏步或斜坡。用廊联系山坡上下建筑，组成山坡庄园。多设置在游山观景、联系不同标高建筑之处。常见的爬山廊屋盖有跌落式和顺坡式两种。苏州拙政园见山楼的爬山廊、沧浪亭看山楼的爬山廊、吴县木渎羡园的爬山廊都是顺坡式；苏州惠阴园湖石山上的馆舍、无锡惠山的爬山廊则采取跌落式。

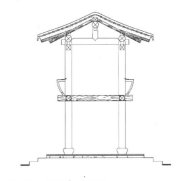

图9-12　双层廊剖面图

图9-13　爬山廊

5. 水走廊

水走廊也称水廊。供欣赏水景及联系水上建筑之用，形成水景为主的空间。水廊既可设置在水边，亦可在水上营造（图9—14）。

图9-14　水走廊

6. 岸边水廊

廊基紧接水面的廊称为岸边水廊。平面大体紧贴岸边，尽量与水接近。在水岸曲折自然状况下，廊大多沿水边自由布局，顺势得景。岸边水廊的特征在于廊基的处理（图9—15）。

7. 曲廊

曲廊通常建于建筑物、大树、水池周围。曲廊依墙又离墙，因而在廊与墙之间组成各式小院，空间交错，穿插流动，曲折有法，或在其间栽花置石，或略添小景而成曲廊。不曲则成修廊。

曲廊也可曲如"之"字，随形而穷，依势而曲，形成回廊。回廊或蟠山腰，或穷水际，通花渡壑，蜿蜒无尽，因之也大大丰富了空间层次。其构架以顺地势高低起伏，因功能造型依山就势为胜。

图9-15　岸边水廊

9.3 榭与舫

榭、舫、亭、轩都属于性质上比较接近的园林建筑类型。其共同特点是不属于主体建筑，除供游人游赏休息外，主要起观景和点景作用，从属于自然空间环境组成部分。

9.3.1 榭

榭、舫为临水建筑，因此它与水面和池岸的关系十分密切。在水边架起一个平台，平台一半伸入水中，一半立于岸边，平台四周低栏围绕，平台上建成一个木构单元形式建筑，临水一侧或四周开敞，这就形成了榭的基本形式。《园冶》中认为："榭者，藉也，藉景而成也；或水边，或花畔，制亦随态。"[1] 榭是凭借周围景色而构成的一种建筑物，或设置于水边，或置于花畔，或置于山上，位置灵活多变，都是为观赏景物而设置。榭因景而设，故其主要功能以观赏景致为主，兼有供游人休息、品茗的功能。榭因凭借位置的不同有水榭、花榭和山榭之分。榭的四壁皆开敞通透或落地空透长窗，屋顶常用卷棚歇山顶，檐角低平，玲珑轻巧，建筑本身形体构成了主景或点缀景物。如扬州冶春园的"茅盖水榭"、苏州拙政园的"芙蓉榭"、承德避暑山庄的"青枫绿屿"、"霞标"等，都是我国古典园林中的典范。现代旅游区中的水榭，功能简单，体形简洁，仅供观赏之用，亦作码头的接待和茶室之用。

9.3.2 舫

舫是仿照船的造型在景园湖泊中停泊的建筑，不能划动，有"不系舟"之称，供小饮或宴会、纳凉消暑、迎风赏月之用。舫的立意来源于"湖中画舫"。最为典型的是画舫，画舫是古时专供画家水上游玩的船，装饰华丽，绘有彩画。舫有平舫和楼舫两种类型，平舫由单层轩、厅、亭组合，楼舫由搂层轩、厅和亭组合。颐和园中的石舫（清晏舫），传说是清朝乾隆皇帝下江南时，因留恋江南秀丽风光，仿制画舫而建造。清晏舫由三部分组成：船头、中舱和尾舱。船头设眺台，似甲板，常做成蔽棚，作赏景之用；中舱为下沉式，是舫的主要空间，中舱两侧常设长窗，以便视线通透，也供休息和宴会之用；尾舱一般做两层，下实上虚，设有楼梯，上层作眺望、休息之用。舫的设计一般要点是舫头迎向水流方向设置；为方便建造，同时不失舟船情趣，可将舫筑于岸边，不需要直接建于水中。我国著名的舫有南京煦园的石平舫，颐和园的清晏舫，拙政园香洲前平后楼舫等。

---

1 ［明］计成原著.园冶注释.陈植注释.北京：中国建筑工业出版社，1988-05（2）：89.

9.4 厅堂楼阁馆

9.4.1 厅堂

"堂者，当也；谓当正向阳之屋，以取堂堂高显之义"。[1] 厅、堂作为旅游区议事、接待的场所，宜位于居屋与景观接点处。厅与堂在形制上十分接近，仅仅凭其内部四界构造用料不同而区别，扁方料者为厅，圆料者为堂。中国传统园林建筑中把厅堂的前檐称之为轩，原为古代马车前棚部分。也有将有窗槛的长廊或小室称为轩。在现代景园中其功能是供游人休息的静心场所。

9.4.2 楼与阁

楼与阁都是高大宏伟的多层建筑物，在中国常常楼、阁并称，泛指二层以上的楼房。"楼"字是后起之字，在《说文解字》中将"楼"字解释为："楼，重屋也。从木，娄声"。木者木构造也，娄者空也，即木结构中空重叠之屋。就是说，楼是单层房屋的竖向叠加。《园冶》中说："重檐曰楼"。[2] 楼，狭而长曲，窗户洞开，有许多穿孔，整齐地排列，其结构形式，与堂相似，比堂高出一层。楼多用于居住，可兼作储藏之用。在现代旅游区中，楼多用于餐厅、茶厅、接待室等。"然而，无论是高台之楼，御敌之楼，还是重屋之楼，其最为重要的建筑特征，都是一个'高'字，而且，是非得使用楼梯不能上达的一种多层建筑形式。"[3]

阁，在古时是指四坡顶而四面皆开窗的建筑物。"阁者，四阿开四扇。汉有麒麟阁，唐有凌烟阁。"[4] 这里所讲的阁，主要指使用上部空间的建筑物。《说文解字》释"阁"为："止扉，从门，各声"。"这就说明，阁的称谓，是由架空贮藏引申演化而来的，以至于后来，凌空高架的复道也被称为阁。"[5]

带有储藏性质的"阁"，古时多用来藏书画，如麒麟阁是汉武帝为搁置十一功臣画像而修建的建筑物，唐代的凌烟阁也是为搁置功臣画像所建。古时的栈道，亦被称作"栈阁"或是"阁道"。

楼与阁两层或更高，两者之间不易区别。"尽管阁至少也是二层的建筑，但是它与楼明显不同，楼可以是二层、三层，甚至更多的层，而且楼的上、下层都是使用空间，而阁，只有上层才是使用空间。楼是屋上建屋，而阁是在高架的木构

---

1 [明] 计成原著.园冶注释.陈植注释.北京：中国建筑工业出版社，1988-05（2）：83.
2 [明] 计成原著.园冶注释.陈植注释.北京：中国建筑工业出版社，1988-05（2）：86.
3 覃力著.说楼（摄影珍藏版）.山东画报出版社，2004-06（1）：5.
4 [明] 计成原著.园冶注释.陈植注释.北京：中国建筑工业出版社，1988-05（2）：88.
5 覃力著.说楼（摄影珍藏版）.山东画报出版社，2004-06（1）：7.

架平台之上建屋。"[1] 随着使用功能的变化，楼与阁在二千多年的发展历程中，已经逐渐地相互靠近，到后来，更是形制上基本趋同，楼阁并称了。

9.4.3 馆

古时，将暂时寄居的地方称作馆，相当于现代风景旅游区中供旅游住宿的宾馆，或接待游客的饭店。"散寄之居曰馆，可以通别居者。"[2] 馆也可解释为临时借住之所。今日供陈列、纪念、展览的建筑，也称作馆，如陈列馆、纪念馆、展览馆，还有体育馆、文化馆等。凡诸如成组的游宴场所、起居客舍、赏景的建筑物均称为馆。馆的含义在今天已经大大扩展了，其规模无统一模式，视其功能灵活设置。

中国传统园林中，厅、堂、楼、阁、馆与居住建筑有较大差别。大凡家居房屋要依次序而造，讲究方向，但是园中屋宇，无论一室、半室，须按时景为精，方向可以随宜。造园建筑应当因地制宜，虽然厅、堂、楼、阁、馆大都近似，但应随环境不同有所别致。厅、堂、楼、阁、馆在景区中一般以低矮为宜，其中阁楼主要是供游人登高远眺、游憩观赏之用。

9.5 其他庇护性设施

9.5.1 码头

码头既是管理设施又是点景建筑，是游人水边的活动中心。通常由茶室、小卖部等组成建筑群落。其形式常分为驳岸式、伸入式、浮船式。

9.5.2 棚架

1. 棚架的一般特性

棚架指攀缘植物的绿廊，又名凉棚、花廊、花架、蔓棚等，是一种顶部由格栅条所构成，上方可以攀缘藤蔓类植物的庇护性设施。在旅游区中的棚架多是以植物材料为顶的廊，棚架下应设置供休息用的椅凳，可供人休息、赏景之用。它常与亭、廊组合，既具有廊的功能，又比廊更接近自然，更容易融合于环境之中。其布局灵活多样，既是功能性的实用设施，也是观赏对象，有分隔空间、连接景点、引导视线的作用，由于棚架顶部由植物覆盖而产生庇护作用，同时减少太阳对人的热辐射。有遮雨功能的棚架，可局部采用玻璃和透光塑料覆盖。适用于棚架的植物多为藤本植物，而藤本类植物的攀缘习性，可增加绿廊的用途。

1 覃力著. 说楼（摄影珍藏版）. 山东画报出版社，2004-06（1）：7.
2 [明] 计成原著. 园冶注释. 陈植注释. 北京：中国建筑工业出版社，1988-05（2）：85.

2. 棚架的体量尺寸

棚架高一般控制在 2.3 ~ 2.7m, 宽度一般控制在 3 ~ 4m, 长度宜为 5 ~ 10m, 立柱跨度通常为 2.7 ~ 3.3m。

3. 棚架的基本形式

(1) 按上部结构受力分类。棚架形制按结构受力可分为简支式、悬臂式、拱门钢架式和组合式四种。

1) 简支式。简支式棚架由两根支柱, 一根横梁组成。多用于曲折错落的地形, 显得更稳定, 地形平坦处, 则本身用 2 ~ 3 级踏步来错落, 将使人更安全。由于简支式棚架结构比较简单, 设在角隅之处时, 为增加空间层次感, 可与其他景观元素共同组景。

2) 悬臂式。悬臂式棚架又分为双挑和单挑。为了突出构图中心, 可环绕花坛、水池、湖面布置成圆环弧形的棚架。用单、双均可, 忌孤立布置。悬臂式棚架不仅可以做成悬梁条式, 为了产生光影变化或使攀缘植物生长获得阳光雨水, 也可以做成板式或在板上部分开孔洞, 形成缕空板式悬臂式棚架。

3) 拱门钢架式。跨度用半圆拱顶或门式钢架式。在花廊、甬道中多采用此方式, 材料多用钢筋、轻钢或混凝土制成。临水的花架, 不但平面可设计成流畅曲线, 立面也可与水波相应设计成连续的拱形或波折式, 部分有顶, 部分花顶为棚, 效果甚佳。

4) 组合式。单体棚架与亭廊、建筑入口等结合, 成为具有使用功能的棚架。为取得对比和统一的构图, 常以亭、榭等建筑为实, 以花架平立面为虚, 突出虚实变化中的协调。

(2) 按垂直支撑分类。

1) 立柱式。独立的方柱、长柱、小八角, 海棠截面柱, 变截面柱。

2) 复柱式。平行柱, V 形柱。

3) 花墙式。清水花墙, 天然红石板墙或白墙。

(3) 按材料分类。根据构成棚架材料的不同, 棚架可以分为诸多种类, 如表 9-2 所列。

4. 棚架上常选择的蔓性植物

棚架上常选择的蔓性植物, 按其功能一般可分为三类。一类以观赏为目的, 其叶形姿态优美, 花色艳丽, 如牵牛花、电萝、旭藤、九重葛、珍珠宝莲、软枝黄蝉、蔓蔷薇、紫藤、大邓伯花等; 另一类以遮荫为目的, 其枝叶浓密, 兼有花欣赏, 如金银花、九重葛、紫藤、大邓伯花、凌霄花、常春藤、野牵牛、月夜花等; 再一类以食用为目的, 其果实可供人们食用, 如丝瓜、苦瓜、扁豆、刀豆、豌豆、葡萄等。

棚架种类 表9-2

	材料	说 明
人工材料	金属品	钢管、铝管、铜管均可应用。其中轻钢花架主要用于荫棚、单体与组合式花架、棚架
	水泥品	水泥，粉光，斩石，洗石，磨石，拟物，清水砖，美术砖，瓷砖，陶瓷锦砖，玻璃砖，空心砖等，本身骨干系以钢筋混凝土制作，表面以上述材料装饰
	塑胶品	塑胶管，硬质塑胶，玻璃纤维
自然材料	木竹花架	木竹花架需要考虑花架顶部的负荷，包括攀附其上的枝干重量，木竹横梁、挂落的负载量
	绿 廊	可遮阳的树枝枝条相交成廊架的形式，如行道树、凤凰木、榕树、木麻黄夹道形成
	砖石花架	花架柱常以砖石块、板等砌成、虚实对比或缕花均可，花架纵横梁可用混凝土斩假石或条石制成，朴实浑厚，别具一格

9.5.3 膜结构

张拉膜结构由于其材料的特殊性，能塑造出轻巧多变、优雅飘逸的实体形态。作为标志设施，多布置于游憩场地的入口与广场上；也作为遮阳庇护性设施，应用于露天平台、水池区域内；作为庇护性设施，应用于绿地中心、河湖附近及休闲场所中。联体膜结构可模拟风帆海浪形成起伏的景物轮廓线。

旅游区内的膜结构设计应适应周围环境空间的要求，不宜做得过于夸张，位置选择需避开消防通道。膜结构的悬索拉线埋点要隐蔽并远离人流活动区。

必须重视膜结构的前景和背景设计。膜结构一般为银白反光色，醒目鲜明，因此要以蓝天、较高的绿树或颜色偏冷、偏暖的建筑物为背景，形成较强烈的对比。前景要留出较开阔的场地，并设计水面，突出其倒影效果。如结合泛光照明，可营造出富于想象力的夜景。

9.5.4 座椅（具）

座椅（具）是游憩区内提供游人休闲的不可缺少的设施，高出地面，供人休息、眺望，种类极多，式样亦各异（表9-3）。

座椅（具）也可作为重要的装点设施进行设计。应结合环境规划来考虑座椅的造型和色彩，力争简洁适用。座椅（具）的选址应注重有利游人的休息和观景。通常设置在园舍、凉棚、铺石地、露台边、通路旁、水岸边、山腰墙角、草地、树下、纪念碑或雕像脚处，应避免设立于阴湿地、陡坡地、强风吹袭场所和地盘等条件不良的或对人出入有妨碍的地方。

室外座椅（具）的设计应满足人体舒适度要求。普通座面高 380～400mm；座面宽 400～450mm；标准长度：单人椅 600mm 左右，双人椅 1200mm 左右，3人椅 1800mm 左右；靠背座椅的靠背倾角为 100°～110° 为宜。

座椅种类 表9—3

材料	人工材料	金属类	一般铁制品较多，铁筋，方铁管，铁管，质感甚重，引用透空做法
		陶瓷品	砖土制造，可加火烧成各式美观、色彩鲜艳之陶瓷制园椅
		塑胶品	冷胶，玻璃纤维，塑钢等
		水泥类	混凝土制造
		砖材类	砖块堆砌成
	自然材料	土 石	土堤椅、原石、石板、石片等，尚有大理石可表现人工整齐美观
		木 材	原木、木板、竹藤等，材质椅亲和力高，如藤制椅，塑造方便，材料清凉爽快
外观		椅 形	后有靠背、两侧有扶手者
		凳 形	四面无依靠者
		鼓 形	下面没有凳脚，形状规则
		不定形	形状不一定，如天然石块及树根
		兼用形	利用池边缘、花坛边缘及台阶、雕塑台、玩具或其他设施，兼作园椅之用

座椅（具）材料多为木材、石材、混凝土、陶瓷、金属、塑料等，应优先采用触感好的木材，木材应作防腐处理，座椅转角处应作磨边倒角处理。

座椅（具）设计要点：

1）座椅具应坚固耐用、舒适美观、不易损坏；

2）用于休闲或提供仰姿休息方式时，则需宽大的长椅；

3）与身体接触部分的座板、背板宜做成木制品；

4）夏季有座椅（具）的地方宜设置蔽阳的设备，如绿荫树；

5）必须是易于修理的构造，耐脏，与环境协调。

野外桌用石、木、玻璃、水泥等材料制作，视设置位置和用途而定，有时可在桌面上雕刻棋盘，桌子式样也可简单到用铁丝制成放茶杯的架子，但桌椅的间距应特别注意，桌子高度以稍低为佳，桌脚下容易形成凹地，应铺装铺面材料或设坡地等。

本章主要参考文献

[1] [明]计成原著．园冶注释．陈植注释．北京：中国建筑工业出版社，1988．

[2] 徐华铛，杨冲霄著．中国的亭．北京：轻工业出版社，1983．

[3] 覃力著．说楼（摄影珍藏版）．山东：山东画报出版社，2004．

[4] 许慎．说文解字．北京：中华书局，1965．

[5] 黄风池．集雅斋画谱．北京：文物出版社，1981．

[6] 李健．浅谈中国园林中的景观建筑．广东园林，2006（01）：14．

[7] 章采烈．论中国园林的叠山艺术．广东园林，1993（01）．

[8] 曹林娣．中国园林舫舟的美学意义．艺苑，2005（04）．

[9]　陈健．论环境设计中的装置艺术．同济大学学报（社会科学版），2005（3）：
　　　45～51．

[10]　周为．相地合宜　构园得体——古典园林的选址与立意．中国园林，2005
　　　（4）：50～52．

[11]　周维权．中国古典园林发展的人文背景．中国园林，2004（9）：62～65．

[12]　彭一刚．中国古典园林分析．北京：中国建筑工业出版社，2003．

[13]　吴为廉主编．景观与园林建筑．上海：同济大学出版社、北京：中国建筑
　　　工业出版社，2005．

[14]　黄东兵．园林规划设计．北京：高等教育出版社，2006．

[15]　杨鸿勋著．中国古典造园艺术研究：江南园林论．上海：上海人民出版
　　　社．1994．

第10章
旅游服务设施设计

第 10 章　旅游服务设施设计

　　一个设施完善的旅游区应该包括商业、饮食设施、文娱设施、体育设施、管理与医疗设施、住宿设施以及设备和维护用房、照明、解说设施等内容。但正如第 7 章中所阐明的那样，本书关注的是旅游景观环境与游憩活动的相互关系，也由于篇幅的限制，旅游服务及管理设施类别中的商业、饮食、文娱、体育、管理、医疗和住宿等设施，本书不作专论。

　　从旅游外部环境角度看，服务于旅游活动的设施主要涉及到景观照明、解说设施和卫生设施三部分内容。

　　旅游服务设施应依照以下原则配置：

　　（1）经济上可行。配套设施的选择不仅要符合投资能力，要有较好的经济效益，同时还要考虑它的日常维护费用。

　　（2）要与旅游区性质和功能相一致。不能设置与旅游区性质和规划原则相违背的设施，必须按照规划确定的功能与规模来设置。设施的配套要满足使用要求，既不能配套不周全，造成旅游区在使用上的不便，也不能盲目配套造成浪费。

　　（3）要有一定的适应性。波动性是旅游市场的显著特征，设施配套应考虑这一情况，使之有一定的灵活适应力。

10.1　景观照明

　　工业革命之后，电能技术一日千里，照明设备也跟着突飞猛进，大量普及的照明设施促进了人类生活方式的大变革。照明设备延长了人类活动的时间，各式景观设施延续了白天的时间，甚至因其不同的光线而产生迥异于白天的情境。因此，有晚间活动需求的旅游区，照明设施的重要性不言而喻。

　　旅游区户外景观照明的目的主要有四个方面：①增强物体的辨别性；②提高夜间出行的安全度；③保证游人晚间活动的正常开展；④营造环境氛围。

　　"室外照明最基本、最重要的依据是：人们喜欢靠近最亮的光源。运用这一原理可帮助我们将来者准确地引至我们希望的地点。"[1]照明设施在位置选择与配置上，最主要是根据人的这种特性确定游人活动的范围与动线，依其活动强度，决定整体的照明需求。在专业测量上，可用照度、辉度、光源种类与大小等术语

　　1　［美］兰德尔·怀特希德著.室外景观照明.王爱英，李伟译.天津：天津大学出版社，2002-08(1):3.

描述。若未经仔细评估，可能造成亮度不足、灯具间彼此相隔太远、照度令人感到不舒适，或者造成使用者活动时的困扰和不安全感等问题。

　　景灯属于公共管理设施中的照明设备。凡门柱、走廊、亭舍、水岸、草地、花坛、雕塑、园路的交叉点、台阶段、丛林以及主要建筑物和干路等处，均宜设置景灯。它在旅游区中除了具有实用性的照明功能外，还具有观赏的功能。布局巧妙的景灯还可以使环境明暗交错，增添诗境般的神秘梦幻氛围，成为游憩场所中造景元素的一部分。

　　景灯可作为单独的景观实体存在，也可与景园建筑物如亭台楼阁或门柱等相配成景。

　　景灯的基本照明方式以来自上方均匀投射方式为佳。光源自地面投射的方向不太自然，仅限于有要求特殊效果的装饰场合采用。照明方式则采用间接照明较佳，如用反射灯罩、磨砂玻璃罩及百叶窗式罩等。电源配线应尽量为地下缆线配线，其埋入深度应符合相关规范要求。

　　在小型景园中的景灯，亦可考虑做活动式的设备，并预设户外电源及接应数处，以作多方面的弹性利用。

　　景灯材料分为人工材料和自然材料两种。

　　人工材料应用于金属景灯、塑胶景灯、水泥景灯、烧瓷景灯等。金属景灯材料则有钢铁及其他金属等；塑胶景灯材料则有冷胶、玻璃纤维、亚克力、玻璃；水泥景灯材料有水泥粉光、磨石子、洗石子、斩石子等；烧瓷景灯材料有陶器、瓷器、珐琅。以金属景灯的应用最为广泛。

　　自然材料应用于石景灯、木景灯。石景灯材料又有自然石、人造石之分；木景灯材料亦有原木、复合材之别。因石景灯耐腐蚀，经得起风雨冲刷，运用最为普遍。

　　景观照明设计要点可参考表10-1内容。

景观照明设计要点　　　　　　　　　　　　　　　　　　　　　　　　　　表10-1

照明分类	适宜场所	参考照度（lx）	安装高度（m）	注意事项
行车照度	主次车道	10～20	4.0～6.0	1.灯具应选用带遮光罩的照明方式；2.避免强光直射，在路面上要均匀
	自行车、汽车场	10～30	2.5～4.0	
人行照明	步行台阶（小径）	10～20	0.6～1.2	1.避免眩光，采用较底处照明；2.光线宜柔和
	园路、草坪	10～50	0.3～1.2	
场地照明	运动场	100～200	4.0～6.0	1.多采用向下照明方式；2.灯具的选择应有艺术性
	休闲广场	100～200	2.5～4.0	
	广场	150～300		
装饰照明	水下照明	150～400		1.水下照明应防水、放漏电，参与性较强的水池和泳池使用12伏安全电压；2.应禁用或少用霓虹灯和广告灯箱
	树木绿化	150～300		
	花坛、围墙	30～50		
	标志、门灯	200～300		
安全照明	交通出入口	50～70		1.灯具应设在醒目位置；2.为了方便疏散，应急灯设在侧壁为佳
	疏散口	50～70		
特写照明	浮雕	100～200		
	雕塑、小品	150～500		
	建筑立面	150～200		

10.2　解说设施

观光旅游区的解说,最早源于美国国家公园体系的解说服务。福利门(Frecman Tilden) 认为:解说不仅只是传达事实,而且是借原本的事物、亲身体验、解说工具来说明该物的意义与各组成因子间关系的一种教育。换言之,将资讯经由媒体传达给接收者的行为即是"解说",此处的资讯或讯息包括旅游景观本身所产生的,以及出于旅游管理需要对游客提出的指示和要求。

"旅游的目的在于追求高品质的游憩体验,解说服务则是协助游客获取此种体验并教育游客,使他们从游憩过程中产生对环境的关怀与珍惜之心。"[1] 因此,完善的解说服务包括下列目的和功能:

1)娱乐功能:改善游憩体验。

2)有利游客安全:保障游客不受自然环境的危害及避免意外灾害。

3)维护自然资源:减少游客对自然资源的破坏。

4)教育功能:阐释景观现象,提升游憩层次进而提示游客爱护环境。

5)公共关系的建立:经营政策目标的宣传,遂行经营管理。

10.2.1　解说规划的基本架构

解说规划可以分为两个部分。①整体指导原则;②详细执行解说规划的细节设计。解说规划主要在于引导其详细规划的发展和执行,指示其如何完成,基于何种原则下施行。因此,解说规划必须分析影响其详细规划的各个有关要素,包括可资解说的资源特性、游客特性、特殊解说场合及已有的解说设施现况等等。

解说规划基本上是围绕游客、资源和经营单位三者关系进行的构思。然而就其系统而言,又可分为五个从属系统。

1)游客系统——包括游客行为特性、活动偏好等等。

2)资源系统——对解说提供支撑潜力或限制的资源。

3)解说主题——提供游客认知自然、人文、史迹等资讯。

4)解说媒体系统——传达解说内容的工具、方式。

5)经营管理系统——经营规划,以满足游客的需求。

10.2.2　解说媒体选择

解说媒体是指提供游人解说资讯的方法、设计以及工具。解说媒体的选择若

1　洪得娟编著.景观建筑.上海:同济大学出版社,1999-10(1):184.

应用成功，将使解说讯息完全被接受。然而解说媒体的选择受到游人、自然资源、解说员、经费、可及性、管理维护、气候等因素的影响，当其中发生互变时，适用的媒体也就不同。可分为以下两种方式。

1. 人员解说或参与式解说

人员解说或参与式解说服务是利用解说员直接向游人解说有关的各种资源讯息，或是借活动及游人动线的设计安排，使游人能主动参与游憩活动而达到解说的效果。其方式包括如下几种：

（1）资讯服务。此种方式是安排解说员在固定地点或不定点的机动性安排，如游人有疑问时得以咨询解答，在游憩过程中了解旅游区内的游憩机会、景观特色等。

（2）引导性活动。强调游人经过一系列的现场游憩体验来达到实际接触旅游环境和游览景观的目的，借感官来感受解说的主题，通常可借助解说员的引导来实施。

（3）专题讲演。例如在适当的场合进行特定主题的讲演，利用篝火晚会、剧场或室内聘请解说员。

（4）现场解说。以解说员作活动表演，或是以当地经济文化景观的活动作实况解说。

2. 非人员解说或非参与式解说

非人员解说或非参与式解说服务是利用静态的解说设施，来达到传达解说讯息的解说方式，可分为下列几种类型：

（1）解说牌。利用展示牌，以文字或图片等设施，解说一项主题或标示一件事物。

（2）自导式步行道。依地形、景观而设立一游线系统，连接各旅游点或旅游点内的主要解说主题，沿游线系统展开观赏活动。

（3）解说折页。以文字或图片说明解说旅游景观特色，制成折页或编成小册，使游人在游憩过程中随时参阅、辩识各类解说主题。

（4）游客中心。在旅游区内适当地点设置游人中心，室内陈列各种实体、模型、图表、照片、解说印刷物。并利用视听媒体等方式向游人解说旅游区内各项景观特点。

各种解说媒体的选择使用，可依解说资源的属性和解说主题的不同、场地实质环境及游人需求，研拟出解说媒体的选择内容。

10.2.3 解说设施种类

为使游人能由资讯软体及硬体的解说中，对旅游区内各项景观资源有更深刻的认识，须在恰当的场合设立具有资讯告示的标志设施。

标志牌的种类可依其告示内容分为以下四种：

(1) 解说牌。解说牌是用来"解说问题"的标志设施。解说牌起到加深游人对旅游区内某一旅游点或景物的文化内涵的理解，并协助他们能更好地开展游憩活动的作用。这些解释材料可伴以文字说明及详细解释的标本、照片、图表、地图及此类可提供信息的载体。解说设施中除解说牌外还包括有解说员、视听媒体、文物展示设施等。解说牌虽不及某些媒体生动有趣，但因其具有造价便宜，容易维护管理，位置固定，游客自导及可供拍照留念等优点，现有的解说设施多采用此类。

(2) 指示牌。在较大型的游憩单元中，指示牌起到引导、控制或提醒的作用，常有地图与路标等设施，可告诉游人目的地的方向与距离。

(3) 警告牌。警告牌通常是基于安全需要所给予的警告设施。

(4) 告示牌。常见的告示牌如大门处的管理规定、开放时间以及绿地上请游人勿踏草皮、勿攀摘花木的牌子。

10.2.4 标志牌的设计原则

设立标志牌是希望游人能清楚且明确地接收到所欲传达的讯息。为了与旅游环境协调，以下五方面是设计标志牌时应遵守的原则。

1. 设置地点

选择游人易看见且不会破坏原有环境的地方。公共标志牌应和周围环境协调统一，便利醒目，避免被遮挡或移动。做到既能明确指示，又不滥设。设置公共标志时建议有专业人员及美工人员参加。

(1) 设置方式：①附着式；②悬挂式；③立柱式（单柱或双柱）；④摆放式。无论采用以上何种方式设置，都应牢固、可靠、安全、方便使用和管理。

(2) 标志牌的使用期限。永久性标志牌应设置于固定地点，若只是临时性的，则应不加固定，既可随机应变，又可避免时过境迁，无法移除。

(3) 独立设置时勿置于自然资源之上。如将标志牌钉在树上，或是刻在石头上，都是破坏自然资源的行为。但若把标志牌巧妙地与人工设施放在一起，则是值得提倡的方法。

(4) 标志牌的分布地点需合理。分布应视用途来决定最适当的地点，如路标、警告牌等更需要注意其设置地点是否能发挥最大的效能。此外，数量过疏过密均不佳，应根据实际需要决定数量。

设置地点详见表10-2。

2. 形式与材料

标志牌的单体形式和制作材料并不重要，但它形状、高度、大小以及风格等

标志牌、指示牌设置地点   表10—2

标志类别	标志内容	适宜场所
名称标志	标志牌	选择游人易看见且不会破坏原有环境的地方
	楼号牌	
	树木牌	
环境标志	停车场导向牌	选择游人易看见且不会破坏原有环境的地方
	公共设施分布示意图	
	自行车停放处示意图	
	垃圾站位置示意图	
	告示牌	游人集中场所
指示标志	出入口标志	出入口、道路交叉口、停车场等游人集中场所
	导向标志	
	车辆导向标志	
	步道标志	
	定点标志	
警示标志	禁止入内标志	变压所、变压器等
	禁止踏入标志	观赏草坪、河岸等危险地段

却与设置地点的背景与性质有密切关系。因此，无任选择何种形式和材料，它都应能与设置地点的背景与标志牌的解说性质相对应。

为了形成整体印象，区内的标志牌形式应统一，以相同的基本设计原则来制作区内各种功能的标志牌，使整体有协调统一感。

标志牌的材料有天然材料和人工材料之分。设计人员应充分了解各种标志牌材料的优缺点，以便视实际情况利用。

天然材料有石材、木材和竹材。石材坚固耐用，具有好的质感，但搬运困难；木材质感虽好但较易腐朽，易受到破坏；竹材价格便宜，可塑造特殊风格，但更易腐朽。

人工材料有水泥、铁片和其他材料。水泥取得容易，坚固耐用，但较笨重，通常用于较大型的告示牌，外面常涂有油漆，也常模仿天然材料的质感；铁片获取、制作皆方便，常常被利用，但若保养不当，则生锈脱漆；其他材料如塑料、不锈钢、铝片等，各可展现不同的风格。

公共标志的材质应选用耐久性材料，首选铝板、铜板，其次为钢板，推荐厚度1～1.5mm。

选样材料时，应考虑下列几个因素：

1）使用期限。作为永久性或临时性的设置。

2）就地取材。当地最常见、最容易获得的地方材料。

3）耐用程度。当地气候、游人的破坏性。

4）维护费用。管理、维护、修缮费用。

5）风格统一。标志牌的整体性。

3. 颜色规定

图形符号所使用的颜色应遵守《安全色》(GB 2893—2001) 的规定。有"警告"含义的不允许使用黄色，有"禁止"含义的不允许使用红色。公共标志的颜色应和旅游环境色彩协调，带有颜色的图形符号，应严格遵守规定的颜色。首选蓝色作衬底，图形文字、边框为白色；如选用铜材，首选铜本色作衬底，图形、文字、边框为黑色。

其他图形符号的颜色选择顺序如下：

1) 黑色图形，白色衬底；

2) 白色图形，绿、蓝、黑色衬底；

3) 蓝、绿色图形，白色衬底；

4) 在保证图形与衬底对比强烈的前提下，金属载体的标志牌可采用载体本色作为衬底色。

除上述颜色选择顺序外，还应注意颜色的明视度。明视度是指可使人看清楚的程度，明视度愈高，可看得愈清楚。以背景色与字色的次序，将明视度高低排列如下，可供决定颜色时参考：

黄—黑、白—绿、白—红、白—青、青—白、白—黑、黑—黄、红—白、绿—白、黑—白、黄—红、红—绿、绿—红。

如果字的颜色与环境相同，背景色则应选样能使字更为明显的颜色。

4. 标志用语内容

标志是指给人以行为指示的符号和（或）说明性文字（图 10-1）。标志用语有两种，一是标志符号，二是说明性文字标志。标志有时有边框，有时无边框。标志用语在诸如警示牌中尤具重要，是否能充分发挥作用，取决于标志牌上独特含义的信息是否让人容易理解。因此正确、简明、清楚的用语是一个基本要求，并依据所设定的目的，针对游人的心理来用措辞。

5. 信息表达方式

信息表达方式或用文字、或用符号，或者两者一起使用，可视情况而定。表达讯息时，应注意的原则：

1) 应尽可能采用图示方式。图 10-1 所示内容应一目了然，且印象深刻，可利用图示时尽量采用，不足处再利用文字补充。图示必须使用大家共知的符号，不要使用令人不解其意的图形。符合《公共信息标志用图形符号》标准规定的场合，应根据该标准正确使用。

2) 字体。应选择适合于使用目的的字体。汉字、字母、数字的号数（字高）执行 GB 4457.3—84 机械制图标准。

3) 易阅读。信息内容正确易懂。

4）字体大小。字体大小配合需要，根据游人的视距决定。

6. 标志图形符号的绘制和制作

标志图形符号是指不依赖语言，以图形和图像为主要特征的视觉符号，是用来传达事物或概念对象的信息。图形符号要素是图形符号中不能单独使用的组成部分，有的是两个或两个以上要素组成，这些要素中不仅是图形或图像，还可以是文字符号的字母、数字或标点符号。

标志图形符号执行《公共信息标志用图形符号》(GB/T10001.1—2000) 的规定。当出现无法满足需要或不适合旅游系统特点时，可参照上述国家标准自行设计。

图10-1　旅游区常用统一标志图例（一）

图10-1　旅游区常用统一标志图例（二）

应严格按照《公共信息标志用图形符号》中图形符号的图形及其与正方形边线的位置关系等比例放大或缩小，不得修改。

在制作图形符号标志牌时，应保留图形中的正方形边线。仅当标志牌为正方形，其边缘与图中的正方形边线重合时，方可省略该边线。

图形的正方形四角可为圆角，正方形标志牌的四角亦可做成圆角。

标志图形符号的制作尺寸要求，详见图10-2、图10-3、图10-4、图10-5说明。

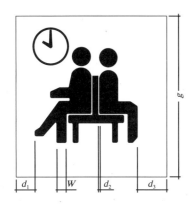

1. 图形符号细节的最小宽度 W(m) 与视距 D(m) 的关系是：$W=D/1000$，在互不干扰的情况下：$W=D/2000$；
2. 图形符号细节与边框内缘的最小距离 d_1 (m) 与视距 D (m) 的关系是：$d_1=2D/1000=2W$，当符号轮廓线与边框平行时：$d_1=3D/1000=3W$；
3. 图形符号细节间最小距离 d_2 (m) 与视距 D (m) 的关系是：$d_2=D/3000$

图10-2 图形符号的图形细节尺寸说明

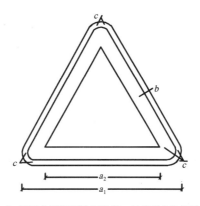

1. 正三角形图形边框外缘 a_1 与视距 D 的关系是：$a_1=0.034D$；
2. 正三角形余兴边框内缘 a_2 是：$a_2=0.400a_1$；
3. 边框外角圆弧的半径 r 是：$r=0.080a_2$；
4. 图形边框外的衬边的宽度 b 是：$b=0.025a_1$；
5. 边框宽度可推算出 $=a_1-a_2/2\times\tan30°=0.866a_1$；
6. 边框与图形符号为黑色，衬底为黄色，衬边为黄色

图10-3 警告标志的有关尺寸说明

1. 箭头的形式用于标志类图形符号，以指导人运动行为的方向

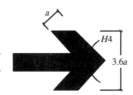

2. 箭头各部分尺寸比例按使用情况确定

3. 与图形符号、文字组合

图10-4 箭头的形式和尺寸示意

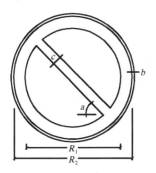

1. 圆形图形边框外缘 R_1 视距 D 的关系是：$R_1=0.025D$；
2. 圆形图形边框内缘 R_2 是：$R_2=0.800R_1$；
3. 斜框宽度 c 是：$c=0.080R_1$，斜杠与水平的夹角 a 是：$a=45°$；
4. 图形边框外的衬边的宽度 b 是：$b=0.025R_1$；
5. 边框圆环和斜杠为红色，圆形符号黑色，衬底为白色，衬边为白色

图10-5 禁止标志有关尺寸说明

10.3　卫生设施

旅游区中的卫生设施包括饮水器、洗脚、洗手设施、垃圾桶、烟灰缸、公共厕所等设施。卫生设施应从卫生、污染处理及其形式配合环境等方面考虑，保持区内环境的持续整治。

10.3.1　饮水器（饮泉）

饮水器是游憩公共场所为满足游人的生理卫生要求而设置的供水设施，同时也是近代风景名胜区中重要的实用设施及园路上的重要装配之一。饮水器分为悬挂式饮水设备、独立式饮水设备和雕塑式水龙头等。其构造形式变化甚多，普通的饮水器依其饮水形式，可分为开闭式及常流式两种。所引用之水，须能为公众所饮用，饮水器多设立于广场中心、儿童游戏场中心、园路一隅。饮水器的高度宜在 0.80m 左右，供儿童使用的饮水器高度宜在 0.65m 左右，并应安装在高度为 100～200mm 的踏台上。饮水器的结构和高度还应考虑轮椅使用者的方便和废水的排除问题。

饮水器的配置和设计要点如下：

1）饮水器的位置须设置在人流集中的地点、休憩设施附近等且便利的场所；

2）水栓或水口应有防止破损的措施，同时必须容易调整水量；

3）与人流有交叉时，须设置开阔的饮水平台；

4）构造物应不易腐蚀，卫生而坚固，尤其当设置在游戏场等地方时；

5）特别要注意饮水器的高度、宽度，如为儿童使用，应加设台阶；

6）受盘须使用卫生的材料。考虑排水的因素，受盘应十分光滑，边缘由于容易肮脏或破损要加圆；

7）为预防排水堵塞，内流方式（在本体内部排水）须用粗管、大盘，外流方式（在本体外面设沟等排水方式）一般较容易管理。由于要处理周围流出的水，在饮用水栓的旁边，要设置格子形的积水井。

10.3.2　洗手、洗脚设施

洗手台在游憩环境中也具有实用和添景装饰的双重功能，一般设置在餐厅进门、游戏场、运动场旁或园路一隅。洗脚洗手设施配置要点：

1）　为洗脚要设置脱鞋用平台，为洗手用要设置行李用平台；

2）　排水管因污泥或杂物容易进入，应设置大容量的积泥坑；

3）　使用水不会飞溅的设备较佳。

其设计要求参照饮用水栓。

10.3.3　垃圾容器

在保持环境持续整洁过程中，垃圾容器是十分重要的设施之一。为了垃圾分拣的需要，垃圾桶的形状、位置、取出方式均应悉心考虑。

垃圾容器一般设在道路两侧和场地出入口附近的位置，其外观色彩及标志应符合垃圾分类收集的要求。垃圾容器分为固定式和移动式两种。普通垃圾箱的规格为高60～80cm，宽50～60cm。放置在公共广场的要求较大，高宜在90cm左右，直径不宜超过75cm。

垃圾容器应选择美观与功能兼备、并且与周围景观相协调产品，要求坚固耐用，不易倾倒。一般可采用不锈钢、木材、石材、混凝土、GRC、陶瓷材料制作。

垃圾容器设计要点：

（1）用餐或长时间休憩、滞留的地方，应设置大型垃圾桶；

（2）在户外因容易积留雨水，垃圾容易腐烂，配置地点要有良好的通风条件，同时便于垃圾的清理。垃圾容器的下部要设排水孔；

（3）选择能适合环境条件且有清洁感的颜色；

（4）垃圾容器因容易破损的关系，尽可能使用坚固、简单构造的形态。

10.3.4　公共厕所

人们普遍认为，在自然旅游区域中的所有构筑物中，公共厕所是最必要的一项设施。

公共厕所作为旅游区域基本设施的一部分，是为游人提供服务的不可缺少的环境卫生设施，在制订旅游地新建、改建、扩建区的规划设计时，应将公共厕所的建设同时列入规划设计。

1. 公厕的类别

一般而言，依据设置性质可分为永久性或临时性公厕，而永久性又可分为独立性和附属性两种。

独立性公厕指单独设置，不与其他设施相连接的厕所。其优点是可避免对被附属设施的主要活动产生干扰，适合设置于一般旅游区中。

附属性厕所指附属于其他建筑物中供公共使用的厕所。其优点是管理与维护均较便利，适合在不太拥挤的区域设置。

临时性厕所是指临时性的卫生设施，包括流动公厕。可以解决由临时性活动增加所引起的需求，适合于河川、沙滩附近地区或地质、土壤不良区域。

2．公厕的配置和景观要求

（1）公厕的选址。在公共空间中，当公厕位置指示不明时，很多游人都不愿进入公厕，因此，公厕的选址就格外重要了。公共厕所的相间距离或服务范围，视人流的密集而定，中心广场和主要交通主路两侧、大型停车场、游憩娱乐场（馆）附近及其他公共场所应设置公厕。

（2）公厕的配置。公共厕所布局应合理，数量满足需要，全部厕所具备水冲、通风设备并保持完好，或使用免水冲生态厕所。厕所整洁，洁具洁净、无污垢、无堵塞。公共厕所建筑面积规划指标一般根据不同的场所，按千人建筑面积指标确定。选择公厕修建位置要明显、易找、便于粪便排入城市排水系统或便于机械抽运。

（3）男女厕所配置。公厕在配置上，不论规模大小，均应本着男、女厕分别设置的原则。若男、女在动线系统上有次序关系时，以男使用者不经过女厕为宜。又如使用频繁的厕所，为避免外围通道上过于拥挤，宜考虑男、女厕通道分别设置。

（4）男女厕所蹲（坐）位设置比例。根据使用情况的不同，男、女蹲（坐）位设置比例以 1 ∶ 1 或 3 ∶ 2 为宜。

（5）公厕用地范围。距公厕外墙皮 3m 以内的空地为一般公共厕所用地范围。在这个用地范围内，也可提供其他附属设施，例如垃圾桶、守候桌椅、照明设备等，这对游人提供了很大的便利。如确因条件限制不能满足这一要求时，亦可靠近其他房屋修建，并应设置直接通至室外的单独出入口和管理间。

（6）公厕外观。必须能配合该旅游区的格调与地形特色。一般而言，位于游人集中场所、旅游区大门口附近或者活动较为集中的场所，例如停车场、各展示场旁等场所的公厕，可采用较现代化的形式，而位于内部地区或野地的公厕，可采用较原始的意象形式来配合。

（7）景观要求。　一般而言，公厕宜尽量配合旅游区的特色。公共厕所的标识应醒目，建筑造型与景观环境相协调，面材、质感和颜色应能直接反映出地域特色及特殊风格，材料应坚固耐用，以易于管理与维护为原则。

3．公厕单元空间设计要点

（1）单元空间构成。一个设施完备的公厕，大致上由男、女便室与小便空间、盥洗空间、公厕管理间及工具间四个单元空间构成，然后再利用通道与外部连通。

公厕的出入口外接通道，内与盥洗空间、便室以及小便空间相串连，是入厕的必经通道。公厕的出入口处，必须设有明显标志，标志包括中文（一类厕所可加英文）和图形。若男、女间分设于建筑的两端，应使两个出入口的距离达到理想的最大状态。对于出入口外围缺乏适当遮蔽处理的厕所，入口处理宜有适当的转折。使用频繁的厕所，通道的宽度有加宽的必要，以增加走道等候空间的功能。

　　盥洗空间是为入厕游人提供客盥洗的空间，应尽可能接近出入口并留有一定面积的活动空间。

　　男厕所小便器（池）与大便器（槽）分室设置为好。男用小便池应避免设置在出入口的正对面。对于出入口缺乏遮蔽处理的、小型的公厕，便室应与出入口置于同侧，以提高便室的私密性。一般而言，便室的门宜内开为原则，此设置不仅是动线的需要，而且从管理维护的角度而言，均应如此。但若便室内部的单元空间小于1000mm×900mm，以致影响使用者入厕时，则改为外开。各类公厕蹲位不应暴露于厕所外视线内，蹲位之间应有隔板，隔板高度自台面算起，应不低于900mm。厕内单排蹲位外开门走道宽度以1300mm为宜；双排蹲位外开门走道宽度以1500mm为宜；蹲位无门走道宽度以1200～1500mm为宜。两个厕所之间应采用有效的隔音墙，如采用坑厕，其地下部分也应男、女分离。为避免视线通达室内，可用走廊或弹簧门加以屏障，否则，需在门口设置有效、自然的外部构筑物来阻挡视线，如墙体、隔架和栅栏等。

　　公厕管理间及工具间是为提供清洁维护人员管理和储藏器物之用，故配置应与出入口无直接关系。可利用内部空间采光不良或者不易使用空间安排位置。厕所管理间面积为5～12m²，工具间面积为1～2m²。

　　(2) 公厕的通风、采光。公厕的建筑通风、采光面积与地面面积之比应不小于1：8。如外墙侧窗采光面积不能满足要求时可增设天窗，天窗采光的优点是光源稳定，不受时间影响，且能保持充分的采光。南方可增设地窗。若利用通道两端通风采光，采用两端做开门，除了可以达到通风采光的效果外，通过适当的处理还可将户外景致引入室内，成为两端的端景。常见的是利用通道两侧作通风采光，但为了顾全便室的私密性，通道一侧多半是作为便室使用。

　　(3) 公厕的排水系统。为了维持公厕地板的干燥，其地面的排水应尽量缩短距离，并维持1％的排水坡度，使水排至户外的集中沟中，避免在室内形成渍水，同时应避免使用地板面材而产生的积水或吸水现象。如使用吸水性面材、贴地砖或陶瓷锦砖时，勾缝过深都会成为污水停留的死角。

　　(4) 公厕设置标准。为保护入厕者的个人隐私，厕所的窗户应开设于高出视线的地方，否则，就应选用磨砂玻璃。另外，也可在窗外增设小格子纱窗。最实用的公厕窗户是铰链位于窗下部，并有链条固定的内开窗，它不仅能遮风、避雨、防雪，还能外装纱窗，达到长期通风的目的。

　　如果公厕设置在寒冷地区，而在冰冻期内又无供暖设施，则必须提供保证水管和附属设施完全疏通的防备装置。在冰冻的冬季气候条件下，公厕是否设置供暖设施主要取决于其使用强度，而且经济性也是应重要考虑的问题。在温带气候区，或者当公厕不用于冬季时，比较通用的方式是用百叶窗板来代替玻璃窗，它既可最大程度地通风透气，又可作为防范蚊虫的有效屏障。

4．公厕设施的基本尺寸

公厕室内净高以 3.5～4.0m 为宜（设天窗时可适当降低）。室内地坪标高应高于室外地坪 0.15m 以上。化粪池建在室内地下，地坪标高则要以化粪池排水口而定。排水管坡度应符合表 10-3 的规定，保证化粪池污水顺利排出。通槽式公共厕所以男、女厕分槽冲洗为宜。如合用冲水槽时，必须由男厕向女厕方向冲洗。

排水管道的标准坡度和最小坡度 表10-3

管径（mm）	标准坡度	最小坡度
50	0.035	0.025
75	0.025	0.015
100	0.020	0.012
125	0.015	0.010
150	0.010	0.007
200	0.008	0.005

公厕依设备可分为坐式与蹲式马桶两种。其平面单元空间，坐式以 1.20m×0.80m 为宜，蹲式以 1.00m×0.90m 为宜。每个大便蹲位尺寸为 (1.00～1.20m)×(0.85～1.20m)，每个小便站位尺寸（含小便池）为 0.70m（深）×0.65m（宽）。独立小便器间距为 0.80m。

本章主要参考文献

[1] [美] 艾伯特·H·古德著．国家公园游憩设计．吴承照，姚雪艳，严诣青译．北京：中国建筑工业出版社，2003．

[2] [美] 兰德尔·怀特希德著．室外景观照明．王爱英，李伟译．天津：天津大学出版社，2002．

[3] 洪得娟编著．景观建筑．上海：同济大学出版社，1999．

[4] 唐鸣镝．景区旅游解说系统的构建．旅游学刊，2006（1）：64～68．

[5] 管宁生．园林游览与导游．旅游学刊，1993（3）．

[6] 杜海忠．旅游景区主题策划．人文地理，2005（04）：80～83．

[7] 张艳华，卫明．城市夜间形象评价．规划师，2001（1）：67～70．

[8] 金磊．试论公厕的现代设计方法及趋势．规划师，2000（4）：40～45．

[9] 但新球．森林公园公共厕所的规划与设计．中南林业调查规划，2005（4）：29～32．

[10] 李铁楠编著．景观照明创意和设计．北京：机械工业出版社，2005．

[11] 赵冠谦，赵从旭主编．卫生间的设计布局与洁具配套．北京：中国建材工

业出版社，1997.

[12] 江崇元，楚梦兰.卫厕文化与设计.室内设计与装修，2002 (6)：
77 ～ 79.

[13] 金磊.试论公厕的现代设计方法及趋势.规划师，2000 (4)：40 ～ 45.

[14] 费晓华，沈桦.公厕设计亦有作为——深圳市莲花山公园厕所建筑设计.建
筑学报，2003 (02)：52 ～ 54.

[15] 公共信息图形符号 (GB 3818—1983).

[16] 公共信息标志用图形符号 (GB/T10001.1—2000).

[17] 铁路客运服务图形标志 (GB 7058—1986).

[18] 安全标志 (GB 2894—1996).

[19] 城市公共交通标志 (GB 5845—1986).

[20] 图形符号、箭头及其应用 (GB 1252—1989).

[21] 安全色 (GB 2893—2001).

第11章
旅游区种植规划与设计

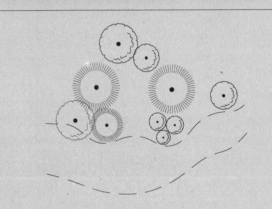

第 11 章　旅游区种植规划与设计

　　旅游区的种植规划设计应考虑游憩场地的使用性质和游憩活动特点。根据旅游区不同的组织结构类型，设置相应的绿化用地。旅游区应尽可能减少裸露地面，如条件许可，树林下应设法种植灌木、草皮或其他矮生植物以增加绿量，充分发挥绿色植物改善环境、气候的功能，在北方也可以防止二次扬尘。为了使旅游地域的景色丰富多彩，一些建筑物和构筑物上也可以用藤蔓类植物攀缠。

11.1　一般规定

　　"一般规定"是指旅游地域内的任何绿地种植都应遵守的规定。这对区内植物种类的保育和栽植具有普遍的约束意义。

　　种植设计应以旅游区的种植总体规划要求为根据。

11.1.1　植物种类选择要求

　　1. 选择当地适生种类

　　植物种类选择应满足适应栽植地段立地条件的当地适生种类。当地适生种类是指包括旅游区所属地的乡土树种，以及经人工引进、已在本地长期"安家落户"、能适应本地区的气候条件、生长发育良好，并已得到广泛应用的树种。为了防止因本地气候变化而致使大量树种死亡，造成损失，外来植物种类未经长期驯化不应作为旅游区的主要植物。

　　2. 林下植物应具有耐阴性

　　为了避免林下地被植物的根系生长与乔木的根系在同一土层内争夺养分，林下植物一般要选择耐阴性强的浅根性的草种、灌木，或选用根系有固氮作用的其他林下种类，其根系发展不得影响乔木根系的生长。

　　3. 攀缘植物依照墙体附着情况确定

　　由于垂直绿化用的植物，其附着器官的性状各不相同，因此，选择垂直绿化的攀缘植物，应适应既定墙体或构筑物饰面的种类。譬如，墙体饰面光滑，应选用吸附力强的攀缘植物种类。

　　4. 选择具有抗性的种类

　　游憩地周围如果有污染源，建立防护林时，应选择相适应的抗性种类。譬如因空气中的二氧化硫造成污染，华北地区就可以选择椿树等抗性强于其他树种的种类。

5. 适应栽植地养护管理条件

对旅游区植物的管理，实质上也是植物生存的因素之一。管理的投入情况、管理所能提供的植物生长环境的质量都是选择植物的制约条件。例如，水源不充足的地区，就应选择比较耐干旱的种类。在地形复杂、不宜通行打药车的地段，应选择病虫害少或病虫害发生前后易于控制的种类。对于管理条件满足不了的种类不应种植。

6. 选择具有特殊意义的种类

对于某些非当地适生种类，在种植总体规划中经特殊选定、有特殊意义，并经采取一定技术措施改善栽植地条件后，能够满足其正常生长的，也属于可选的范围。

一般植物类型的选择应根据用地内植物地下生存空间大小来确定。按选择的类型，土壤厚度不符合条件的，应在地形设计中预先予以考虑。绿化用地的栽植土壤应符合下列规定：

（1）栽植土层厚度符合表11-1中的数值，且无大面积不透水层。大面积的不透水层中的"大面积"是指植株在壮年期根系发展以后，仍然不能超出的范围。"不透水层"是指混凝土板块、石板、灰土层、礓石层及抵制非常坚硬致使根系无法伸入者。在"不透水层"上的土壤改良包括设置由砂、砾石或碎石组成的排水层，排水层的厚度为20～40cm。排水层下有可用管道将水排出，但"不透水层"有自然的倾斜度、水可以自然排出者，可不埋设管道。

栽植土层厚度(cm) 表11-1

植物类型	栽植土层厚度	必要时设置排水层的厚度
花卉、草坪植物	>30	20
小灌木	>45	30
大灌木	>60	40
浅根乔木	>90	40
深根乔木	>150	40

注：常见的园林植物形态类型可细分为草皮植物、一年生花卉、多年生宿根花卉、木本地被、小灌木、大灌木、小乔木、大乔木（包括浅根大乔木、深根大乔木）。按这一地上部分生长类型的分法，应分为9项，但是植物地下部分的根系垂直分布所需要的地下空间与地上部分不容易一一对应，并有交叉现象。因此，表中的草坪植物包括一年生、多年生花卉与草皮类植物；小灌木包括木本地被。

（2）废弃物污染程度不致影响植物的正常生长。旅游地域内的土壤非常复杂，可能有建筑垃圾、矿渣、生活垃圾或由于受污水地面径流的影响而使土壤内含有对植物有害的物质等等。为了保证旅游区的栽植地段立地土壤符合植物生长的需要，使之能发挥长远的绿化作用，特规定绿化用地土壤的基本条件。

（3）酸碱度适宜度。旅游地域中有的局部土壤，由于长期积水造成土壤酸、盐成分偏高，为了使植物正常生长，土壤酸碱度应适宜。

（4）土壤物理性质应符合表11-2的规定。

（5）土壤改良的范围和进行何种性质的土壤改良，要经过设计者的调查分析确定。凡栽植土壤不符合以上各款规定者必须进行土壤改良。

种植在硬质铺装场地内的树木，在其成年期的根系伸展范围内，应采用透气性铺装。根系伸展范围视成年树所需为定，一般现行采用的透气性辅装有透气性铺装块，如孔洞的预制混凝土砖及干砌材料等。

种植的灌溉设施应根据气候特点、地形、土质、植物配置和管理条件进行设置。

乔木、灌木与各种建筑物、构筑物及各种地下管线的距离，应符合表11-3、表11-4的规定。

土壤物理性质指标   表11-2

指标	土层深度范围（cm）	
	0~30	30~110
质量密度（g/cm²）	1.17~1.45	1.17~1.45
总孔隙度（%）	>45	45~52
非毛管孔隙度	>10	10~20

注：表中土壤物理性质指标的制定，是依据落叶树、常绿树和古松、柏三种类型树木的生长情况资料，择其保守值而定的。

绿化植物与地下管线最小水平距离（m）   表11-3

名称	新植乔木	现状乔木	灌木或绿篱外缘
电力电缆	1.5	3.5	0.5
通信电缆	1.5	3.5	0.5
给水管	1.5	2.0	—
排水管	1.5	3.0	—
排水盲沟	1.00	3.0	—
消防龙头	1.20	2.0	1.20
煤气管道(底中压)	1.20	3.0	1.00
热力管	2.00	5.0	2.00

注：乔木与地下管线的距离是指乔木树下基部的外缘与管线外缘的净距离。灌木或绿篱与地下管线的距离是指地表处，枝干中最外的枝干基部的外缘与管线外缘的净距离

绿化植物与地面建筑物、构筑物外缘最小水平距离（m）   表11-4

名称	新植乔木	现状乔木	灌木或绿篱外缘
测量水准点	2.00	2.00	1.00
地上杆柱	2.00	2.00	—
挡土墙	1.00	3.00	0.50
楼房	5.00	5.00	1.50
平房	2.00	5.00	—
围墙（高度小于2m）	1.00	2.00	0.75
排水明沟	1.00	1.00	0.50

11.1.2 苗木控制要求

鉴于旅游区的植物从设计定植到长成预想的效果需要较长的时间，在景观及功能上，不同规格、质量的苗木发挥的作用差别很大。为了近期的景观效果和使植物能正常生长和发挥预计作用，应作出对苗木规格、质量和后期控制的规定，提出景观过渡的措施及其实施的时期要求，作为养护管理的依据。因此，苗木控制应符合下列规定：

1）规定苗木的种名、规格和质量；

2）根据苗木生长速度提出近、远期不同的景观要求，重要地段应兼顾近、远期景观，并提出过渡的措施；

3）预测疏伐或间移的时期。

11.1.3 绿化种植的景观控制要求

旅游区的植物景观控制，主要包括郁闭度、观赏特征和视距三方面的要求。

1. 郁闭度控制要求

郁闭度是指树木中乔木树冠彼此相接、遮蔽地面的程度，用10分表示，将完全覆盖地面的程度设置为1，则郁闭度依次为0.9、0.8、0.7等。在种植规划中，通过背景密林、疏林灌木、荫木草地、草地、树荫广场等种植方法来表示某一部分的郁闭度。各种植方式依次对应的郁闭度见表11-5。

郁闭度　　　　　　　　　　　　　　　　　　　表11-5

种植方法	背景密林	疏林灌木	荫木草地	草地	树荫广场
郁闭度（P）	$P>0.8$	$0.8>P>0.6$	$0.8>P>0.4$	$P>0.2$	$0.8>P>0.6$

风景林是旅游区绿地的重要组成部分。通常在风景名胜区、大型游乐园等景观娱乐区设置风景林。风景林郁闭度的开放当年标准，是指景观娱乐区开始接待游人的当年，由于各类风景林开放当年不够成年期的标准，为了给游人以该类风景林的初步感觉，因而规定的起始标准。风景林地郁闭度应符合表11-6的规定。但风景林中各观赏单元应另行计算，丛植、群植近期郁闭度应大于0.5；带植近期郁闭度宜大于0.6。

风景林郁闭度　　　　　　　　　　　　　　　表11-6

类　型	开放当年标准	成年期标准
密　林	0.3~0.7	0.7~1.0
疏　林	0.1~0.4	0.4~0.6
树林草地	0.07~0.20	0.1~0.3

2．观赏特征控制要求

（1）孤植树、树丛特征的控制要求。应选择观赏特征突出的树种，并确定其规格、分枝点高度、姿态等要求；与周围环境或树木之间应留有明显的空间，并提出有特殊要求的养护管理方法。

（2）树群的控制要求。树群内各层应能显露出其特征部分。

3．视距控制要求

1）孤立树、树丛和树群至少应有一个欣赏点，视距为观赏面宽度的 1.5 倍，为高度的 2 倍。

2）成片树林的观赏林缘线视距为林高的 2 倍以上。

3）单行整形绿篱的地上生长空间尺度应符合表 11-7 的规定。双行种植时，其宽度按表 11-8 规定的值增加 0.3 ～ 0.5m。

植物种植相关间距控制规定见表 11-8 所定。

各类单行绿篱空间尺度（m）　　　　　　　　表11-7

类　　型	地上空间高度	地上空间宽度
树　　墙	>1.6	>1.50
高绿篱	1.20～1.60	1.20～2.00
中绿篱	0.50～1.20	0.80～1.50
矮绿篱	0.5	0.30～0.50

绿化植物栽植间距　　　　　　　　表11-8

名　　称	不宜小于（中～中）（m）	不宜大于（中～中）（m）
一行行道树	4.00	6.00
两行行道树(棋盘式栽植)	3.00	5.00
乔木群栽	2.00	/
乔木与灌木	0.50	/
灌木群栽(大灌木)	1.00	3.00
（中灌木）	0.75	0.50
（小灌木）	0.30	0.80

11.1.4　树种配置一般原则

树种的配植千变万化。不同的旅游单元，由于不同的目的要求，可有变化多样的组合与配植方式。同时，由于树种是有生命的有机体，在不断地生长变化，所以能产生各种各样的效果，因而树种的配植是个相当复杂的工作。

合理配植树种，要以最好地实现景区绿化的综合功能为原则，掌握树种的习性与要求，在适地、适树的基础上把它们很好地搭配起来。旅游区的树种配植中应遵循适用、美观和经济三大原则，它们是一个统一的整体。

1. 适用原则

"所谓'适用'即在考虑到充分发挥园林综合功能的同时，重点满足该树种在配植时的主要目的。"[1] 我国土地辽阔、幅员广大，南方和北方、沿海和内陆、高山和平原气候条件各不相同，特别是各地旅游区内，土壤情况更是复杂。而树木种类繁多，生态特性各异，因此树种配置要从本地实际情况出发，遵循生态学原则，运用植物生态学原理，根据树种特性和不同的生态环境情况，因地制宜、因树制宜地进行树种配置。

2. 有利于形成季相

树种配置要选择那些树形美观，色彩、风韵、季相变化上有特色，既卫生、抗性又较强的树种，以便更好地美化和改善旅游环境，促进游人的身体健康。要根据植物群落习性进行树种配置。应以乔木为主，乔木、灌木和草本相结合形成复层绿化。树木的生长有快有慢，应着眼于慢长树，用快长树合理配合，既可早日取得绿化效果，又能保证绿化长期稳定。从常绿树和落叶树的比例来说，应以常绿树为主，以达到四季常青而又富于季相变化的目的。

3. 考虑经济效益

在提高旅游区各类绿地质量和充分发挥其各种功能的情况下，还要注意选择那些经济价值较高的树种，以便今后获得木材、果品、油料、香料、种苗等，取得经济收益。

11.2　种植规划程序

11.2.1　种植规划程序

一个完整的种植规划程序，通常包括植物种植的策划、调查、构想、总体规划、实施设计和工程监理六个必要步骤，每一步骤包含着以下列举的诸多内容。这一过程称为"种植规划"。与种植规划每一步骤相联系的工作称为"关联专项"，意指与种植规划每一步骤内容相协调或衔接的相关事项。种植规划和关联专项的综合过程称为种植规划设计程序，如果旅游区的种植规模较大，通常应按照如下的规划程序进行。

1. 种植策划

种植策划的实质是对旅游区植物种植的整体计划。种植策划的主要目的是建立种植体系，明确种植规划的对象；充分发挥植物景观的综合潜力，正确选择发展方向与目标；因地制宜地处理开发与保护的关系。种植策划主要包括下列内容：

---

1 孙居文主编 . 园林树木学 . 上海交通大学出版社，2003-08（1）：19.

1）现存优良植物的保护；

2）个别植物的保护；

3）生物、动物的保护；

4）使用环境；

5）景观保育；

6）植物构成的自然景观；

7）植物品种等的收集育成；

8）社科教育。

与种植策划相关联的专项事宜有：旅游区总体规划的整体策划。

2．调查研究

调查研究树种是种植规划的重要准备工作。调查的范围应以旅游区所属城市中各类园林绿地为主。调查的重点是各种绿化植物的生长发育状况、生态习性、对环境污染物和病虫害的抗性以及在旅游区绿化中的作用等。具体调查内容有：

1）场地内植物、生物的调查（乡土树种、古树名木等）；

2）场地内植物生育环境的调查（土壤、照度、微气象、抗性树种等）；

3）市场动向的调查（种源、运输、价格等）；

4）周围植物、生物、景观的调查（包括附近城市郊区山地农村野生树种）；

5）周围植栽植物的调查（外来树种、边缘树种、特色树种）；

6）周围植栽及园艺设施的调查；

7）周围自然教育、设施调查。

与调查研究内容相关联的专项事宜有：

1）气象调查；

2）地形、地质调查；

3）水质、水文调查。

3．种植构想

在调查研究的基础上，应该对种植总体规划进行切合目的的构想。构想是未设计前所经历的分析、归纳过程，其内容如下：

1）确定植物、生物的保留区域；

2）有关土地利用的构想；

3）生物动物保护规划；

4）对品种培育可能性的把握；

5）有关自然教育的构想；

6）景观形态的形成；

7）植树景观区域；

8）花卉展示等的构想；

9）植物品种等的收集构想；

10）与区域产业等相关联事项的预想。

与种植构想内容相关联的专项事宜有：

1）旅游区整体构想；

2）与其他各种游憩设施的联系。

4．总体规划

在调查研究的基础上，准确、稳妥、合理地选定1～4种基调树种和5～12种骨干树种作为重点规划树种。另外，根据旅游单元不同区域的生境类型，分别提出各区域中的重点树种和主要树种。与此同时，还应进一步作好草坪、地被及各类攀援植物的调查和选用，以便进行裸露地表的绿化和建筑物上的垂直绿化。

种植总体规划有如下内容：

1）种植方针、目的的确定；

2）种植分区的确定；

3）种植目的的评价；

4）植树植地的选择、地形构成的确定；

5）适性土壤的确保和核定；

6）确定主要地段的植栽景观构成；

7）育成管理设施的配置；

8）教育研究设施规划；

9）种植费用概算。

与总体规划相关联的专项事宜有：

1）与设计等高线的关系；

2）游人动线和植物的保护；

3）植物管理动线；

4）设施构筑物与景观的协调；

5）因设置设施及构筑物而产生的环境变化的预测；

6）与给排水系统的关系。

5．实施设计

由于各个旅游区所处的自然气候带不同，土壤水文条件各异，不同旅游地段树种选择的数量比例也应具有各自的地域特色。例如：乔木、灌木、藤本、草本、地被植物之间的比例；落叶树种种数与常绿树种种数之间的比例，阔叶树种种数与针叶树种种数的比例；常绿树在旅游区绿化面积中所占的比例等。这是实施设计时应特别注意的。

旅游区中的树种的比例并没有明确的规定，表11-9的选择比例可供参考。

树种比例选用参考表　　　　　　　　表11-9

类　型	数　量
儿童公园	20～30种
邻近公园	50～100种
运动公园	30～40种
综合公园	50～150种
自然公园	根据自然树木的繁生适宜补种
植物园、以教育研究为目的的植物园	300种以上

实施设计涉及到如下内容：

1）基础设施设计；

2）个别保留植物的确定；

3）个别移植植物的确定；

4）树种的确定；

5）种类、形状尺寸、植栽位置、数量、附属设施（支柱、植坑、保护栏栅、驳坎）等；

6）有关植物养护问题；

7）材料表的编制；

8）计划书的编制；

9）工程施工进度的制定。

与实施设计相关联的专项事宜有：

1）栽植位置设施的设计；

2）栽植位置的细部环境与构筑物位置的关系、空间关系；

3）与其他设施位置的关系（长椅、饮水场等）；

4）与标志的关系。

6．工程监理

工程监理涉及到如下内容：

1）植物苗木的检查；

2）数量、病虫害、形状（树形、根的状态等）的检查；

3）苗木等的保管；

4）土壤、肥料、土壤的改良剂、养护材料等的检查；

5）施肥；

6）植树的位置及姿势；

7）灌溉、养护；

8）维护管理原则的确定。

与工程监理相关联的专项事宜有：

1）土木建筑施工工期与植树时期的调整；

2）对表层土壤的处理。

11.2.2　种植规划文字编制和附表

1．种植规划文字编制

种植规划文字编制包括以下内容：

1）前言；

2）旅游区自然地理条件概述；

3）旅游区绿化现状；

4）旅游区绿化树种调查；

5）旅游区绿化种植规划设计说明。

2．附表

附表内容主要有以下几项：

1）古树名木调查表；

2）树种调查统计表（乔木、灌木、藤本）；

3）草坪、地被植物调查统计表。

11.3　游人集中场所的种植限制

游人集中场所是指各种在规划上允许旅游者进入的区域，譬如出入口内、外铺装场地、儿童游戏场、各类建筑附属集散铺装场地、露天演出场、停车场、成人锻炼场、安静休息场地及各级园路等场所。为了在这些场所避免由于树种选择不当带来不利影响，《公园设计规范》（CJJ 48—92）、《城市道路绿化规划与设计规范》（CJJ 75—97）等规范都对某些植物作了种植方面的限制。

11.3.1　游人集中场所的植物选用规定

游人集中场所的植物选用规定如下：

1）在游人活动范围内，宜选用大规格苗木；

2）严禁选用危及游人生命安全的有毒植物；

3）不应选用在游人正常活动范围内，枝叶有硬刺或枝叶形状呈尖硬剑、刺状以及有浆果或分泌物坠地的种类；

4）不宜选用挥发物或花粉能引起明显过敏反应的种类。

11.3.2 集散场地的种植规定

集散场地种植设计的布置方式，应考虑交通安全视距和人流通行，场地内的树木枝下净空，应满足人体尺度的平均高度加臂长，并大于 2.2m。

在道路交叉口处种植树木时，必须留出非植树区，以保证行车安全视距，即在该视野范围内不应栽植高于 1m 的植物，而且不得妨碍交叉口路灯的照明，为交通安全创造良好条件（表 11-10）。

道路交叉口非植树区种植规定 表11-10

行车速度 ≤ 40km/h	非植物区不应小于 30m
行车速度 ≤ 25km/h	非植物区不应小于 14m
机动车道与非机动车道交叉口	非植物区不应小于 10m
机动车道与铁路交叉口	非植物区不应小于 50m

11.3.3 儿童游戏场的种植规定

儿童游戏场周围需栽植浓密乔灌木而形成绿化屏障，活动场地要有充足阳光，也要有庇荫地。植物选择忌用下列植物：

1）有毒植物：如凌霄、夹竹桃等；

2）有刺植物：如枸杞、刺槐、皂角、蔷薇类；

3）有刺激性和异味植物：如漆树；

4）多病虫害植物：如桷树、柿树等。

为减少儿童攀爬机会和加强绿化效果，儿童游戏场的乔木应选用高大荫浓的树种。夏季有 50% 以上的庇荫，为儿童的户外活动提供卫生、凉爽的环境。

灌木要求选用萌发力强、直立生长的中高型树种。这主要是考虑儿童的活动对于灌木的生长有破坏性，萌发力弱、蔓生或匍匐型、矮小的种类在儿童游戏场内，如不加保护措施，难以正常生长；矮型灌木向外侧生长的枝条大都在儿童身高范围内，儿童在互相追赶、奔跑嬉戏时，易造成枝折人伤；萌发力强、直立生长的中高型灌木，生存能力强，枝条分布多在儿童身高以上，儿童与树互不妨碍，场地又能得到良好的庇荫。

某些分枝点低的乔木，能引诱儿童嬉戏、攀爬，既容易造成人身跌伤事故，又容易遭破坏。因此大乔木分枝点不宜低于 1.8m。

露天演出场观众席范围内不应布置阻碍视线的植物，观众席铺栽草坪应选用耐践踏的种类。

11.3.4 停车场的种植规定

停车场种植的树木间距应满足车位、通道、转弯、回车半径的要求。

依据《停车场规划设计规则（试行）》第 20 条规定，停车场庇荫乔木枝下净空高度应满足如下要求：

1）无论是大轿车与小卧车混放，还是单独停放，大、中型汽车停车场：大于 4.0m；
2）小汽车停车场：大于 2.5m；
3）自行车停车场：大于 2.2m。

为了保证树木基本生长所需土壤和保护树木不被车碰撞和碾压，场内种植池宽度应大于 1.5m，并应设置保护设施。保护设施一般选用栅栏杆、在地面上设路缘石（高道牙）或设置种植（池）台。

11.3.5 成人活动场地的种植规定

成人活动场地的种植规定如下：

1）宜选用高大乔木，枝下净空不低于 2.2m；
2）夏季乔木庇荫面积宜大于活动范围的 50%。

11.3.6 残疾人使用的园路边缘的种植规定

一些丛生型植物，叶质坚硬，其叶形如剑，直向上方，这类植物种于园路边，游人不慎跌倒，极易发生危险。为方便残疾人使用园路，园路边缘的种植不宜选用硬质叶片的丛生植物。

为了照顾视力残疾人，路面范围内，乔、灌木枝下净空不得低于 2.2m；在通行轮椅的园路边上，为避免当轮椅靠近路边时乔木的树干、枝条碰伤残疾人或防止乔灌木被轮椅撞伤，乔木种植点距路缘应大于 0.5m。

11.3.7 园路两侧的种植规定

由于消防车车库门高为 3.0m，为保证园路的消防通行，通行机动车辆的园路，车辆通行范围内，不得有低于 4.0m 高度的枝条。

11.4 道路种植设计

现代旅游地域的概念已不仅仅局限于传统的风景名胜区范畴，城市园林景观道路事实上已经成为吸引外来游人的重要景物。在这层意义上，旅游区景观设计自然包括道路种植内容。

　　道路种植指路侧带、中间分隔带、两侧分隔带、立体交叉、平面交叉、广场、停车场以及道路用地范围内的边角空地等处的种植。道路种植是道路的重要组成部分，在绿化覆盖率中占较大比例。随着机动车辆的增加，交通污染日趋严重，利用道路种植改善道路环境，已成当务之急，道路种植也是景观风貌的重要体现。道路种植设计应结合交通安全、环境保护、城市美化等要求，选择种植位置、种植形式、种植规模，采用适当的树种、草皮、花卉。道路种植应选择能适应当地自然条件和城市复杂环境的乡土树种。选择树种时，要选择树干挺直、树形美观、夏日遮阳、耐修剪、能抵抗病虫害、风灾及有害气体等的树种。应处理好其与道路照明、交通设施、地上杆线、地下管线等的关系。

11.4.1　道路种植的基本原则

1. 道路种植不得裸露土壤

　　道路种植主要功能是庇荫、滤尘、减弱噪声、改善和美化道路沿线的环境质量。道路种植应以乔木为主，乔木、灌木、地被植物相结合的道路种植，防护效果最佳，地面覆盖最好，景观层次丰富，能更好地发挥其功能作用。

2. 道路种植应符合行车的要求

　　(1) 行车视线要求。行车视线要求有两方面内容。其一，在道路交叉口视距三角形范围内和弯道内侧的规定范围内种植的树木不影响驾驶员的视线通透，保证行车视距；其二，在弯道外侧的树木沿边缘整齐连续栽植，预告道路线形变化，诱导驾驶员行车视线。

　　(2) 行车净空要求。道路设计规定在各种道路的一定宽度和高度范围内为车辆运行的空间，树木不得进入该空间。具体范围应根据道路交通设计部门提供的数据确定。

3. 种植树木与市政设施位置的关系

　　道路用地范围空间有限，在其范围内除安排机动车道、非机动车道和人行道等必不可少的交通用地外，还需安排许多市政公用设施，如地上架空线和地下各种管道、电缆等。道路种植也需安排在这个空间里。而且种植树木生长需要有一定的地上、地下生存空间，如得不到满足，树木就不能正常生长发育，直接影响其形态和树龄，影响道路种植所起的作用。因此，应统一规划，合理安排道路种植与交通、市政等设施的空间位置，使其各得其所，减少矛盾。

　　具体设计时，特别是改建工程，要求在管线图上布置植物，就是为了协调与市政设施的关系。

4. 适地适树

　　植物种植应适地适树，并符合植物间伴生的生态习性。不适种植的土质，应改善土壤进行种植。适地适树是指绿化要根据本地区气候、栽植地的小气候和地下环境条件，选择适于在该地生长的树木，以利于树木的正常生长发育，抗御自然灾害，保持较稳定的绿化效果。

植物伴生是自然界中乔木、灌木、地被等多种植物相伴生长在一起的现象，形成植物群落景观。伴生植物生长分布的相互位置与各自的生态习性相适应。地上部分，植物树冠、茎叶分布的空间与光照、空气温度、湿度要求相一致，各得其所；地下部分，植物根系分布与其对土壤中营养物质的吸收互不影响。道路种植为了使有限的绿地发挥最大的生态效益，可以进行人工植物群落配置，形成多层次植物景观，因此要符合植物伴生的生态习性要求。

5. 保护有保留价值的古树名木

古树是指树龄在百年以上的大树；名木是指具有特别历史价值或纪念意义的树木及稀有、珍贵的树种。古树名木的形成过程极为缓慢，修建道路时，宜保留有价值的原有树木，对古树名木予以保护。道路沿线的古树名木，可依据《城市绿化条例》和地方法规或规定进行保护。

6. 道路绿地应根据需要配备灌溉设施

道路绿地应根据需要配备灌溉设施，道路绿地的坡向、坡度应符合排水要求，并与城市排水系统结合，防止绿地内积水和水土流失。道路及绿地最大坡度见表11-11。

道路及绿地最大坡度　　　　　　　　表11-11

类型	道路及绿地	最大坡度
道路	普通道路	17%（1/6）
	自行车专用道	5%
	轮椅专用道	8.5%（1/12）
	路面排水	4%
绿地	草皮坡度	1%～2%
	中、高木绿化种植	30%
	草坪修剪机作业	15%

7. 道路种植应远近期结合

道路种植从开始建设到形成较好的绿化效果需十几年的时间。因此，道路绿化规划设计要有长远观点，种植树木不应经常更换、移植。同时，道路种植建设的近期效果也应重视，使其尽快发挥功能作用。这就要求道路种植远近期结合，互不影响。

11.4.2　道路种植的种类和目的

道路种植的种类、目的见表11-12。

道路种植的种类与目的 表11-12

种 类	目 的	种 类	目 的
保存种植	道路种植设计尽量保存原有植物的繁生	防风雪的种植	由于植树带而使风速减低，在植树带之处容易造成积雪，须与道路隔开距离种植。在上风侧种植低矮树，在下风侧种植高树即有效
调和种植	使道路与包围它的环境能成为一种有协调美观感的景色	缓冲及防止进入的种植	从道路飞出的汽车，在碰到树前或自路肩滑落前，会被柔软灌木或树冠缓冲，又可作为防止外面进入用的种植
坡面种植	防止坡面被侵蚀及发生塌方以确保行走的安全，绿化它以保护景观，可以利用草、蔓植物	指标种植	能提高路标效果的种植，孤树较有效或在一个地方集中几颗做疏林种植较有效，须根据周围状况、树种、管理等方面来决定
诱导视线的种植	在曲线半径大的曲线间，利用缘石或护栏诱导驾驶员的视线，再利用树木补充。中央分隔带的种植，道路外侧的列植最有效。采用枝叶茂密的常绿低树	防音种植	靠近需要保持安静地段时，要密植以提高防音效果。还可以设置混凝土隔音壁使蔓草衍生于其表面修饰景观
遮光种植	防止对面车灯产生幻惑的种植。中央分隔带的种植。是最有效果	绿荫种植	为服务区、停车场或公共汽车站等绿荫用的种植
遮蔽种植	于场地内外对行驶有触眼（Eyesore）的东西（坟墓、火葬场、焚烧垃圾场、烟筒、反射光线的屋顶、平行的铁路轨道或道路、混凝土壁、桥墩、栅、侧沟等）须尽可能遮蔽之	沿道路的保护种植	周围的牧场、养鸡场等因汽车噪声导致减低生产时，须设一定宽度的缓冲性种植带，防止此类现象并保护沿道
顺应明暗的种植	于隧道的入口等顺应明暗用的种植	眺望及强调的种植	利用植树造成外形或将对象染色以提高风景效果。相反，如树木茂盛的情形，须砍伐之。是对单调景观加以强调的种植

11.4.3　道路绿化的范围

　　道路绿化用地是指红线范围以内的行道树与分隔带绿化、交通岛绿化以及附设在红线范围以内的游憩林荫路等。位于道路两侧或一侧的游憩林荫路、滨河路、街旁绿地、广场、社会停车场绿化均属于道路绿化范围。因此，道路种植设计包括行道树种植设计、道路绿地设计、交叉路口种植设计、立体交叉绿地设计、交通岛绿地设计、停车场绿地设计、林荫路绿地设计和滨河路绿地设计等内容。

11.4.4　道路绿地的断面形式

1．一板两带

　　一板两带是指中间车行道两侧的绿带，是最常见的绿地形式。其优点是简单整齐，用地经济，管理方便。适用于车辆较少的街道和小城市（图11-1a）。

2．二板三带式

　　在一板两带的基础上增加一条绿化带，把车行道分成单向行驶的两条车道（图11-1b）。其优点是可以减少对向车流之间互相干扰，避免夜间行车时，对向车流之间眩光照射的影响。

3. 三板四带式

用两条绿带把车行道分隔成三块，中间为机动车道、两侧为非机动车道，连同车道两侧的绿带共有四条绿带（图11-2）。优点是庇荫效果好，解决了机动车和非机动车混行的问题。

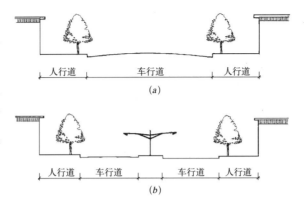

人行道　　　车行道　　　人行道

(a)

人行道　车行道　车行道　人行道

(b)

图11-1
(a) 一板两带式；
(b) 二板三带式

4. 四板五带式

利用三条绿带把车道分成四条，使机动车和非机动车都分上、下行，优点是各道间互不干扰，车辆有安全障。

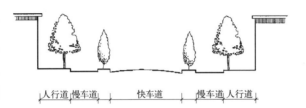

人行道 慢车道　　快车道　　慢车道 人行道

图11-2 三板四带式

11.4.5 道路种植的布局要求

道路种植的布局要求应满足以下几个方面。

（1）道路绿地率指标：

1）景观路绿地率不得小于40%；

2）红线宽度大于50m的，道路绿地率不得小于30%；

3）红线宽度为40～50m的，道路绿地率不得小于25%；

4）红线宽度小于40m的，道路绿地率不得小于20%。

（2）在道路绿带中，分车绿带所起的隔离防护和美化作用突出，分车带上种植乔木，可以配合行道树，更好地为非机动车道遮荫。1.5m宽的绿带是种植和养护乔木的最小宽度，故种植乔木的分车绿带的宽度不得小于1.5m；在2.5m宽度以上的分车绿带上进行乔木、灌木、地被植物的复层混交，可以提高隔离防护作用。主干路交通污染严重，宜采用复层混交的绿化形式，所以主干路上的分车绿带宽度不宜小于 2.5m。此外，考虑公共交通开辟港湾式停靠站也应有较宽的分车带。行道树种植和养护管理所需用地的最小宽度为1.5m，因此行道树绿带宽度不应小于1.5m。

（3）由于主、次道路交通流量大，行人穿越不安全，噪声、废气和尘埃污染严重，不利于身心健康，故不应在主、次道路的中间分车绿带和交通岛上布置开放式绿地。

（4）路侧绿带宜与相邻的道路红线外侧其他绿地相结合。路侧是指道路红线外侧，其他绿地是指街旁游园、宅旁绿地、公共建筑前绿地、防护绿地等。因此，路侧绿带与其他绿地结合，能加强道路绿化效果和绿化景观。人行道毗邻商业建筑的路段，路侧绿带可与行道树绿带合并。

（5）道路两侧环境条件差异较大时，宜将路侧绿带集中布置在条件较好的一侧。道路两侧环境条件差异较大，主要是指如下两个方面：其一，在北方城市的东西向道路的南北两侧光照、温度、风速等条件差异较大，北侧的绿地条件较好；其二，濒临江、河、湖、海的道路，靠近水边一侧有较好的景观条件。将路侧绿带集中布置在条件较好的一侧，可以有利于植物生长，更好地发挥绿化景观效果及游憩功能。因此，道路两侧环境条件差异较大时，宜将路侧绿带集中布置在条件较好的一侧。

（6）在旅游区总体设计时，应确定园林景观路与主干路的种植景观特色。园林景观路应配置观赏价值高、有地方特色的植物，并与场地环境结合；主干路应体现区内道路种植景观风貌。园林景观路是道路种植的重点，主干路是旅游区道路网的主体，贯穿于整个旅游区。因此，应在旅游区绿地系统规划中对园林景观路和主干路的种植进行整体的景观特色规划。园林景观路的种植用地较多，具有较好的绿化条件，应选择观赏价值高的植物，合理配置，以反映旅游地域的种植特点与绿化水平。主干路贯穿于整个旅游区，其种植既应有一个长期稳定的绿化效果，又应形成一种整体的景观基调。植物配置要考虑空间层次，色彩搭配，体现旅游区道路种植特色。

（7）同一条道路的种植具有一个统一的景观风格，可使道路全程绿化在整体上保持统一协调，提高道路绿化的艺术水平，同一道路的绿化宜有统一的景观风格。道路全程较长，分布有多个路段，各路段的种植在保持整体景观统一的前提下，可在形式上有所变化，使其能够更好地结合各路段环境特点，景观上也得以丰富。

（8）同一条路段上分布有多条绿带，各绿带的植物配置相互配合，使道路种植有空间层次，树形组合、色彩搭配和季节相应有变化。丰富的种植层次，能较好地发挥种植的隔离防护作用。

（9）毗邻山、河、湖、海的道路，其种植应结合自然环境，突出自然景观特色。城市中绝大部分是建筑物、构筑物林立的人工环境，山、河、湖、海等自然环境在城市中是十分可贵的。毗邻山、河、湖、海的游憩林荫道种植应不同于一般道路上的绿化，要结合自然环境，展示出自然风貌。

（10）树种和地被植物选择。

1）道路绿化应选择适应道路环境条件、生长稳定、观赏价值高和环境效益好的植物种类。

2）寒冷积雪地区的路段，分车绿带、行道树绿带种植的乔木，应选择落叶树种。

3）行道树应选择深根性、分枝点高、冠大荫浓、生长健壮、适应城市道路环境条件，且落果对行人不会造成危害的树种。

4）花灌木应选择花繁叶茂、花期长、生长健壮和便于管理的树种。

5）绿篱植物和观叶灌木应选用萌芽力强、枝繁叶密、耐修剪的树种。

6）地被植物应选择茎叶茂密、生长势强、病虫害少和易管理的木本或草本观叶、观花植物。其中，草坪地被植物尚应选择萌蘖力强、覆盖率高、耐修剪和绿色期长的种类。

11.4.6 道路绿带设计

道路红线范围内的带状绿地称为道路绿带。道路绿带分为分车绿带、行道树绿带和路侧绿带。

1. 分车绿带设计

分车绿带是指车行道之间可以绿化的分隔带，其位于上下行机动车道之间的为中间分车绿带；位于机动车道与非机动车道之间或同方向机动车道之间的为两侧分车绿带。

分车绿带靠近机动车道，其种植应形成良好的行车视野环境，从交通安全和树木的种植养护两方面考虑，分车带上种植的乔木，其树干中心至机动车道路缘石外侧距离不宜小于0.75m。分车绿带绿化形式应简洁、树木整齐一致，使驾驶员容易辨别穿行道路的行人，也可减少驾驶员的视觉疲劳。相反，植物配置繁乱、变化过多，容易干扰驾驶员视线，尤其在雨天、雾天影响更大。

中间分车绿带应阻挡相向行驶车辆的眩光，在距相邻机动车道路面高度为0.6～1.5m的范围内，合理配置灌木、灌木球、绿篱等枝叶茂密的常绿植物，能有效地阻挡对面车辆夜间行车的远光，改善行车视野环境，其株距不得大于冠幅的5倍。

分车绿带距交通污染源最近，其绿化所起的滤减烟尘、减弱噪声的效果最佳。两侧分车绿带对非机动车有庇护作用。因此，两侧分车带宽度在1.5m以上时，应种植乔木，并宜乔木、灌木、地被植物复层混交，扩大绿量。为了避免形成绿化"隧道"，有利于汽车尾气及时向上扩散，减少汽车尾气污染道路环境，道路两侧的乔木不宜在机动车道上方搭接。

被人行横道或道路出入口断开的分车绿带，其端部应采取通透式配置。

分车绿带种植设计要点及重点部位的处理方法见表11-13、表11-14、表11-15。

分车绿带的种植设计要点　　　　　　　　　　　　　　　　　　　表11—13

类　型	种　植　方　式
以乔木为主的种植	以种植乔木为主，或配以草坪、花卉，遮荫效果好，投资少，养护管理方便，但体形单调，街景缺少变化
乔木与灌木搭配种植	在两乔木中间种植灌木，并用草地衬托起来，应注意选择较好的、耐阴的灌木和草地，乔木的株距不应小于5m
乔木、灌木、绿篱、花卉搭配种植	绿带宽度不小于4m，以5～6m为宜，绿带和灌木应选择耐阴的品种；4m宽的分车绿带上种植一行落叶乔木为宜，在两株乔木间配以灌木或整形常绿灌木，边缘围以绿篱
常绿乔木、花灌木、绿篱、草地搭配种植	用姿态优美的常绿树、色彩丰富的花灌木，配以绿篱草地，对街景有一定的装饰作用，但常绿树种许多品种的生长速度较慢，遮荫效果也不如落叶乔木
灌木和草地搭配种植	仅种植灌木和草地，街道景观较好，应注意不要过多地遮挡视线，避免影响交通；灌木的株距要适当加大，或选择一些低矮的灌木品种

人行横道线穿过分车绿带的绿化处理　　　　　　　　　　　　　　表11—14

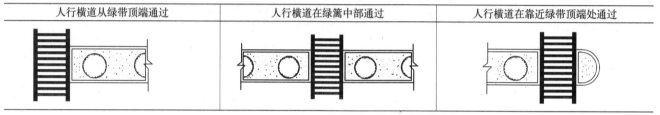

人行横道从绿带顶端通过	人行横道在绿篱中部通过	人行横道在靠近绿带顶端处通过

参考：郑毅主编．城市规划设计手册。

分车绿带上的公交通车停靠处理　　　　　　　　　　　　　　　　表11—15

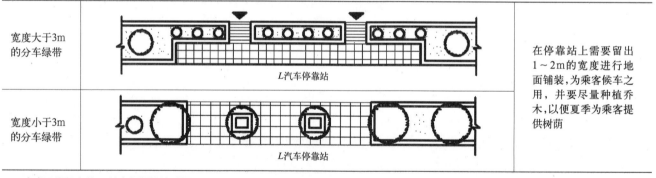

宽度大于3m的分车绿带		在停靠站上需要留出1～2m的宽度进行地面铺装，为乘客候车之用，并要尽量种植乔木，以便夏季为乘客提供树荫
宽度小于3m的分车绿带		

*L*汽车停靠站

参考：郑毅主编．城市规划设计手册。

2. 行道树绿带设计

行道树绿带是指布设在人行道与车行道之间，以种植行道树为主的绿带。

行道树绿带种植应以行道树为主，并宜乔木、灌木、地被植物相结合，形成连续的绿带。

行道树绿带绿化主要是为行人及非机动车庇荫，种植行道树可以较好地起到庇荫作用。在人行道较宽、行人不多或绿带有隔离防护设施的路段，行道树下可以种植灌木和地被植物，减少土壤裸露，形成连续不断的绿化带，提高防护功能，

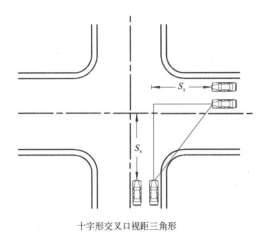

十字形交叉口视距三角形

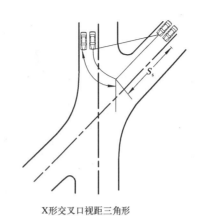

X形交叉口视距三角形

图11-3 道路交叉口视距三角形示意图
图中S_s——停车视距（m）

加强绿化景观效果。当行道树绿带只能种植行道树时，行道树之间采用透气性的路面材料铺装，利于渗水通气，改善土壤条件，保证行道树生长，同时也不妨碍行人行走。

行道树树冠应有一定的分布空间，有必要的营养面积，保证其正常生长，同时也应便于消防、急救、抢险等车辆在必要时穿行。行道树定植株距，应以其树种壮年期冠幅为准，最小种植株距应为4m。为利于行道树的栽植和养护管理，也为了树木根系的均衡分布、防止倒伏，行道树树干中心至路缘石外侧最小距离宜为0.75m。

为了保证新栽行道树的成活率和在种植后较短的时间内达到绿化效果，种植的行道树的苗木胸径：快长树不得小于5cm；慢长树不得小于8cm。

道路交叉口视距三角形范围见图11-3所示，其范围内的行道树绿带应采用通透式配置。

3.路侧绿带设计

路侧绿带是指在道路侧方，布设在人行道边缘至道路红线之间的绿带。

路侧绿带是道路种植的重要组成部分。同时，路侧绿带与沿路的用地性质或建筑物关系密切。有些建筑要求种植衬托；有些建筑要求种植防护；有些建筑需要在绿化带中留出入口。因此，路侧绿带设计要兼顾街景与沿街建筑需要，应在整体上保持绿带连续、完整、景观统一。

路侧绿带宽度大于8m时，可设计成开放式绿地。开放式绿地中，绿化用地面积不得小于该段绿带总面积的70％。路侧绿带与毗邻的其他绿地一起辟为街旁游园时，其设计应符合现行标准《公园设计规范》（CJJ 48—92）的规定。

濒临江、河、湖、海等水体的路侧绿地，应结合水面与岸线地形设计成滨水绿带。滨水绿带的种植应在道路和水面之间留出透景线。

道路护坡种植应结合工程措施栽植地被植物或攀缘植物。

4. 交通岛、广场和停车场种植设计

(1) 交通岛种植设计。交通岛绿地是指可绿化的交通岛用地。交通岛绿地分为中心岛绿地、导向岛绿地和立体交叉绿岛三种形式。

交通岛起到引导行车方向、渠化交通的作用，交通岛绿化应结合这一功能。通过在交通岛周边的合理种植，可以强化交通岛外缘的线形，有利于诱导驾驶员的行车视线，特别在雪天、雾天、雨天可弥补交通标线、标志的不足。沿交通岛内侧道路绕行的车辆，在其行车视距范围内，驾驶员视线会穿过交通岛边缘。因此，交通岛边缘应采用通透式栽植，具体设计时，其边缘范围应依据道路交通相关数据确定。

中心岛绿地是指位于交叉路口上可绿化的中心岛用地。中心岛外侧汇集了多处路口，尤其是在一些放射状道路的交叉口，可能汇集五个以上的路口。为了便于绕行车辆的驾驶员准确快速识别各路口，中心岛上不宜过密种植乔木，在各路口之间保持行车视线通透。

立体交叉绿岛是指互通式立体交叉干道与匝道围合而成的绿化用地。立体交叉绿岛常有一定的坡度，绿化要解决绿岛的水土流失问题，需种植草坪等地被植物。绿岛上配置自然式树丛、孤植树，在开敞的绿化空间中，更能显示出树形的自然形态，与道路绿化带形成不同的景观。墙面宜进行垂直绿化。

导向岛绿地是指位于交叉路口上可绿化的导向岛用地。当车辆从不同方向经过导向岛后，会发生顺行交织。此种情况下，导向岛绿化应选用地被植物栽植，不遮挡驾驶员视线。

(2) 广场种植设计。旅游区中的广场按其性质、用途及在道路网中的地位分为公共活动广场、集散广场、交通性广场、纪念性广场与主题广场等五类。有些广场兼有多种功能。广场种植是指广场用地范围内的绿化种植。广场种植应配合广场的主要功能，利于人流、车流集散，使广场更好地发挥其作用。广场绿地布置和植物配置要考虑广场规模、空间尺度，使种植更好地装饰、衬托广场，改善环境，利于游人活动与游憩。城市广场周边环境各有不同，有大型建筑物围合的，有依山的，有傍水的。广场种植应结合周边的自然和人造景观环境，协调与四周建筑物的关系，同时保持自身的风格统一。

公共活动广场周边宜种植高大乔木。集中成片绿地不应小于广场总面积的25%，并宜设计成开放式绿地，植物配置宜疏朗通透。公共活动广场一般面积较大，周边种植高大乔木，能够更好地衬托广场空间。广场中集中成片的绿地比率应参照现行行业标准《城市道路设计规范》(CJJ 37—90)执行。广场中集中成片的绿地应辟为开放式绿地，供行人进入游憩，可以提高广场的利用率。集中成片的绿地采用疏朗通透的植物配置，能保持广场与绿地的空间渗透，扩大广场的视域空间，丰富景观层次，使绿地能够更好地装饰广场。

车站、码头、机场的集散广场种植应选择具有地方特色的树种。集中成片绿地不应小于广场总面积的10%。

旅游区中的中心广场、纪念性广场是旅游区的形象体现，其绿化应反映旅游地域的性质和风格特点，植物选择上要突出地方特色，创造出与游憩主题相应的环境气氛。集散广场主要是人流、车流的集散地，其广场中集中成片的绿地比率应参照现行行业标准《城市道路设计规范》(CJJ 37—90) 执行,规范只规定下限,不约束广场绿地向高标准发展。

5.街旁绿地种植设计

街旁绿地是指散布于城市中的中小型开放式绿地。虽然有的街旁绿地面积较小，但具备游憩和美化城市景观的功能，是城市中量大面广的一种公园绿地类型。在街旁绿地中常常设置游步道，设置座凳等，供行人进入游览休息。以装点、美化街景为主,不让行人进入的绿地称为装饰绿地。街头绿地根据所占面积的大小、周围建筑状况和地形条件的不同，机动灵活地采用规则式或自然式的设计。

如果交通量很大，路旁只有面积很小的空间，则可用常绿乔木为背景，在其前面配植花灌木，设立雕塑或广告栏等小品，形成一个封闭式的装饰绿地。

如果现有局部面积较宽广，两边除人行道之外还有一定土地空间，则可栽植大乔木，布置适当座凳和铺装地面，供人们休息、散步或轻微体育活动。

如果交叉路口一边或两边有较宽阔的空间，则其中一侧或两侧可布置成小游园。如地段较长，可将游园分成几段，多设几个出入口，以便游人出入，但不能与近旁建筑物出入口相互干扰，在小游园内部不宜分隔过多，但可适当设置儿童游具，形成小型的儿童游戏场。小游园内建立亭、廊等休息设施，其地面铺装应有利于游人散步或老人轻微体育活动。散步小道可用鹅卵石或石块创造冰裂纹路面，在道旁可适当凹进一定面积，设立座椅供人们休息，也可与挡土墙、花台、栏杆等小品相结合做成座椅，一物多用，有利于游人坐息赏景。在小游园的外围，特别是与车道相邻处，应栽植较高的绿篱或配以花栏杆，使小游园与车道有较好的隔离。如小游园外围与人行道相邻，则适当留出透视线，让路上行人看到园内景色。

总之，绿化要与街景相协调，树种选择应以常绿树种和花灌木为主，层次要丰富，要有四季景观的变化。为遮挡不美观的建筑立面和节约用地，其外围可多使用藤本植物绿化，充分发挥垂直绿化的作用。

6.机动车停车场种植设计

机动车停车场分为公用停车场和专用停车场两类。本节所论适用于公用停车场的种植。

停车场种植应有利于汽车集散、人车分隔、保障安全、不影响夜间照明，并应考虑改善环境，为车辆遮阳。停车场绿化布置可利用双排背对车位的尾距间隔种植乔木，树木分枝高度应满足车辆净高要求。停车位最小净高：微型和小型汽车为 2.5m；大、中型客车为 3.5m；载货汽车为 4.5m。此外还应充分利用边角空地布置绿化。风景区停车场应充分利用原有自然树木遮阳，因地制宜布置车位。

停车场出入口要求有良好的视觉距离，因此，种植设计应保证在图 11-4 所示范围外，不得影响行车视觉距离要求。停车场种植设计要点见表 11-16。

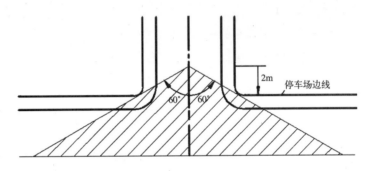

图11-4　停车场出入口的视距要求

停车场种植设计要点　　　　　　　　　　　　　　　　表11—16

类　型	布置方式	优点	缺点
周边式绿化	四周种植落叶乔木、常绿乔木、花灌木、草地、绿篱或围以栏杆，场内地面全部铺装，不种树木	汽车调动灵活，集散方便，视线清楚，找车容易，四周界限清楚，场内便于防护。周边绿化可以和行道树绿化结合起来	场地没有树木荫，太阳暴晒，车辆易损，车内温度较高
树木式绿化	场地内种植成行、成列的落叶乔木，似行道树的延伸，这类停车场占地面积较大	多树荫，夏季温度比道路上低，适宜人和车的停留，可兼作一般绿地，当无车停放时，人们可以在其中休息	由于车辆大小不一，在相同的株行距内停车，会浪费面积，形式较为简单
建筑前绿化	包括建筑物旁的基础绿化、前庭绿化和部分行道树	绿化布置灵活，行人可以利用；停车场靠近建筑物，方便使用；建筑物旁的基础绿化和行道树的种植既可以衬托建筑物，又可以美化环境	建筑物前停放车辆，有时显得杂乱，汽车清洁和排气时会污染环境；场地一般较小，车辆停放较少

7. 道路绿化与有关设施

（1）道路种植与架空线。分车绿带和行道树绿带对改善道路环境质量和美化旅游区环境起着重要作用。但因绿带宽度有限，乔木的种植位置基本固定。因此，不宜在此绿带上设置架空线，以免影响绿化效果。若必须在此绿带上方设置架空线，只有提高架设高度。架空线架设的高度根据其电压而定，使其架设高度减去距树木的规定距离后，还应保持 9m 以上的高度，作为树木生长的空间。树木生长空间高度不应小于 9m，是因为在分车绿带和行道树绿带上种植的乔木，其下面受到道路行车净空的制约，一般枝下高距路面 4.5m，为保证树木的正常生长与树形的美观，树冠向上生长空间也不应小于 4.5m，所以对乔木的上方限高不得低于 9m。架空线下配置的乔木应选择开放形树冠或耐修剪的树种。

树木与架空电力线路导线的最小垂直距离应符合表 11-17 规定。

树木与架空电力线路导线的最小垂直距离 表11-17

电压（kV）	1～10	35～110	154～220	330
最小垂直距离（m）	1.5	3.0	3.5	4.5

（2）道路种植与地下管线。树木与地下管线外缘最小水平距离的规定是根据《城市工程管线综合规划规范》的规定制定的，其中排水盲沟与乔木的距离规定是根据现行标准《城市道路设计规范》（CJJ 37—90）的规定制定的。在道路规划时应统一考虑各种敷设管线与绿化树木的位置关系，通过留出合理的用地或采用管道共同沟的方式，可以解决管线与绿化树木的矛盾。因此，新建道路或改建后达到规划红线宽度的道路，其绿化树木与地下管线的最小水平距离应符合表 11-18 的规定。行道树绿带在道路绿化中作用重要，种植行道树的位置基本固定。因此，新建道路或改建后达到规划红线宽度的道路，其行道树绿带下方不应敷设管线，以免影响行道树种植。

当遇到特殊情况不能达到表 11-18 中规定的标准时，其绿化树木根颈中心至地下管线外缘的最小距离可采用表 11-19、表 11-20 的规定。

树木与地下管线外缘最小水平距离 表11-18

管线名称	距乔木中心距离（m）	距灌木中心距离（m）	管线名称	距乔木中心距离（m）	距灌木中心距离（m）
电力电缆	1.0	1.0	污水管道	1.5	—
电信电缆（直埋）	1.0	1.0	燃气管道	1.2	1.2
电信电缆（管道）	1.5	1.0	热力管道	1.5	1.5
给水管道	1.5	—	排水盲沟	1.0	—
雨水管道	1.5	—			

树木根颈中心至地下管线外缘的最小距离 表11-19

管线名称	距乔木根颈中心距离（m）	距灌木根颈中心距离（m）	管线名称	距乔木根颈中心距离（m）	距灌木根颈中心距离（m）
电力电缆	1.0	1.0	给水管道	1.5	1.0
电信电缆（直埋）	1.0	1.0	雨水管道	1.5	1.0
电信电缆（管道）	1.5	1.0	污水管道	1.5	1.0

树木与其他设施最小水平距离　　　　　　表11-20

设施名称	至乔木中心距离（m）	至灌木中心距离（m）	设施名称	至乔木中心距离（m）	至灌木中心距离（m）
低于2m的围墙	1.0	—	电力、电信杆柱	1.5	—
挡土墙	1.0	—	消防龙头	1.5	2.0
路灯杆柱	2.0	—	测量水准点	2.0	2.0

8. 种植与照明设施

绿化不应遮挡路灯照明，当树木枝叶遮挡路灯照明时，应合理修剪。在距交通信号灯及交通标志牌等交通安全设施的停车视距范围内，不应有树木枝叶遮挡。

9. 树木株行距的确定

株行距要根据树冠及苗木树龄（苗木规格）的大小来确定（表11-21）。

乔木与灌木种植株距表　　　　　　表11-21

树木种类		种植株距（m）			
		游步道行列树	植篱	行距	观赏防护林带
乔木	阳性树种	4～8			3～6
	阴性树种	4～8	1～2		2～5
	树丛	0.5以上		0.5以上	0.5以上
灌木	高大灌木		0.5～1.0	0.5～0.7	0.5～1.5
	中高灌木		0.4～0.6	0.4～0.6	0.5～1.0
	矮小灌木		0.25～0.35	0.25～0.3	0.5～1.0

株行距要考虑树木生长的速度。一般在道路上种植的树木30～50年后就需要更新，壮龄期只有10～20年。

考虑到树木对其他诸如交通、建筑形象等因素的影响，在一些重要建筑前不宜遮挡过多，株距应加大，或不种行道树，以显示出建筑的全貌。

经济也是需要考虑的重要因素，初始期以较小的株距种植，几年后间移，采取培养大规格苗木的措施，以节约用地。

10. 林荫路种植设计

(1) 林荫路布局形式。旅游区的林荫路按路幅用地宽度可分为简单式林荫路、复式林荫路和游园式林荫路三种布局形式。

1）简单式林荫路。用地宽度最小为8m，包括中间一条3m宽的游步道，道边设座椅，每边还有一条2.5m宽的种植带，能种植一行乔木和一行灌木。

2）复式林荫路。用地宽度达20m以上，通常规划两条游步道，有三条绿带，中间一条绿带常常布置花坛、花带等，还可种植乔木。游步道外设置座椅。

3）游园式林荫路。宽度至少在40m以上，布置形式可为规则式，也可为自然式，应有一定设施，如花坛、喷泉、雕塑、两条以上游步道、凉亭、花架、座椅、小卖部等。

（2）林荫路种植设计要点。

1）为保证林荫路内具有安静的环境，路一侧或两侧必须有绿色屏障，与车行道隔开。

2）林荫路要适当分段，一般与两侧建筑物、其他道口相应而设，分段长度以 75 ～ 100m 为宜，总体气氛统一。

3）儿童活动区要布置在分段中间，注意与车行道的隔离。

4）林荫路的两个端部入口，经常与游憩广场或绿地相连接，因此布置形式要与周围环境相统一，中间分段处出入口，规模宜小不宜大。

5）游憩林荫路各组成部分用地比例：一般游步道广场占地面积为 25% ～ 35%，乔木为 30% ～ 40%，灌木为 20% ～ 30%，草地为 10% ～ 20%，花坛类为 2% ～ 5%。具体设计时可根据景观要求作适当调整。

6）滨水林荫路一般在临水一侧开辟宽度不小于 5m 的游步道。游步道靠岸一侧不种植乔、灌木，避免根系破坏驳岸。岸边设岸墙或栏杆，高度一般为 90 ～ 100cm。

7）林荫步道不仅要满足使用功能的需要，而且要考虑道路空间变化、地面铺砌、各种设施的造型尺度、植物配植及色彩等，工程管线要埋到地下。

8）林荫步行道两侧为商店和公共服务设施时，建筑前的通道应放宽，避免游人拥挤。

11.5　种植设计方法

11.5.1　植物的作用

当游人漫步在山川、河流、公园等旅游地，所看到的虽然是同样的树木，但是由于种植形式不同，其形态发生很大变化，这种差别源于植物种植设计。

树木不论大小，形态有无差异，都具有挡风、遮光以及调节气候的作用。例如，防风林具有明显的防风效果（图 11-5）。"树木属于种子植物，是木本植物通俗的统称，包括乔木、灌木和藤本。通常所说的树木，一般只是指乔木。乔木与灌木的高度不同，它有 5m 以上的高度，有单独的茎、干、根系和披有相应季节树叶的枝条，灌木的高度则较低。同一个植物科种，在肥沃的山谷长成高大的树在开阔的山腰上则可能是低矮的灌木。"[1] 由于种植形式的差别，树木还可以为旅游区创造出不同风格的自然环境，常常形成由植物与自然景观、建筑物共同组成的某种景观特色。

---

1 郭豫斌主编.树木知识.北京：北京出版社，2004-01(1):7.

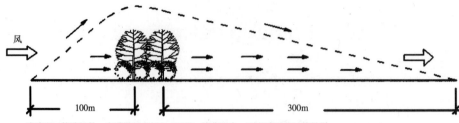

图11-5 防风林的防风效果示意图 高度10m的防风林，在其前后各100m及300m的范围内，可以感到防风的效果

大、小灌木由于富于视觉颜色和季相等的变化，适合于种植在激发游人情趣的地段。为了表达特殊的意义，大、小灌木应与建筑物的风格和周围环境相协调，并与水和空气相结合，使其具有特殊的意境。

"藤本植物是茎干细长、不能直立、只能匍匐地面或依赖其他物支持向上攀升的植物的统称。"[1] 景区中的藤本植物或是攀援在棚架上生长，或是在地面上蔓生，也可以在岩石和树木上攀援，尤其是在低矮的树木上攀援生长后，使旅游地变得富有自然气息和情调。

草和花等草本植物寿命较短，随季节变化，也有常开花的。草本植物花的色、味都会给游人好的器官感受。无论对自然景观还是人造景观来说，草本植物都是大面积覆盖的最好植物。

植物因自身的特性，还可以使景区的自然景观发生变化。譬如，按季节或周年开花的植物，其花和果实被枝叶以其针刺状保护，构成顽强的形态；容易变化形状的树木因容易修枝定形，故可做成各种特殊的造型。植物的大小、形态、结构、质地、色彩、生长速度等均随季节变化而变化，种植设计无论出于哪些方面的考虑，都应该将花、果实、气味、自然姿态和造型等作为设计要素加以利用。

正是因为植物基于以上的性质影响着旅游环境，才有可能创造出各式具有风格特征的景观。

11.5.2　种植设计要点

种植设计在景观设计中有很大的难度。景观设计人员常常会感到这项工作有困难，这是因为植物是活体生物，需要水分、肥料、土壤和空气，它与人类一样，必须给予必要的生存环境，否则就无法生存。

植物的环境主要包括气候因子（温度、水分、光照、空气）、土壤因子、地形地势因子、生物因子及人类活动等方面。通常将植物具体所生存于其间的小环境，简称为"生境"。生境所包含的各个因子中，有少数因子对植物没有影响或者在一定阶段中没有影响，大多数的因子均对植物有影响。这些对植物有

1 郭豫斌主编. 树木知识. 北京：北京出版社，2004-01(1):7.

直接或间接影响的因子称为"生态因子"。生态因子中，对植物的成活属于必需的，也就是说，没有它们植物就不能生存的因素叫做"生存条件"，譬如，"对绿色植物来讲，氧、二氧化碳、光、热、水及无机盐类这六个因素都是绿色植物的生存条件。"[1]

在生态因子中，有的并不直接影响植物，而是间接地起作用。譬如，地形地势因子是通过其变化影响了热量、水分、光照、土壤等使其产生变化从而再影响到植物的，这些因子称为"间接因子"。所谓间接因子是指其对植物生存的影响关系是间接的，但并非意味降低其重要性，事实上，在种植设计中，许多具体措施都必须充分考虑这些间接因子。

基于上述这些原因，无论是选定树木，还是选定其他植物，均不能仅凭设计者的爱好进行设计。植物景观设计在将设计主题与植物的生存条件相结合、表达出设计者的意图时，还要尽可能避免在植物生命活力旺盛期对其进行移植。

种植方法是有学问的。在景观设计方面应力求表现自然感、季节感、格调感等，并要与时间和空间相结合，把植物作为一种设计元素加以选用。目前，我国甚至全世界，几乎没有对景观设计及景观选材的好与坏进行评判的标准，这也增加了种植设计的难度。在景观设计中树种选择是否恰当，是景观产生变化较为关键的因素。

在旅游区景观构成要素中，"植物是天赋的素材，是神的恩惠。故应对植物产生敬畏，我们绝对不能忘掉植物在人的精神方面的重要性。"[2]而且植物的特征是由环境、地域、气候、土壤等诸多条件构成的，因此必须了解和掌握这些知识。

有人试图采取分类学的方法背记植物名称和特征，这在景观设计时未必行得通。因为树木的形态、颜色是随季节而不断发生变化的，以植物作为景观设计元素，当然应熟悉树木性质，了解其特征。为了掌握其使用知识，平常要留心观察，并用爱心与其接触，能分清各种树木的成熟期、各季节的颜色变化和同年形态变化。一个优秀的景观设计师，应该有熟练的观察力和创造力。如果景观设计师具有这样的能力，就会自觉根据所选的树木和其生长过程的变化，以及与游憩场所的空间关系，确定如何协调彼此之间的关系，以及树木变化的间隔时间。

景观设计师与园艺师是有区别的。根本的区别就在于，景观设计师都具有外部空间的专业知识和景观实践经验，能够将时间、空间、植物和人之间的相互关系分析透彻，不是将建筑、土木和室内装修与外部构造分开构思设计，而是超越自然与人工建、构筑物，形成一个整体景观设计的新理念。在这种设计思维下，

1 陈有民主编.园林树木学（园林专业用）.中国林业出版社，1990-09(1):60.
2 [日] 画报社编辑部编.植物景观.杨绍斌，赵芳，徐佳玲译.辽宁科学技术出版社，2003-10(1):4.

就不会完全被植物因素所束缚。

种植设计的方法当然是多途径的，如下要点只能供设计时参考：

1）种植方式要适应旅游区的功能要求，植物要适合旅游地所在地区的气候、土壤条件和自然植被分布特点，应选择抗病虫害强、易养护管理的植物，体现良好的生态环境和地域特点。

2）充分发挥植物的各种功能和观赏特点，合理配置，常绿与落叶、速生与慢生相结合，构成多层次的复合生态结构，达到人工配置的植物群落的自然和谐。

3）植物品种的选择要在统一的基调上力求丰富多样。

4）要注重种植位置的选择，以免影响室内的采光通风和其他设施的管理维护。不同部位常规种植方式和树种见表11-22。

不同部位常规种植方式和树种　　　　　　　　　　　　　　　　　　表11-22

部位	配 置 及 说 明
建筑物旁	用作建筑物遮阳、组织自然通风、陪衬建筑、建筑的配景或装饰建筑。人流多的活动区多用些花卉，使该区的色彩丰富。但也有些建筑常以龙柏、雪松、珊瑚树、广玉兰、夹竹桃、石楠、桂花、黄杨等植物，采用规则式或成行成排地布置。另一些建筑物可采用梧桐、牡丹、桂花、南天竺、玉兰、海棠、腊梅、山茶、梅、松、柏、芭蕉、竹等单株特性的植物，多用不整形的配置方法，尽量采用适合当地环境条件的树种，形成独特的地域风光。有一些地区性较强的树种，如热带的棕榈之类移植于温寒带时，可以偶而种一二棵，且布置在次要的角落（如院内的一角）里。公共厕所前面植以枝叶浓密的常绿树，如冬青、女贞、侧柏、木槿、珊瑚树之类的植物，目的是遮蔽不雅之所。 应考虑建筑旁的植物高度与建筑成比例及遮阳要求，并与建筑应有适当的距离，不要使树根破坏建筑的基础或影响建筑的通风与采光，一般为7m。作为背景的树应以色深常绿为主
山	主山宜植以花木及槭类；远山为背景树，植以松类；而环绕的山，宜植栀子、槭、瑞香、紫藤、杜鹃花、木芙蓉、银杏、胡枝子等；峰巅应植以圆柏、山茶、罗汉松、柳杉等
道路	作行道树时，有枫杨、椴、七叶树、榆、槐、垂柳、悬铃木、白杨、白蜡树、梧桐、榉等。在道路宽度允许时，可设置专门绿带，绿带内可配置各种灌木
岛	南天竹、棕榈、罗汉松、榆、松、杜鹃、木芙蓉、龙柏、胡枝子、垂柳等
池	荷花、泽泻、芦、菱、芡实、浮萍等。宁少勿多，多留水面倒影
溪谷	竹、箬竹、桃、柳、鸢尾、燕子花等
草坪	大片草地上最好有起伏变化的地形，在平坦处则可以用孤树、树丛、树群来划分空间。宜选耐踏、叶细密的草作草地，草种有假俭草、结缕草、天鹅绒、狗牙根草、野牛草、羊胡子草等。草地中孤植的树种有雪松、白皮松、圆柏、榕、樟、七叶树、悬铃木、鹅掌楸、枳椇、泡桐、桑、木棉、合欢、木麻黄、槐、洋槐、樱花、广玉兰、榉、榆、朴、柳、白杨、槟榔等；丛植的有松、圆柏、柳杉、龙柏、云杉、冷杉、雪松、樟、楠、山茶、茶梅、广玉兰、桉树、木兰、玉兰、白兰花、木莲、含笑花、桂花、绣球花、杜鹃、山梅花、栀子、黄杨、竹类；群植的有松、槭、桃、梅、紫薇、广玉兰、桂花、樱花、龙舌兰、棕榈、苏铁等
花架	紫藤、凌霄、木通、野木瓜、木香、蔷薇、葡萄、西番莲等
墙面	地锦、常春藤、络石、薜荔
水滨	水松、落叶松、柳、槭、乌桕、樱花、桉树、梅、桃、棣棠、锦带花、连翘、金雀儿、胡枝子、杜鹃花、偃桧、紫薇、蔷薇、月季等
台坡	杜鹃花、栀子、大叶黄杨、锦带花、胡桃、槭、龙柏、箬竹、迎春、枸杞、金雀儿、六月雪等，有树池式、台坡等等
花台	台高约0.4~1m，多靠墙布置（也有独立的），上植花木、湖石、植物，以花木居多，如绣球、山茶、牡丹、南天竺等。台可用砖砌、石砌、混凝土的，形规则和不规则均可
花坛	有花丛、横纹、标题、装饰物、花坛群等布置形式，常布置在广场、公共建筑旁或公园入口处，或林荫道中间，主要道路旁、交叉口等处，主要用来加强重点。整齐的小灌木和乔木有时也组织在花坛内，也有用整齐的乔木（如石楠、雪松等）作为花坛的中心树木。花坛的边缘则常为有装饰性的建筑材料。花坛常用草本植物，花宜密，叶宜细，尽量不露土。但有些有意识地把路破成一样大小的土块，成为别有风格的装饰性的花坛。大型的花坛还有与雕像、喷泉等结合布置的，作为一个观赏对象的。常用各种草本花卉和各种灌木进行配置

11.5.3　植物配置形式

为使树木等植物在所有外界环境中确实运用得当，必须在理解空间整体设计的基础上，掌握其配置形式。植物配置的方法有将等规格、等间距的单纯种植形式，变成复杂的不等规格、不等间距的接近自然的种植形式。但当不以复原自然为目的时，由种植形成的景观要适合其利用目的，种植形式要人为地与自然草木相异。因此，在这层意义上，植物配置形式可分为整形配置和不整形配置两类。

1. 整形配置

整形配置也称规则配置，是指由枝叶茂密、外形美观、规格一致的树种，配置成整齐对称的几何图形的配置方式。宜选择耐修剪、叶茂、树形整齐的树种，用于规则式场地中种植。适于列植于路旁、河边的行道绿化，要求树干挺直、耐修剪，能遮荫，其下的树木一般应选用耐阴树种。整形配置常作为防护带和绿篱，防护带要求树种有抗风、耐烟尘、抗酸碱气候等特殊性质。绿篱则有平顶式、波浪式、城垛式等配置形式，要求常绿、叶密、株距密、耐修剪。

常见配置形式有如下方式：

(1) 对植。对植是指乔木或灌木以相互呼应之势种植在轴线两侧，或以主体景物轴线为基线，取其景观均衡关系的种植方式，有对称和相生之分。

相生对植强调的是非对称均衡协调关系。当采用同一树种时，其规格、树形反而要求不一致；与中轴线的垂直距离，当规格大时要近些，规格小的宜布置远些，且两树穴连线不宜与中轴线正交。相生对植可以种植不同株数，两侧也可以布置相似但不同种的树株或树丛。

对称对植一般指中轴线两侧种植的树木，在数量、品种、规格上都要求对称一致的种植方式。常用在房屋和建筑物前，以及公园、广场的入口处。街道上的行道树，是这种栽植方式的延续和发展。选用的树种，要求外观整齐美观、大小一致。

(2) 行植。植物按一定的株距成行或多行排列种植，这种方式称为行植或列植。多用在行道树、林带、河畔与绿篱的树木栽植。

一行的行植，树种一般要求单一。但如果行的长度太长时，也可以分段，用不同树种。当然，也有在一行中交叉使用不同树种的。但忌讳树种过多，容易显得杂乱，破坏行植所要突出的植株的气势和整齐之美。

两行以上的行植，行距可以相等，也可以不相等；可以成纵列，也可以成梅花状、品字形。

当行植的线形由直线变为一个方形或圆形时，可称之为围植或环植。环植可以是沿一个圆环的栽植，也可以是多重环上的栽植。

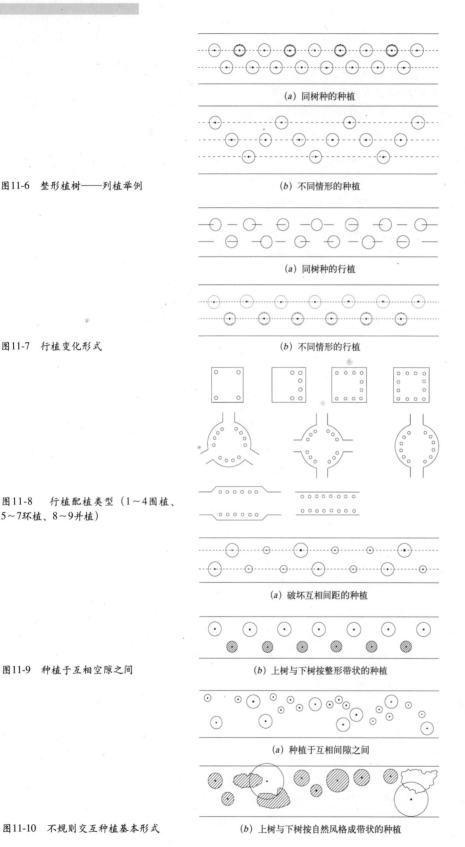

（a）同树种的种植

（b）不同情形的种植

图11-6 整形植树——列植举例

（a）同树种的行植

（b）不同情形的行植

图11-7 行植变化形式

图11-8 行植配植类型（1～4围植、5～7环植、8～9并植）

（a）破坏互相间距的种植

（b）上树与下树按整形带状的种植

图11-9 种植于互相空隙之间

（a）种植于互相间隙之间

（b）上树与下树按自然风格成带状的种植

图11-10 不规则交互种植基本形式

行植株距与行距的大小，应视树木种类和所需要遮阳的郁闭程度而定。一般大乔木行距为 5～8m，中、小乔木为 3～5m；大灌木为 2～3m，小灌木为 1～2m。

行植成绿篱时，可单行也可双行种植，株距一般 为 30～50cm，行距为 30～50cm。

常见的行植种植形式如图 11-6、图 11-7、图 11-8、图 11-9 所示。

2.不整形配置

不整形配置是指种植间距不定、树形不规则、树木叶色富于变化的互交配置形式。常用于以自然景观为主的环境中，其不规则交互种植基本方式见图 11-10：

常见的组合配置形式有如下方式：

（1）孤植。在开阔空间，如草地、水面附近、远离其他景物的地方，种植一棵姿态优美的乔木或灌木的方法称为孤植。孤植树（Specimen Plants）应具备的条件是具有一定姿态的树形，如挺拔雄伟、端庄、展枝优雅、线条宜人等；或具有美丽的花朵与果实。"Specimen"意为标本或样品，喻示群体中形象突出的个体，即优异的树才能用作孤植。

孤植多用于场地较小而零星的地方或楼宇宅旁。在大片开阔的草地中或花坛中央,也多作点缀和遮荫之用。为了突出树木的个体美,多选用有观赏特征的粗壮高大、树冠较大的乔木,如雪松、广玉兰等。

(2)群植(树群)。以一两种乔木为主体,与数种乔木和灌木搭配,组成较大面积的树木群体,称为群植或树群。群植在功能上,能防止强风的吹袭,遮蔽不雅致的部分;在种植空间效果方面,由于群植以数株同类或异类树种混合种植,无固定形式和株行距,群植后成片的树林可以形成高矮、明暗对比,林冠的起伏也使天际轮廓线发生较多的变化。前植树若用灌木装饰林缘或装饰林间隙地,则可使旅游区中增加许多野趣。树群常用作树丛的衬景,或在草坪和整个绿地的边缘种植。树种的选样和株行距不拘格局,但立面的色调、层次要求丰富多彩,树冠线要求清晰而富于变化。

(3)片植(纯林或混交林)。单一树种或两个以上树种大量成片的种植称为片植,前者为纯林,后者为混交林。片植在自然风景区或大中型公园及城市绿地中称为风景林。

片植可以是大面积的林地,也可以小到几十株的模仿森林景观。纯林一般形成整齐、壮观的整体效果,但缺少季相变化。混交林由多种树种组成,往往有明显的季相变化,春季有落叶树的嫩叶和春花,夏季欣赏浓绿,秋季有如花般的秋色叶,冬季则是枯枝姿态,这种形式较纯林的景观要丰富一些。在夏季炎热的南方,旅游区的公共场地内需要有成群成片的林地,除人工种植林地外,不少旅游区也利用了所在山地的树林。许多旅游区都是以林木取胜。因此,片植既可以根据旅游区面积的大小,按适当的比例,因地制宜植造成片的树林,也可以在旅游区范围内,适当利用原有的成片树木加以改造。

(4)丛植(树丛)。以同种或不同种的三五株树或更多株乔灌木组合在一起的种植方法称为丛植。通常在路口、院中,配合形成树丛。多布置在庭园绿地中的路边或建筑物前的某个中心、草坪上,形成多层次的绿化结构。

一种植物成丛种植,要求姿态各异,相互趋承,不宜布置成直线形。几种植物组合丛植,则有许多种搭配,如常绿树与落叶树,观花树与观叶树,乔木与灌木,喜阴树与喜阳树、针叶树与阔叶树等,有十分宽广的选择范围和灵活多样的空间效果。丛植采用的树木,不像孤植树要求的那样出众,但是互相搭配起来比孤植更有吸引力。

植物种植的主要配置形式特征见表11-23。

3.植物配置的空间效果

各个树枝、树叶的总称叫树冠。如果是森林时,其集合体称为林冠。树林边缘部位称之为林缘,因林缘部位容易接触到阳光,故林冠特别发达。

植物种植的主要配置形式特征简表　　　　　　　　　表11—23

孤植		单独种植，单一树，标志树； 种植于出入口、草坪中心等处
对植	对称	于建造物前面等相对，分左右种植； 分同种种植与异种种植
	相生	2棵树木均衡相生种植
丛植	3植	同树种、同形状、等距离种植，同树种、同形状、不等距离种植； 同树种、异形状、等距离种植，同树种、异形状、不等距离种植
	5植	5棵植及2棵植与三棵植的组合
	寄植	5棵以下栽植树的各种组合
行植 （列植）	并植 鱼鳞状植 环植 围植 边界种植	同一形状树木、等间距并排种植； 不同树木、不等距种植； 同一形状树木，按圆形等间距种植； 同一形状树木，按四方形等间距种植； 同一形状树木并排种植于边界
群植		一种或多种树木丛植于宽阔区域内

　　在自然林的林缘部位，常有低矮树木或蔓生植物繁生，称此为外套群落。与此相对应的人工栽植的树木称为前植树，前植树要求有很美观的配置和管理维护。林冠线通常根据场所状况或自然林的不同情况会有甚多要求。

　　植物配置的空间效果通常由种植单位配置、种植的立面形式和空隙线形态控制的方法来实现。种植单位是指整体上为呈显一种优美的姿态，集中于一处种植的几棵树木（图11—11）。种植立面形式和空隙线形态控制是指以各种方式交互形成的多种空间效果（图11—12）。种植单位的配置是空间效果的基础，种植立面形式和空隙线形态是基于种植单位的配置方式形成的，植物作为三维实体，植物的高度和密度也影响空间效果。

　　植物配置的空间效果说明见表11—24。

植物配置的空间效果说明　　　　　　　　　表11—24

植物分类	植物高度(cm)	空 间 效 果
花卉、草坪	13～15	能覆盖地表，美化开阔空间，在平面上暗示空间
灌木、花卉	40～45	产生引导效果，界定空间范围
灌木、竹类、藤本类	900～100	产生屏障功能，改变暗示空间的边缘，限定交通流线
乔木、灌木、藤本类、竹类	135～140	分隔空间，形成连续完整的围合空间
乔木、藤本类	高于人水平视线	产生较强的视线引导作用，可形成较私密的交往空间
乔木、藤本类	高大树冠	形成顶面的封闭空间，具有遮蔽功能，并改变天际线的轮廓

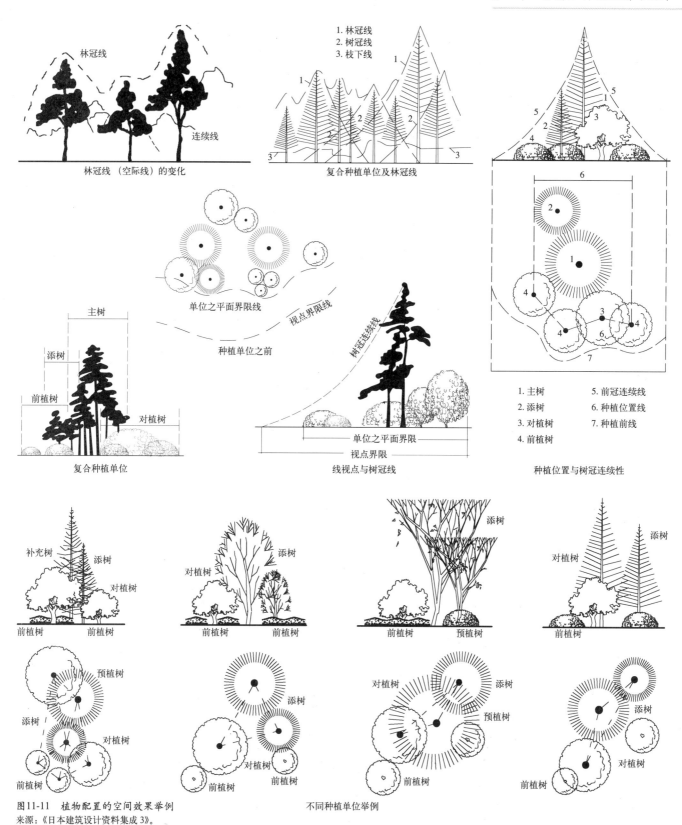

图11-11 植物配置的空间效果举例
来源:《日本建筑设计资料集成3》。

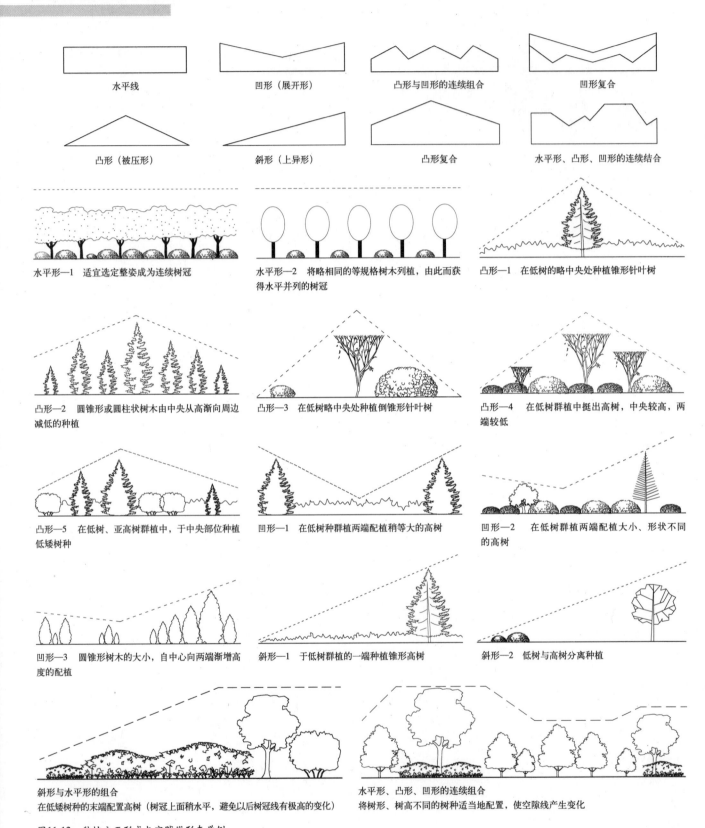

水平线 　　凹形（展开形）　　凸形与凹形的连续组合　　凹形复合

凸形（被压形）　　斜形（上异形）　　凸形复合　　水平形、凸形、凹形的连续结合

水平形—1　适宜选定整姿成为连续树冠

水平形—2　将略相同的等规格树木列植，由此而获得水平并列的树冠

凸形—1　在低树的略中央处种植锥形针叶树

凸形—2　圆锥形或圆柱状树木由中央从高渐向周边减低的种植

凸形—3　在低树略中央处种植倒锥形针叶树

凸形—4　在低树群植中挺出高树，中央较高，两端较低

凸形—5　在低树、亚高树群植中，于中央部位种植低矮树种

凹形—1　在低树种群植两端配植稍等大的高树

凹形—2　在低树群植两端配植大小、形状不同的高树

凹形—3　圆锥形树木的大小，自中心向两端渐增高度的配植

斜形—1　于低树群植的一端种植锥形高树

斜形—2　低树与高树分离种植

斜形与水平形的组合
在低矮树种的末端配置高树（树冠上面稍水平，避免以后树冠线有极高的变化）

水平形、凸形、凹形的连续组合
将树形、树高不同的树种适当地配置，使空隙线产生变化

图11-12　种植立面形式与空隙线形态举例

11.6　绿篱与花卉的配置

11.6.1　绿篱的配置

绿篱因其有隔离和装饰作用，被广泛应用于公共绿地和庭院绿化中。绿篱可分为高篱、中篱、矮篱、绿墙等，多采用常绿树种。绿篱也可采用花灌木、带刺灌木、观果灌木等，做成花篱、果篱、刺篱。

绿篱有组成边界、围合空间、分隔和遮挡场地的作用。绿篱多用藤蔓花卉及灌木组成，强烈反映出自然生机与情趣，生动自然。常以行列式密植植物为主，分为整形绿篱和自然绿篱。整形绿篱常用生长缓慢、分枝点低、枝叶结构紧密的低矮灌、乔木，适合人工修剪整形；自然绿篱则选用体量相对较高大的植物。绿篱地上生长空间要求一般高度为 0.5～1.6m，宽度为 0.5～1.8m。

绿篱树的行距和株距见表 11-25。

绿篱树的行距和株距　　　　　　　　　　表11-25

栽植类型	绿篱高度(m)	株行距(m)		绿篱计算宽度(m)
		株距	行距	
一行中灌木	1～2	0.40～0.60	—	1.00
两行中灌木		0.50～0.70	0.40～0.60	1.40～1.60
一行中灌木	<1	0.25～0.35	—	0.80
两行中灌木		0.25～0.35	0.25～0.30	1.10

11.6.2　花卉的配置

"花卉是由花和卉两字构成，花是种子植物的有性生殖器官引申为有观赏价值的植物；卉是草的总称。花卉的广义概念，是指具有观赏价值的植物，包括木本和草本。花卉的狭义概念，仅指具有观赏价值的草本植物。"[1] 在旅游景区中，常用各种草本花卉群体栽植成露地草花，这种方法称为花卉的配置。露地草花多布局在城市公园、园路交叉口或两侧、广场、主要建筑物之前和林荫大道、滨河绿地等景观视线集中处，起着点缀环境的作用，这种群体栽植形式，可分为花坛、花境、花丛、花池和花台等。

1. 花坛

花坛是指在植床内，对观赏花卉植物的配植方式及其群体的总称。花坛内种植的观赏花卉一般有两种以上，以它们的花或叶的不同色彩构成美丽的图案。也有只种植一种花卉以突出其色彩之美的，但必须有其他植物（如草地）与之相比

---

1 刘燕主编．园林花卉学．中国林业出版社，2003-03（1）：1．

较。花坛以鲜活的植物组合成的装饰性图案为特征，所以，个体花卉植物的线条、体形、姿态以及其花叶颜色之美，不是花坛所要表现的主题。

花坛具有浓厚的人工痕迹，属于另一种景观风格，在旅游区绿地中往往起到画龙点睛的作用，大多布置在道路交叉点、广场、庭园、大门前的重点部位，应用十分普遍。

花坛平面外轮廓通常呈几何形状。为了便于排水，一般花坛中心部位较高，四周逐渐降低，有一定的坡度（5°～10°），边缘往往用砖、水泥、瓶、瓷柱等做成几何形的矮边缘。

（1）花坛的基本类型。花坛按其植床的形状可分为整形花坛和非整形花坛两大类。种植花卉按所要表现的主题划分，可分为单色花坛、纹样花坛、标题式花坛等，如以观赏期的长短衡量，又可分为春花坛、夏花坛、秋花坛、冬花坛四个类型。花坛类型见表11-26。

花坛类型简表 　　　　　　　　　　　　　　　　表11-26

分　类	种　类	
按种植花木的年数	1～2年花坛、多年花坛（宿根草花坛、球根花坛）	
按花木的种数	单植花坛、混植花坛	
按开花季节	春花坛、夏花坛、秋花坛、冬花坛	
按样式	具有平面性质	毛石花坛、铺石花坛、框花坛、丝带花坛
	具有立体性质	寄植花坛、境栽花坛、金字塔花坛（帐幕花坛）
	具有下挖性质	沉床花坛
	与建筑有关联	屋顶花坛、室内花坛、平屋顶花坛
	移动式	盆花坛
	以石块为主题	假石花坛
	以水为主题	水栽花坛
按形状	整形花坛（圆形花坛、四方形花坛、星形花坛、带状花坛、混合型花坛）非整形花坛	

如果将花坛看作空间构图的一种元素，我们可以将花坛划分为如下类型：

1）独立花坛。独立花坛是指在植床上种植观赏植物，边缘轮廓平面呈几何形状，同时作为局部构图的主体花坛。常以一二年生或多年生的花卉植物及毛毡植物为主，多布置在城市街旁绿地、小游园、林荫道、广场中央、交叉路口等处，其平面形状多种多样，可以是圆形、方形、多边形。独立花坛的面积不宜过大，由于面积较小，花坛内不设道路，游人不得入内，所以一般都处于绿地的中心地位。独立花坛可以设置在平地上，也可以设置在便于观赏的斜坡上。其特点是它的平面形状是对称的几何图形，有轴对称和辐射对称之分。

独立花坛可以有各种各样的表现主题。其中心点往往有特殊的处理方法，有时用形态规整或人工修剪的乔、灌木，有时用立体花饰，有时也以雕塑为中心。

2）组群花坛。由多个花坛组成一个统一整体布局的花坛群，称为组群花坛。组群花坛的布局是规则对称的，其中心部分可以是一个独立花坛，也可以是水池、喷泉、雕像、纪念碑等，但其基底平面形状总是对称的。组群花坛常用在大型建筑前的广场上或大型规则式的场地中央，各个花坛之间可供游人入内游览、观赏，有时还设立座凳供人们休息和静观花坛景致。

3）带状花坛。长度为宽度3倍以上的长形花坛称为带状花坛。较长的带状花坛可以分成数段，其中除使用草本花卉外，还可点缀以木本植物，形成数个相近似的独立花坛连续构图。多布置于人行道两侧、建筑墙垣、广场边界、草地边缘处，既用来装饰，又用以限定边界与区域。以树墙、围墙、建筑为背景的长形带状花坛又称境栽花坛。带状花坛可以是单色花坛、纹样花坛和标题花坛，但也可以是连续布局、分段重复的花坛。

4）连续花坛。由于交通、地势、美观等缘故，不可能把带状花坛设计为过大的长宽比或无限长，因此，往往分段设立长短不一的花坛，组成一个沿直线方向演进的、有节奏的不可分割的构图整体，称为连续花坛。设在低凹处的花坛群又称为沉床花坛。连续花坛的各个花坛可以全部是单色花坛，也可以是纹样花坛或标题花坛，而每个花坛的色彩、纹样、主题可以不相同，但务必有演变或推进规律可循。

连续花坛除在林荫道和场地周边或草地边缘布置外，还设置在两侧有台阶的斜坡中央，其各个花坛可以是斜面的，也可以是标高不等的阶梯状。

（2）花坛的设计要点。花坛设计要点有以下四点：

1）协调要点。花坛作为旅游区中的景物之一，其形状大小、面积比例、高低错落等应与环境相协调。花坛作为一种模仿自然景观的人工设施，如果设置于自然环境中，应考虑与环境协调的问题。花坛的形状、大小、比例、高低、材料等都可能是影响协调的因素，处理不当就可能与自然景致格格不入。譬如，狭长地段上设置圆形独立花坛就显得不协调。一般情况下，花坛的平面形状宜与场地形状相协调，所要点缀的场地是圆形的，花坛也宜设计为圆形或正方形、多边形。花坛的体量常常受场地功能等因素的制约。在交通要塞、游人密度大的地段，花坛不宜占有过大面积，其体量应小些；反之应大些。对环境影响比较大的因素主要是花坛的形状、比例、高低位置等因素。

2）色彩要点。花坛的主要功能是装点环境，花的形与色是构景的主要元素。所谓花形是指具有装饰性的平面图形，花色是指花的颜色。花坛的表现力主要体现在平面图形和色彩之美两方面。因此，要从这两方面效果考虑对花坛各个因素的取舍。花的平面图形应有规律，应与自然状态相区别；花色由花的色相、色度、色调、亮度四个因素决定的，其中色相和亮度对花色的影响最大。

3）气候要点。气候条件对花卉的品种和花期有决定性的影响。花卉的品种、花期取决于栽植地区的自然气候条件，温带、寒温带、亚热带和热带在同一时节，不可能选择同一品种，这是由栽植地的气候条件决定的。因此，倘若要维持花坛四季不失其效用，就要做出一年不同季节的配植计划。

4）维护要点。为了避免游人践踏，并有利于床内排水，花坛的种植床一般应高出地面10cm左右。为保持植床内的泥土不至流散，也为了使植床有明显的轮廓线，要用边缘石将植床定界。边缘石与地坪的标高差一般为15cm左右；大型花坛，可以高达30cm。种植床内的泥土标高应低于边缘石顶面3cm。边缘石的厚度依据花坛面积大小而定，比例要适度，一般在10～20cm内选择。

植床内的土层厚度，视其所配置的花卉品种而定。一般花卉，20～30cm即可，多年生花卉及草木花卉，要有40cm左右。土壤不可含过多的建筑垃圾，以免使花坛日后保养困难。

2. 花境

花境是游憩场地中又一种较特殊的植物种植形式。它有固定的植床，其长向边线通常是平行的直线或曲线。植床内种植的花卉（包括花灌木）以多年生为主，其布置是自然式的，花卉品种可以是单一的，也可以是混交的。以多年生花卉为主而布置的花境，称为花卉花境；以灌木为主而布置的花境，称为灌木花境。花境中各种各样的花卉配植，应考虑到同一季节中彼此的色彩、姿态、体型及数量的调和与对比，整体构图又必须是完整的，为了显示季相的变化，配置时要考虑花期、成丛开花或疏密相间等因素。几乎所有的露地花卉都可以用来布置花境，尤其是宿根和球根花卉，它们能很好地发挥花境的作用，并且维护比较省工。

花境多设在建筑物的四周、斜坡、台阶的两旁和墙边、路旁等处。花境常以树丛、树群、绿篱、矮墙或建筑物作背景，呈带状自然式布置。花境的边缘，从平面形态来看，是规则的；从各种花卉配植的自然形状来说，则是自然的。这是对自然风景林中林缘野生花卉自然散布生长的特点加以艺术提炼而形成的规律。花境布置后可多年生长，不经常更换，故应对各种花卉的生长及生态习性充分了解，在非观赏季节宜采用其他种类来遮掩或弥补。

3. 花丛及花群

花丛及花群是绿地中花卉种植的最小单元。每丛花卉由三株至十几株不等组成，株少为丛，丛连成群，通常按自然式布置组合。常设置于开阔草坪的周围，在林缘、树丛与草坪之间起联系和过渡的作用，有时也布置于自然曲线道路转折处或点缀于小型院落小路、台阶旁。

由于花丛一般种植在自然式的环境中，不便多加修饰和管理。因此，常选用多年生花卉或能自行繁衍的花卉，高矮不限，简繁均宜，但以茎干挺拔、不易倒伏、植株丰满、花朵繁密者为佳。如宿根花卉，花丛、花群持久而维护方便。每丛花卉可以是一个品种，也可以是不同品种的混交。对于那些种植于小庭园里的花丛，由于选择的品种不可能太多，更要精选，尤其要选那些适应生长，又有寓意，与环境配衬的品种。

4. 花池

花池是指边缘用砖石围合，在植床内自然灵活地栽植花卉、灌木或乔木，有时还配置有山石配景的地块。花池土面的高度一般与地面标高相差不大，最高在40cm左右。当花池的高度达到40cm以上，甚至脱离地面，为其他物体所支承，就称之为花台。

为了适合近距离仔细观赏其中的草本或山石的形态、色彩，品味其花香，花台一般距地面较高。一般设立在门旁、窗前、墙角，其花台本身也能成为欣赏的对象。有人认为花台是一种大型的盆栽形式，因此，台内种植的植物应当是小巧低矮、枝密叶微、树干古拙、形态特殊，或被赋予某种寓意和形象的花木。

视花池内草本品种的不同，还可分为草坪花池、花卉花池，综合花池等。

11.7 草坪和地被植物的配置

11.7.1 草坪和地被植物的习性

植物学上的"草坪原意为 Turf、Lawn、Amenity，草坪源于陆地草本植物，是植被的简称，以禾本科植物或其他质地纤细的植物为覆盖，经规律修剪或在其他外力作用下，根系与土壤共同作用形成的地被，原始的草坪植被型是被草食家畜采食而显示出修饰艺术价值的地被型。"[1]在旅游区景观设计中，对草坪研究显然不完全是植物学意义上的草坪植被，更多地是将草坪作为形成开阔空间的构景要素看待。然而，这种构景要素又是建立在植物学基础上的。因此，脱离植物学的基础谈论植物种植设计显然缺乏科学根据，因为草坪植物是一类有生命的构景元素。

草坪植物多为一些适应性较强的矮性禾草，主要是禾本科的多年生草本和少数一二年生的草本植物。另外，还有一些其他科属的矮生草类，如豆科的白三叶、红三叶等。草坪植物实际属于地被植物，但因其特殊的重要地位，所以专门另列为一类。草坪植物种类繁多，以多年生和丛生性强的草本植物为主。不同的草坪植物具有不同的特性，优良的单坪植物应具有繁殖容易、生长快、能迅速形成草

---

1 鲜小林，管玉俊，苟学强，宋兴宋，成斌，秦帆，文勇刚，林根兴，王丽鹃编著.草坪建植手册.成都：四川出版集团、四川科学技术出版社，2005-06（1）：3.

皮并布满地面、耐践踏、耐修剪、绿色期长、适应性强等特点。但能具备所有这些条件的草种不多,这就需要因地制宜地加以选择和栽植。比如,在林下栽种草坪,应选用耐荫的草种;在湖畔栽种草坪,应选用耐湿的草种;在供游人游憩的场地或运动场上种植草坪,应选用耐践踏的草种;更重要的是,北方应选耐寒的草种,南方应选耐湿和耐酸性土的草种。草坪植物的特性主要表现在耐践踏性、抗寒性、耐热性和抗裂性几个方面。草坪植物的这些特性对草坪植物的使用、养护管理都有直接的影响,掌握了这些特性,就可以有的放矢地进行引种,使草坪的设置获得成功。

地被植物是指株丛紧密、低矮,用以覆盖地面防止杂草丛生的植物。地被植物主要是一些多年生、低矮的草本植物以及一些适应性较强的低矮、匍匐型的灌木和藤本植物。它们比草坪适应性更强,在不良土壤、树荫浓密、树根暴露的地方,可以代替草坪。其种类繁多,有蔓生的、丛生的、常绿的、落叶的、多年生宿根的及一些低矮的灌木,可以广泛地选择。

地被植物和草坪植物一样,都可以覆盖地面,涵养水源,形成良好的视觉景观。但地被植物有其自身特点:种类繁多,枝、叶、花、果富于变化,色彩丰富,季相特征明显;适应性强,可以在阴、阳、干、湿不同的环境条件生长,形成不同的景象;地被植物有高低、层次上的变化,易于修剪成各种图案;繁殖简单,养护管理粗放,成本低,见效快。但地被植物不易形成平坦的平面,大多不耐践踏。旅游区中可以利用地被植物的这些习性,形成具有山野景象的自然景观。同时地被植物有耐荫性强、可在密林下生长开花的习性,因此与乔木、灌木配置能形成立体的群落景观,既增加绿量,又能创造良好的自然景观。在地被植物的应用中,要充分了解和掌握各种地被植物的生态习性,根据其对环境条件、生长速度及长成后的覆盖效果,与乔、灌、草进行合理配置。

根据地被植物在旅游区中的应用和观赏特点,可归纳为以下几类:

(1) 常绿类地被植物。这类地被四季常青,终年覆盖于地表,无明显的枯黄期。如土麦冬、石菖蒲、葱兰、常春藤、铺地柏、沙地柏等。

(2) 观叶类地被植物。有优美的叶形,花小而不太明显,所以主要用以观叶,如麦冬、八角金盘、垂盆草、荚果蕨、箬竹、菲白竹等。

(3) 观花类地被植物。花色艳丽或花期较长,以观花为主要目的,如二月兰、紫花地丁、水仙、石蒜等。

(4) 防护类地被植物。这类地被植物用以覆盖地面、固着土壤,有防护和水土保持的功能,较少考虑其观赏性问题。绝大部分地被植物都有这方面的功能。

各种草本植物都可以在很短的时间内很好地覆盖裸土。它们不仅能增加植物层次,丰富景色,给人们提供优美舒适的环境,而且能覆盖地表,固定土壤,涵养水分，减小暴雨时的地表径流量，使土壤免受雨水冲刷，维护缓坡。草坪也可以防止灰尘再起，减少细菌危害。

11.7.2　草坪的类型

1. 按功能划分

（1）游憩草坪。供游人散步、休息、户外游戏等用的草坪称为游憩草坪。这类草坪一般采取自然式种植，没有固定的形状，大小不一，允许游人入内活动，管理粗放。选用的草种要适应性强，耐践踏，质地柔软，叶汁不易流出。面积较大的游憩性草坪，可以考虑配置乔木树种以供遮荫，也可点缀以山石、小品及花丛、花带。一般要修剪，旅游区中采用最多。

（2）观赏草坪。绿地中专供观赏用的草坪称为观赏草坪，也称装饰性草坪。这类草坪栽植要求精细，严格控制杂草丛生，有整齐的边缘和精美的栏杆，仅供观赏，不允许游人入内践踏。草种要平整、低矮，绿色期长，质地优良，观赏效果显著。多用在小游园、小花园，花坛中。

（3）体育草坪。供体育活动使用的草坪称为体育草坪，如足球、网球、高尔夫球、武术场、儿童游戏场等。体育草坪中草的高度一般保持7cm左右，平常需要推剪。

（4）维护草坪。这类草坪主要是为了固土护坡，覆盖地面，不让泥土裸露，起到保护生态环境的作用。如在道路、堤岸、陡坡处铺植草坪，可以防止雨水冲刷引起的水土流失，对路基、护岸和坡体起到良好的防护作用。种植这类草坪的主要目的，是为了发挥其防护和改善生态环境的功能，因此，要求选择的草种适应性强、根系发达、草层紧密、抗旱、抗寒、抗病虫害能力强。

（5）其他草坪。这是指一些特殊场所应用的草，如停车场草坪、人行道草坪。种植时多用空心砖铺设停车场或路面，在空心砖内填土培植草坪，这类草坪要求草种适应能力强、耐高度践踏和耐干旱。

2. 按生物因子划分

（1）纯种草坪：由一种草本植物组成的草坪。

（2）混合草地草坪（混交草地草坪）：由两种以上禾本科草本植物，或由一种禾本科草本植物混植于其他草本植物中所组成。各类公园中多属此类草地或草坪。

（3）缀花草地：在以禾本科草本植物为主体的草地上混种（混生），混有少量开花华丽的多年生草本植物称为缀花草地。

3. 按草地与树木的相对关系划分

（1）空旷草坪（草地）。草地上不栽植任何乔灌木，一片空旷，主要在体育场草坪和大型公园中某个范围之内的草坪称为空旷草坪。

（2）稀树草地（草坪）。草地上栽植有一些观赏大乔木或灌木，株行距较大，其荫盖面积不大于整块草地面积的 1/3 时，则称为稀树草地。这主要为游憩使用的草坪，但也可以是观赏草地。

（3）疏林草地（草坪）。草地上种植的乔灌木郁闭度（树冠荫盖面积）占草地面积的 30%～60%，则称为疏林草地。

（4）林下草地。在乔、灌木郁闭度大于 60% 的林木下生长的草本植物称为林下草地。由于林木郁闭度大，林下采光很少，阳性禾本科植物很难生长，只能栽种一些含水量较多的阴性草本植物。因此，这种林下草地，以保持水土和观赏为主。

4．按形态划分

（1）自然式草地（草坪）。不论是精心保养还是任其生灭的草地，只要在平、立面上是自然曲折的，草地上或其周界上乔、灌木或花草种植的方式是非规则的，道路、水体也是非规则的，这种草地就称为自然式草地。

（2）规则式草地（草坪）。凡是周边及其表面上的景观要素都采用几何图形布局的草地，就称为规则式草地。

（3）封闭草地（草坪）。草地周边如果被乔木、建筑、山石等景观要素包围起来，这些景物无论连续还是断续，只要占其周界的 60% 以上，同时这些景观要素的高度大于草地的长短轴平均长度的 1/10，则称此类草地为封闭草地。封闭草地给人以围合感。

（4）开阔草地（草坪）。如果草地周边的 40% 以下被其他景观因素包围起来，而 60% 以上的周边是开敞的，未屏障视线，此类草地就称为开阔草地。

11.7.3　草坪草的选择标准

1．基本特征

茎叶密集，叶色泽一致，整齐美观，杂草较少，无病虫害污点，具有一定的抗性，适应性较强。

2．生态质量标准

耐践踏，抗干旱，耐频繁的修剪，抗病力强，践踏后的恢复、再生能力强，侵占能力强，夏季或冬季都有比较适宜的颜色。

3．其他因素

1）适应当地的气候条件，南方夏季要求耐湿，北方冬季要求耐干旱、寒冷。

2）土壤条件，pH 值。

3）灌溉设备的有无及其水平。

4）建坪的成本。

5）草坪建坪后的管理费用。

6）种子、草苗获得的难易。

7）草坪的品质，美观，实际应达到的水平。

8）选择的草坪植物是一年生、两年生还是多年生。

11.7.4 草坪草的选择原则

1. 根据生境特点选择

草坪草地带性划分虽然从宏观上划分出了不同草种的适宜种植区，但对于具体的建坪地段来说，生境中光照强度、温度变化、水分条件以及土壤状况等诸多方面都存在差异。在选择草坪草品种之前，应对当地的各气象要素进行详细地了解和分析，如果是建植运动场草坪，还要特别注意草坪场地的使用频率和强度，这些要素构成着草坪植物生存环境的重要生态因子，直接作用于草坪植物的生长发育节奏，影响着草坪草的健康状况。由于不同的草坪草种有各自独特的生物学特性，应将它们与具体的生境条件进行分析和比较。

2. 确定种类和种间搭配

用于建植草坪的植物种类很多，约有 20 多种，但是最适宜草坪建植的植物种类则主要集中在禾本科的少数几个属种。依据这些种类的地理分布和对温度条件的适应性，可将其分为冷季型和暖季型两大类，主要习性见表 11—27、表 11—28。

主要冷季型草坪植物　　　　　　　　表 11—27

种名	高度(mm)	宽度(mm)	生态习性	用途	土质	生长期
草地早熟禾	50~70	2~4	多年生、适宜在气候冷凉湿度较大的地区生长，抗寒力极强，较耐践踏；但耐旱，耐热性较差	草坪植物，用于公园、机关、学校、工厂、医院、疗养院、居住区等阳光不足的半阴处	喜质地疏松，含有机质、含石灰质的土壤	5年以上
匍茎翦股颖	30~45	3~4	多年生，不耐践踏，不耐磨，喜冷凉，湿润气候，耐寒耐湿，不耐旱且冷的气候	高尔夫球场进球区草坪，除绿化外，还可用作地下水位较高潮湿处的保土植物，可作牧草	耐盐碱，适肥沃湿润、排水良好的土壤，质地黏重	全年绿色期250~260天
早熟禾			喜冷凉湿润气候，耐寒冷，耐阴力强，在乔木下半阴处亦能正常生长，耐旱能力弱，不耐践踏	栽植于乔木或行道树下，具冬绿特点	各种土壤中都能生长，耐瘠薄	一年生或越年生
紫羊茅	5~15	1~2	喜冷凉湿润气候，宜在海拔高的地方生长，耐寒，耐阴能力较强，在乔木下半阴处能正常生长，不耐炎热，抗践踏能力强	庭院绿化，花境，花坛的镶边材料，固土护坡，保持水土	对土壤要求不严，能适应瘠薄土壤，在含碱性湿地也能生长	多年生
羊茅	15~25	4~7	对气候适应性较广，温暖与冷凉都能适应，耐寒能力较强，耐旱能力强，耐热耐阴能力差，抗践踏能力差，耐盐碱，再生能力良好	用作花坛、花境的镶边植物和布置岩石园的绿化材料，可直接用于路边、道旁干燥处和高尔夫球场障碍区		多年生
小康草	17~22	3~7	喜冷凉湿润气候，耐寒能力强，耐热，喜阳光，耐一般践踏，侵占能力强	公园庭院小型绿地的草坪绿化，可混合运用到足球场，可用作保土植物	耐瘠薄干燥土壤，对土壤质地要求不严，在微碱性至微酸性的土壤上均能生长	多年生

来源：胡中华，刘师汉编著.草坪与地被植物。

主要暖季型草坪植物 表11-28

种名	高度(mm)	宽度(mm)	生态习性	用途	土质	生长期
大穗结缕草	10~20	3	喜阳光，耐盐碱能力强，适应性强，耐湿，耐旱，耐瘠薄，耐低温	江堤，湖坡，水库等含盐碱土壤的护坡固土植物	可用于重盐地区	
天堂草	3.8~8	1~2	耐寒，病虫害少，耐一定干旱，叶丛密集，底矮，叶色嫩绿而细弱，茎略短，践踏后易复苏	运用于休息场地，足球、垒球、高尔夫球草地，网球草地，曲棍球草地	适中原地区生长	280天
双穗雀稗	8~30	5~15	喜高湿及湿润气候，耐一定阴、湿，能在浅水处节间生根	多混合栽于低注的湿地，或排水略差处		260~290天
马尼拉结缕草		2	略能耐寒，抗干旱力强，耐瘠薄，叶层茂密耐践踏。具有一定的韧度和弹性，覆盖度大，生长快，抗干旱，抗污染，抗有害气体力强	庭院公共绿地草坪，运动场草坪，固土防护	地形必须整平整细，在深厚肥沃排水良好土壤中尤佳	多年生
马蹄金	5~15	直径1~3	喜阳光温暖、湿润气候，耐一定低温，耐一定炎热高温，耐干旱，耐践踏	小面积花坛，花径及山石园，作观赏草坪，庭园小型活动场地，固土护坡	性喜氮肥	300天
假俭草	2~5	1.5~2	喜光，耐干旱，较耐磨，适应重修剪，喜温暖气候，不能遭遇晚霜	垒球、高尔夫球草地，网球草地，曲棍球草地，优良固土护坡材料	适应性强，在轻黏土、酸性土、微碱性土中均能生长，耐瘠薄	多年生
白三叶草			喜温暖湿润气候，喜光，能耐半阴，不耐旱，稍耐潮湿，耐热性差，抗寒能力强，冬季不枯，不耐盐碱	放牧，园林绿地，作固土护坡，地面覆盖植物	适酸性土壤。在盐稍大的土地中不宜生存	10年以上，也有40~50年的
狗牙根草	57~83	1~2	喜光，稍能耐半阴，亦耐践踏，侵占力较强	铺建草坪，可用于运动场、公路、铁路、水库、固土护坡，可作牧草	在微量盐碱地也能生长良好	绿色期：270天
细叶结缕草	6	2~3	适应能力较强，喜温暖湿润气候，喜阳光，亦耐半阴，喜排水良好的沙质土壤，在微酸性与微碱之冲击土壤中亦能生长	用于庭院绿化、工矿企业、医疗单位等，用于运动场、足球场、河坡阴湿处的固土护坡植物		
结缕草	12~15		适应性较强，喜温暖气候，喜阳光，耐高温，抗干旱，不耐阴，耐磨，耐踩踏，有一定韧度和弹性，具有减少灰尘、净化空气的作用	固土护坡，庭院铺设，足球场运动场地，儿童活动场地	耐瘠薄，在微碱土壤中亦能生长良好	绿色期：170~185天

来源：胡中华，刘师汉编著.草坪与地被植物。

　　冷季型草种又称寒季型或冬绿型草坪植物，主要分布在寒温带、湿带及暖温带地区。生长发育的最适温度为15～24℃。冷季型草种的主要特征是：耐寒冷；喜湿润、冷凉气候，抗热性差；春、秋雨季生长旺盛，夏季生长缓慢，呈半休眠状态；生长主要受季节炎热强度、持续时间以及干旱环境的制约。早熟禾类、南羊茅、紫羊茅、剪股颖、黑麦草等多数种类为冷季型。这类草种茎叶幼嫩时抗热、抗寒能力均比较强。因此，通过修剪、灌水，可提高其适应环境的能力。

　　相比之下，暖季型草种则分布在温暖、湿润和温暖、干燥的南方地区，生长最适温度为26～32℃，主要分布于亚热带、热带。其主要特征是：早春开始返青复苏，入夏后生长旺盛，进入晚秋，一经霜打，茎叶枯萎退绿，性喜温暖、空气湿润的气候，耐寒能力差。当温度低于10℃时，常常进入休眠状态。在暖季型草种中，只有野牛草类似于冷季型草的性状，不耐炎热，但能耐−39℃的低温，在我国东北、西北、华北北部生长良好。

总体上看，暖季型草种生长低矮，根系发达，抗旱，耐热，耐磨损，维护成本低，质地略显粗挺；而冷季型草种耐寒力强，绿期长，质地好，坪质优，色泽浓绿、亮丽。

在草种选择时，除应对不同草种的植物学和生物学特性有所了解外，还应依据具体建植的草坪类型、用途和计划投入的管理维护费用来确定适宜的草种。譬如，在适宜冷季型草坪草种植的地区，选择不耐践踏的剪股颖类草坪草建植足球场或游憩草坪，地坪会因运动时过度被践踏，促使其群落很快退化。同理，荫蔽地段选择种植喜光的草种，植株会弱化，易感染病虫害，活力降低；密度变稀。

单一种群形成的草坪绿地，均匀性好。同一类型的草坪植物种间科学搭配可丰富群落的遗传多样性，增强对逆境胁迫的耐受力，稳定草坪群落，延长利用期。草坪草家族中，草地早熟禾是一类最重要的成员，有"草坪草之王"之称，由于其独特的生物学特性，可单独或与其他冷季型种类配比，适宜建植多种类型的草坪；高羊茅耐热性突出，抗磨损性好；多年生黑麦草虽然绿期稍显不足，但色泽好，建坪快，抗磨损性强，与草地早熟禾科学搭配，在运动草坪建植中发挥着重要作用，而且有耐超低修剪特性；质地柔细的剪股颖、狗牙根，则是高尔夫球场果岭（进球）区的主要种类。

11.7.5　草坪设计要点

草坪具有多种功能作用。由于叶面的蒸发作用，可使草坪上方的空气相对湿度增加10%～20%，减少太阳的热辐射，夏季温度可以降低1～3℃，冬季则升高0.8～4℃，因此，草坪具有冬暖夏凉之效。旅游区绿地中的草坪，还能划分各个景区，衬托树丛、建筑和水面，使绿地更加宽广，适宜游人休息、观景活动。草坪又是场地平面构成中的基本要素，构成旅游区景物的基调。另外，草坪与水面、山石、树篱、道路铺装配合可起到开拓空间、开阔视野的作用。可见，草坪具有多种综合性功能作用。

草坪配置时应首先考虑它的环境保护作用，同时适当注意草坪的其他综合性功能。如欣赏性和固土护坡、水土保持的作用等。只有充分发挥草坪在绿地中的各种不同功能，才能正确地增加它在绿地中所起的作用。各种草坪植物均具有不同的生态习性，在选择草种时，必须根据不同的立地条件，选择适合习性的草种，要适地适草，合理配置，必要时还需做到合理混合搭配草种。

如下几个方面可作为应用草坪设计时的参考线索。

（1）将草坪作为构景元素。草坪是旅游区景观设计的主要素材之一，它本身不仅具有独特的季相，而且极具划分空间的能力。因此，应注重草坪植物季相变化与建筑物、山、石、地被植物、树木等其他构景元素的协调关系。如在草坪上配置其他植物，应考虑对整个草坪空间变化的影响。而且能给草坪增加景色内容，形成不同的景观特色。

（2）游憩草坪宜布置在游人易于通达的附近。游憩草坪作为旅游区中游人活动的主要场地，其位置的设置应让人看得到，并利于吸引游人参与。游憩性草地应有良好的排水设施，草地与附近的步道宜在同一标高为宜，避免坡度的突变。

（3）主景草坪有较高的观赏价值。大面积的草坪不仅可以作为游客的休息场所，而且以其平坦、致密的绿色为特征，形成开阔的局部空间，丰富景点内容。草坪可以控制其色相变化，形成抽象的观赏图案，使其更具艺术魅力。如在大型的广场、街心绿地和街道两旁，以及那些缺乏生机和活力的地方，通过铺植优质草种，形成平坦的绿色景观，对改善环境特征起到极大的作用。

（4）草坪结构适当紧密，应利于形成场所的领域感。草坪在形态理论上是一个典型的场所，场所的领域感依赖边界而成立，草坪的边缘处理应具有标志界限的作用，这种标志界限的边缘也是形成草坪场所中心性的重要因素，因此，草坪结构应适当紧密，边缘处理应利于形成完整的块坪。"隔断性"是边界的基本特征，隔断的形成方法是多种多样的，譬如，将有垂直隔断性质的灌木修剪成绿篱，这对禁止游人进入观赏性草坪是很好的半强制性办法；也可利用各种样式的栅栏将草坪围合起来，来形成封闭或半开敞草地，借此强调草坪具有的空间独立性；草坪的边缘是草坪与路面、草坪与其他景观的分界线，可以实现向草坪的自然过渡，因此也常有用花卉、灌木镶边的办法来隔断，这种隔断方法虽然不带有强制性，但在文明程度较高的环境里，却可以暗示空间的区别。

（5）草坪应有一个恰当的坡度。为保证游人的活动和排水，规则式草坪的坡度可设计为5%，自然式草坪的坡度可设计为5%～15%，一般设计坡度为5%～10%，为避免水土流失，最大坡度不能超过土壤的自然安息角（约30%）。

11.8　水生植物的配置

水生植物指生长于水体中（Water Plant）、沼泽地（Bog Plant）、湿地（Wet Plant）上，观赏价值较高的花卉，包括一年生花卉、宿根花卉、球根花卉。"宿根花卉（Perennials）指可以生活几年到许多年而没有木质茎的植物。球根花卉

（Bulbs）指多年生草花（Herbaceous）中地下器官变态（包括根和地下茎），膨大成块状、根状、球状的花卉总称。"[1]

水景是构成旅游区景观的重要因素。水景中的水体，无论面积大小，形状异同，均需借助水生植物来丰富水体的景观。水生植物对水景也起着重要的作用，清澈透明的水色、平静如镜的水面是植物的底色，与绿色互相调和，与鲜花衬托对比，相映成景。水生植物以其洒脱的姿态、优美的线条、绚丽的色彩点缀水面和岸边，并形成水影，使水面和物体变得生动活泼，加强了水体的美感。

水生植物不仅用来美化水景，还可以净化水质，减少水分的蒸发。如水葱、水葫芦、水生薄荷、芦苇、泽泻等，可以吸收水中有机化合物，降低生化需氧量；还能吸收酚、吡啶、苯胺，杀死大肠杆菌等，清除污染，净化水源，提高水质。很多水生植物如槐叶萍、水浮莲、满江红、荷花、慈姑、菱、泽泻等，可供人食用或做牲畜饲料。因此，在旅游区水体中布置水生植物，可取得一定的经济效益。由于水生植物生长迅速，适应性强，故在栽培管理方面也不费人力、物力。要做好水生植物的构景设计，应掌握水生植物在水中生长的生态习性，并了解水景的需要。

11.8.1　水生植物的种类

在水生植物的进化过程中，它们沿着沉水植物—浮水植物—挺水植物—陆生植物的进化演变。其演变过程是与湖泊沼泽化的进程相吻合的。作为景观的水生植物主要是挺水和浮水植物，也使用少量漂浮植物。

根据水生植物的生态习性与形态的不同，可将其分为四大类。

1. 沉水植物

此类植物种类较多，花较小，花期短，以观叶为主。生长于水体中心的地带，整株植物沉没于水中。无根或根系不发达，但通气组织特别发达，利于在水下空气极为缺乏的环境中进行气体交换。叶多为狭长或丝状，植株各部均能吸收水体中的养分。沉水植物在水下弱光条件下也能生长，但对水质有一定要求，水质也影响其对弱光的利用。沉水植物在大的水体中自然生长，可以起净化水体的作用，这类植物没有特殊要求，一般不作专门栽植。

2. 浮水植物

浮水植物是指根生长于泥土中、叶片漂浮于水面上、水深为 $1.5 \sim 3m$ 的植物。此类植物种类繁多，茎细弱、不能直立，有的无明显的地上茎，根状茎发达，花大美丽。它们的体内通常贮藏有大量的气体，使叶片或植株能平稳地漂浮于水

---

1 刘燕主编 . 园林花卉学 . 中国林业出版社，2003-03（1）：143 ～ 195.

面上，如睡莲类、萍蓬草、王莲、芡实等。浮水植物根茎常具有发达的通气组织，位于水体的较深地方，多用于水面景观的层次划分。

由于浮水植物的根茎生于水池的泥土中，而叶浮在水面上，为保证水面植物景观有疏密，不影响对水体岸边其他景物倒影的观赏，不宜作满池绿化和环水体设置，一般保证1/3～1/2的水面绿化即可。为此，必须在水体中设置种植台、池、缸，种植池高度要低于水面，其深度根据植物种类而定。如荷花叶柄较长，其种植池以低于水面60～120cm为宜；睡莲的叶柄较短，其种植池可低于水面30～60cm；玉蝉花叶柄更短，其种植池低于水面5～15cm即可。如用种植缸、盆，则可机动灵活地在水中移动，创造一定的水面植物图案。

3. 挺水植物

挺水植物（包括湿生、沼生）是指根生长于泥土中、茎叶挺出水面之上、一般为80cm水深以下的植物。挺水植物种类繁多，植株高大，绝大多数有明显的茎叶之分。茎直立挺拔，仅下部或基部沉于水中，根扎入泥中生长，上面大部分植物挺出水面，有些种类具有根状茎，或根有发达的通气组织。生长于靠近岸边的浅水处，如荷花、黄花鸢尾、欧慈姑等；常用于水景园水体岸边淌水处布置，如荷花、千屈菜、水生鸢尾、香蒲、菖蒲等。

4. 漂浮植物

漂浮植物种类较少。这类植物的根不生于泥中，植株漂浮于水面上，随着水流、风浪四处飘泊，多数以观叶为主，如大藻、凤眼莲等，用于水面景观层次的划分。

11.8.2　水生植物的应用

水生植物是旅游区水体周围及水中植物造景的重要花卉，是水生园构景的主要材料。水生植物的应用可以根据水生植物与水岸的关系来分类，一般分为水面的植物配置、水缘的植物配置、水岸的植物配置和其他应用四个方面的内容。

1. 水面的植物配置

水面的植物配置应根据水面景观效果和水体周围的环境特征考虑。旅游区中的水面包括湖泊水面、池塘水面、河流以及溪流水面等。用水生植物点缀水面，虽然可以丰富水面的层次，植物产生的倒影更使水面富有情趣，但水面的植物配置要与水体周围的环境特征相宜，对清澈明净的水面或岸边有亭、台、楼、阁等园林建筑的，或植有树姿优美、色彩艳丽的观赏树木的，水面的植物配置应与水边景观相呼应，有利于远山、近树、建筑物等形成倒影。因此，水面的植物不宜拥塞，便于游人观赏水景。选用植物材料也要严格控制其蔓延，可以采取设置隔离带，或盆栽植入水中的具体方法。对污染严重、有异味或观赏价值不高的水面或小溪，则宜采取沉水植物与浮水植物相结合的种植方法，兼顾水体净化和植物景观观赏的作用。

选择水面植物的品种应考虑水面的开阔程度。旅游区中的水面有大小、形状的差异，既有自然式，也有规则式，不同的植物品种会对水面景观产生影响。例如浮萍、槐叶萍、凤眼莲等具有繁殖快、全株都漂浮在水面之上的特点，所以这类水生植物构景不受水深的影响。可根据景观需要在水面上制作各种造型的浮圈，将其圈入其中，创造水面景观，点缀水面，改变水体形状大小，使水体曲折有序。当水面具有开敞的空间，面积较大时，水面常给人空旷的感觉，此种情形，宜选择的水生植物品种有荷花、睡莲、王莲、凤眼莲、萍蓬莲等。在广阔的湖面种植荷花，碧波荡漾，浮光掠影，轻风吹过泛起阵阵涟漪，景色将十分壮观；而王莲由于具有硕大如盘的叶片，在较大水面种植才能显示其粗犷雄壮的气势；繁殖力极强的凤眼莲常在水面形成丛生的群体景观；当水面面积较小时，仅在小水池中点缀几丛睡莲，却显得清新秀丽，生机盎然。由此可以理解，水面植物景观效果与品种的选择是关联的。

2. 水缘的植物配置

水缘指水体的边缘，是水面与堤岸的分界线。水体边缘的植物配置既能对水体起到修饰作用，又能实现从水面向堤岸的自然过渡，这种情形在自然水体景观中常见。水缘植物品种一般选用适宜在浅水生长的挺水植物，如荷花、菖蒲、千屈莱、水葱、风车草、芦苇等。一方面这些植物本身具有很高的观赏价值；另一方面这样的配置方法，对实现从水面向堤岸的自然过渡有很好的作用。例如，成丛的菖蒲散植于水边的岩石旁或桥头、水榭附近，姿态挺拔舒展，淡雅宜人；千屈莱花色鲜醒目，娟秀洒脱，与其他植物或水边山石相宜，更显得生动自然；另外，水草等沉水植物，它的根生于水池的泥土中，其茎叶全可浸在水中生长。这类植物置于清澈见底的小水池中，点缀几缸或几盆，再养几条观赏红鱼，更显生动活泼，别有情趣。这种生动、植物齐全的水景，往往令人心旷神怡。

3. 岸边的植物配置

利用沼生草本植物，可以创造水边低矮的植被景观。旅游区中的水体驳岸，有石岸、混凝土岸和土岸等。规则式的石岸和混凝土的驳岸，需要在岸边配置合适的植物，借其枝叶来遮挡干涩之处。自然式石岸具有丰富的自然岸线和优美的石景，在岸边点缀以线色优美的植物，与自然岸边石头相配，可使景色富于变化，配置的植物应遮丑露美。土岸岸线曲折婉蜒，线条优美，岸边的植物也应自然式种植，不宜等距离栽植。草本植物及小灌木多用于装饰点缀或遮掩驳岸，岸边的大乔木一般用来衬托水景而形成优美的水影。

总之，在水中可利用浮叶水生植物疏密相间、断续、进退、有节奏地创造富有季相变化的连续构图。在水面上可利用集中成片的漂浮水生植物，创造水上绿岛。也可用落羽松、水松、柳树、水杉、水曲柳、桑树、栀子花、柽柳等耐水湿的树木，丰富水体或岸边水面的层次感、深远感，为游人划船等水上活动增加游点，创造遮阳条件。

本章主要参考文献

[1] 孙居文主编. 园林树木学. 上海：上海交通大学出版社，2003.

[2] 陈有民主编. 园林树木学（园林专业用）. 北京：中国林业出版社，1990.

[3] 郭豫斌主编. 树木知识. 北京：北京出版社，2004.

[4] [日] 画报社编辑部编. 植物景观. 杨绍斌，赵芳，徐佳玲译. 沈阳：辽宁科学技术出版社，2003.

[5] 刘燕主编. 园林花卉学. 北京：中国林业出版社，2003.

[6] 鲜小林，管玉俊，苟学强，宋兴宋，成斌，秦帆，文勇刚，林根兴，王丽鹍编著. 草坪建植手册. 成都：四川出版集团、四川科学技术出版社，2005.

[7] 郑强，卢圣等编著. 城市园林绿地规划（修订版）. 北京：气象出版社，2001.

[8] 赖尔聪编著. 观赏植物景观设计与应用. 北京：中国建筑工业出版社，2002.

[9] [日]舆水肇著. 建筑空间绿化手法. 张延凯等译. 大连：大连理工大学出版社，2003.

[10] 李尚志，李发友等编著. 城市环境绿化景观. 广州：广东科技出版社，2003.

[11] 李西，罗承德，陈其兵. 岩石边坡植被护坡植物选择初探. 中国园林，2004(9)：55～56.

[12] 张阳，武六元. 公路景观环境的设计理念与设计模式研究. 西安建筑科技大学学报（自然科学版），2005（3）：76～79.

[13] 陶琳，闫宏伟. 城市绿地功能对种植设计的限定研究. 沈阳农业大学学报(社会科学版)，2005（03）：92～95.

[14] 祝宁，关崇. 城市绿地·城市绿地系统. 东北林业大学学报，2006（02）：84～85.

[15] 孙卫邦著. 观赏藤本及地被植物. 北京：中国建筑工业出版社，2005.

[16] 王国荣著. 国外绿地景观评析. 南京：东南大学出版社，2003.

[17] 胡长龙编著. 城市园林绿化设计. 上海：上海科学技术出版社，2003.

[18] 胡中华，刘师汉编著. 草坪与地被植物. 北京：中国林业出版社，1995.

[19] 日本建筑学会编. 日本建筑资料集成3.1980.

[20]　城市居住区规划设计规范（GB 50180—93）.

[21]　黄东兵著.园林规划设计.北京：高等教育出版社，2006.

[22]　王莲清编著.道路广场园林绿地设计.北京：中国林业出版社，2001.

[23]　许冲勇，翁珠斐，吴文松编著.城市道路景观.乌鲁木齐：新疆科学技术出版社，2005.

[24]　何小弟编著.园林树种选择与应用实例.北京：中国农业出版社，2003.

[25]　郑毅主编.城市规划设计手册.北京：中国建筑工业出版社，2000.

[26]　文国玮编著.城市交通与道路系统规划.北京：清华大学出版社，2001.

[27]　刘骏编著.城市绿地系统规划与设计.北京：中国建筑工业出版社，2004.

附录：园林树种选择与应用

气候带类别	纬度分布区（北纬）	主要城市或地区	主要气候指标							季节特征
			年均温（℃）	最冷月均温（℃）	绝对最低温（℃）	最热月均温（℃）	年降水量（毫米）	日均温≥10℃的生长季积温	全年无霜期（天）	
寒温带	46°~52°	黑河、呼玛、根河	-2~-5	-28~-38	-50	16~21	350~550	110~1700	80~100	长冬（9个月）无夏，降水集中于7~8月，植物生长期短
温带	42°~46°	哈尔滨、伊春、晖春、虎林、饶河	2~8	-10~-25	-40	21~24	500~800~1000	1600~3200	100~180	长冬（达5个月以上）短夏，降水集中于6~8月，植物生长期较短
暖温带	32°~42°	沈阳、丹东、大连、北京、天津、青岛、济南、郑州、开封、西安、太原、天水、蚌埠、盐城	9~14	-2.0~-13.8	-30~-20	24~28	500~900	3200~4500	180~240	有四季之分，降水集中于5~9月，植物生长期9个月
北亚热带	31°~32°	南京、信阳、汉中	13~18	2.2~4.8	-20	28~29	800~1200	4500~5000	240~260	湿润气候，四季分明
中亚热带	25°~31°	中亚东部：上海、杭州、武汉、长沙、南昌、贵州、重庆、成都	16~21	5~12	-17	28~30	1000~1200	4000~6500	270~300	温暖气候，四季分明
		中亚西部：昆明、西昌	15~16	9左右	-4	20左右	900~1100	4000~5000	250	季风高原气候，年温差较小，四季不分明，降水集中于干湿季，干湿季节分明
南亚热带	24°~25°	台北、台中、厦门、广州、汕头、福州	20~22	12~14	-12	28~29	1500~2000	6500~8000~8500		较明显的热带季风气候，有明显的干、湿季之分
热带	24°以南	湛江、龙州、南宁、河口、景洪、琼海、潞西、西沙、东沙	22~26	16~21	5	26~29	1200~3000（5000）	(7500)8000~9000（10000）	全年基本无霜	分干季（11~4月）和湿季（5~10月）

行道树种选择与应用略览表

序号	树种名称	科名	生长适地	生长习性	观赏特征	其他主要园林用途
				（一）落叶类		
1	二球悬铃木	悬铃木科	全国大部分地区	喜光，耐寒、旱，对土壤适应性极强，抗逆性强，速生，耐修剪	树冠广阔，叶大荫浓，干皮光洁	庭荫树
2	心叶椴	椴树科	原产欧洲，我国东北、华北及华东引种反应良好	喜光，对土壤要求不严	树冠整齐，枝叶茂密，花黄色而芳香	庭荫树
3	榆树（白榆）	榆科	长江流域及以北	喜光，耐寒、旱、瘠、盐碱，喜肥，不耐水湿	树冠圆球形，高大通直，绿荫较浓	庭荫树
4	榔榆	榆科	华北、长江流域及以南	喜光，稍耐阴，耐寒、旱，对土壤适应性强	树冠圆球形或卵圆形，枝叶细密，树皮斑驳	庭荫树、盆栽树
5	榉树	榆科	秦岭、淮河以南	喜光，对土壤要求不严，忌积水，不耐瘠	树冠呈伞形开张，枝叶细美，秋叶鲜红	庭荫树、园景树
6	七叶树	七叶树科	黄河至长江流域	喜光，稍耐阴，耐寒，对土壤要求不严	树形开阔，叶形奇特，开花繁盛	庭荫树
7	银杏	银杏科	沈阳以南，广州以北	喜光，稍耐阴，喜中性至微酸性土壤，耐旱，耐寒，寿命长	树干通直，树体雄伟，扇形叶奇特，秋叶金黄	庭荫树、园景树
8	鹅掌楸（马褂木）	木兰科	华北以南	喜光，耐热，喜微酸性土壤，不耐旱，积水	树干通直，树冠广阔，呈锥形，花色淡黄，秋叶金黄	庭荫树
9	喜树	蓝果树科	长江流域以南	喜光，稍耐阴，喜湿，不耐旱，对土壤要求不严	树形高大通直，果序球状，奇特	园景树
10	垂柳	杨柳科	全国大部分地区	喜光，耐寒、旱，水湿，对土壤要求不严	枝条细长下垂，随风飘舞	园景树
11	金丝垂柳	杨柳科	全国大部分地区	喜光，耐寒、旱，水湿，对土壤要求不严，速生	冬季枝条金黄，春季无柳絮飞扬	庭荫树
12	白蜡树	木犀科	全国大部分地区	喜光，稍耐阴，耐寒，湿、旱，对土壤要求不严	枝叶繁茂，秋叶橙黄	庭荫树
13	毛白杨	杨柳科	黄河至长江流域西南	喜光，对土壤要求不严，耐旱、湿，速生	树干灰白，端直，树形高大雄伟	庭荫树
14	槐（国槐）	蝶形花科	全国大部分地区	喜光，稍耐阴，耐干冷气候，不耐积水，抗逆性强，抗污染，寿命长	树冠卵球形，枝叶繁茂	庭荫树
15	黄连木	漆树科	黄河流域至广东、广西	喜光耐旱，稍耐寒，对土壤要求不严	早春嫩叶，雌花鲜红，秋叶深红	庭荫树、园景树
16	苦楝	楝科	华北至华南大部	喜光，不耐阴，对土壤要求不严，速生	树冠呈开张伞形，紫花，黄果经冬不落	庭荫树

续表

序号	树种名称	科名	生长适地	生长习性	观赏特征	其他主要园林用途
17	铁刀木	苏木科	华南、西南	喜光、耐热、耐旱、瘠、碱、萌芽力强、易移植	枝叶繁茂，花色鲜黄	庭荫树、园景树
18	三角枫	槭树科	华北至华南、西南	喜光、喜暖、湿气候、喜酸性或中性土	伞形树冠，清秀，卵形叶3裂，秋叶火红（南京栖霞红叶）	园景树
19	五角枫	槭树科	东北、华北、长江流域	稍耐阴，喜凉润气候条件，喜湿润的中性土或弱酸性质土，深根性	伞形树冠，掌状叶5裂，叶基心形，秋叶火红	园景树
20	黄檗	芸香科	东北	喜光，稍耐阴，耐寒，畏黏土、湿地，根深，抗风力强	树形高耸，枝条开展，核果有殊香，网状，深裂	园景树
21	臭椿	苦木科	长江流域及以北	喜光，适应性强，耐寒、旱、瘠，不耐积水	树干通直高大，树冠圆整，秋季满树红果	庭荫树
22	木棉	木棉树科	华南、西南	喜暖热、耐旱、瘠，不耐寒，深根，树皮厚，萌芽力盛，耐火烧	树形挺拔，掌状复叶，先叶开花，红艳如火	庭荫树、园景树
23	水杉	杉科	全国大部分地区	喜光，喜微酸性土壤，耐寒、湿，不耐旱	树干通直，树冠圆锥形，秋叶棕褐色	园景树
24	落羽杉	杉科	黄河流域以南	喜光，较耐水湿，对土壤要求不严	树形整齐美观，秋叶古铜色，水中子基部膨大	园景树
25	池杉	杉科	黄河流域以南	喜光，较耐水湿、耐旱，喜酸性土，耐碱	树形优美，秋叶棕褐色，水中子基部膨大	园景树
26	水松	杉科	我国特产，长江流域以南	喜光，喜暖、湿气候，耐寒、碱，较耐水湿，不耐旱	树冠圆锥形，树形美丽，水中子基部膨大，秋叶红褐色，有膝状呼吸根	庭荫树、园景树、堤岸林
				（二）常绿类		
1	香樟	樟科	长江流域及以南大部	喜光，喜温暖、湿润气候，耐寒性不强；喜微酸性土壤，耐瘠薄和盐碱土	树姿雄伟，冠大荫浓，叶色亮绿	庭荫树、园景树
2	浙江樟	樟科	长江流域及以南	稍耐阴。喜温暖湿润气候及排水良好的微酸性土壤，不耐积水	树干通直，树冠圆锥形，树形整齐，叶茂荫浓	园景树
3	广玉兰	木兰科	长江流域及以南	喜光，稍耐阴，能耐受短期-19℃的低温，不耐干燥，积水和碱土	树姿优美，枝叶浓密，叶厚光亮，春花顶大香	庭荫树、园景树
4	乐昌含笑	木兰科	西南、华东	喜光，抗寒，耐高温，耐盐碱	冠丰满，荫浓，春花顶大，有芳香	园景树
5	女贞	木犀科	秦岭、淮河以南	喜光，稍耐阴，不耐旱，对土壤适应性强	枝叶茂密，初夏白花，深秋黑果	庭荫树、绿篱
6	杜英（山杜英）	杜英科	长江流域及以南	稍耐阴，喜酸性，喜温暖湿润气候，耐寒性不强，排水良好的土壤	树冠圆整，枝叶茂密，新叶和霜后老叶鲜红	庭荫树、绿篱

续表

序号	树种名称	科名	生长适地	生长习性	观赏特征	其他主要园林用途
7	红豆树	蝶形科	长江流域及以南	喜光也耐阴，喜肥沃、湿润土壤，不耐旱，耐寒性不强	树冠呈伞形开张，叶大，种子鲜红，有光泽	庭荫树、珍贵用材树种
8	木麻黄	木麻黄科	华南	喜光，喜热，耐碱，耐修剪	树冠圆锥形，枝叶细密	庭荫树、海滨防风林
9	银桦	山龙眼科	华南、西南	喜光，耐热，耐旱、湿、瘠，喜酸性沙壤土	树干通直，树冠椭圆形，花色橙黄，叶背面银白色	园景树
10	黄槐	蝶星花科	华南、西南	喜热，耐旱、阴、瘠，耐修剪，抗污染，易移植	树冠圆形，花期全年，花色金黄，繁盛	园景树
11	棕榈	棕榈科	黄河流域以南	喜光，耐阴，耐寒，喜排水良好的土壤，适应性强	树形挺拔秀丽	园景树
12	海枣（加那利海枣）	棕榈科	秦岭以南	喜高温、湿、碱，耐寒，可耐短期18℃的高温；耐旱、极耐旱，易移植	树干挺拔，树冠整齐，呈球形	园景树
13	湿地松	松科	长江流域及以南	喜光，不耐阴，耐寒、旱、瘠，适应性强，速生	树形高大，树体苍劲	园景树
14	火炬松	松科	长江流域及以南	喜光，不耐阴，耐寒、旱、瘠，适应性强，速生	树干通直，树姿雄伟	园景树
15	油松	松科	华北、东北	喜光，耐寒，不耐湿、盐碱	树干挺拔苍劲，树冠浓郁	园景树
16	柳杉	杉科	长江流域及以南	喜光，稍耐阴，略耐寒，喜深厚土壤，不耐积水	树形圆整高大，树姿雄伟	园景树
17	龙柏	柏科	全国大部分地区	喜光，稍耐阴，耐寒、热，对土壤适应性强，极耐修剪	树冠龙形扭曲，鳞叶浓密	园景树、绿篱
18	洋紫荆	苏木科	华南	喜光，耐热、湿、旱、瘠，耐修剪	树冠清秀，花色艳丽，春季开放	庭荫树
19	羊蹄甲	苏木科	华南	喜光，耐热、湿、旱、瘠，耐修剪	树冠开展，花大美丽，秋冬开放	庭荫树
20	凤凰木	苏木科	华南	喜光，不耐寒，耐旱、瘠	树冠开张，花姿鲜色，满树如火	庭荫树

庭荫树种选择与应用略览表

序号	树种名称	科名	生长适地	生长习性	观赏特征	其他主要园林用途
				（一）落叶类		
1	梧桐	梧桐科	华北至华南	喜光、耐酸、碱、旱，不耐积水	树干端直，树皮光滑绿色，叶大形美	行道树、园景树
2	香椿	楝科	长江流域至华北	喜光，不耐阴，耐热、旱、湿，稍耐寒，对土壤要求不严	树冠高大，嫩叶红艳	行道树
3	乌桕	大戟科	长江至珠江流域	喜光，不耐阴，耐热、旱、湿，稍耐寒，对土壤要求不严	树冠圆球形，秋叶艳红	行道树、园景树
4	皂荚	苏木科	全国大部分地区	喜光，稍耐阴，喜暖、湿气候，对土壤要求不严	树冠球形，叶密荫浓	行道树
5	杜仲	杜仲科	华中、华东、华北	喜光，不耐阴，耐寒、盐碱，对土壤要求不严	树冠扁球形，枝叶茂密	行道树
6	朴树	榆科	秦岭、淮河以南	喜光，稍耐阴，耐轻盐碱土	树冠扁球形，绿荫浓郁	行道树
7	青檀	榆科	黄河流域以南	中等喜光，稍耐阴，耐旱、瘠、碱	树冠开张，绿荫浓郁	行道树
8	泡桐	玄参科	长江流域及以南	喜光，稍耐阴，高温，不耐寒，耐瘠	主干通直，树冠宽大，叶大荫浓，开花季盛	行道树
9	柿	柿树科	全国大部分地区	喜光，喜温亦耐寒、耐旱，对土壤要求不严，但不耐钙质土，萌蘖性强，寿命长	枝繁叶大，树冠开展，叶色秋红，丹实如火	园景树
10	枳椇（拐枣）	鼠李科	华北以南	喜光，耐寒，对土壤要求不严，不耐积水	树态优美，叶大荫浓	行道树
11	黄金树	紫葳科	华中、华东	喜光，不耐寒，对土壤要求不严	树冠开展，秋叶金黄	行道树、园景树
12	楸树	紫葳科	黄河至长江流域	喜光，不耐寒、旱、水湿，对土壤要求不严	树姿挺拔，花紫、白相间	行道树
13	厚朴	木兰科	秦岭、淮河以南	喜光，稍耐阴，不耐严寒、忌积水	叶大荫浓，白花芳香	园景树
14	合欢	含羞草科	黄河至珠江流域	喜光，树干暴晒易开裂，对耐瘠薄性不强，对土壤要求不严	树冠呈伞形开张，盛夏绒花满树	行道树、园景树
15	麻栎	壳斗科	全国大部分地区	喜光，喜湿润气候，耐寒、旱，对土壤要求不严	树冠广展，秋叶橙褐色	行道树、园景树
16	千金榆（鹅耳枥）	桦木科	华北至西南	喜光，耐阴，耐钙质土、旱、瘠、碱，易移栽	枝叶茂密，叶形秀丽，果穗奇特	园景树
17	榄仁	使君子科	华南	喜光，耐热、湿、瘠、碱，抗性强，易移植	树冠呈伞形开张，秋冬红叶	庭荫树、园景树

序号	树种名称	科名	生长适地	生长习性	观赏特征	其他主要园林用途
18	枫杨	胡桃科	长江、淮河流域	喜光、耐寒、水湿，对土壤要求不严，适应性强	树冠宽广，枝叶繁茂，果序下垂	园景树、防风固堤林
				（二）常绿类		
1	圆柏	柏科	全国大部分地区	喜光、耐阴、热、寒、耐碱、酸、瘠，适应性强，寿命长，耐修剪	树冠圆整，老树奇姿百态	园景树、绿篱、绿墙
2	红豆树	蝶形花科	长江流域以南	喜光也耐阴，喜肥沃、湿润土壤，耐寒性不强	树冠呈伞形开张，叶大，种子鲜红，有光泽	行道树、珍贵用材树种
3	木荷	山茶科	华东、中南、西南	喜光、喜温热、湿润、瘠、耐旱，深根性，寿命长；耐短期10℃的低温	树冠广卵形，叶革质，苍翠荫浓	园景树、重要用材树种
4	青冈栎	壳斗科	秦岭以南	较耐阴也耐中性酸性土壤，喜温暖、湿润气候，耐修剪	树姿优美，树叶茂密	行道树、绿篱
5	苦槠	壳斗科	长江流域及南	耐阴、旱、瘠，喜酸性土壤	树冠圆球形，枝叶繁密	园景树
6	栲树	壳斗科	长江以南	耐阴、旱、瘠，喜酸性土壤	树冠圆球形，枝叶浓密	园景树
7	石栎	壳斗科	长江以南	稍耐阴、喜温暖、湿润气候，较耐寒，耐旱、瘠	树冠半球形，绿荫深浓	园景树
8	紫楠	樟科	长江流域及南	喜温暖湿润气候，有一定耐寒力，喜深厚排水良好土壤	树形端正，枝繁叶浓	行道树、园景树
9	红楠	樟科	长江流域及南	耐阴、稍耐寒、喜湿、酸性土壤。耐盐性强	树形优美，枝叶浓密	园景树
10	枇杷	蔷薇科	长江流域以南	喜光、稍耐阴、不耐寒，生长缓慢	树冠浓密、广展，花白色芳香，果橙黄色、甘甜	行道树、园景树
11	木莲	木兰科	长江以南	喜光、也耐寒	叶革质，花大美丽	园景树
12	竹柏	罗汉松科	长江以南	耐阴、不耐寒、碱，喜肥、瘠、微酸性土壤	树冠浓郁，枝叶翠绿有光泽	行道树、园景树
13	椎树	红豆杉科	长江流域及南	耐阴、稍耐寒、喜肥、酸性土壤	树冠开张整齐，枝叶繁密	行道树、园景树
14	红豆杉	红豆杉科	秦岭以南	耐阴、稍耐寒、喜肥、湿土壤	树冠倒卵形，枝叶繁密	行道树、园景树
15	柳杉	杉科	长江流域以南	喜光、稍耐阴、略耐寒，喜深厚土壤，不耐积水	树形圆整高大，树姿雄伟	园景树
16	红千层	桃金娘科	华南、西南	喜热、耐旱、喜湿、耐阴、耐瘠薄、不易移植	树姿秀丽，花色鲜红，花形奇特	园景树
				（三）藤木类		
1	紫藤	蝶形花科	全国大部分地区	喜光、抗寒、耐旱、抗污染，钩连缠绕	羽状复叶繁茂，春花呈总状花下垂，烂漫紫色，芳香	柱架缠绕、棚架廊荫

续表

序号	树种名称	科名	生长适地	生长习性	观赏特征	其他主要园林用途
2	常春油麻藤	蝶形花科	浙、闽、云、贵、鄂、川	喜光，耐阴；喜温，稍耐寒；抗旱，喜石灰质土壤；茎攀援	劲枝茂叶，龙盘蚪舞，大型总状花序下垂，满树春色色红紫艳。花期达45天，极壮观	棚架廊荫，攀石穿缝
3	凌霄	紫葳科	华北、华中、华东	喜光，适应性强，稍耐寒；气根吸附	羽状复叶繁茂，中心花冠红艳，花期7~8月	墙面攀援、棚架廊荫
4	金银花	忍冬科	全国大部分地区	喜光，耐阴，耐寒、湿，不择土壤；茎缠绕，攀援	枝叶繁茂，初夏花开，黄、白相映，有芳香	柱架缠绕、棚架廊荫
5	木香	蔷薇科	西南及长江流域	喜光，耐旱，湿，生长迅速，耐寒性不强；喜多年攀援依附	叶色常绿，有光泽，春花繁茂，没有芳香，色泽淡黄，洁白纷呈	棚架廊荫、花架篱
6	葡萄	葡萄科	华北、西北、华东	喜光，喜夏季高温气候；喜干燥，卷须缠绕	绿荫浓密，秋果晶莹	棚架廊荫
7	木通	木通科	长江流域	稍耐阴，喜温暖，湿润气候；茎缠绕	掌状复叶，色青翠，伞状花序淡紫，芳香，花期4月	篱垣、小型花架攀援、廊前
8	扶芳藤*	卫矛科	黄河中下游及长江流域	耐阴，耐旱，瘠，耐寒性不强，茎匍匐攀援	叶色油绿光亮，入秋果美红艳	篱垣、小型花架攀援、附石、廊荫
9	南蛇藤	卫矛科	长江流域	喜光，耐半阴，耐寒，茎缠绕	秋叶橙黄，蒴果鲜黄，开裂后露出鲜红色假种皮，极美	棚架廊荫
10	常春藤*	五加科	东南、陕西、豫、鲁以南	极耐阴，稍耐寒，适应性强，抗烟尘；气根吸附	枝叶稠密，叶形美丽，终年常绿	墙面攀援、附石、墙前
11	铁线莲	毛茛科	华东、华中、华南	喜光，稍耐阴，喜石灰质土，不甚耐寒；茎缠绕	夏季开花，花大洁白	篱垣、小型花架攀援、地被覆盖、柱荫
12	猕猴桃	猕猴桃科	长江流域及南北	喜光，略耐阴，稍耐寒；茎缠绕	藤蔓虬攀，白花雅致，果实奇特，味美	篱架观果、廊荫
13	大血藤	木通科	长江流域及华南	喜光，稍耐阴，喜温湿；茎缠绕	花芳香，果蓝色，枝叶扶疏	棚架廊荫
14	北五味子	五味子科	东北、华北、华东及湖南、湖北	喜光，不耐阴，喜温，耐寒；茎缠绕	春花乳白色，有芳香，浆果穗状聚合，深红色	篱垣、小型花架攀援、地被覆盖、柱荫
15	叶子花	紫茉莉科	原产巴西，我国西南、华南多栽培	喜光，不耐阴，喜温气候，不耐寒；攀援，有枝刺	枝紫叶茂，花生于枝顶，大而鲜红。花期从春至夏，满树开放	棚架廊荫、攀柱附岩
16	地锦(爬山虎)	葡萄科	全国大部分地区	喜半阴，耐寒，适应性强，生长快；卷须具吸盘	蔓茎纵横，翠叶如屏，秋叶红艳	墙面攀援、附石、墙前
17	薜荔*	桑科	华东、华中、西南	稍耐阴，喜暖，湿气候，不耐寒，适酸性土；气生根攀附	叶多形，色碧绿	假山、篱垣攀附、墙前
18	络石*	夹竹桃科	除新疆、青海、东北的大部分地区	喜阴，耐旱，不耐寒；萌蘖强，气根吸附	叶色浓绿，春花繁密，白色，果奇特，具芳香	墙面、墙荫覆盖、地被，柱荫

*为常绿树种

园林景观树种选择与应用略览表（观形类）

序号	树种名称	科名	生长适地	生长习性	观赏特征	其他主要园林用途
1	雪 松*	松科	华北及以南	喜光，稍耐阴，耐寒，不耐积水，对土壤要求不严	树冠塔形，树姿优美	行道树
2	金钱松	松科	华东、华中	喜光，喜暖，湿，喜水，不耐碱	树形高大端直，秋叶金黄色	庭荫树
3	日本金松*	杉科	原产日本，我国华东、中南引种栽培良好	性耐阴，喜温暖湿润气候，有一定抗寒性，不耐旱，涝，忌石灰质土壤	冰川孑遗树种，树形端丽，叶两型	行道树
4	巨 杉*	杉科	原产美国加利福尼亚，我国华东栽培良好	喜光，喜温暖，湿润气候，生长迅速	树形高大，干基有垛柱状膨大物	庭荫树
5	南洋杉*	南洋杉科	华南	喜光，耐阴，不耐寒，干燥，对土壤要求不严	树形高大，枝叶平展，姿态优美	行道树
6	白皮松*	松科	原生西北、华北、华东、中南、西南栽培良好	喜光，喜冷凉气候，耐温湿，深根性；喜酸性土，也适石灰质土，微碱性土；寿命长	我国特有三针松，树冠圆锥形，树干灰白、斑驳	庭荫树
7	黑 松*	松科	华东、华北、华南	喜光，耐寒，对土壤要求不严，大树移植困难，缓生	树冠开张，枝叶苍劲有力	行道树
8	日本冷杉*	松科	原产日本，我国南连以南有栽培，中南最适	喜光，耐阴，喜冷凉，湿润气候，较耐寒，喜中性及微酸性土	树体高大，树冠广卵形，叶扁平条形	庭荫树
9	薄壳山核桃	胡桃科	长江流域以南	喜光，耐寒，耐水湿，不耐旱，瘠，对土壤要求不严	树体高大，树干端直，树冠开展	庭荫树
10	水曲柳	木犀科	东北、华北	喜光，耐寒，耐碱	树干端直，秋季橙黄	庭荫树
11	珙 桐	珙桐科	华中、西南、华东	喜半阴，喜温凉气候，略耐寒，不耐碱，旱	树冠圆整，高大端整，花白似和平鸽	行道树
12	重阳木	大戟科	长江流域及以南	喜光，略耐阴，耐寒，湿，对土壤要求不严	树形优美，秋季红叶	庭荫树
13	丝棉木	卫矛科	华北至长江流域	喜光，稍耐阴，耐寒，旱，湿，对土壤要求不严	树冠球形，秋叶艳红	庭荫树
14	巨紫荆	苏木科	华北至华东	喜光，耐寒，喜肥沃，深厚土壤	春花满树紫红，十分壮观	庭荫树
15	檫 木	樟科	长江流域及以南	喜光，不耐阴，喜酸性土壤，不耐积水	春季黄花，秋季红叶	庭荫树、风景林
16	无患子	无患子科	长江流域及以南	喜光，稍耐阴，不择土壤，耐寒性强	树冠广展，秋叶金黄	行道树、庭荫树
17	栾 树	无患子科	华北至华南大部分地区	喜光，耐半阴，耐寒，旱，瘠，喜钙质土，抗烟尘	春季红叶，夏季黄花，秋果橘红	庭荫树、行道树
18	黄山栾树	无患子科	东北南部至华东、川南、甘南	喜光，稍耐阴，耐寒，稍耐湿，喜钙质土，抗烟尘	树姿端正，枝叶茂密；春季红叶，花，秋色橘红	庭荫树、行道树
19	楝 树	楝科	全国大部分地区	喜光，不耐阴，耐旱，瘠，湿	树形开张，春花淡紫，秋冬黄果繁多	庭荫树

续表

序号	树种名称	科名	生长适地	生长习性	观赏特征	其他主要园林用途
20	柽柳	柽柳科	全国大部分地区	喜光、耐寒、湿、耐旱、盐碱、适应性强	树姿婆娑、枝叶纤细、花序奇特	庭荫树
21	苏铁*	苏铁科	华南	喜暖、热湿润气候、不耐寒	树形优美，反映热带风光	行道树
22	蓝桉	桃金娘科	华南、西南	喜光，不耐阴；喜温暖气候，耐寒性不强，-5℃下，经2~3天受冻害；喜肥沃的酸性土；速生	树形高耸，树干扭曲，枝叶有芳香	庭荫树
23	旅人蕉*	芭蕉科	华南	喜高热，耐旱、瘠，不耐寒	树形独特高雅	行道树
24	橡皮树*	桑树	华南	喜光，稍耐阴，不耐寒、耐湿、热	叶大、厚、革质，托叶鲜红	庭荫树
25	露兜树类*	露兜树科	华南	喜温、耐热，不耐寒、耐旱、耐瘠	树干支柱根造型独特，不同品种叶色丰富	行道树
26	榕树*	桑科	华南	喜暖热气候，喜酸性土壤；速生，寿命长	树冠庞大，枝叶茂密，气生根悬垂	庭荫树、行道树
27	鱼尾葵*	棕榈科	华南	耐阴，不耐寒，喜湿，酸性土	树姿优美，叶色奇特	行道树
28	王棕（大王椰子）	棕榈科	华南	喜光，喜热，稍耐寒、耐旱、湿、碱，抗风，抗污染，老株移植困难，寿命长	树干粗壮高大，树姿雄伟	庭荫树
29	深山含笑*	木兰科	赣南、湘东、桂东	喜弱光、喜温暖、湿润气候，耐轻碱，较耐寒（-12℃）	干挺冠丰，叶绿花香	园景树
30	厚朴	木兰科	秦岭、淮河以南	喜光，稍耐阴，不耐严寒，耐旱、忌积水	叶大荫浓，春花白芳香	庭荫树
31	紫叶李（红叶李）	蔷薇科	华北、华东、西南	喜光，较耐阴，喜温暖、湿润气候，不耐寒	春花繁盛，三季红叶	行道树
32	紫叶桃	蔷薇科	全国大部分地区	喜光，耐旱，抗寒性强	叶色紫红，开花繁盛	行道树
33	枫香	金缕梅科	秦岭以南	喜光，耐阴，瘠、湿	树高冠阔，深秋叶色红艳	庭荫树、行道树
34	元宝枫（平基槭）	槭树科	长江至黄河之间	喜光阴，不择土壤，耐旱，不耐湿	冠大荫浓，嫩叶红色，秋叶红色或橙黄色	庭荫树
35	青榨槭	槭树科	华北、华东、华南、西南	喜光，较耐阴，喜酸性或中性土壤	树冠浓密，秋叶紫红，双翅果入秋转紫红	行道树
36	鸡爪槭	槭树科	华东、华中	喜光，喜温暖、湿润气候，喜酸性或中性土；耐寒，不耐水湿	树冠开展，单叶对生，掌状7裂，秋日红艳如锦	行道树
37	红枫	槭树科	华东、华中	喜光，喜温暖、湿润气候，喜酸性或中性土；耐寒，不耐水湿	树冠开张，掌状叶7~9裂，终年紫红	园景树
38	羽毛枫	槭树科	华东、华中	喜光，喜温暖、湿润气候，喜酸性或中性土；耐寒，不耐水湿	叶裂片细羽如羽毛，叶形奇特，极美观	园景树
39	山麻杆	大戟科	长江流域	喜光，耐半阴，不择土壤，耐寒性不强	春时嫩叶鲜红，秋叶紫红	
40	黄栌	漆树科	华北	喜光，耐半阴，不择土壤、旱、碱、瘠	秋季红叶鲜艳，果熟	行道树、庭荫树
41	盐肤木	漆树科	全国大部分地区	喜光，耐旱，不择土壤，不耐水湿	秋叶鲜红，橘红色	庭荫树
42	漆树	漆树科	全国大部分地区	喜光，不耐阴，不择土壤，不耐水湿	秋叶深红	

* 为常绿树种

园林景观树种选择与应用略览表（观花类）

序号	树种名称	科名	生长适地	生长习性	形态特征及观赏性状
				（一）春 花	
1	玉兰	木兰科	中部地区	喜光，稍耐阴，较耐寒；喜湿润土壤，pH5~8均能生长；肉质根，怕积水	树形高大、挺直雄岸，花大洁白，早春（2~3月）开放，有芳香
2	紫玉兰（木兰）	木兰科	华北及南大部分地区	喜光，耐寒；喜肥沃沙壤土，忌碱；黏土；肉质根，怕积水	落叶大灌木。花蕾形大如笔头，花瓣外紫内白有芳香，先花后叶，极为壮观
3	二乔玉兰	木兰科	华北及南大部分地区	喜光，耐寒，怕积水	落叶小乔木或灌木。花大，早春先叶开放，外淡紫肉白，芳香
4	天女花	木兰科	华北以南	喜凉爽湿润气候，稍耐阴，怕积水	落叶小乔木，常呈灌木状。花大有芳香，萼紫，瓣白，雄蕊红美，花柄细长，随风飘舞。花期5~6月
5	含笑	木兰科	华南至长江流域	喜半阴，不耐暴晒和干燥，稍耐寒	常绿灌木，花期4~5月。花小，花瓣淡黄，具香蕉之浓香味
6	白兰花	木兰科	华南各省	喜光，喜酸性土壤，不耐寒，怕积水	常绿乔木，极芳香，花期4~9月，以夏季最盛。华南用作庭荫树、行道树，长江以北多盆栽
7	碧桃	蔷薇科	全国大部分地区	喜光，较耐旱，不耐水湿，黏土，耐寒	落叶小乔木，花单生，叶前开放。栽培变种甚多，花色、花形各异
8	李	蔷薇科	长江流域及以北	喜光，耐半阴，耐寒，对土壤要求不严	落叶灌木。花期3~4月，白色，3~4朵簇生，繁密。果卵球形，黄绿至紫色，7月成熟
9	榆叶梅	蔷薇科	长江流域及以北	喜光，耐寒，旱，对土壤要求不严	落叶灌木。花期4月，1~2朵单生或簇生，先叶或与叶同时开放。花团锦簇，品种繁多
10	东京樱花（日本樱花）	蔷薇科	长江流域及华北	喜光，耐寒，对土壤要求不严	落叶乔木。花白色至粉红色，3~6朵组成状花序。先花后叶，满树花朵如花若彩霞，极为壮观，但花期很短，仅1周左右
11	日本晚樱	蔷薇科	长江流域及华北	喜光，耐寒，对土壤要求不严	落叶乔木。花大，多重瓣而下垂，粉红至白色，较东京樱花更娇艳，芳香，花期较晚（4~5月），延续较长
12	笑靥花	蔷薇科	西北、华东、西南	喜光，耐寒，适应性强	落叶灌木。花色洁白，重瓣，3~6朵组成伞形花序，与叶同时开放，花谷圆润
13	喷雪花（珍珠花）	蔷薇科	长江流域及以南	喜光，喜温暖、湿润气候，适应性强	落叶灌木，花蕾形如珍珠，花朵洁白如雪。花梗细长，3~5朵组成伞形花序，与叶同时开放
14	杂交紫香月季	蔷薇科	全国大部分地区	喜光，耐旱，瘠，不耐水涝	半常绿直立灌木，长势强健。品种繁多，花形优美，花香袭人，花期4~10月
15	黄刺玫	蔷薇科	华北、东北、西北	喜光，耐寒，旱，耐瘠薄；少病虫；性强健	落叶丛生灌木。花单生，花色，黄色，单瓣或重瓣，花期4~5月
16	玫瑰	蔷薇科	全国各地	喜光，耐寒，旱，对土壤要求不严	落叶直立丛生灌木。花单生或3~5朵簇生，有芳香。花期5月，7~8月零星开放

续表

序号	树种名称	科名	生长适地	生长习性	形态特征及观赏性状
17	垂丝海棠	蔷薇科	华北以南	喜光，稍耐阴，喜温暖湿润气候	落叶小乔木。花期4月，4～7朵簇生枝端，鲜玫瑰红色，花梗较长，下垂，紫色
18	海棠花	蔷薇科	华北、华东	喜光，耐寒，旱，忌水湿	落叶小乔木。花期4～5月，初放期为红，粉红。花梗较长，果近球形，色黄
19	西府海棠	蔷薇科	华北以南	喜光，稍耐阴，耐寒，旱	落叶小乔木。春花（4～5月）粉红美丽，夏果（8～9月）艳红满枝
20	贴梗海棠	蔷薇科	全国大部分地区	喜光，耐寒，对土壤要求不严，不耐积水	落叶灌木。枝开展。春花簇生枝间，秋果黄色芳香
21	棣棠	蔷薇科	秦岭以南	喜半阴，喜温暖，略湿之地	落叶，丛生，无刺灌木。花色金黄，4～5月开放，单生于侧枝顶端。叶，枝甚美，变种甚多
22	郁李	蔷薇科	华北、华中、华南	喜光，耐寒，旱	落叶灌木。冬芽3枚并生，花粉红或近白色，花梗较长，花与叶同放。果小似球形，深红色
23	珍珠梅	蔷薇科	华北、西北	喜光又耐阴，耐寒，耐修剪	落叶灌木。顶生圆锥花序，花小，白色，蕾时如珍珠，花期6～8月
24	白鹃梅	蔷薇科	华中、华东、华北	喜光，耐半阴，耐寒	落叶灌木。总状花序，6～10朵，花期4～5月，花开满枝雪白
25	紫荆	苏木科	华北至华南	喜光，耐寒，不耐涝	落叶灌木。假蝶形花冠，先叶开放，5～8朵簇生，花冠紫红色
26	金雀花（锦鸡儿）	蝶形花科	华北、华东	喜光，耐寒，瘠，适应性强	落叶灌木。花单生，弯钟形。花冠黄色，常带红，花期4～5月
27	映山红	杜鹃花科	长江流域至珠江流域	喜半阴，喜酸性土壤，湿润气候	落叶灌木。分枝细直。花2～6朵簇生枝顶，蔷薇色至深红色，有紫斑，花期4～6期
28	马银花	杜鹃花科	华东	喜半阴，喜酸性土壤，湿润气候	落叶灌木。枝叶光滑无毛，叶革质，卵形。花单生，出自枝顶叶腋，浅紫色，有粉红斑点，花期5月
29	连翘	木犀科	华北、东北、华中	喜光，稍耐阴，耐寒，旱，瘠	落叶灌木。茎丛生。花金黄色，先花后叶，常单生。满枝金黄。变种垂枝连翘，枝极细而下垂
30	金钟花	木犀科	华北、华中	喜光，喜温暖湿润气候，耐寒	落叶灌木。枝直立，花深黄色，先叶开放。圆锥花序
31	紫丁香	木犀科	东北、华北、华东、华中	喜光，稍耐阴，耐寒，旱，瘠，不耐湿	落叶灌木或小乔木。圆锥花序，花暗紫，花期4～5月。变种白丁香有香气
32	垂丝丁香	木犀科	华中	喜光，稍耐阴，喜空气湿润，不耐涝	落叶灌木。圆锥花序呈狭筒状下垂，倒挂如藤萝，花期4～5月。为丁香中最美的一种。花外红内白，为

续表

序号	树种名称	科名	生长适地	生长习性	形态特征及观赏性状
33	云南黄馨	木犀科	长江流域及以南	喜光，不耐寒，对土壤要求不严	半常绿灌木。枝拱形下垂，奇数羽状复叶，对生。花单于小枝端，黄色，重瓣，花期3~4月
34	锦带花	忍冬科	东北、华北、华东	喜光，耐寒，瘠，不耐积水，对土壤适应性强	落叶灌木。聚伞花序，小花1~4朵，玫瑰红色，极鲜艳，花期4~6月
35	木绣球	忍冬科	长江流域	喜光，略耐阴，耐寒	半常绿灌木。聚伞花序，全为不孕花，花冠辐射状，白色，花期4~5月
36	琼花	忍冬科	长江流域	喜光，略耐阴，耐寒	木绣球的栽培品种。花序外缘为不孕花，中部可孕花，花期4月，洁白如云。果熟9~10月，果实椭圆形红色
37	天目琼花	忍冬科	长江及黄河流域，东北南部	喜光又耐阴，耐寒，对土壤要求不严	落叶灌木。花序外缘为不孕花，花冠乳白色，芳香，花期6~9月，果实球形，鲜红色
38	雪球荚蒾	忍冬科	西南、华东、华北	喜光，稍耐阴，耐寒	落叶灌木。花序球状，全为不孕花，花期4~5月。变型蝴蝶戏珠花，花中部为可孕花，有微香
39	山梅花	山梅花科	华中	喜光，耐寒，旱，不耐水湿，不择土壤	落叶灌木。花白色，5~7朵成总状花序，花期5~6（7）月
40	溲疏	山梅花科	长江流域	喜光，稍耐阴，有一定耐寒力	落叶灌木。花白色或外略粉红色，直立圆锥花序较长，花期5~6月
41	四照花	山茱萸科	长江流域	喜光，稍耐阴，略耐寒	落叶小乔木。嫩枝被白色耳毛，花序球形，总苞片卵形，花瓣黄色，花期5~6月
42	瑞香	瑞香科	长江流域及以南	喜阴，忌暴晒，不耐寒，喜酸性土	常绿灌木。顶生总状花序，花白或淡粉红，甚芳香，花期3~4月
			（二）夏、秋花		
1	紫薇	千屈菜科	长江流域及以南	喜光，稍耐阴，耐旱，喜肥，碱性土壤	落叶灌木或小乔木。顶生圆锥花序，花色丰富，花期6~9月
2	夹竹桃	夹竹桃科	长江以南	喜光，对土壤要求不严，不耐寒，耐旱，抗污染	常绿大灌木。聚伞花序顶生，花冠粉红或深红，具香气。变种有白、黄色，花期6~10月
3	花石榴	石榴科	黄河流域及以南	喜光，耐寒，对土壤要求不严，耐旱	落叶灌木。花朱红色，花萼钟形，紫红色，花期5~7月。浆果近球形，古铜黄，果期9~10月
4	金丝桃	金丝桃科	华北以南	喜光，略耐阴，不耐寒，不择土壤	半常绿灌木。花金黄色，单生或3~5朵成聚伞花序，花期6~9月
5	栀子	茜草科	长江流域及以南	喜光也耐阴，喜酸性，黏土壤，耐修剪	常绿灌木。花单生，花冠杯状，肉质，具浓香，花期6~8月
6	木芙蓉	锦葵科	黄河流域至华南	喜光，稍耐阴，不耐寒，喜沙质土壤	落叶灌木或小乔木。花大，单生枝端叶腋，由白色或淡红色转深红，花期9~11月

旅游区景观设计原理

续表

序号	树种名称	科名	生长适地	生长习性	形态特征及观赏性状
7	木槿	锦葵科	长江流域	喜光、耐半阴、适应性强、耐修剪	落叶灌木或小乔木。花单生叶腋，径大，单瓣或重瓣，色红、白、紫等，花期6~9月
8	八仙花（绣球花）	八仙花科	长江流域及以南	喜半阴、不耐寒	落叶灌木。顶生伞房花序近球形，径大，几乎全为不孕花，蓝或白色，极美丽，花期6~7月
9	迎夏	木犀科	华北以南	喜光、较耐寒、对土壤要求不严	半常绿灌木。多分枝，拱形下垂。聚伞花序顶生，多花，花冠黄色，花期6~8月
10	桂花	木犀科	长江流域及以南	喜光、稍耐阴、不耐寒、喜沙质土壤	常绿灌木至小乔木。花序聚伞状。簇生于叶腋，花小，黄白色，浓香，9~10月开放。变种丹桂花橙黄色；金桂深黄色；四季桂白或黄色，花期5~9月，可数次开花

（三）冬花

序号	树种名称	科名	生长适地	生长习性	形态特征及观赏性状
1	腊梅	腊梅科	全国各地	喜光、略耐阴、较耐寒、耐旱、忌水湿、畏二氧化硫	落叶灌木。花单生，花被外轮蜡质，黄色，中轮带紫色条，具浓香，花期1~2月，为冬季观花圣品，并可切枝瓶插或盆栽
2	油茶	山茶科	长江流域及以南	喜半阴、不耐寒、喜酸性土	常绿小乔木或灌木。花白色，1~3朵簇生，无花梗，花期10~12月
3	山茶	山茶科	长江流域及以南	喜半阴、不耐寒、喜酸性土	常绿小乔木或灌木。花心多为大红色，多单瓣，5~7枚，花期2~4月。变种多，色、形各异
4	茶梅	山茶科	长江流域及以南	喜半阴、不耐寒、喜酸性土	常绿乔木或灌木。分枝稀疏。花小白色，无柄，稍有香气，花期11~1月。变种品种较多，但红色较少
5	迎春	木犀科	华北以南	喜光、稍耐阴、耐寒、碱	落叶灌木。花单生，色金黄，先叶开放，花期2~3月
6	郁香忍冬	忍冬科	华北、华东、中南	喜光、忌涝、耐旱、性强健	落叶灌木。花冠唇形，白色或带淡紫色，香气浓郁，紫果鲜红，果期4~5月
7	梅	蔷薇科	黄河流域以南	喜光、耐寒、旱、对土壤要求不严、怕积水	落叶小乔木。花1~2朵，具硬梗，先叶开放，花期2~3月，淡粉或白色，有芳香。变种、变型极多，花色、花形多样
8	结香	瑞香科	秦岭以南	喜半阴、喜沙质土壤、不耐积水	落叶灌木。枝常呈三叉状，花黄色，有芳香，花期2~3月，花被筒长梳状，外被绢状，长柔毛

园林景观树种选择与应用略览表（观果类）

序号	树种名称	科名	生长适地	生长习性	形态特征及观赏性状
1	火棘	蔷薇科	秦岭以南大部分地区	喜光、耐旱，适应性强，耐剪	半常绿灌木。复伞状花序，春花（5月）白如雪，红如火，留存枝头，经久不落。秋果（9~10月）
2	海棠果	蔷薇科	东北南部、华北	喜光，耐旱、寒、碱、湿	落叶小乔木。花白或微红（4月），果球形红艳（7月）
3	花红	蔷薇科	华北	喜光，耐旱、寒、不择土壤	落叶小乔木。粉色花迎春（4月），红色果驻夏（7月）
4	花楸	蔷薇科	华北、东北	喜半阴，耐寒，喜微酸性土壤	落叶小乔木。5月白花繁，10月球果红
5	山楂	蔷薇科	东北、华北及江苏	喜光，稍耐阴，耐寒、旱、瘠	落叶小乔木。5月白花迎春，10月红果迎秋
6	平枝栒子	蔷薇科	华中、华北	喜光，耐寒，不择土壤	半常绿灌木。水平枝开张，二列，5~6月粉花艳叶，9~10月梨果鲜红，经冬不落
7	枸骨	冬青科	长江中下游及以南	喜光，稍耐阴，喜湿润、酸性土壤	常绿灌木或小乔木。叶形奇特，鸟不宿，核果球形，红萼迎秋（9~11月）
8	大叶冬青	冬青科	长江流域及以南	耐阴，喜湿，酸性土	常绿乔木。卵形叶青翠亮丽，圆形果密红颂秋
9	荚蒾	忍冬科	长江流域及以南北	喜光，耐半阴、湿、不耐瘠、积水	落叶灌木。伞房状花序，洁白如盘（4~5月），小核果金秋红艳（9~11月）
10	山茱萸	山茱萸科	华北、华中	喜阴湿，肥沃土壤，不耐寒	落叶乔木。簇果如珠，细红欲滴，经冬不落（8~12月）
11	南天竹	南天竹科	华北、华中	喜半阴，不耐寒，不择土壤	常绿灌木。茎干丛生，枝叶扶疏，秋冬转红，浆果球形，红色累累
12	紫金牛	紫金牛科	长江以南	喜阴湿、温暖气候	常绿小灌木。夏花秋果，核果球形，熟时有宿存花萼和花柱
13	老鸦柿	柿树科	长江流域及以南	耐阴，不择土壤	落叶灌木。单生花雪白一树（4月），白色，卵圆果橙黄满枝（10月）
14	柚	芸香科	长江以南	喜温暖，湿润气候	常绿小乔木或灌木，特大。花开三季，香味袭人。春花、果夏熟，顶端分裂如伸指；夏花、果秋熟，果色黄，形态可掬，有奇香，顶端闭合如据拳。秋果（9~10月）单生成簇，香味持久
15	佛手	芸香科	长江以南	喜光，喜温暖、湿润气候，不耐寒	常绿小乔木或灌木。单生或簇生于叶腋（4~5月）。果实长圆形，橙红至金黄，香艳（10~12月）
16	柑橘	芸香科	长江以南	喜温暖，湿润气候，不耐寒	常绿小乔木或灌木。春花黄白色（4~5月），果秋黄橙，果扁球形，香艳（10~12月）
17	罗浮	芸香科	长江以南	喜光，适应性强	常绿灌木。花小，白色，芳香（4~5月），果满枝（12~2月）
18	枸橼	芸香科	长江以南	喜光，喜温暖、湿润气候，不耐寒	常绿小乔木或灌木。5月花，内白外紫。10月果，色黄芳香
19	秤锤树	野茉莉科	华东	喜光，喜温暖、不耐寒、耐旱、耐盐碱、抗污染	落叶小乔木。聚伞花序腋生，洁白如烂（4月），落叶时果仍宿存（8月），别有风趣
20	无花果	桑科	全国大部分地区	喜光，喜温湿、不耐寒、耐旱，土壤适应性强，根系发达	落叶小乔木或灌木。叶呈阔卵圆形，厚纸质，花果阔卵形（4~5月），夏秋不绝
21	安石榴	石榴科	黄河流域及以南	喜光，喜温暖气候，有一定耐寒力和耐干旱瘠薄的能力，对有毒气体抗性强	落叶灌木。冠蓬松，花朱红色，5~6月开。花萼宿存，古铜色，9~10月熟
22	接骨木	忍冬科	东北、华北、华东、华中	喜光，稍耐阴，喜肥沃、松沙土壤	落叶小乔木。枝叶茂密，球型果红色，6~9月累挂满枝

常见绿篱树种选择与应用略览表

序号	树种名称	科名	生长适地	生长习性	观赏特征	主要园林用途
1	欧洲紫杉	红豆杉科	华北、东北	喜半阴，耐寒	常绿小乔木，枝叶茂密，不易枯疏	整形观赏篱
2	(北美)香柏	柏科	华东、华中	喜光，稍耐阴，抗寒，耐碱	常绿乔木，圆锥树冠，鳞叶芳香	观赏、境界篱
3	洒金千头柏	柏科	全国大部分地区	喜光，耐寒、旱，钙质土，适应性强	常绿灌木，树冠球形，外观金黄	境界、模纹篱
4	海桐	海桐科	长江流域及以南	喜光，耐阴，不耐寒	常绿灌木，树冠球形，叶色浓绿而有光泽。性耐修剪	整形观赏篱
5	枳(枸橘)	芸香科	黄河流域及以南	喜光，喜温暖，湿润气候，较耐寒	落叶灌木或小乔木，枝绿多刺，秋橙果累	防护篱
6	九里香	芸香科	华南、西南	喜光，耐半阴，耐旱	常绿灌木，花白芳香，果熟鲜红	境界、观赏篱
7	珊瑚树	忍冬科	长江流域及以南	喜光，稍耐阴，不耐寒、不择土壤	常绿小乔木或灌木，树冠圆整，枝繁叶茂，性耐修剪	中高隐蔽、绿墙观赏篱
8	月桂	樟科	长江以南	喜光，稍耐阴，耐旱、不择土壤	常绿小乔木，树形圆整，枝叶茂密	中高隐蔽、绿墙观赏篱
9	卫矛	卫矛科	长江中下游及华北	喜光，耐半阴，耐寒、耐瘠薄	常绿小乔木或灌木，枝翅奇特，春叶、秋叶均为紫红	防护篱
10	大叶黄杨	卫矛科	华北及以南	喜光，也耐阴，耐旱、耐瘠	常绿灌木，枝叶繁茂，叶色光亮，性耐修剪	境界篱
11	冬青	冬青科	长江流域及以南	喜光，稍耐阴，喜湿，酸性土壤，不耐寒	常绿小乔木或灌木，叶泽光亮，红果秋累	中高隐蔽、绿墙观赏篱
12	红花檵木	金缕梅科	长江流域及以南	耐半阴，适应性强，喜温暖气候及酸性土壤	常绿灌木，叶色紫红，经冬不褪	模纹整形篱
13	蚊母树	金缕梅科	长江以南	喜光，稍耐阴，不择土壤，忌积水	常绿小乔木，枝叶茂密，性耐修剪	中低隐蔽、境界篱
14	小叶女贞	木犀科	华中、华东、西南	喜光，稍耐阴，较耐寒，对有毒气体抗性强	半常绿灌木，枝条铺散，萌芽力强，性耐修剪。春花白色，有芳香	境界、模纹篱
15	金叶女贞	木犀科	长江流域及以南	喜光，耐半阴，土壤适应性强	常绿灌木，枝叶茂密，春夏金黄，性耐修剪，十分壮观	彩叶模纹、整形篱
16	洒金东瀛珊瑚	山茱萸科	长江流域及以南	极耐阴，喜肥，排水良好的土壤，不耐寒	常绿灌木，叶色黄绿斑斓，光亮秀丽，果殊红	彩叶模纹篱
17	黄杨(瓜子黄杨)	黄杨科	华中、华东	喜半阴，较耐寒	常绿灌木，枝叶茂密，极易造型	境界、模纹篱
18	光叶蔷薇	蔷薇科	全国大部分地区	喜光，耐寒，对土壤适应性强	半常绿灌木，枝细长平伸，散生倒钩刺。聚伞花序，品种繁多，花色丰富	防护、观花篱

续表

序号	树种名称	科名	生长适地	生 长 习 性	观 赏 特 征	主要园林用途
19	丰花月季	蔷薇科	全国大部分地区	喜光、耐旱、瘠，不耐水涝	落叶灌木，花色丰富，花期长久	基础地被篱
20	麻叶绣线菊	蔷薇科	秦岭以南	生长健壮、喜光、耐寒	落叶灌木，春末花繁似雪	观赏花篱
21	日本绣线菊	蔷薇科	华东、华南	喜光、略耐阴、耐寒、旱	落叶灌木，复伞状花序，仲夏开放，色红艳丽	观赏花篱
22	刺梨	蔷薇科	华东、华南	喜光、适应性强	半常绿灌木，小枝有成对皮刺，蔷薇果披生密刺，富含维生素B、P、V	半蔓性防护篱
23	石楠	蔷薇科	长江流域及以南	喜光、稍耐阴、耐旱、瘠	常绿小乔木，枝繁叶茂，冠形圆整，秋果红艳	中高隐蔽、整形篱
24	紫叶小檗	小檗科	全国大部分地区	喜光、稍耐阴、耐寒	落叶灌木，枝叶细密，叶色紫红、秋果红艳	模纹、境界篱
25	(狭叶)十大功劳	小檗科	华东、华中、西南	耐阴，喜温暖、湿润气候，排水良好的土壤，不甚耐寒	常绿灌木，枝丛叶茂，叶质光亮，黄色蓝果	境界、地被篱
26	六月雪	茜草科	长江流域及以南	喜阴、湿，土壤适应性强	落叶灌木，枝叶细密，初夏白花似雪	境界、观赏篱

常见地被树种选择与应用略览表

序号	树种名称	科名	生长适地	生长习性	观赏特征	主要园林特征
1	石岩杜鹃	杜鹃花科	全国广有分布	喜光、耐半阴、忌西晒、喜中性偏酸土壤	常绿灌木，植株开张，花叶并茂，花色丰富，丛生，花期5~6月	林缘、山地矮生地被
2	八仙花	八仙花科	全国华东以南	宜半阴、忌阳光直射、忌积水、不耐寒	丛生性落叶灌木，叶大，花序似半球，花色由向蓝色变化，花期6~7月	林缘、疏林下丛生地被
3	多叶金丝桃	金丝桃科	引进栽培	适应性广泛	半常绿灌木，枝丛状簇生，枝叶茂盛，花期7~8月，黄色、冬叶艳丽、呈鲜紫红	疏林丛生地被
4	金丝梅	金丝桃科	华北以南	喜光、耐阴、不耐寒、北方呈落叶型	半常绿灌木，小枝有棱、开张，花丝短，花期7~8月，黄色，枝条较金丝桃更开张	林缘丛生地被
5	枸杞	茄科	长江流域及以北各地	喜光、耐寒、耐贫瘠、不耐水湿、土壤适应性强	落叶或半常绿灌木，分枝细长，小枝呈刺状，5~10月花淡紫，花后1个月、果鲜红	林缘、坡地、岩石直立矮生地被
6	水栀子（小叶栀子）	茜草科	长江和黄河流域各地	耐半阴、喜肥沃、中性偏酸的土壤	常绿灌木，植株矮、开张、叶密，花期6~8月，花小、奶黄色、芳香	矮生地被
7	红叶小檗	小檗科	全国大部分地区	耐寒、适应性强	落叶灌木，多分枝、开张，叶淡红至深红色、浆果红色，叶有刺	林缘、角隅矮生地被
8	桃叶珊瑚	山茱萸科	长江流域	极耐阴、不耐寒、喜温暖、喜湿润	常绿灌木，叶黄、全绿或呈白色斑点、叶形秀丽	密林、桥下矮生地被
9	洒金东瀛珊瑚	山茱萸科	长江流域	极耐阴、不耐寒、喜温暖、喜湿润	常绿灌木，叶面呈黄色斑点，叶形秀丽，果期9月、深红艳丽	密林、桥下矮生地被
10	匍匐荀子	蔷薇科	以华北为多、其他各地亦有	喜光、耐旱	落叶小灌木，枝条横向匍匐生长、果鲜红色，夏花白、果红	河谷匍匐地被
11	小叶荀子	蔷薇科	川、滇、藏	耐阴、喜旱、耐干燥	落叶矮生灌木，枝条横向匍匐生长、鲜红色。果球形、6月，花白色，9~10月熟	岩石园矮生地被
12	紫穗槐	蝶形花科	全国大部分地区	喜光、耐水湿、耐旱、耐碱、耐寒、耐贫瘠	落叶灌木，枝条横向匍匐生长，穗状花序，花期5月，花紫色	盐碱地地被、河边丛生地被
13	金雀花（锦鸡儿）	蝶形花科	中部和南部各省	喜光、喜湿润、耐干燥、耐贫瘠	落叶灌木，橘黄色小花，夏秋开放	路旁、角隅矮生地被
14	多花胡枝子	蝶形花科	全国广有分布	耐阴、耐旱、耐贫瘠	落叶灌木，枝密花繁，花期8~9月、花红色，叶红，10月果红	疏林丛生地被
15	达乌里胡枝子	蝶形花科	华东、华北	耐阴、耐旱、耐贫瘠	落叶灌木，植株低矮、贴地生长，花黄色、花期5月	沙砾石、河滩、山坡丛生地被
16	鸡血藤	蝶形花科	华东、华南	耐贫瘠	常绿藤本，羽状复叶、托叶刺状，花期5~6月，深红紫色	林缘、沟边、岩石匍匐地被
17	铺地龙柏	柏科	华北、华东、华南	喜干燥向阳、耐旱积水	常绿灌木，植株低矮、贴地生长，花期5月	草坪、坡地匍匐地被
18	偃柏	柏科	东北	喜光、耐半阴、耐寒、耐瘠、酸性、中性钙性土均适	常绿灌木，匍匐枝上升成密丛状、刺叶交互对生	石灰岩山地及岩缝匍匐地被

续表

序号	树种名称	科名	生长适地	生长习性	观赏特征	主要园林特征
19	八角金盘	五加科	华东、华南	强阴性、喜温暖、湿润、畏酷热	常绿灌木、掌状叶、伞形花序、夏秋开花、果黑色	阴地矮生地被
20	凤尾兰	百合科	全国大部分地区	喜光、耐旱、抗性强、更新力强	多年生常绿草木、茎不分枝、剑形叶、圆锥状花序、花期5~6月和8~11月、花乳白色	沙滩、坡地、岩石园丛生地被
21	蔓性紫薇	千屈菜科	中南各省	喜光、耐旱、喜肥	落叶灌木、枝条柔软、花枝繁茂、花色丰富、花期7~10月	路侧、草坪、阳坡岩石蔓性地被
22	黄荆	马鞭草科	除东北外大部分地区	喜光、耐旱、耐寒	落叶小灌木、叶有臭味、花期6~9月、花色有浓红、紫红、玫瑰红	河坡、溪涧矮生地被
23	单叶蔓荆	马鞭草科	山东沿海沙滩	耐盐碱	落叶蔓生灌木、每株可覆盖沙滩10米²、花期7~8月、紫色	林缘、沟边、岩石匍匐地被
24	金缕梅	金缕梅科	华中及浙江、广西	喜温暖、肥沃土壤	落叶灌木、先花后叶、花期3~4月、花呈金黄色	疏林矮生地被
25	海仙花	忍冬科	全国大部分地区	喜光、耐阴、耐贫瘠、忌水涝	落叶灌木、枝条开展、花叶繁茂、色彩艳丽、花期长、4~5月、株丛大	路边、坡地、草坪、岩石园丛生地被
26	金银忍冬（金银木）	忍冬科	全国大部分地区	喜光、稍耐阴、耐旱、寒、喜肥沃、中性、石灰性土壤	落叶灌木或小乔木、白色花4~6月开、红果8~10月熟	林缘、水边矮生地被
27	红金银花	忍冬科	全国大部分地区	耐半阴、耐寒	常绿藤木、花期初夏、有芳香、叶经冬不落、变红	林下、阴坡匍匐地被
28	矮丛紫杉（枷罗木）	紫杉科	中部地区	耐阴、抗寒、排水良好	半常绿球状灌木、植株低矮	林缘和林下矮生地被
29	蓝雪花	蓝雪花科	山东有栽培和野生	耐贫瘠	半落叶灌木、植株低矮、蓝色小花细腻	岩石园丛生矮生地被
30	白刺	蒺藜科	黄河下游、沿海沙滩	喜光、耐寒、耐旱、抗盐碱、抗飞沙	半落叶灌木、枝条常匍生长、黄白色小花、5~6月开放	海滩沙坡匍匐地被
31	菲白竹	禾本科	长江以南各省	喜温暖湿润、忌炎热、耐阴	低矮竹类、叶密集、叶色秀美、绿底上有不规则显白条纹	林下矮生地被
32	阔叶箬竹	禾本科	长江以南各省	须阴而荫、喜肥沃、疏松、微酸性土壤	低矮竹类、叶密集、簇生叶大	坡地、上山矮生地被
33	倭竹（鹅毛竹）	禾本科	我国江南各省	耐阴、稍耐寒	低矮竹类、叶密集、形大、覆盖效果好	坡地、林下矮生地被
34	欧洲常春藤	五加科	华南、华中、江浙一带	极耐阴、喜肥沃、中偏酸性土	常绿藤本、花期常出现白色斑纹、叶脉、叶小、椭圆形、3~5裂、花枝叶	林下匍匐地被
35	石血（小叶络石）	夹竹桃科	江苏	喜阴湿、凉爽、不耐寒、耐贫瘠	半常绿藤本、叶小、叶披针形	假山、林下攀附地被
36	花叶络石	夹竹桃科	江苏、浙江	喜阴湿、凉爽、不耐寒、耐贫瘠	常绿藤本、叶片有网状粉红色花纹	假山、林下攀附地被

续表

序号	树种名称	科名	生长适地	生长习性	观赏特征	主要园林特征
37	五叶地锦（美国爬山虎）	葡萄科	原产美国，我国广有分布	耐阴，耐寒亦极耐暑热，耐贫瘠和干旱	落叶灌木，掌状木，5裂，入秋叶转红	陡坡、山岩蔓性地被
38	东北蛇葡萄	葡萄科	华南至东北广有分布	耐寒，喜凉爽、肥沃	落叶灌木，叶纸质，宽卵形，秋叶鲜红，果期9~10月，鲜蓝色	附石地被
39	律草叶蛇葡萄	葡萄科	华南至东北广有分布	耐寒，喜凉爽、肥沃	落叶藤本，叶质坚，宽卵圆形，果淡黄或淡蓝	附石地被
40	三裂叶蛇葡萄	葡萄科	华南至东北广有分布	耐寒，喜凉爽、肥沃	落叶藤本，叶三裂，小枝红色，花淡绿，果蓝紫色	附石地被
41	掌裂草葡萄	葡萄科	华南至东北广有分布	耐寒，喜凉爽、肥沃	落叶藤本，枝条细长，叶掌状分裂，球果橙黄色	蔓性地被
42	斑叶扶芳藤	卫矛科	黄河，长江流域	喜光，耐半阴，耐修剪，抗性强	常绿藤本，叶绿，有白色或绿白色斑	附石地被
43	爬行卫矛	卫矛科	黄河流域	耐半阴，稍耐寒	常绿藤本，株丛矮，绿白色小花，9~10月开放	匍匐地被
44	南蛇藤	卫矛科	全国大部分地区	喜光，耐半阴，耐寒、喜湿润	落叶藤本，秋叶转红，果期9~10月，球果鲜黄，假种皮鲜红	池畔、溪边、坡地、岩石匍匐地被
45	五叶木通	木通科	长江流域东部	喜温暖，湿润半阴，不耐寒	半常绿藤本，春花淡紫色，芳香，夏秋红果	林缘、匍匐地被
46	美国凌霄	紫葳科	原产北美，我国各地有栽培	喜阳，耐阴，喜温暖、湿润	落叶藤本，叶背脉和叶柄多毛，花繁茂，花期6~10月，深橙红色	林下、林缘、护坡匍匐地被
47	藤三七	落葵科	四川、云南	耐阴，不耐寒，喜肥沃、疏松土壤	枝丛密集，覆盖力强，花白色	林缘、坡地、匍匐地被
48	绿萝	天南星科	广东、台湾有分布	喜热，耐阴，不耐寒	常绿藤本，叶子上有不规则的黄色斑块	林缘、疏林地、匍匐地被

附录内容参考：何小弟编著．园林树种选择与应用实例．

后记

　　十月金秋，风和日丽，历经多年的准备终于完成了这部书籍的写作工作。当从责任编辑张晶先生那儿得知即将出版此书时，心中无比畅快，因为这是当年身处异国留学时就立下的宿愿。记得有一次，我的日本导师花岗利辛教授带领我们一帮来自不同国家的学生，参观八王子市的一个社区时，他对我说，希望你将来能对中国的景观规划设计发展做点事。我明白这句听似平实话语的含义，深知在它的背后寄托着一个学者对学生的期望。多年来，这句话一直激励着自己朝着这个方向努力。

　　不言而喻，本书的完成首先得益于我国内外恩师们的多年教导，没有他们就没有我今天的知识结构和探索能力。他们是：我的硕士研究生导师古月教授、王熙儒教授；在读博期间的导师日本山梨大学土木环境工学科的花岗利辛教授，是他教给了我严谨治学的态度和研究方法。在撰写过程中，我工作中的领导、学长和同事们也都曾在写作上给予我多方面的指导和帮助，他们是：陈汗青教授、武星宽教授、郑建启教授、易西多教授、罗莹教授等。其间，还得到我的日本同学小林三千宏博士和稻崎昇一博士，以及学生张毅、袁晶、李明、陈晓、丁鹏、彭如娜、胡赛强等人的大力帮助。在这里要特别提及的是我的研究生何勇，他在学习任务十分紧张的时间里，为本书的插图、编辑等工作付出许多辛勤的劳动。另外，我要特别感谢曾给予我极大帮助的吴云波，没有她的支持和鼎立帮助，完成这部书将会徒增许多困难。借此，谨向上述各位师长、同事、同学、学生和亲人们表示由衷的谢意！

　　在这里还要特别感谢那些未曾谋面，但引用了他们作品的作者和机构，尽管我在书中每一处都注明援引来源，但难免挂万漏一，不慎之处敬请原谅！

邓　涛

2006 年秋于武昌马房山